LINEAR α-OLEFINS

线型α-烯烃

姜 涛 杨卫胜 高宇新 编著

化学工业出版社

·北京·

内容简介

本书基于作者及其合作者对乙烯低聚合成线型 α-烯烃催化剂和生产工艺研究的经验写作而成，系统总结了线型 α-烯烃的技术开发和应用研究方面的最新进展，尤其是从乙烯选择性低聚合成线型 α-烯烃的催化剂、催化反应机制和副产物的有效抑制方面的创新到产业化应用的实践。书中以线型 α-烯烃的生产技术为主线，系统介绍了乙烯选择性低聚催化剂的结构与性能、催化反应机制、生产工艺过程和线型 α-烯烃的高值化利用等内容，可为我国线型 α-烯烃产业从跟踪创新走向原始创新提供借鉴。

本书可供化工、化学、轻工领域，尤其是聚烯烃、润滑油和表面活性剂等领域从事生产、研发、设计、采购、销售及应用的技术人员、管理人员阅读，也可供高等院校化工、化学、轻工等专业的师生参考。

图书在版编目（CIP）数据

线型 α-烯烃 / 姜涛，杨卫胜，高宇新编著. 北京：化学工业出版社，2025. 3. -- ISBN 978-7-122-47359-2

Ⅰ. TQ221.21

中国国家版本馆 CIP 数据核字第 2025H96S08 号

责任编辑：傅聪智　　文字编辑：王丽娜
责任校对：王　静　　装帧设计：王晓宇

出版发行：化学工业出版社
(北京市东城区青年湖南街 13 号　邮政编码 100011)
印　　装：北京建宏印刷有限公司
710mm×1000mm　1/16　印张 18¼　彩插 1　字数 319 千字
2025 年 10 月北京第 1 版第 1 次印刷

购书咨询：010-64518888　　售后服务：010-64518899
网　　址：http://www.cip.com.cn
凡购买本书，如有缺损质量问题，本社销售中心负责调换。

定　　价：150.00 元

前言

PREFACE

线型 α-烯烃（LAOs）是生产高性能聚烯烃、高端润滑油基础油、合成洗涤剂和表面活性剂等的重要原料，其市场需求量不断增加，已成为目前发展最快的石化产品之一。目前全球线型 α-烯烃产能主要集中在北美和西欧，我国高级线型 α-烯烃的供应严重不足。现阶段我国可以生产 1-丁烯、1-己烯、1-辛烯、1-癸烯和 1-十二烯等，其中 1-丁烯主要来自石化装置的抽提组分和煤（甲醇）制烯烃的副产物 C_4 馏分，产能占我国线型 α-烯烃总产能的 90%（质量分数）以上。若不考虑这部分 1-丁烯，我国目前的高级线型 α-烯烃总产能约 32.5 万 t/a，占全球线型 α-烯烃产能的 5%（质量分数）左右。C_8 及 C_8 以上的高级线型 α-烯烃虽实现了自主生产，但存在生产成本高的问题，这限制了我国高性能聚烯烃、高端润滑油基础油以及精细化学品等线型 α-烯烃下游产品的自主开发。为了优化升级产业结构，近年来我国相继出台了一系列政策，强调要重点突破高碳线型 α-烯烃共聚单体等关键原料的生产技术，鼓励高碳线型 α-烯烃等关键原料的开发和生产，提高产业整体发展水平。

乙烯低聚生产线型 α-烯烃技术的关键在于催化剂和生产工艺，其核心是对催化反应机制的认识，设计合成高性能的催化剂是实现乙烯低聚生产线型 α-烯烃的技术关键，生产工艺是决定线型 α-烯烃生产成本的重要因素，它决定了生产技术的复杂性、生产装置的长周期运行等问题。乙烯低聚生产线型 α-烯烃技术从实验室经中试走向工业化应用的过程，重点在于解决生产工艺方面的问题。

本书作者团队长期从事乙烯低聚生产线型 α-烯烃的技术开发工作，基于自身经验积累编写了本书。书中系统总结了国内外在线型 α-烯烃生产技术和应用方面的最新进展，汇集了作者团队及其合作者在乙烯选择性低聚催化剂和生产工艺开发方面的理论和应用研究成果，包括主持或参与的国家重点研发计划项目、国家自然科学基金项目、中国石油科技攻关重大专项等项目成果。重点针对我国线型 α-烯烃生产技术开发中存在的短板和问题进行了分析和阐述，希望对从事乙烯低聚反应机理研究、催化剂研究和线型α-烯烃生产技术开发的企业和工程技术人员有所帮助，进而促进我国线型α-烯烃及相关产业的健康发展。

本书共 6 章，由姜涛、杨卫胜和高宇新负责全书的统稿、修改和定稿。第 1 章由杨卫胜撰写；第 2 章至第 5 章由姜涛撰写；第 6 章由高宇新撰写。中国石油天然气股份有限公司石油化工研究院王力搏、蒋岩，天津科技大学王亚婷、范昊男、蒿标标、马静、杨小蝶、邵会娟、张栩志和郭丽荣等参与了本书部分内容的资料整理和核对工作。本书涉及许多合作者的工作，还参考了大量国内外同行撰写的书籍、论文和专利等，在此一并表示衷心的感谢！

由于本书作者水平有限，不足之处在所难免，敬请广大读者批评指正！

姜涛　杨卫胜　高宇新

2024 年 12 月

目录

CONTENTS

第1章

线型α-烯烃概述

1.1 线型α-烯烃的结构和性质

线型α-烯烃（LAOs）是指碳-碳双键在分子链末端的单烯烃，虽然丙烯等低碳烯烃也属α-烯烃范畴，但工业上习惯指 C_4 及 C_4 以上的线型直链烯烃为 LAOs，化学式为 C_nH_{2n}，主要结构如图 1-1 所示。碳-碳双键体系的键合可以通过 sp^2 杂化轨道模型来解释，双键中的碳原子具有三个等价的 sp^2 键合轨道，任意一对 sp^2 杂化轨道之间的键角约为 120°，原子在双键周围呈平面三角形排列；每个碳原子的第四个键合电子位于垂直于三个键平面的 p 轨道中，与另一碳原子的平行 p 轨道形成π键。这种键合模型表明，碳-碳双键中的 sp^2-sp^2 σ 键比典型的碳-碳单键键长略短，键能更强。尽管双键整体上很强，但由于π-π键的重叠，碳-碳双键在分子中表现为高电子密度位点，因此极易与缺电子试剂发生反应。在许多烯烃体系中，双键处可能存在几何异构化，例如顺式和反式异构体（*Z*-异构体和 *E*-异构体）。由于双键位于分子链的末端，故α-烯烃不存在顺反异构体；但通过双键异构化或分子骨架重排，α-烯烃的反应产物可能会表现出这种特性。

图 1-1 LAOs 的结构

除了简单化合物如乙烯、丙烯和丁烯，烯烃一般不使用通用名，通常遵循 IUPAC 系统命名法。常见 LAOs 的碳数通常介于 4～30 之间，其碳数可以是偶数也可以是奇数，其名称、分子式、沸点、熔点和分子量等如表 1-1 所示。

由于碳数的差异，LAOs 具有不同的物理性质和商业应用领域[1]。例如，常温常压下 1-丁烯是气体，C_5～C_{18} 的 LAOs 是透明的无色液体，而 C_{20} 以上的 LAOs 则为蜡状固体。

表 1-1　常见 LAOs 的物理性质

碳数	名称	分子式	沸点/℃	熔点/℃	分子量
4	1-丁烯	$CH_2{=}CH{-}CH_2{-}CH_3$	−6.2	−185.3	56
5	1-戊烯	$CH_2{=}CH(CH_2)_2CH_3$	30	−165	70
6	1-己烯	$CH_2{=}CH(CH_2)_3CH_3$	63.5	−140.0	84
8	1-辛烯	$CH_2{=}CH(CH_2)_5CH_3$	121.3	−102.7	112
10	1-癸烯	$CH_2{=}CH(CH_2)_7CH_3$	170.6	−66.6	140
12	1-十二烯	$CH_2{=}CH(CH_2)_9CH_3$	213.3	−33.6	168
14	1-十四烯	$CH_2{=}CH(CH_2)_{11}CH_3$	246	−13.0	196
16	1-十六烯	$CH_2{=}CH(CH_2)_{13}CH_3$	280	4.0	224
18	1-十八烯	$CH_2{=}CH(CH_2)_{15}CH_3$	308	28.5	252
20	1-二十烯	$CH_2{=}CH(CH_2)_{17}CH_3$	326	36.8	280
22	1-二十二烯	$CH_2{=}CH(CH_2)_{19}CH_3$	364.6	65～72	308
24	1-二十四烯	$CH_2{=}CH(CH_2)_{21}CH_3$	383	45.3	336
26	1-二十六烯	$CH_2{=}CH(CH_2)_{23}CH_3$	405.6	51.8	364
28	1-二十八烯	$CH_2{=}CH(CH_2)_{25}CH_3$	423.5	—	392
30	1-三十烯	$CH_2{=}CH(CH_2)_{27}CH_3$	439.8	—	420

资料来源：Lappin G R，Sauer J D. Alpha-olefins Applications Handbook. New York：Marcel Dekker，1989.

LAOs 的应用通常与其双键的反应性有关，端位双键的易“官能化”赋予了 LAOs 衍生物更多的功能；适宜长度的“直链烷基”贡献的流变、疏水、可降解等特性，又能显著改善材料的应用性能。LAOs 最常见的反应包括氢甲酰化反应、聚合反应、加成反应、烷基化反应、磺化反应和氧化反应等[2-3]。由于 LAOs 的双键位于分子链的末端，通常更容易和反应试剂接触到，因此在许多体系中它的反应性似乎高于其他的烯烃。任何官能团修饰 LAOs 都可能生成线型直链分子，导致最终产物具有某些优异的理化性能。

1.2　线型 α-烯烃的发展历程

乙烯低聚是生产 LAOs 的主要方法，由乙烯低聚生产的 LAOs 约占 LAOs

生产总量的90%（质量分数）。传统的乙烯低聚技术产物主要由C_4～C_{30}的LAOs组成，如果需要1-辛烯、1-癸烯等单一的产物则需要通过精馏分离实现。相比之下乙烯选择性三聚、四聚、五聚合成1-己烯、1-辛烯和1-癸烯等，具有目的产物选择性高、生产成本低、原子经济性好的优势，已成为生产高碳LAOs的焦点，备受关注。近40年来，根据对乙烯选择性三聚/四聚的专利与文献报道，可以发现科研人员从配体结构、反应机理以及助催化剂等方面，对乙烯选择性三聚/四聚催化体系进行了深入研究。特别是近20年来有关乙烯选择性三聚/四聚的专利以及期刊文献数量急剧增长，如图1-2和图1-3所示。与此同时，中国高碳LAOs生产技术快速发展，这将加速我国聚烯烃产品质量的升级和消费结构向高端化的转变。

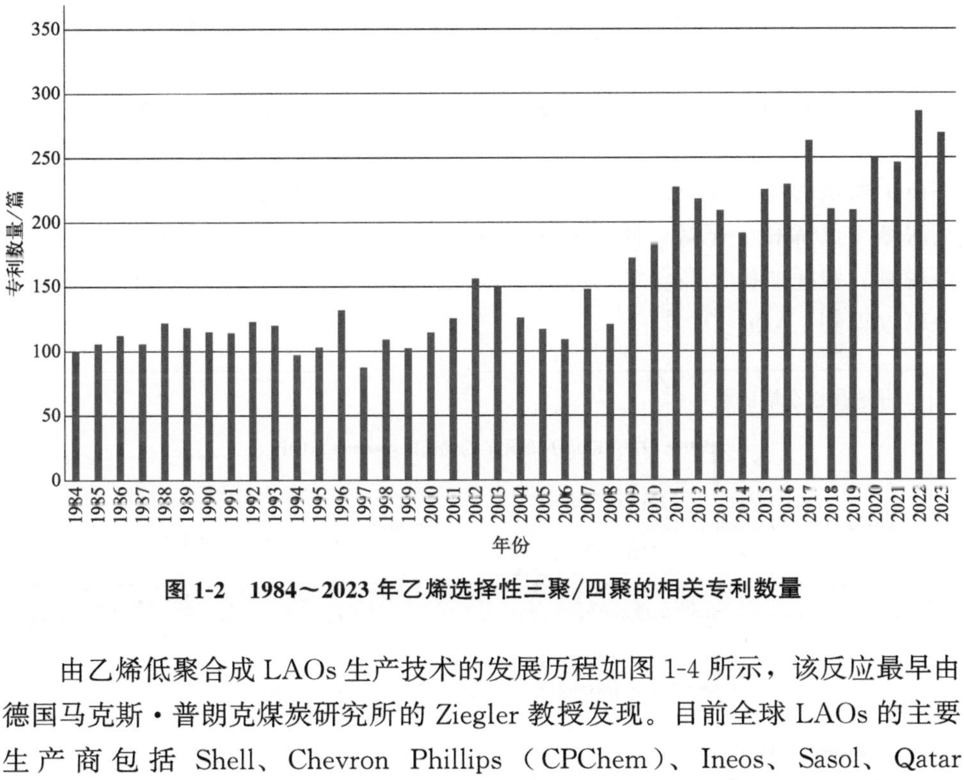

图1-2　1984～2023年乙烯选择性三聚/四聚的相关专利数量

由乙烯低聚合成LAOs生产技术的发展历程如图1-4所示，该反应最早由德国马克斯·普朗克煤炭研究所的Ziegler教授发现。目前全球LAOs的主要生产商包括Shell、Chevron Phillips（CPChem）、Ineos、Sasol、Qatar Petrochemical、SABIC、Nizhnekamskneftekhim和Idemitsu等，其中前三大生产商占据接近50%的市场份额，Shell是全球最大的LAOs生产商。全球LAOs的产能主要分布于北美、中东、中国和西欧等国家和地区。目前，北美是LAOs最大的生产地区，约占全球LAOs产量的44%，其次是中东16%、中国大陆13%和西欧10%。亚洲其他地区、非洲、中欧和东欧以及中南美洲

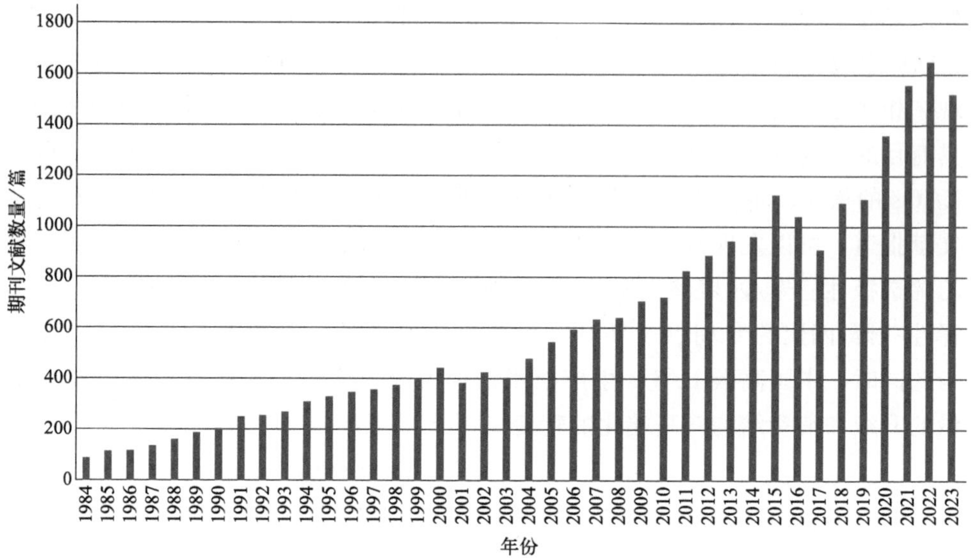

图 1-3　1984～2023 年乙烯选择性三聚/四聚的相关期刊文献数量

则占了剩余的 17%。在 LAOs 产品中，1-丁烯的市场份额最高，超过 30%，其次是 1-己烯和 1-辛烯。除了乙烯低聚生产 LAOs 以外，通过石蜡裂解、烷烃脱氢、费托抽提、混合 C_4 分离、内烯烃异构、CO_2 加氢和生物精炼等方法也可以得到 LAOs。

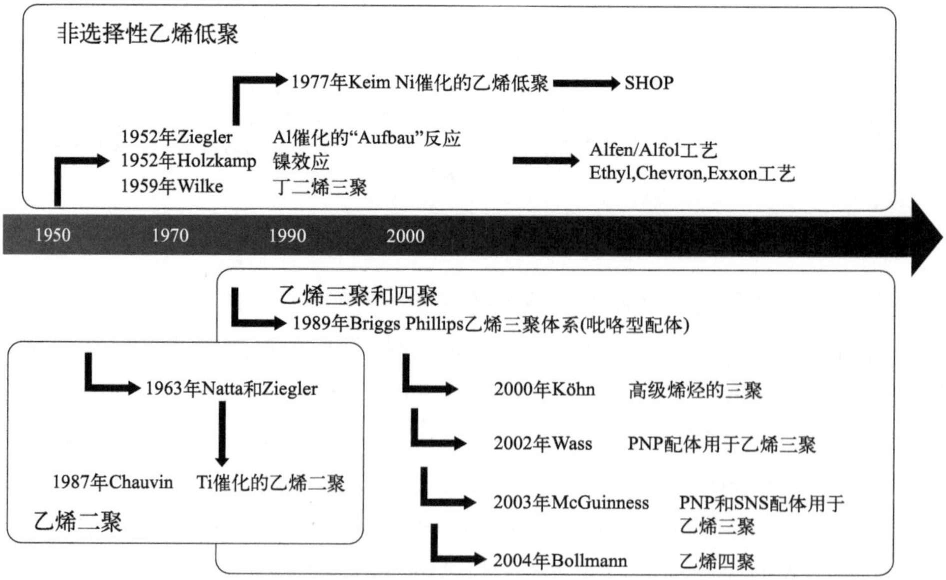

图 1-4　乙烯低聚合成 LAOs 生产技术的发展历程

中国企业受到LAOs广阔的市场需求和较高的附加值吸引，纷纷加大对LAOs的技术开发和生产布局，特别是1-己烯和1-辛烯等高碳LAOs产品。中国石油、中国石化及多家民营炼化企业和煤化工企业等均在布局LAOs项目，并加大了研发力度，有望推动LAOs技术的国产化进程。中国海洋石油集团有限公司和Shell集团的合资公司中海壳牌石油化工有限公司充分利用Shell集团的技术优势，在中海壳牌惠州三期乙烯项目规划建设40万t/a的LAOs装置，这是亚洲及中国首次引进该技术进行LAOs的生产。

1.3 线型α-烯烃的应用

作为一种重要的有机化工原料和中间体，LAOs可以用作生产聚烯烃的共聚单体，也可用作生产高端增塑剂用醇、润滑油基础油、线型烷基苯、α-烯烃磺酸盐、油田钻井液、烯基琥珀酸酐和洗涤剂用醇等精细化学品的原料[4-7]，如表1-2所示。在这些应用领域中，用作聚烯烃共聚单体的LAOs占据了LAOs总需求量的60%以上，是其主要的消费市场；其次是用于合成聚α-烯烃润滑油基础油，约占LAOs需求量的10%；用于合成表面活性剂中间体的LAOs约占LAOs总需求量的11%；用于生产增塑剂用醇的LAOs约占LAOs总需求量的3%；用于生产润滑油添加剂的LAOs约占LAOs总需求量的4%；其他用途占LAOs总需求量的12%。在美国、西欧、日本等发达国家和地区，LAOs被广泛应用于生产高性能聚烯烃、聚α-烯烃润滑油基础油以及高性能的洗涤剂。中东和东亚地区的聚烯烃生产驱动了1-丁烯消费的增长，1-十四烯及以上的高碳LAOs在东亚市场上主要用于生产α-烯烃磺酸盐等。LAOs产业链的上下游应用情况如图1-5所示。

表1-2 不同种类LAOs的应用领域

碳数	应用领域
$C_4 \sim C_8$	聚合物和聚烯烃共聚单体
$C_6 \sim C_8$	低分子量脂肪酸和硫醇
$C_6 \sim C_{10}$	增塑剂用醇
$C_8 \sim C_{12}$	聚α-烯烃润滑油基础油、润滑油添加剂、烷基苯和胺类添加剂等
$C_{10} \sim C_{16}$	洗涤剂用醇、香料、非离子表面活性剂和油田化学品等
$C_{14} \sim C_{18}$	油田化学品、润滑油添加剂和表面活性剂等

续表

碳数	应用领域
C_{20}～C_{30+}	油田化学品、蜡流变改性剂等

资料来源：Burdick D L，Leffler W L. Petrochemicals in nontechnical language. Tulsa：PennWell Publishing Company，1990.

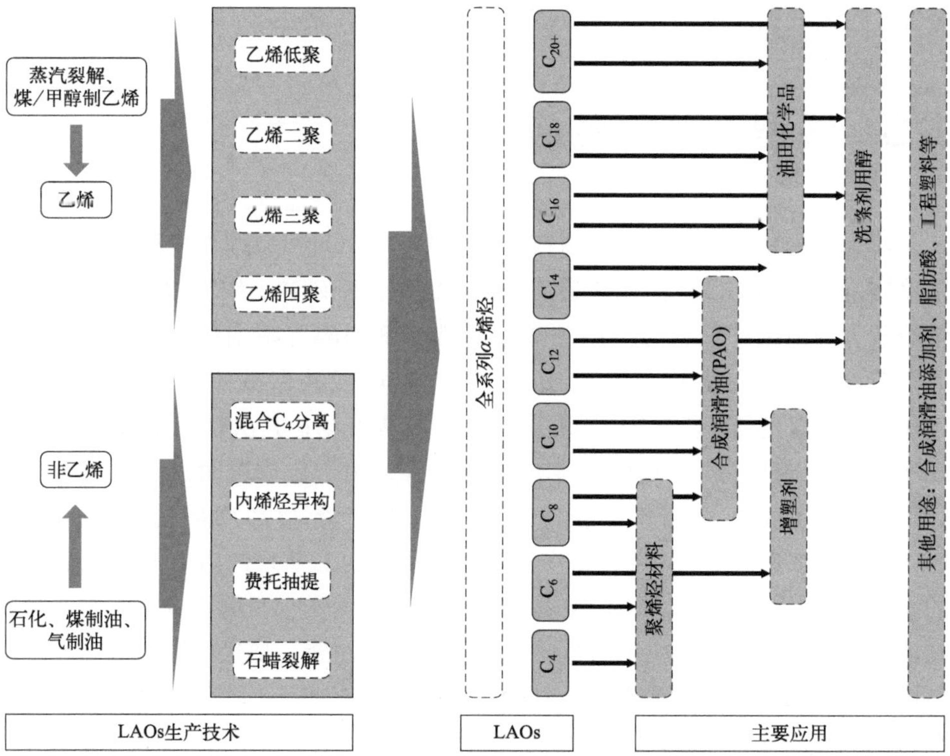

图 1-5　LAOs 的生产原料、技术和产业链

1.3.1　聚烯烃共聚单体

随着聚乙烯（PE）生产技术的进步和高性能聚烯烃产品的开发，对 1-己烯、1-辛烯等高碳 LAOs 共聚单体的需求呈现快速增长的趋势[8-12]。以 1-丁烯、1-己烯和 1-辛烯等 LAOs 作为共聚单体，通过乙烯低压气相聚合，使用不同的茂金属催化剂、非茂金属催化剂或后过渡金属催化剂，可以生产出密度在 0.915～0.930g/cm^3 的线型低密度聚乙烯（LLDPE）。采用这种方法制备的

LLDPE分子链侧链长短和数量可控，共聚后的单体侧链能强化二级结构缠结作用，增强PE片晶间结合力，改善材料的力学和光学性能。相对于以1-丁烯为共聚单体制备的LLDPE，尽管以1-己烯或1-辛烯为共聚单体制备的LLDPE热塑性树脂更为昂贵，但1-己烯或1-辛烯共聚单体赋予产品的独特性能逐渐受到市场和终端用户的青睐。以高碳LAOs作为共聚单体，可使LLDPE在保持产品高可塑性的同时，还具备更好的抗冲击、抗破裂和抗穿刺性能。因此，聚合过程可以采用单一类型的共聚单体，也可以采用几种不同类型的共聚单体的组合，以改善聚合产物的性能。商用LLDPE中，共聚单体的平均含量通常为8%～10%（质量分数），LLDPE具有更高的软化温度、更好的耐化学腐蚀性和更高的强度，因此被广泛用于工业、农业、医疗、卫生和日常生活用品等领域。

共聚单体1-丁烯、1-己烯和1-辛烯也能用于生产高密度聚乙烯（HDPE）。HDPE主要用于制造不同形状的工业管道和吹塑制品，例如油桶和食品容器等[8-9]。HDPE还广泛用于制造各种一次性耐用物品，例如普通食品包装和垃圾袋等。由于HDPE是一种结晶度较高的聚合物，长时间暴露在环境中容易出现裂纹，使得其耐环境应力开裂（ESCR）性较差。ESCR表征了聚合物长时间暴露在环境中出现裂纹的时间，ESCR的增长是因为共聚单体在聚合物中形成了许多短支链，从而阻止了聚合物链的强黏附，降低了产品的密度，从而增加了其流动性。共聚单体的含量越高，热塑性塑料的密度越低，产品越柔软，柔韧性越强。因此，引入0.5%～3.0%（质量分数）C_4～C_8的LAOs则会显著改善HDPE的这一特性。通常使用1-己烯或1-辛烯生产的聚合物相比使用1-丁烯获得的聚合物具有更高的ESCR。在密度为0.950g/cm^{3}时，使用1-丁烯生产的聚合物ESCR为50～310h；使用1-己烯生产的聚合物ESCR为800～1000h；而使用1-辛烯生产的聚合物ESCR更高，可达1000h以上。此外，引入共聚单体还可以提高热塑性塑料的断裂韧性和耐化学腐蚀性。

PE生产技术的不断进步和新型聚合催化剂的开发，促进了共聚单体含量极高、弹性模量极低的低模量共聚物的合成，在0.860～0.910g/cm^{3}密度范围内，可实现与弹性体和不同塑性体的竞争。具有高弹性的烯烃聚合物被称为聚烯烃弹性体，而结合弹性体和塑料特性的树脂被称为聚烯烃热塑性弹性体。高性能聚烯烃的发展为其使用场景提供了更多可能性，使其能够与聚氯乙烯（PVC）和乙烯-乙酸乙烯酯共聚物（EVA）等材料的消费市场形成竞争[13-15]。

LAOs还可用于生产其均聚物和多元共聚物。例如，1-丁烯是一种具有广泛应用的聚合单体，可用于生产具有优异力学性能的聚1-丁烯（PB）[16-17]。

PB具有较高的抗张强度、抗破裂性和抗蠕变性，其性能类似于交联聚乙烯（PEX），被冠以“塑料中的软黄金”的称号[18-19]。PB的突出优点是抗蠕变性、耐环境应力开裂和抗冲击性能优于聚乙烯，因此最主要的用途是生产管材，如冷水管、热水管、工业用管和建筑物用管等，在薄膜、包装方面的应用正日益扩展。由1-己烯、1-辛烯和1-癸烯等LAOs进行均聚或共聚得到的超高分子量α-烯烃聚合物，是一种性能优良的油溶性减阻剂，具有用量小、对油品无污染、在油料运输中减阻效果佳等特点。

目前聚丙烯（PP）薄膜市场主要以均聚PP和乙丙无规共聚PP为主。以丙烯与1-丁烯作为原料采用齐格勒-纳塔（Ziegler-Natta）催化剂或茂金属催化剂得到的二元无规丙丁共聚物，可以改善PP产品的抗冲性能和光学性能，降低加工温度和起始热封温度，扩大了PP的应用范围，在产品的透明性、刚性、室温可溶物含量和制品的表面迁移物等方面具有优势[20]，主要用于透明PP注塑、挤出、注拉吹及吸塑成型各种透明包装、家居容器、医疗用品等，特别适合用于要求较高的食品或药品容器、器具，如注射器、婴儿用具、药品包装等。

由乙烯、丙烯和1-丁烯共聚得到的乙烯-丙烯-丁烯三元共聚物，其分子链中乙烯和1-丁烯单元的插入破坏了PP分子链的规整性，引入结构缺陷降低了聚合物的结晶度；同时乙烯和1-丁烯单元在分子链中的非均匀分布导致聚合物在结晶过程中形成不同厚度的片晶，赋予聚合物较宽的熔融范围[21]。相较于常规的均聚PP和二元PP共聚物，三元PP共聚物具有热封窗口宽、起始热封温度低、热合强度高和透明度高等优势，适用于高档包装材料领域[22-24]。C_6、C_8、C_{10}、C_{16}、C_{18}和C_{20}～C_{28}的LAOs与马来酸酐共聚，可制得具有重要商业价值的烯基琥珀酸酐（ASA）[25-26]。PA-18是马来酸酐和1-十八烯的共聚物，在涂层纸的生产中具有重要的应用[27]。其他LAOs与马来酸酐共聚得到的共聚物通常转化为酸、半酯或二酯的酰胺，可作为润滑油添加剂使用，并且也是环氧树脂的高效固化剂。另外，C_6、C_8和C_{10}的LAOs可以与乙酸乙烯和氯乙烯共聚合。

长链LAOs可直接用于合成高性能聚合物。在高压加热成型PVC制品中，C_{30+}的LAOs被广泛用作润滑剂。在PVC生产中，添加润滑剂是为了确保挤出机的适当润滑并控制熔化过程。通常PVC在热挤压过程中会开始降解，然而通过引入不同的添加剂，例如二丁基锡、二辛基氧化锡或二辛基硫醇锡，可以有效抑制这种降解过程。这些添加剂通常由氯化锡（Ⅳ）和相应的烷基铝合成，而烷基铝则是由LAOs合成的。同样用于制备锡化物的硫醇也通常来自 LAOs。

1.3.2 合成表面活性剂中间体

目前世界上的表面活性剂有1万多种，适用于生产洗涤剂的表面活性剂约有十几种，其中以α-烯烃作为原料生产的表面活性剂有α-烯烃磺酸盐（AOS）、线型烷基苯磺酸盐（LAS）、脂肪醇聚氧乙烯醚硫酸盐（AES）等[28]。长链LAOs直接磺化可得到AOS、异构的烯烃磺酸盐和烷基酚的混合物[29-30]。C_{14}～C_{16}的LAOs经磺化后再与氢氧化钠反应生成的AOS，是一种优良的阴离子表面活性剂。近年来AOS在国外发展迅速，优异的性能和价格使其成为备受关注的表面活性剂之一。与线型烷基苯磺酸盐及脂肪醇聚氧乙烯醚硫酸盐相比，水硬度对AOS的去污能力影响较小，且其起泡性和泡沫稳定性更佳。此外AOS在低温下具有出色的增溶性和钙皂分散性。含有AOS的无磷洗衣粉不仅具有较强的去污能力，而且还能减少洗后灰粉的沉积量，减轻织物的板结发黄现象，因此被视为优秀的新一代无磷和含酶洗衣粉的原料。利用苯与磺化的长链LAOs进行傅-克反应（Friedel-Crafts反应），可以合成一种重要的家用洗涤剂烷基苯磺酸盐。通过氢胺化反应，由C_8～C_{18}的LAOs制备的氢化脂肪胺（非离子表面活性剂）对皮肤温和，泡沫稳定性良好。而由C_9～C_{19}的LAOs合成的C_{10}～C_{20}脂肪酸，是生产阳离子表面活性剂和肥皂的原料。

随着环境污染问题日益受到关注，十二烷基烷基苯磺酸盐和壬基酚聚氧乙烯醚等常用表面活性剂的使用受到了限制，采用易于生物降解的表面活性剂势在必行[31]。表面活性剂分子是由亲水基和憎水基两部分组成的[32]，憎水基分子由10～18个碳原子的烷烃链组成，烷烃链上支链越少，则越容易生物降解。生产这种表面活性剂的基础原料尤以C_{12}、C_{14}、C_{16}和C_{18}的LAOs为主，从中可以合成很多特种有效的物质，如烷基苯磺酸盐、烯烃磺酸盐、长链烷基二甲基胺等高效表面活性剂。由LAOs生产出的高质量洗涤剂及洗发香波等，具有高效、不腐蚀皮肤、易降解、环境污染小等优点，因此LAOs是生产高级无污染洗涤剂的理想原料。

1.3.3 合成醇类化合物

根据碳链长度的不同，工业上将生产线型醇所使用的LAOs划分为三个应用领域：C_6～C_{10}的LAOs、C_4～C_{12}的LAOs和C_{10}～C_{16}的LAOs。由C_6～C_{10}的LAOs合成的C_7～C_{11}线型醇主要用于生产增塑剂产品；由C_4～

C_{12} 的 LAOs 合成的硫醇主要用作除草剂、分子量调节剂和添加剂等精细化学品。而由 C_{10}～C_{16} 的 LAOs 合成的 C_{11}～C_{17} 线型醇则用于生产表面活性剂等洗涤产品。

1.3.3.1 合成增塑剂用醇

C_6～C_{10} 的 LAOs 通过羰基合成可制得直链 C_7～C_{11} 醇，这是一种重要的增塑剂中间体。与支链醇相比，由直链醇合成的增塑剂能够使塑料产品在低温下具有更好的柔软性，挥发性更低，加工性能更好，且室外耐温性能更佳[33-35]。C_7～C_{11} 的直链线型醇可与邻苯二甲酸酐或己二酸等反应生成相应的酯，这些酯类用于生产聚氯乙烯等用的直链线型增塑剂和稳定剂产品，这些产品主要应用于户外用具的聚氯乙烯料、墙面涂料、电线电缆料、汽车装饰件和配件料等领域。与传统的邻苯二甲酸二异壬酯（支链增塑剂）相比，直链线型增塑剂具有更低的挥发性和更高的高温稳定性。鉴于国内电缆产品将逐渐采用国际统一标准，而以丁醇和辛醇为原料的增塑剂产品耐温性能难以达到其指标，因此必须采用直链高碳醇，直链高碳醇可通过 LAOs 制备。从国内外增塑剂用醇的生产消费状况来看，发达国家和地区如美国、西欧和日本等不断发展高碳增塑剂醇的生产技术，产量逐年增加，消费量也较大。中国对直链醇增塑剂的需求也在持续增长，目前仍主要依赖于 C_4 醇和 C_8 醇的生产，而 C_9 以上高碳增塑剂醇则主要依赖进口。

1.3.3.2 合成洗涤剂用醇

C_{11}～C_{14} 的 LAOs 经羰基化可制得 C_{12}～C_{15} 的洗涤剂用醇，C_{12}～C_{18} 的 LAOs 主要用于合成洗涤剂，生产的洗涤剂具有良好的生物降解性。C_{12}～C_{16} 的线型醇作为中间体，可用于生产脂肪醇聚氧乙烯醚、脂肪醇磺酸盐和脂肪醇聚氧乙烯醚硫酸盐等[36-37]。这些产品均为表面活性剂，是合成洗涤剂的主要原料。其中，以烷基苯磺酸盐、醇醚硫酸盐、醇硫酸盐为主的阴离子表面活性剂占洗涤剂用表面活性剂总量的 55%以上，以脂肪醇醚、烷基糖苷为主的非离子表面活性剂约占总量的 35%，而其他类型的表面活性剂约占总量的 10%。

1.3.3.3 合成线型硫醇

C_8～C_{12} 的 LAOs 可用于生产线型硫醇，这些线型硫醇被广泛用于合成化学中间体、防水剂、橡胶添加剂、农用化学品和聚合物改性剂等领域。C_4～

C_{12} 的 LAOs 与硫化氢在 Friedel-Crafts 催化剂的作用下可生成相应碳数的硫醇。其中，正十二烷基硫醇主要用作丙烯腈-丁二烯-苯乙烯（ABS）聚合反应中的分子量调节剂[38]。根据碳数的不同，线型硫醇具有其各自的应用领域：正丁基硫醇是生产除草剂的重要原料；正己基硫醇主要用作农用品中间体；正辛基硫醇在纺织业中用作织物印花助剂，在增塑剂、涂层、农药、专用纸张和药物生产中用作聚合物改性剂；正癸基硫醇作为特定产品的专用添加剂，用量较小；正十二烷基硫醇主要作为聚合物的分子量调节剂用于塑料和橡胶制品制造，也可作为矿石浮选剂（主要为铜矿）用于采矿行业。酚类化合物可与 LAOs 发生烷基化反应，制备多种类型的抗氧剂。LAOs 可以通过自由基的氢溴化作用生产烷基溴，而烷基溴是生产硫醇、胺、胺氧化物和氨类化合物的重要中间体。此外，由 LAOs 合成的内酯也是一种优质的香料原料[39]。

1.3.4　合成润滑油基础油和油品添加剂

LAOs 可以通过氧化反应合成脂肪酸，特别是奇数碳的脂肪酸，是生产润滑油的理想原料。在催化剂的作用下，C_8～C_{12} 的 LAOs 会发生低聚反应生成混合物，通过加氢使双键完全饱和，从而提高其热稳定性和化学稳定性。将低聚反应混合物进行分馏，即可得到聚 α-烯烃（polyalphaolefin，PAO）润滑油基础油[40-41]。PAO 是调制合成润滑油的基本原料，根据其聚合度的不同可分为低聚合度、中聚合度和高聚合度，分别用于调制不同黏度等级的润滑油产品。以 PAO 为基础，可以生产出符合国际标准化组织确定的各种黏度等级要求的工业润滑油[42]。由于 PAO 黏度指数较高，故可以减少聚合物或高黏度级别矿物油的使用。PAO 合成润滑油具有倾点低、低温性能好、闪点高、结焦少、使用寿命长、黏度指数高、对添加剂感受性好、抗乳化和抗泡性能优异、无毒无刺激性、生物降解性好、高温稳定性好等优点，因此在苛刻的使用环境中得以广泛应用。PAO 适用于调制各种工业润滑油，例如汽轮机油、高低温航空润滑油、高低温润滑油基础油、严寒区内燃机油、齿轮油、液压油、冷冻机和自动传动液、数控机床油、空气压缩机油、变压器油、绝缘油、高压开关用油、金属加工液、导热油和机械用白油等。C_{12} 以上的 LAOs 可用于生产环保型油田化学品、表面活性剂、高性能润滑油添加剂等高附加值化工产品，是应用最广泛的一类。其长烷基链能提供更好的亲油性、两相分散性，直链结构利于自然降解、保护环境，在驱油、洗涤、印染等工业过程应用普遍。

近年来，茂金属催化剂在 PAO 合成润滑油基础油方面的应用得到了广泛的关注和研究。Shell 公司[43]采用茂金属催化剂催化合成 PAO 时得到的产物黏度指数很高，而且具备生物降解和抗氧化性能，基本不含由于异构化而生成的叔氢。C_{11}～C_{12} 的 LAOs 与油酸酯掺混后，通过硫化反应可以合成硫化 α-烯烃，在金属加工、工业齿轮油、润滑脂和压力液等领域应用广泛。

在润滑油生产中通常会使用添加剂以达到更高的润滑性。润滑油添加剂可以分为五大类，包括清净剂、分散剂、黏度指数改进剂、抗磨剂和抗氧剂等。将少量添加剂加入润滑油基础油中，可以显著改善润滑油基础油的某些性质，甚至赋予其新的特性。近年来，随着中国汽车工业的迅速发展，合成润滑油在数量和质量上已难以满足市场需求[44]。

利用 C_{14}～C_{24} 的 LAOs 与苯或苯酚进行烷基化反应，再经磺化、中和处理后得到其钙、镁、钡盐。作为润滑油添加剂，这些盐类具有良好的分散作用，可有效防止高温下在气缸口生成沉积物。将 LAOs、丙烯酸酯、马来酸酐和高碳脂肪胺反应，合成含氮聚酯型柴油降浊剂，可以显著改善柴油的低温性能。由 LAOs 制得的烯基琥珀酸酐可作为 PAO 的分散剂和缓蚀剂，由 C_8～C_{15} 线型醇衍生的异丁烯酸酯可用作润滑油的黏度指数改性剂。

我国合成润滑油及润滑油添加剂市场潜力巨大，目前国内的润滑油添加剂主要包括合成磺酸盐、硫化烷基酚钙和烷基水杨酸盐等。合成磺酸盐已成为当前调配中高档内燃机油必不可少的添加剂之一，国外各大润滑油添加剂公司都在积极地拓展中国市场。在此形势下，我国的合成磺酸盐生产企业也面临着巨大的竞争压力[45]。

1.3.5 合成油田化学品

如何合理开发和充分利用石油能源逐渐成为人们关注的焦点问题。在世界范围内石油开发，经过一次、二次常规采油的总采收率一般只有 20%～40%，而遗留在地层的残余油高达 60%～80%。因此如何提高原油采收率就成了石油行业亟待解决的热点问题。三次采油技术[45-47]是一种非常有效的提高原油采收率的方法，而三元复合驱油是三次采油技术中特别重要的而且采油率较高的方法，在我国的胜利油田和大庆油田中都已经先后进行了三元复合驱油先导性试验。而三元复合驱油不仅对表面活性剂的要求非常严格，对聚合物的要求也很高。表面活性剂在油田驱油中起着非常重要的作用，可以直接影响驱油效率以及原油与驱油体系之间的界面张力等。

由 LAOs 制成的油溶性超高分子量聚 α-烯烃减阻剂，作为油品运输的添加剂可以起到减小摩擦阻力和提高流量的作用，它在提高管道运输能力的同时还有效降低了运输成本。超高分子量聚 α-烯烃减阻剂的减阻性能与其分子量和分子侧链结构有关，一般分子量越高、侧链越长，减阻性能越好。此外高聚物分子链的几何形状和柔性对减阻效率影响也很大，目前发现有效的高分子减阻剂多是无结晶性的线型或螺旋型结构的柔性分子。

以 1-癸烯等 LAOs 合成的表面活性剂作为生物降解性钻井液，尤其是海上钻井用泥浆，不仅具备优异的生物降解性能，而且对海洋中的生物基本没有毒害作用，同时还能满足泥浆对黏度和倾点的要求，因此近年来其需求量也显著增长[48]。

1.3.6　其他用途

除了上述用途外，LAOs 也可作为原料用于生产线型烷基苯、烯基琥珀酸酐、烷基铝、烷基酚等。

1.3.6.1　合成线型烷基苯

C_{10}～C_{14} 的 LAOs 也可用于生产洗涤产品所需的线型烷基苯（LAB），LAB 与浓硫酸、发烟硫酸或三氧化硫发生磺化反应可生成线型烷基苯磺酸盐[49-50]。在家用和工业用洗涤剂产品中，线型烷基苯磺酸盐的消耗量很大。自 20 世纪 70 年代起，线型烷基苯磺酸盐开始逐渐取代那些溶解性差、难以生物降解的支链十二烷基磺酸盐类化合物。与廉价的石蜡不同，选择价格较高的 LAOs 为原料来生产 LAB，可以省掉石蜡脱氢这一步骤，从而简化了 LAB 的生产工艺操作。此外，一些生产厂商以正构石蜡为基础原料，采用 LAOs 来调整所生产 LAB 的链长分布，以增加产品的可调性。

1.3.6.2　合成烯基琥珀酸酐

LAOs 在日用化学品、香料、造纸等行业具有重要的用途。C_{16}～C_{20} 的 LAOs 与顺酐反应，可以得到用于纸张的上浆剂，可防止水渗入的皮革柔软剂，具有良好电导率、挠性和硬度的环氧树脂固化剂，用于润滑油的缓冲剂和分散剂的烯基琥珀酸酐（ASA）等[51]。随着造纸工业由酸处理向碱处理转变，纸张硬挺剂的需求结构发生显著变化。其中，由烷基乙烯酮二聚体和 C_{16}～C_{20} 的 LAOs 反应得到的烯基琥珀酸酐（ASA）需求量以每年 16%的速率递增。国内市场对 ASA 的需求也逐年增长[52]。ASA 应用广泛，可用作纸张浆料、表面活性剂中间体、润滑油添加剂、皮革制剂、增塑剂和食品添加剂等。在这些用途中，绝大多数 ASA 被用作造纸工业的纸张浆料。

1.3.6.3 合成烷基铝

C_6～C_8 的 LAOs 可用于生产烷基铝，在聚烯烃合成、橡胶合成领域具有重要的应用[8-12]。此外，烷基铝还可以转化为有机锡产品，用作 PVC 稳定剂或者杀虫剂[53]。工业上，烷基铝是以烷基卤化物和铝为原料，在加压条件下直接反应生成的。通常通过控制反应步骤的办法来获得一烷基铝、二烷基铝和三烷基铝。在实验室或小规模装置的条件下，通常是先将烯烃卤化制备卤化烯烃，然后与铝粉反应制得一烷基铝和二烷基铝的混合物。通过加入金属钠，可以将一烷基铝和二烷基铝的混合物还原为三烷基铝，该反应比较剧烈且反应产物难以分离。

1.3.6.4 合成烷基酚

烷基酚是以苯酚与 LAOs 为原料，在苯环上发生烷基化反应得到的[54]。烷基酚产品主要包括辛基酚、仲辛基酚、壬基酚、二壬基酚、十二烷基酚等。烷基酚是精细化工生产中的重要中间体之一，在抗氧剂、表面活性剂、润滑油添加剂、橡胶助剂、绝缘材料等领域有着广泛的应用。壬基酚作为一种多功能非离子表面活性剂，是最主要的烷基酚产品，在化工和有机合成领域中是重要的中间体，具有出色的去污、润湿、渗透、分散和乳化性能。壬基酚主要用于生产金属清洗剂、洗涤剂、破乳剂、湿润剂、匀染纺织助剂等，同时也可用于制备酚醛树脂等多种化工产品。

伴随着石油化工行业的发展，我国烷基酚系列产品的开发和应用研究有了较大的进步，烷基酚系列产品产业化进程持续推进，生产能力不断提升。

1.4 线型 α-烯烃的市场需求

近年来，随着聚烯烃工业和润滑油工业的不断发展，全球范围内对 LAOs 的需求量迅速增长。2022～2027 年，全球 LAOs 消费量预计将以 3.5％的年均增长率增长。随着中国化工产业的快速发展，LAOs 的消费量与品质均有较大的提升空间。根据欧盟统计局 2020 年的数据，中国化工产品的消费总量占全球消费总量的 45％，已成为全球最大的化工产品消费市场。但在 LAOs 领域，2019 年中国的消费量仅占全球的 13％，仍有很大的发展空间。2022 年全球不同地区 LAOs 的供给/需求情况如表 1-3 所示，发达国家 1-丁烯消费占比约为 17%，1-己烯消费占比约为 22%，1-辛烯消费占比约为 19%。与发达国家相比，中国的 LAOs 消费结构相对偏低端，以 1-丁烯为主，消费占比达到 81%，而 1-己烯消费占比为 5%，1-辛烯消费占比仅为 0.3%，如图 1-6 所示。近年来中国的聚烯烃产能高速增长，叠加聚烯烃产品品质的提升，未来 1-己烯、1-辛烯等高碳 LAOs 将拥有广阔的市场空间。中国的 LAOs 消费结构将转变为类似于发达国家的模式，预计 2025 年后，中国对 LAOs 的需求将呈现显著的增长趋势。

表 1-3　2022 年全球不同区域线型 α-烯烃供给/需求情况①　　单位：万吨

区域/国家	产能		产量	进口量	出口量	表观消费量		平均年消费增长率
	2022 年	2027 年				2022 年	2027 年	
北美	356.1	417.7	284.2	29.0	79.5	233.7	253.2	1.6%
中美和南美	11.5	11.5	8.0	8.0	0.1	15.8	18.5	3.2%
西欧	70.7	70.7	65.1	45.8	15.2	95.8	105.4	1.9%
中欧和东欧	8.7	28.8	6.1	1.8	0	7.8	17.4	17.4%
中东	119.5	159.5	103.8	10.1	46.2	67.7	79.4	3.3%
非洲	60.6	60.6	29.7	0.5	13.3	16.9	23.3	6.6%
中国	115.4	224.5	83.6	17.5	3.7	97.4	139.3	7.4%
印度	22.2	22.2	16.6	8.7	0	25.3	33.2	5.6%
日本	13.9	13.9	11.3	1.3	3.5	9.1	8.5	−1.3%
韩国	25.5	25.5	21.1	22.9	10.3	33.6	38.2	2.6%
东南亚和大洋洲②	33.3	33.3	18.6	34.6	3.0	50.2	59.8	3.5%
总计	837.4	1068.2	648.1	180.2	174.8	653.3	776.2	3.5%

资料来源：*Chemical Week*～9/16 August 2021。

①包括 C_4 以及更高碳数线型 α-烯烃和内烯烃，也包括从混合 C_4 分离获得的 1-丁烯。

②包括印度尼西亚、马来西亚、菲律宾、新加坡、泰国、越南、澳大利亚和新西兰。

2022 年，全球 LAOs 的市场估值为 72.3 亿美元。预测表明 2020～2030 年这十年间 LAOs 的市场估值将持续增长，且复合年增长率为 5.27%，2030 年 LAOs 的市场估值预计将增至 103.6 亿美元。LAOs 市场需求增长的一个关键驱动因素是聚乙烯（PE）和聚丙烯（PP）等高性能聚烯烃材料在包装、建筑、汽车和新能源等多个领域的应用越来越广泛，这一趋势促进了 LAOs 消费的持续增长。随着全球汽车生产和拥有量的增加，对 PAO 合成润滑油基础油的需求也随之增加。与矿物基润滑油相比，PAO 合成润滑油具有更高的运

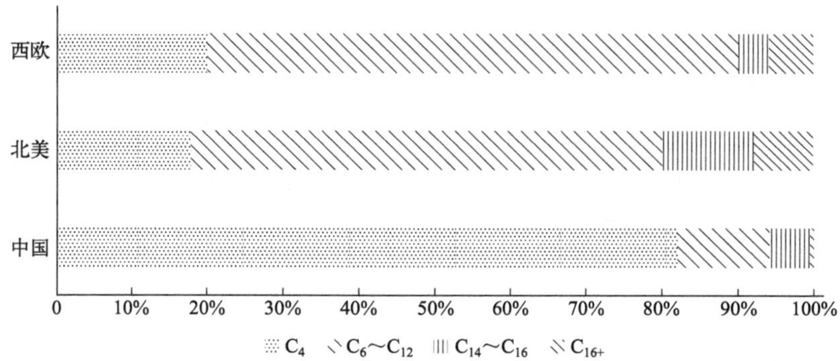

图 1-6　2022 年中国与北美和西欧 LAOs 消费对比情况

动黏度、更高的黏度指数、更低的倾点和更好的挥发性，因此备受青睐。从历史数据来看，特别是与车辆排放相关的环境因素，刺激了 PAO 合成润滑油的广泛使用。对油田钻井添加剂应用的预测表明，其未来对 LAOs 的需求也将进一步扩大[55-56]。此外，LAOs 也是增塑剂、表面活性剂和润滑油添加剂等各种终端产品制造的关键原料或配方中的一部分，在汽车制造和维护中不可或缺。LAOs 广泛的应用范围以及卓越的品质，促进了 LAOs 市场的快速增长。LAOs 在表面活性剂和化工中间体中的重要性也日益凸显，它们对从个人护理到工业清洁的各种应用领域都至关重要，并反映了人口增长和城市化的趋势。

在过去几年中，由于 1-己烯在合成 LLDPE 新产品中的规模性应用，其在全球 LAOs 市场中的份额越来越大。预计在未来一段时间内，无论是在市场规模还是销售收入方面，1-己烯将保持快速增长的地位，同时 C_8～C_{12} 的 LAOs 在合成润滑油基础油领域的应用可能会进一步增加其需求。

近年来，全球能源需求的增长以及工业化进程的推进促使石化行业发展迅猛，而 LAOs 作为重要的石化产品，其需求量也随之上升。同时，随着石化工艺的不断创新和改进，LAOs 的生产成本逐渐降低，从而加剧了市场竞争。目前，全球 LAOs 市场规模庞大，主要集中在北美、亚洲和欧洲等地区。其中，生产 PE、PP 和 PB 等作为 LAOs 主要的应用领域，占据了重要的市场份额。预计未来几年，全球能源需求将持续增长，LAOs 作为能源产业不可或缺的一部分，其需求量也将持续增加。此外，随着人们环保意识的增强，对于可再生能源的需求也将逐渐增加，给 LAOs 行业带来了新的挑战和机遇。从全球来看，北美地区在 LAOs 消费市场中占据了最大的份额，其需求量超过全球总需求量的 40%。北美地区拥有巨大的消费潜力，加之不断提升的生产能力以及具有竞争力的生产成本，均促进了LAOs市场的快速增长。因此，北美市场在LAOs的生产和消费中占据主导地位。在合成润滑油和聚烯烃行业快速增长的推动下，预计未来几年亚太地区市场的LAOs需求量将迅速增长，尤其是在日本、中国和印度等国家。预计未来数年内，该行业竞争将进一步加剧，尤其是在中国市场。尽管欧洲地区的经济陷入衰退，但欧洲的化学工业仍处于强势地位。在欧洲的化工销售产品中，石油化工产品和聚合物占据了一半以上，其中化学品的销售份额呈持续上升的态势。西欧是LAOs的第二大市场，但由于欧洲LAOs市场已趋于成熟，因此未来增长率预计将低于历史水平。未来五年内，欧洲地区LAOs市场需求将缓慢增长，这主要受市场的成熟度以及全球经济发展形势的影响。

从产品类型及技术角度来看，目前用量最大的LAOs产品为1-丁烯，在2022年销量达190万吨，占全球LAOs市场份额的31.52%。其次是1-己烯，在2022年的销量为147.5万吨，占全球LAOs市场份额的24.47%。1-辛烯位居第三，在2022年销量为90.6万吨，占全球LAOs市场份额的15.03%。在2022年，全球LAOs市场销量达602.8万吨，预计到2029年将达到807.9万吨。

从产品市场应用情况来看，PE共聚单体仍是最主要的应用领域，在2022年销量为394.5万吨，占据LAOs市场份额的65.44%，预计2023～2029年间复合增长率为4.51%。其次为聚α-烯烃，在2022年销量为71.2万吨，占据LAOs市场份额的11.81%。

中国LAOs市场起步较晚，2022年国内LAOs销量达125.4万吨，占据全球LAOs市场份额的20%左右。预计2025年中国LAOs销量将增长至145万吨，占比将上升至21%左右，年复合增长率约5%。目前，中国C_6及C_6以上的高碳线型α-烯烃的消费占比远低于发达国家，国产PE的共聚单体主要以1-丁烯为主，这也是国内高性能聚烯烃自给率不高的主要原因。LAOs在中国市场应用前景广阔，提升LAOs生产能力有利于中国LAOs行业发展规模的扩大和国际市场竞争力的提升。

1.5 线型α-烯烃的技术发展趋势

传统的LAOs生产方法主要包括石蜡裂解法、乙烯低聚法、费托合成分离法、脂肪醇脱水法、内烯烃异构法等[57-59]。其中，石蜡裂解法、脂肪醇脱水法已经淘汰。目前工业上生产 LAOs 的主要方法是乙烯低聚法，主要生产工艺包括乙烯低聚一步法工艺、乙烯低聚两步法工艺、SHOP 工艺以及几种非选择性乙烯低聚工艺和选择性乙烯低聚工艺等。全球 LAOs 的产能分布及主要生产工艺情况如表 1-4 所示。

表 1-4 全球 LAOs 生产装置、产能及生产工艺

地区	公司	地点	产品	产能/(万 t/a)	工艺
北美	CPChem	得克萨斯	C_4～C_{20}	70.3	CPChem 低聚
	CPChem	得克萨斯	C_6	20	CPChem 三聚
	INEOS	加拿大阿尔伯塔	C_6～C_{20}	26.5	Ziegler 两步法
	Shell	路易斯安那	C_4～C_{20}	92.1	SHOP 工艺
	Sasol	路易斯安那	C_6、C_8	10	萨索尔四聚
西欧	INEOS	比利时	C_6～C_{20}	30	Ziegler 两步法
	Shell	英国斯坦洛	C_4～C_{20}	33	SHOP 工艺
东欧	尼日涅卡	俄罗斯	C_4～C_{20}	9	Ziegler 两步法
	阿塞拜疆石油	阿塞拜疆	C_6	2	中国石化三聚
中东	卡塔尔化学	卡塔尔	C_6	4.7	CPChem 三聚
	卡塔尔第二化学	卡塔尔	C_4～C_{20}	34.5	CPChem 低聚
	卡塔尔第二化学	沙特	C_6	10	CPChem 三聚
	SABIC	沙特阿拉伯	C_4～C_{20}	15	Alpha-SABLIN
	伊朗国家石油	伊朗	C_4～C_{20}	20	α-Select 工艺
	CPCC 朱拜	沙特阿拉伯	C_6	10	中国石化三聚
日本	出光兴产株式会社	千叶	C_4～C_{20}	5.8	Idemitsu 低聚
	三菱化学株式会社	水岛	C_4～C_{20}	5.5	CPChem 低聚
	三井化学公司	东京	C_6	3	三井化学三聚
中国	中国石油大庆石化	大庆	C_6	0.5	中国石油三聚
	中国石油独山子石化	新疆克拉玛依	C_6	2	中国石油三聚
	中国石化燕山石化	北京	C_6	5	中国石化三聚
	中国石化茂名石化	广东茂名	C_4～C_{30}	5	中国石化低聚
	中国石化天津石化	天津	C_4～C_{30}	20	中国石化低聚
南非	Sasol	南非	C_4～C_{20}	42	F-T 抽提工艺
总计				475.9	

在全球范围内，2009～2019 年期间没有新建的 LAOs 宽分布工艺装置，新建的 LAOs 生产装置都是基于乙烯选择性低聚。2019 年，Shell 公司在洛杉矶盖斯马尔和伊内奥斯新建 LAOs 装置，同年在得克萨斯州阿尔文的 LAOs 工厂开始生产。2019 年，Arcanum Infrastructure 公司在得克萨斯州贝敦启动乙烯二聚合成 1-丁烯装置；2020 年埃克森美孚公司对贝敦的 LAOs 装置进行投资，得克萨斯州也在继续对 LAOs 生产进行投资，产能 35 万 t/a。2021 年 CPChem 新建乙烯三聚生产 1-己烯装置，产能 26.6 万 t/a。由于这些企业将低成本的乙烯作为主要生产原料，因此新建及扩建的 LAOs 装置主要集中在北美和中东地区。

在未来几年内，全球 LAOs 的需求将呈现急剧增长趋势。面对快速增长的市场需求，中国发布了多项相关产业政策支持 LAOs 行业的发展。在国家发展改革委发布的《新材料关键技术产业化实施方案》中，提出了关于开展高碳 α-烯烃行业中关键技术产业化的举措，旨在提高该产业发展水平。尽管我国在 LAOs 技术开发方面起步较晚，但近年来发展迅速，中国自主开发的 LAOs 技术已经取得了实质性的进展。中国石油和中国石化利用乙烯三聚制备 1-己烯的工业化装置已经运行多年，单套装置规模达到了 5 万 t/a。茂名石化采用中国石化自主研发的技术建成了国内首套 LAOs 装置，对突破高碳 LAOs 的技术壁垒，打破国外技术垄断具有重要意义。中国 LAOs 产能及规划的生产装置情况如表 1-5 所示。目前规划建设的乙烯低聚生产 LAOs 产能已达 300 万 t/a 以上，多家公司都在独立开发自己的 LAOs 生产技术。

表 1-5　中国 LAOs 产能及规划的生产装置情况

企业	产品	产能/(万 t/a)	技术路线	备注
大庆石化	1-己烯、1-辛烯	5.5	乙烯低聚	中国石油乙烯三聚、四聚技术
独山子石化	1-己烯	2	乙烯低聚	中国石油乙烯三聚技术
燕山石化	1-己烯	5	乙烯低聚	中国石化乙烯三聚技术
潞安纳克 C_1 化工	1-癸烯	1	费托合成	自有技术
山西煤化所	α-烯烃	0.03	合成气	自有技术
兰州石化榆林化工	1-己烯、1-丁烯	3	乙烯低聚	中国石油乙烯二聚、三聚技术
茂名石化	C_4～C_{30}	5	乙烯低聚	中国石化低聚技术
万华化学	1-己烯、1-辛烯	9.2	乙烯低聚	自有技术

续表

企业	产品	产能/(万 t/a)	技术路线	备注
中国石化-天津南港	α-烯烃	20	乙烯低聚	中国石化低聚技术
中海壳牌	C_4～C_{30}	40	乙烯低聚	SHOP 工艺
卫星化学	1-己烯、1-辛烯	50	乙烯低聚	自有技术
浙江石化	α-烯烃	35	乙烯低聚	自有技术
东方盛虹	α-烯烃	20	乙烯低聚	—
京博石化	1-己烯、1-辛烯	5	乙烯低聚	自有技术
广西石化	1-己烯	5	乙烯低聚	中国石油乙烯三聚技术
古雷石化	1-己烯	5	乙烯低聚	—
浙江中捷精创新材料	α-烯烃	5	乙烯低聚	—
兰州石化	1-辛烯	2	乙烯低聚	中国石油乙烯四聚技术
鼎际得石化	α-烯烃	20	乙烯低聚	—
新浦化学	α-烯烃	30	乙烯低聚	—
中国石油蓝海新材料	1-己烯、1-辛烯	20	乙烯低聚	中国石油乙烯三聚、四聚技术

除了乙烯低聚生产 LAOs 技术外，费托合成技术也将成为我国生产 LAOs 的重要工艺之一[60]。2023 年 7 月 23 日，内蒙古伊泰集团千吨级费托合成 α-烯烃分离提纯示范装置在鄂尔多斯开车成功，打通全流程，产出合格的 1-戊烯、1-己烯、1-庚烯、1-辛烯等 α-烯烃产品，标志着具有自主知识产权的费托合成 α-烯烃分离提纯关键技术取得了突破性进展，1-戊烯、1-庚烯等高纯度奇数碳 α-烯烃产品填补了国内空白。

此外，在资源充足、市场稳定的前提下，生物质能源制 LAOs、CO_2 加氢制 LAOs 等新工艺也可以作为补充技术路线，值得学术界和产业界重点关注[61-64]。“十四五”期间，在国家重点研发计划推动下，北京低碳清洁能源研究院牵头联合国内多家优势单位协同攻关，预期将形成 10 万 t/a 的低二氧化碳选择性合成气直接制长链 α-烯烃成套技术。

LAOs 行业作为石化行业的重要组成部分，其市场前景广阔。然而，随着竞争的加剧和新能源技术的发展，相关企业需要不断进行技术创新和生产工艺改进，以提高自身的市场竞争力。同时，注重低成本、节能、环保和可持续发展也是 LAOs 行业未来发展的重要方向。

参考文献

[1] 王如文，赵丹平，郑来昌，等. 乙烯齐聚制线性α-烯烃的应用和研究现状[J]. 甘肃科技，2017，33(22)：29-31.

[2] 曲梅. 线性α-烯烃的生产与发展趋势[J]. 石化技术，2020，27(2)：342-343.

[3] 潘晓阳，石博文，海红莲，等. 长链α-烯烃氢甲酰化研究进展[J]. 化工科技，2023，31(03)：87-95.

[4] He Y，Zhang Q，Zhan X，et al. Aluminum impregnated silica catalyst for friedel-crafts reaction：Influence of ordering mesostructure [J]. Chinese Journal of Chemical Engineering，2017，25(10)：1533-1538.

[5] Liu B Y，Lu W J，Liu Y K，et al. Synthesis of dodecylbenzene via the alkylation of benzene and 1-dodecene over mesopore beta zeolites [J]. AIChE Journal，2023，69(11)：e18201.

[6] Xu Y M，Li P，Ma H R. Multistep cascade continuous flow synthesis of AOS based on microreactor[J]. Chemical Engineering and Processing-Process Intensification，2023，192：109505.

[7] Du X，Xi C F，Shi L X，et al. A review on the use of chemicals as steam additives for thermal oil recovery applications [J]. Journal of Energy Resources Technology-Transactions of the Asme，2022，144(11)：113004.

[8] Nifant'ev I，Ivchenko P. Fair look at coordination oligomerization of higher α-olefins[J]. Polymers，2020，12(5)：1082.

[9] Alferov K A，Belov G P，Meng Y. Chromium catalysts for selective ethylene oligomerization to 1-hexene and 1 octene：Recent results [J]. Applied Catalysis A General，2017，542：71-124.

[10] 天风·石化. 线性α-烯烃，为乙烯赋能[N]. 券商研报精选. 2023-01-30.

[11] 冯永彬. 线性低密度聚乙烯的生产与应用[J]. 才智，2013，23：252.

[12] 张新. 分析线性低密度聚乙烯的应用及其发展趋势[J]. 化工中间体，2015，11(12)：123-124.

[13] Bekhit M，El-Sabbagh S H，Mohamed R M，et al. Mechanical，thermal and antimicrobial properties of LLDPE/EVA/MMT/Ag nanocomposites films synthesized by gamma irradiation[J]. Journal of Inorganic and Organometallic Polymers and Materials，2022，32(2)：631-645.

[14] De Oliveira M C C，Cardoso A S A D，Viana M M，et al. The causes and effects of degradation of encapsulant ethylene vinyl acetate copolymer (EVA) in crystalline silicon photovoltaic modules：A review[J]. Renewable Sustainable Energy Reviews，2018，81：2299-2317.

[15] Zheng D K，Li J F，Yu B，et al. Grand canonical Monte Carlo and molecular dynamics investigation of hydrogen solubility and diffusivity in nonmetallic polyvinyl chloride，polyethylene and polyvinylidene fluoride pipes materials[J]. Fuel，2024，362：130925.

[16] Zhang X R，Zhu K Y，Li J Q，et al. Tensile yield behavior of isotactic polybutene-1[J]. Materials Today Communications，2024，39：109024.

[17] Wei Z，Qv C，Li W，et al. Influence of self-nucleation on phase transition in poly (1-

butene)[J]. Polymer, 2023, 272: 125846.
[18] Liu Y J, Long Y, Wang Q Y, et al. Effect of the cross-linking agent on the cross-linking degree and electrical properties of cross-linked polyethylene [J]. Materials Research Express, 2023, 10(5): 055301.
[19] Yang J, Li R Z, Hu L Y, et al. Influence of thermal aging on space charge characteristics and electrical conduction behavior of cross-linked polyethylene cable insulation[J]. Polymers, 2024, 16(11): 1600.
[20] 刘心志，许云波，张长军，等. Ziegler-Natta 催化剂合成丙烯/1-丁烯共聚物[J]. 高分子材料科学与工程，2019，35(02)：14-21.
[21] 郜建虎. 三元共聚聚丙烯结构与性能研究及试生产实验[D]. 北京：中国石油大学，2021.
[22] 马金欣，李磊，黄河，等. 乙丙丁三元共聚聚丙烯产品的研究进展[J]. 现代塑料加工应用，2019，31(6)：56-59.
[23] 王春雷. 三元共聚聚丙烯产品及在包装中的应用[J]. 塑料包装，2018，28(1)：1-7，11.
[24] 张志箭. 乙烯-丙烯-丁烯三元共聚聚丙烯研究进展[J]. 石油化工，2024，53(03)：428-434.
[25] Sellars P B, Lue L, Burns I S, et al. Freezing properties of alkenyl succinic anhydrides derived from linear isomerized olefins[J]. Industrial & Engineering Chemistry Research, 2016, 55(8): 2287-2292.
[26] Ntifafa Y, Xu L, Bollinger S, et al. Alkenyl succinic anhydride: The question of covalent bonding and chemistry considerations for cetter sizing[J]. Polymers, 2023, 15(13): 2876-2890.
[27] Yu D H, Li G D, Kong F G, et al. Encapsulation of alkenyl succinic anhydride oil droplets in emulsions: Preparation, characterization, stability properties and application in papermaking[J]. Applied Clay Science, 2020, 191: 105608.
[28] 张如青，郭雨飞，杨媛，等. 烯烃及烯烃类表面活性剂的合成工艺研究进展[J]. 中国洗涤用品工业，2021，12：67-75.
[29] 刘晓臣，詹建伟，杨广，等. α-烯烃磺酸钠的制备和分析方法[J]. 中国洗涤用品工业，2019，2：61-67.
[30] 尹成峰. 内烯烃磺酸盐的合成[D]. 大庆：东北石油大学，2014.
[31] 任琮琳. 壬基环己醇聚氧乙烯醚表面活性剂应用性能的研究[D]. 无锡：江南大学，2020.
[32] Luo J L, Yang H X, Wen T. Heat transfer enhancement and long-term test of non-ionic Triton surfactant with different hydrophilic chain lengths[J]. International Journal of Thermal Science, 2024, 200: 108967.
[33] Aydın A A, Ilberg V. Effect of different polyol-based plasticizers on thermal properties of polyvinyl alcohol: Starch blends[J]. Carbohydrate Polymers, 2016, 136: 441-448.
[34] Alee M, Fu J, Duan Q, et al. Plasticizing effectiveness and characteristics of different mono-alcohols, di-alcohols, and polyols for starch-based materials[J]. Starch-Stärke, 2023, 75(11-12): 2300059.
[35] 李志莹，蒋平平，黄元旦，等. 均相催化六氢苯酐与 C_{10} 直链醇制备环保增塑剂及其性能[J]. 中国塑料，2016，30(02)：88-93.

[36] Wang G, Zhou M, Ding S Y, et al. Reaction principle of alcohol ether sulfonates by sulfonated alkylation method-a review[J]. Tenside Surfactants Detergents, 2017, 54(1): 5-10.

[37] Liu X, Chen Z, Cui Z. Fatty alcohol polyoxyethylene ether sulfonate for foam flooding in high-salinity and high-temperature reservoir conditions[J]. Colloids and Surfaces A: Physicochemical and Engineering Aspects, 2021, 629: 127366.

[38] Afzal A, Kausar A, Siddiq M. Review high lighting physical prospects of styrenic polymer and styrenic block copolymer reinforced with carbon nanotube[J]. Polymer-Plastics Technology and Engineering, 2017, 56(6): 573-593.

[39] 黄俐. 新型ε-内酯类香料化合物的设计、合成及应用[D]. 上海: 上海应用技术大学, 2016.

[40] Rudnick L R. Synthetics, mineral oils, and bio-based lubricants[M]. Boca Raton: CRC Press, 2020: 1-36.

[41] Ko Y S, Kwon W S, No M H, et al. A study on the control of microstructures of polyalphaolefins via cationic polymerization[J]. Polymer, 2015, 39(2): 346-352.

[42] Kajdas C, Karpińska A, Kulczycki A. Industrial lubricants[J]. Chemistry and Technology of Lubricants, 2010, 3: 239-292.

[43] 赵思萌, 王玉龙, 刘通, 等. 国产聚烯烃合成润滑油基础油生产现状与发展分析[J]. 石油化工技术与经济, 2022, 38(3): 58-62.

[44] 宋卫, 海尔曼. 聚α-烯烃的合成及其用途: CN 1549852[P]. 2004-11-24.

[45] 姜雨朦. 三次采油化学驱油技术现状与趋势[J]. 化学工程与装备, 2023(07): 213-214.

[46] 马征宇. 关于三次采油工程技术特点的分析[J]. 石化技术, 2024, 31(05): 181-183.

[47] 张宇鑫. 油田三次采油驱油技术的应用[J]. 化学工程与装备, 2023(04): 84-86.

[48] 赵光辉, 邵伟, 关旭. 直链α-烯烃的技术进展及应用前景[J]. 中国石油和化工, 2006(1): 29-32.

[49] Shokri A, Karimi S. A review in linear alkylbenzene (LAB) production processes in the petrochemical industry[J]. Russian Journal of Applied Chemistry, 2021, 94(11): 1546-1559.

[50] Takada H, Ishiwatari R, Ogura N. Distribution of linear alkylbenzenes (LABs) and linear alkylbenzenesulphonates (LAS) in tokyo bay sediments[J]. Estuarine, Coastal and Shelf Science, 1992, 35(2): 141-156.

[51] Gong B, Liu W, Chen X, et al. Stabilizing alkenyl succinic anhydride (ASA) emulsions with starch nanocrystals and fluorescent carbon dots[J]. Carbohydrate Polymers, 2017, 165: 13-21.

[52] Song X, Chen F, Liu F. Preparation and characterization of alkyl ketene dimer (AKD) modified cellulose composite membrane[J]. Carbohydrate Polymers, 2012, 88(2): 417-421.

[53] 胡新亮. 用于PVC的有机锡类热稳定剂专利技术研究进展[J]. 聚氯乙烯, 2022, 50(8): 1-2.

[54] 段焱鑫, 谢京燕, 钱俊峰, 等. 一种X沸石分子筛催化长链烷基酚的合成方法及分析方法: CN 117924037A[P]. 2022-10-25.

[55] Quintero L. An overview of surfactant applications in drilling fluids for the petroleum

industry[J]. Journal of Dispersion Science and Technology, 2002, 23(1): 393-404.

[56] Qu Y, Tian K, Deng M, et al. Influence of various hydrocarbon groups on the effectiveness and environmental characteristics of anti-collapse agent for drilling fluids [J]. Chemistry and Technology of Fuels and Oils, 2020, 56(6): 420-428.

[57] Boyadjian C, Lefferts L. Catalytic oxidative cracking of light alkanes to alkenes[J]. European Journal of Inorganic Chemistry, 2018(19): 1956-1968.

[58] 张巍巍，关慧敏，牛巍，等. $(NH_4)_{10}W_{12}O_{41}\cdot 6H_2O/\gamma\text{-}Al_2O_3$ 催化脂肪醇脱水制烯烃的工艺研究[J]. 天然气化工，2017，42(02)：62-64.

[59] Kostetskyy P, Zervoudis N A, Mpourmpakis G. Carboranes: The strongest bronsted acids in alcohol dehydration[J]. Catalysis Science & Technology, 2017, 7(10): 2001-2011.

[60] Heikkinen N, Dhamo D, Uotila I, et al. Production of C_2-C_4 olefins with Fischer-Tropsch-synthesis: The effect of Cu promoter loading on an Fe-Cu-K/SiO_2 catalyst[J]. Chemcatchem, 2024: e202400560.

[61] Guo L, Cui Y, Li H, et al. Selective formation of linear-alpha olefins (LAOs) by CO_2 hydrogenation over bimetallic Fe/Co-Y catalyst[J]. Catalysis Communications, 2019, 130: 105759.

[62] Chen K, Fang H, Wu S, et al. CO_2 hydrogenation to methanol over Cu catalysts supported on La-modified SBA-15: The crucial role of Cu-LaO_x interfaces[J]. Applied Catalysis B: Environmental, 2019, 251: 119-129.

[63] Hidajat M J, Kwon O, Park H, et al. Highly selective, energy-free, and environmentally friendly one-pot production of linear α-olefin from biomass-derived organic acid in a dual-bed catalyst system[J]. Green Chemistry, 2022, 24(19): 7556-7573.

[64] Guo L, Sun J, Ji X, et al. Directly converting carbon dioxide to linear α-olefins on bio-promoted catalysts[J]. Communications Chemistry, 2018, 1(1): 1-8.

第 2 章

线型 α-烯烃的生产技术

LAOs 的生产技术起源于炼油厂的分馏和石油的蒸汽裂解工艺。1966 年首个商业规模的乙烯低聚合成 LAOs 装置成功投入运行，这一技术具有革命性的意义，使得天然气和生物质等其他非石油资源能够用于生产 LAOs。工业上 LAOs 的生产方法主要有石蜡裂解法、烷烃脱氢法、费托合成分离法、混合 C_4 分离法、脂肪醇脱水法、内烯烃异构法和乙烯低聚法等[1-3]，其中乙烯低聚法占主导地位。通过乙烯低聚法生产得到的 LAOs 产品全部是偶数碳的烯烃，且产品质量较高。

石蜡裂解法曾作为 LAOs 的主要生产工艺，在 LAOs 的工业应用领域中起到了重要的作用。但石蜡裂解法所得的 LAOs 产物含有奇、偶数碳的混合烯烃，杂质较多且质量较差。至 20 世纪 80 年代中期，国外运行的石蜡裂解生产 LAOs 装置已全部停产，国内的石蜡裂解生产 LAOs 装置也在 2020 年前后全部停产[1]。

乙烯低聚合成 LAOs 根据生产技术和产物选择性的差异，可分为两种类型：选择性乙烯低聚和非选择性乙烯低聚。已经实现工业化应用的选择性乙烯低聚工艺主要有乙烯二聚、乙烯三聚和乙烯四聚工艺，分别高选择性生成 1-丁烯、1-己烯和 1-辛烯等，旨在专注于单一 LAOs 的生产，具有产品纯度高、原子经济性好的优势，从而最大程度降低产品分离成本和建厂投资。目前采用选择性乙烯低聚技术生产 LAOs 被认为是最佳的生产工艺，其产能占据了全球 LAOs 总产能的 26%，且呈现稳步上升的态势。

2.1 石蜡裂解工艺

石蜡裂解现象最早于 1861 年由美国新泽西州一个小炼油厂的工人发现，

而长链烯烃的生产以及其在洗涤剂工业中的应用始于20世纪60年代初。由于以LAOs为原料生产的洗涤剂具有更好的生物降解性，因此LAOs的生产技术受到广泛关注。石蜡裂解工艺生产LAOs分为热裂解法和以活性氧化铝为催化剂的催化裂解法。

雪佛龙（Chevron）公司从1955年开始研究以石蜡为原料，经热裂解，然后急冷生产α-烯烃的方法。1965年建成了5.0万t/a的工业生产装置并投入运行，首次实现了热裂解法生产LAOs的工业化。该方法以馏程为350～480℃的精石蜡为原料，其碳数范围在C_{25}～C_{35}，含油量一般小于1%（质量分数）。裂解生成的LAOs含有C_5～C_{20+}的长链烯烃，典型的石蜡裂解α-烯烃（C_6～C_{20}）含量为5%～30%（质量分数），其中LAOs含量在86%～90%（质量分数）。在裂解条件下，石蜡分子中任意位置的C—C键都可能发生断裂，生成不同链长的α-烯烃。烯烃分子进一步反应会产生双烯烃、芳烃等副产物。因此，控制裂解深度是提高α-烯烃收率的关键，适宜的范围一般为20%～40%。Chevron公司采用石蜡裂解法得到的α-烯烃的组成如表2-1所示。

表2-1 Chevron公司石蜡裂解法生产的α-烯烃组成

组成	碳数范围						
	C_5	C_6～C_9	C_{10}	C_{11}～C_{14}	C_{15}～C_{18}	C_{18}～C_{20}	C_{15}～C_{20}
直链单α-烯烃/%	90	89	90	89	90	86	88
二烯烃/%	6	4	5	6	8	4	5
烷烃/%	3	3	2	1	2	9	5

石蜡裂解法的反应过程相对复杂，可以看作是自由基反应。用这种方法得到的α-烯烃中，既含有奇数碳原子的α-烯烃，又含有偶数碳原子的α-烯烃，且碳链比例基本相等，导致产物的分离能耗较高。此外，该方法生产的α-烯烃产品质量较差，包含二烯烃、芳香烃和环烷烃等杂质，其中芳香烃和环烷烃主要来自原料石蜡。由于原料石蜡的质量差异，需要进行脱油精制，且其来源受到限制，因此裂解所得α-烯烃的含量也会有所不同。

1980年，世界范围内采用石蜡热裂解法制α-烯烃的国家包括美国、法国和荷兰等，生产能力为45万～50万t/a。由于国外精石蜡的来源有限以及所得α-烯烃产品质量较差，热裂解法逐渐被淘汰。到1986年，美国和西欧的石蜡裂解生产α-烯烃装置已全部停产，转而采用乙烯低聚法制取高质量的

LAOs。但当时对石蜡资源丰富的国家来说，通过石蜡热裂解法生产 α-烯烃仍然是一种经济的方法。中国具有丰富的石蜡资源，国内早期的 α-烯烃生产方法主要是石蜡裂解法，裂解装置主要分布在中国石油兰州炼化总厂、中国石化燕山石化化工三厂和中国石油抚顺石化一厂等。然而，我国石蜡裂解的原料并无统一的质量标准，许多生产厂采用含油量很高的劣质石蜡为原料，导致 α-烯烃产品纯度低，从而影响了 α-烯烃的综合利用以及该技术的经济效益。

2.2 烷烃脱氢工艺

长链烷烃脱氢制备单烯烃的催化剂和生产工艺研究已有数十年历史。20 世纪 50 年代末，随着正丁烷脱氢催化剂的研制成功并在工业生产中的应用，研究人员对高级烷烃的选择性脱氢反应进行了深入的研究[4]。美国环球油品公司（UOP）研发了主要组成为 $Pt\text{-}Sn\text{-}K/Al_2O_3$ 的催化剂[5]，德国德固赛公司在此基础上开发了 Pt-Pb、Pt-Ge 型催化剂，得到较好的催化效果[6]。20 世纪 80 年代，意大利埃尼里瑟奇公司研制了 Pt-Ti 型催化剂，因其催化活性和稳定性优势也得到很好的应用[7]。到 20 世纪 60 年代末，UOP 首次在日本的工厂内实现了高级烷烃的工业化脱氢过程。该工艺使用的原料是从直馏煤油-轻柴油馏分中分离出的直链烷烃，经过加氢精制和硫酸精制，除去芳烃、含硫和含氮化合物等，然后通过精馏得到 $C_{11}\sim C_{14}$ 和 $C_{15}\sim C_{18}$ 馏分。其中，$C_{11}\sim C_{14}$ 馏分经脱氢后得到烷烃与烯烃混合物，可进一步分离出浓集的烯烃，直链 $C_{11}\sim C_{14}$ 烯烃占 90.4%（质量分数）。

Pacol 工艺是 UOP 公司在 1968 年[8-9]开发的重质烷烃选择性脱氢生产单烯烃的技术，是直链烷基苯生产工艺中的重要环节，包括 $C_{10}\sim C_{13}$ 烷烃的催化脱氢过程和烯烃的分离过程。该工艺的反应器为固定床反应器，反应和再生的循环周期为 30～60 天。在生产过程中一部分产物循环回到反应器继续反应以获得更高的收率，用精馏塔分离出轻组分，重组分进入烷基化模块在催化剂的作用下与苯发生烷基化反应生成直链烷基苯。Pacol 工艺是世界范围内生产洗涤剂用直链烷基苯的主要工艺。

20 世纪 70 年代末，我国第一套使用 UOP 脱氢-HF 烷基化工艺技术的烷基苯装置——南京烷基苯厂 5 万 t/a 烷基苯联合生产装置建成投产。目前国内正在运行的几套洗涤剂用烷基苯生产装置，其烷基化装置均采用 UOP 的脱氢-HF 烷基化工艺技术。国内针对脱氢工艺和催化剂进行了大量的研究，中国科学院大连化学物理研究所、中国日用化学工业研究院和南京烷基苯厂于1984年共同研发成功了NDC-2脱氢催化剂，取代了UOP公司的DEH-5催化剂，实现了国产化；1991年又开发出NDC-4脱氢催化剂，取代了UOP公司的DEH-7催化剂，这些催化剂都能很好地应用于Pacol装置中。从第一代NDC-2脱氢催化剂到目前的NDC-10脱氢催化剂，金陵石化公司生产的催化剂与国际同类催化剂产品的性能差距日益缩小，并逐渐以优异的性价比在国内外脱氢催化剂市场上占据了一定的地位。

抚顺石化公司洗涤剂化工厂是目前亚洲最大的合成洗涤剂原料生产基地。该厂原脱氢-烷基化装置的设计生产能力为7.2万t/a，经过1997年、2000年和2010年的技术改造，其生产能力已经达到了28万t/a，并着重开发了油田用表面活性剂的生产技术。抚顺石化公司与中国科学院大连化学物理研究所于1996年开发出了第二代脱氢催化剂（DF-2），用以替代UOP公司的DEH-7催化剂，随后在抚顺石化公司洗涤剂化工厂的生产装置上成功进行了工业应用。2008年，他们又开发成功DF-3脱氢催化剂，与DF-2脱氢催化剂相比，DF-3脱氢催化剂具有高温活性好、多产烷基苯及重烷基苯、使用周期长等特点，具有良好的工业应用前景。随着生产装置产能的提高，在公用工程费用基本不变的情况下，每吨产品分摊的成本下降。同时，DF-3脱氢催化剂可用于生产驱油用烷基苯，满足了中国石油大庆油田制备强碱体系复合驱油剂的质量要求，提高了中国石油大庆油田三次采油的效率。

21世纪以来，中国科学院大连化学物理研究所研制出了Pt系催化剂，以Sn、Na、Mg为助催化剂，可通过调变助催化剂的含量以提升该催化剂的脱氢催化效果[10]。

2.3 费托合成分离工艺

费托合成（Fischer-Tropsch sythesis，F-T合成）是指CO在固体催化剂作用下非均相氢化生成不同链长的烃类（$C_1 \sim C_{25}$）混合物和含氧化合物的反应[11]。费托合成反应的主要产物是烃类，但与低温费托合成产物相比，高温费托合成产物除含有饱和烃类外，还含有LAOs和含氧有机物等[12]。传统工艺是将费托合成产物的烯烃进行加氢处理，生产以常规稳定的轻烃和液体石蜡为主的产品，但这种发展模式将与石化发展路线和地炼企业进行直接竞争，尤其是当国际油价处于低位时，造成了煤制油企业的严重亏损。因此，发挥煤制油技术的独特优势，根据费托合成的产物少芳烃、无硫氮、α-烯烃丰富的特点进行多元化发展，丰富工艺产品路线是非常有意义的。

费托合成产物中的低温冷凝物、轻石脑油中富含 C_5～C_{12} 的 LAOs，可以通过预分离、选择性加氢、水洗、醚化、甲醇回收、超精馏萃取蒸馏、干燥和精炼等复杂的步骤分离出优质的 l-已烯、1-戊烯和 1-辛烯等。1994 年 5 月，南非 Sasol 公司成功从富含 LAOs 的物流中分离出 1-戊烯和 1-已烯并建成工业化的生产装置，采用 Sasol 抽提工艺的装置具有调整 1-戊烯和 1-已烯比例的能力，使得 1-已烯的产量可以超过 10 万 t/a。该工艺最大的优点在于能够将 1-戊烯和 1-已烯作为副产物回收，且公用工程费用相对较低，从而使其具有较强的竞争力[13]。除了 1-戊烯、1-已烯抽提工艺，Sasol 还拥有 1-辛烯、1-庚烯抽提工艺。和 1-戊烯、1-已烯抽提工艺相比，1-辛烯抽提工艺更为复杂，在萃取精馏前必须先使用碳酸钾中和油品中的羧酸，并通过水洗去除干净，随后通过精馏塔获得 C_8 的窄馏分。再将 C_8 窄馏分经两次超精馏，得到富集 1-辛烯的粗产品[14]。最后以 *N*-甲基吡咯烷酮（NMP）为萃取剂，通过萃取精馏去除环已烯等组分，得到纯度超过 97%（质量分数）的 1-辛烯产品。典型的 Sasol 费托合成分离 1-辛烯工艺流程如图 2-1 所示。

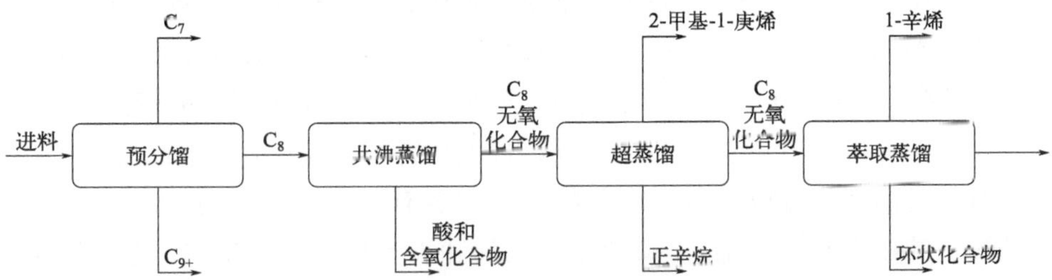

图 2-1　Sasol 费托合成分离 1-辛烯工艺流程

近年来，中国在费托合成技术方面取得了重要进展。高温费托合成产物中，低沸点馏分中富含更多的 LAOs，对其进行精细分离并高附加值利用具有重要的意义。费托合成油具有 LAOs 含量高、无硫、无氮、少芳烃等优点，但产品组分复杂，含有直链烷烃、直链烯烃、含氧有机物等多种有机化合物[15]。在 LAOs 分离中，还需脱除含氧有机物等杂质，并通过精馏得到单组分的烯烃。

针对费托合成油的高值化利用，国内多家公司进行了相关分离技术的开发工作。中海油天津化工研究设计院有限公司在费托合成油的高值化利用方面取得了显著进展，开发了一套创新的煤基 LAOs 分离及利用成套技术。这套技术包括费托合成油脱氧、烷烯烃分离及 LAOs 羰基合成等工艺，能够实现费托合成油的高效高值利用，进一步提升了该技术的经济性。烷烯烃分离工艺可将费托合成油中的烯烃组分进行分离，其产品纯度≥99%（质量分数），收率≥99%（质量分数），是优质的 PAO、聚烯烃弹性体（POE）和高碳醇的合成原料。以高碳 LAOs 为原料，经羰基合成生成高碳醛，再经加氢得到高碳醇时，LAOs 转化率≥95%（质量分数），高碳醇选择性≥90%（质量分数），具有原子利用率高，产品质量好的优势。

2023 年 7 月，由内蒙古伊泰集团有限公司、中海油天津化工研究设计院有限公司、中国昆仑工程有限公司联合开发的千吨级费托合成 LAOs 分离提纯示范装置开车成功，并顺利产出合格的 1-己烯、1-戊烯、1-庚烯和 1-辛烯等 LAOs 产品。该技术以煤基费托合成混合烯烃为原料，采用模拟移动床专利技术对费托轻质馏分油进行含氧化合物脱除和烷烯烃分离处理，再通过高精度精馏进行单一烯烃的切割分离，生产出高纯度单一的 LAOs 产品。该装置的成功运行将助力实现煤制油产业的延链、补链、强链，促进煤化工产业向高端化、多元化、低碳化转型升级。吸附分离得到的高品质 LAOs 作为羰基合成原料，具有以下优势：

① 杂质含量低，避免了羰基合成催化剂中毒，延长了催化剂寿命；

② LAOs 浓度高，反应速率快，减小了反应釜体积，提高了设备利用率；

③ 烷烃惰性组分少，排空量减少，降低了排空时 α-烯烃的夹带损失；

④ LAOs 中仅含烷烃、烯烃组分，含氧化合物含量低，产品品质优良。

对于高温费托合成 LAOs 产品的应用主要有以下三个方向。C_8 以下馏分经精馏、纯化生产 1-丁烯、1-戊烯、1-己烯和 1-辛烯等共聚单体，但受制于技术、受限于规模等，目前分离、纯化成本偏高，产品的杂质含量和生产成本高于乙烯低聚法，市场认可度不高。C_8～C_{12} 馏分适合用作合成 PAO 的原料，中试研究结果表明以高温费托合成 LAOs 纯化后的 C_8～C_{12} 馏分为原料制备低黏度 PAO，无论是在反应转化或是产品质量方面都与进口的 1-癸烯相当，是比较好的合成 PAO 的原料。C_{12} 以上的 LAOs 应用领域相对缺乏，一般只能作为精细化工品的粗制替代品使用，浪费较严重。

2.4 混合 C_4 分离工艺

混合 C_4 分离是生产 1-丁烯的主要工艺路线，国内众多炼油厂催化裂化装置、乙烯裂解装置以及煤/甲醇制烯烃（CTO/MTO）装置等，都为该工艺路线提供了丰富的混合 C_4 原料[16-17]。不同来源的混合 C_4 原料差异在于组成的不同，催化裂化、石脑油裂解、CTO/MTO 副产 C_4 中 1-丁烯含量典型值分别为 13%、14%和 23%（质量分数），其余为丁烷、丁二烯、2-丁烯和异丁烯等 C_4 组分。由于混合 C_4 中各组分的相对挥发度接近，普通精馏的方法难以实现对其有效分离。从节约能耗、简化工艺等角度出发，需预先脱除混合 C_4 中的丁二烯、异丁烯等组分，以便使 1-丁烯更易于分离、提纯。目前的组合分离工艺是在混合 C_4 分离工艺技术的基础上，通过丁二烯抽提、选择性加氢等技术实现对丁二烯的分离或转化；通过精馏、异丁烯异构化（或醚化）或聚异丁烯等技术的组合，实现异丁烷及异丁烯的分离或转化；再通过普通精馏，脱除 2-丁烯及正丁烷等组分，得到 1-丁烯。

在国际市场上，1-丁烯主要的分离技术包括德国的 Kruup Uhde 技术、日本瑞翁的 Zeon 工艺、日本石油公司的 NPC 技术、法国石油研究院（IFP）的分离技术、UOP 的分离技术等。此类技术略有差异，但均能分离生产聚合级 1-丁烯产品[18-20]。中国最早的 1-丁烯分离装置是中国石化齐鲁石化公司从日本瑞翁公司引进的，产能为 1.5 万 t/a。20 世纪 90 年代，在聚乙烯产业的发展带动下，中国各研究机构开始对混合 C_4 分离生产 1-丁烯的生产技术进行研究和开发，并且迅速掌握了核心生产技术，实现了整套设备的国产化。其中烟台大学开发的 C_4 成套分离工艺技术达到了国际领先水平，已建成工业化装置 24 套，年处理 C_4 规模达到 500 万 t 以上，单套装置最大年处理 C_4 规模达到 50 万 t。该技术是针对传统 C_4 分离工艺技术产品纯度及收率低、能耗大，而开发的一种低能耗、高效率的萃取精馏分离 C_4 的新技术，具有如下特点：

① 采用的溶剂具有高效、无腐蚀、毒性小、黏度小、沸点和凝固点适中、化学稳定性和热稳定性好、便于稳定操作和环境保护。

② 工艺先进、流程简单、设备投资少、能耗低、产品纯度和收率高、溶剂体系高效、稳定性好且不需频繁再生、装置操作弹性大、经济和社会效益显著。

目前，中国 1-丁烯的工业化生产主要采用混合 C_4 分离法。在 C_4 资源充裕的地区，大型石油化工联合企业通常能够通过混合 C_4 分离法来生产 1-丁烯。这些企业不仅具备充足的 C_4 原料，还配有下游深加工和 LLDPE、HDPE 等聚合物生产装置，可以有效地利用现有的 C_4 馏分抽提和甲基叔丁基醚（MTBE）装置。为了满足 LLDPE、HDPE 等产品对共聚单体 1-丁烯的需求，只需在现有装置基础上增加剩余 C_4 选择性加氢和超级精馏等工艺步骤，即可生产出高纯度的 1-丁烯。然而，对于那些 C_4 资源相对稀缺的中型乙烯企业，采用混合 C_4 分离法制备 1-丁烯的经济性往往不足。这些企业可以采取另一种较为可靠和适宜的途径，即在 PE 装置界区内建设乙烯二聚装置。这样不仅能够生产高质量的 1-丁烯，还能充分利用自产的乙烯，平衡企业内部的资源。在聚乙烯装置内附建乙烯二聚装置，还可共享部分设备，如已烷溶剂及三乙基铝（TEA）贮存系统等，这些也是 LLDPE、HDPE 生产中所需的。另外，乙烯二聚工艺中生成的 1-丁烯和未反应的乙烯在脱除催化剂后可直接送到乙烯装置处理，这样可能取消回收塔系统，使 1-丁烯生产工艺流程更为简化，从而减少了装置投资和公用工程消耗。

1-丁烯是极为重要的化工原料，其需求随着我国聚乙烯工业的发展而不断增长。2023 年，中国新增 1-丁烯产能 28 万 t/a。截至 2023 年年底，1-丁烯国内供应商共计 40 多家，产能共计约 137.80 万 t，产量 104.90 万 t，如表 2-2 和表 2-3 所示。随着我国聚烯烃工业的发展，未来对 1-丁烯的需求会进一步增加。尽管我国 1-丁烯的生产产能在不断提升，但实际产量依然远低于产能，导致进口量逐年增加。这一现象背后的原因复杂，包括政策、市场波动、企业生产条件等多方面因素。为了使 1-丁烯的实际产量能够得以提升，需要从企业的生产条件、开工条件以及生产效率等方面进行改进，从而全面保障 1-丁烯的正常生产，以满足国内对于 1-丁烯的需求。

表 2-2　国内 1-丁烯产能、产量、进口量和表观消费量

年份	产能/(万 t/a)	产量/(万 t/a)	进口量/(万 t/a)	表观消费量/(万 t/a)
2010	43.50	34.20	−1.38	32.82
2011	46.30	35.10	−0.31	34.79
2012	49.10	35.70	−0.32	35.38
2013	54.60	39.60	0.87	40.47
2014	64.30	45.80	1.97	47.77
2015	71.10	47.60	4.33	51.93
2016	74.90	49.30	3.83	53.13
2017	74.90	52.43	1.72	54.15
2018	77.90	54.53	4.49	59.02
2019	82.00	57.40	6.94	64.34
2020	87.00	60.90	9.23	70.13
2021	96.50	82.70	6.10	88.80

续表

年份	产能/(万 t/a)	产量/(万 t/a)	进口量/(万 t/a)	表观消费量/(万 t/a)
2022	121.50	98.70	4.90	103.60
2023	137.80	104.90	3.90	108.70

表 2-3　2023 年中国 1-丁烯在产企业

序号	企业名称	产能/万 t	工艺路线
1	中国石油大庆石化公司	8	C_4 分离
2	中国石油四川石化公司	6.5	C_4 分离
3	中国石油抚顺石化公司	6	C_4 分离
4	浙江石油化工有限公司	6	C_4 分离
5	中海油宁波大榭石化公司	6	C_4 分离
6	中海壳牌石油化工有限公司	5	C_4 分离；乙烯低聚
7	中沙（天津）石化有限公司	5	C_4 分离
8	卫星化学股份有限公司	5	C_4 分离
9	中国石化扬子石化公司	4.9	C_4 分离
10	福建联合石油化工有限公司	4.5	C_4 分离
11	中煤榆林能源化工有限公司	4.3	C_4 分离
12	宁夏宝丰能源集团股份有限公司	4.2	C_4 分离
13	中国石化镇海炼化公司	4	C_4 分离
14	鲁清石化有限公司	4	C_4 分离
15	中国石化海南炼化公司	4	C_4 分离
16	江苏斯尔邦石化公司	3.9	C_4 分离
17	福建盛桐化工有限公司	3.8	C_4 分离
18	辽宁宝来化工股份有限公司	3.5	C_4 分离
19	中天合创能源有限责任公司	3.5	C_4 分离
20	中韩（武汉）石油化工有限公司	3.5	C_4 分离
21	中国石油独山子石化公司	3.5	C_4 分离
22	中化泉州石化有限公司	3	C_4 分离
23	中国石化中原石化公司	4.5	2-丁烯异构；C_4 分离
24	中国石油兰州石化公司	3	C_4 分离

续表

序号	企业名称	产能/万 t	工艺路线
25	中国石油塔里木石化公司	3	乙烯二聚
26	中国石油广东石化公司	3	C_4 分离
27	蒲城清洁能源化工有限责任公司	3	C_4 分离
28	中国石化茂名石化公司	2.7	C_4 分离；乙烯低聚
29	久泰能源内蒙古有限公司	2.5	C_4 分离
30	中国石油吉林石化	2	C_4 分离
31	国家能源集团包头公司	2	C_4 分离
32	国家能源集团宁夏煤业有限公司	2	2-丁烯异构
33	内蒙古中煤蒙大新能源化工有限公司	2	C_4 分离
34	中国石化齐鲁石化公司	2	C_4 分离
35	中国石化上海石化公司	2	C_4 分离
36	山西焦煤集团飞虹化工有限公司	2	2-丁烯异构
37	青海大美煤业股份有限公司	2	C_4 分离
38	中煤榆林能源化工有限公司	2	2-丁烯异构
39	中安联合煤化有限责任公司	2	C_4 分离
40	中国石化广州石化公司	1.8	C_4 分离
41	青海矿业集团股份有限公司	1.7	C_4 分离
42	山西焦煤飞虹化工有限公司	1.5	C_4 分离
43	万华化学集团股份有限公司	1.5	C_4 分离
44	中国石油塔里木石化公司	1.5	C_4 分离
45	山东东明石化集团有限公司	1	C_4 分离
46	延安能源化工集团有限公司	1	C_4 分离

2.5 非选择性乙烯低聚工艺

乙烯低聚合成 LAOs 工艺又可分为宽分布非选择性乙烯低聚工艺和选择性乙烯低聚工艺[21-22]。目前，超过 60%的 LAOs 是通过宽分布的非选择性乙烯低聚工艺生产的，需要通过精馏分离得到单一的产物。目前有九种宽分布非选择性乙烯低聚的 LAOs 生产技术，这些技术包括 CPChem 公司的 Gulfene 工艺、Ineos 公司的 Ethyl 工艺、Shell 公司的 SHOP 工艺、Idemetsui 公司的 Linealene 工艺、Axens 公司的 AlphaSelect 工艺、UOP-UCC 公司的 Linear-1 工艺、DuPont 公司的 Versipol 工艺、SABIC-Linde 公司的 Alpha-Sablin 工艺和中国石化的 LAOs 工艺等。不同的工艺各有特点，都对 LAOs 行业的发展起到了重要的作用[23]。根据所用催化剂的不同，乙烯低聚反应的产物碳数分布通常遵循泊松（Poisson）分布或舒尔茨-弗洛里（Schulz-Flory）分布，如图 2-2 所示。产物的碳数一般在 C_4～C_{30}，通过附加的分离设备可得到单一组分的 LAOs。其中每种烯烃的分布可以通过基于 α 因子计算而确定，α 因子表示产物烯烃的相对比例。实际生产中可以通过催化剂的结构和生产工艺条件来调整产物的碳数分布，以获得最佳经济效益的产品。

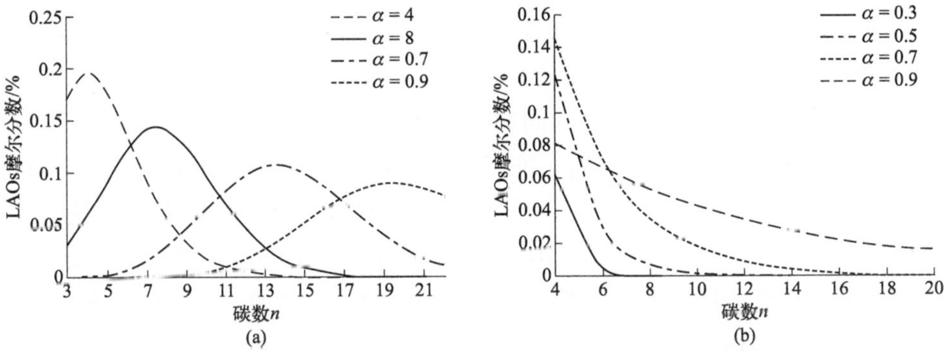

图 2-2　Poisson（a）和 Schulz-Flory（b）LAOs 链长分布的比较

Schulz-Flory 方程给出了乙烯低聚反应产物中 C_n 的量与 C_{n-2} 的量之间的关联性，具体的计算公式如下[24]：

$$T_{n-2}=\alpha T_n \tag{2-1}$$

$$T_n/R=(1-\alpha)\alpha^{n-2} \tag{2-2}$$

式中，T_n 和 T_{n-2} 为具有 n 个和（$n-2$）个碳的低聚物的物质的量；R 为在给定时间内产生的烯烃的总物质的量；α 为链增长速率；$1-\alpha$ 为链终止速率。

2.5.1　Gulfene 一步法乙烯低聚工艺

早在发现 Ziegler-Natta 催化剂前，齐格勒（Ziegler）就发现了烷基铝引发的烯烃链增长反应，并命名为“Aufbaureaktion”反应[25]。他发现乙烯经过压缩和预热后，当压力达到 5MPa 以上，温度达到 90℃以上时，在烷基铝的催化作用下乙烯分子会逐步插入烷基铝的 Al—C 键中生成长链烷基铝，如式（2-3）所示。但是将乙烯压力降为 1.0MPa，反应温度升高到 300℃时，乙烯又能与长链烷基铝发生置换反应而生成 α-烯烃，长链烷基铝转化为具有催化作用的烷基铝，如式（2-4）所示。

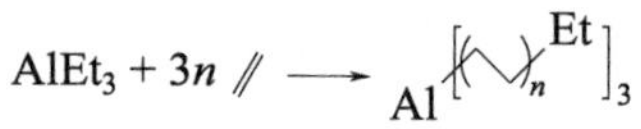
(2-3)

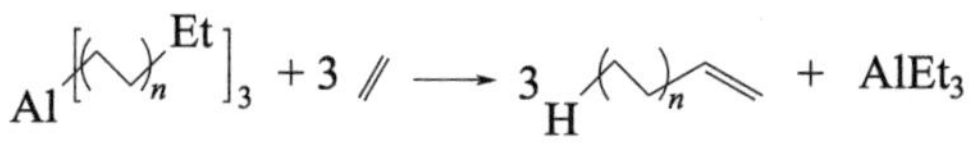
(2-4)

海湾公司（现属 CPChem 公司）在上述原理的基础上开发了一步法乙烯低聚工艺[26]，并获得了使用 Gellert 和 Karl Ziegler 发现的 Ziegler 催化剂的许可，于 1966 年建成第一个乙烯低聚生产 LAOs 的商业化工厂。该乙烯低聚过程中发生的基本反应如图 2-3 所示，在 $AlEt_3$ 的催化作用下乙烯的链增长反应和链置换反应在同一个反应器内同时进行，在 175～290℃的高温条件下，在 1.38～2.75MPa 的压力范围内，进行一步连续工艺操作得到 LAOs，产物的碳数呈宽分布。典型的一步法乙烯低聚工艺一般由多个环管反应器并联组成，反应器的结构如图 2-4 所示[27]。在每个反应器中，反应器管被容纳在圆柱形壳体内形成壳管式换热的反应器。乙烯低聚反应是放热的，壳流体（水）用于去除反应产生的热量。由于副产聚合物、结焦等沿反应器壁沉积，管式反应器的传热特性随时间变化，因此该反应器一般在运行约 35 天后需要停车进行除焦作业。为了停止低聚反应并避免 LAOs 产品的异构化，通常在反应器的流出物中加入钝化剂。由于使用的三乙基铝浓度较低，无需回收，可通过水解形成铝酸盐的方式除去[28-29]。

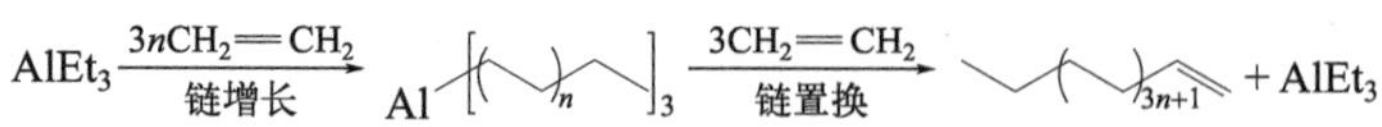

图 2-3　齐格勒一步法工艺生产 α-烯烃反应

该方法的优点是所生产的 LAOs 产品质量较好，碳数呈 Poisson 分布，碳数范围为 C_4～C_{30+}，如表 2-4 所示。其中，C_4～C_8 组分产品占比超过 40%（质量分数），且直链 LAOs 的含量达到 96%（质量分数）以上。C_4～C_{18} 的 LAOs 含量为 90.5%～98.3%（质量分数），1-丁烯的纯度最高。杂质包括内

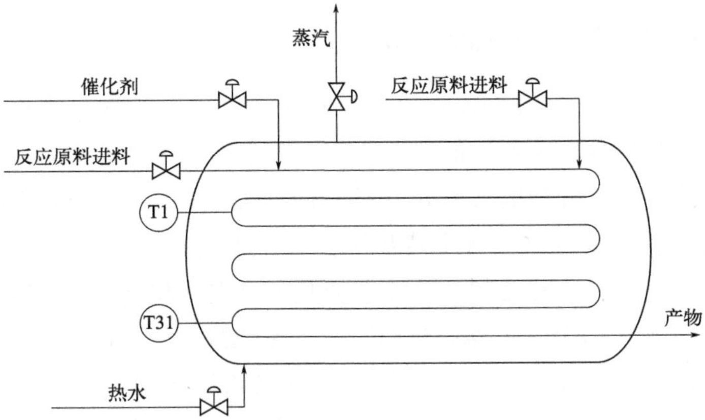

图 2-4　齐格勒一步法工艺生产 α-烯烃反应器

烯烃、烷烃和支链烯烃。C_{20}～C_{24} 的 LAOs 含量为 8.3%（质量分数），C_{24}～C_{30+} 的 LAOs 含量为 3.3%～4.8%（质量分数）。该反应工艺流程非常简单，可实现反应热的回收利用。但是产品的线型度较低，产物分布较宽，反应条件较苛刻，处理过程中产生的杂质较多，导致该工艺技术的生产成本较高。此外，使用有机铝作为催化剂在高温、高压的极端反应条件下进行传质和传热过程，存在燃爆风险，必须配备精密可靠的反应控制设备。长时间处于高温状态会导致反应器内壁形成高聚物，需定期进行清理和维护。

表 2-4　齐格勒一步法工艺中各组分 α-烯烃分布

α-烯烃	选择性(质量分数)/%
C_4	14
C_6～C_{10}	41
C_{12}～C_{14}	19
C_{16}～C_{18}	12
C_{20+}	14

CPChem 公司在美国得克萨斯州 Cedar Bayou 的工厂采用了这项技术。三菱化学公司曾在日本冈山县水岛的工厂使用了 CPChem 的技术许可，但该装置已于 2009 年 5 月停产。1992 年 9 月，位于捷克共和国拉托维奇的 Chemoprol 的 Spolana 化工厂投入运营，采用了该技术，然而该工厂于 2003 年关闭。尽管日本和捷克的以上装置停产，但 CPChem 已多次扩大其在美国的生产基地。

2.5.2 Ethyl 两步法乙烯低聚工艺

Ethyl 公司（现已被 Ineos 收购）开发并首次使用了第二种乙烯低聚合成 LAOs 工艺，简称两步法乙烯低聚工艺，该工艺倾向于生产碳数呈 Poisson 分布而非 Schulz-Flory 分布的 LAOs 产品。1971 年，Ethyl 公司获得改良齐格勒工艺的许可，并开始运营其首个两步法乙烯低聚生产 LAOs 的工厂。两步法乙烯低聚工艺是在一步法乙烯低聚工艺的基础上进行改进，将链增长反应与链置换反应分两步在两个反应器内进行[30]，使链增长反应和链置换反应各自在其最佳的反应工艺条件下进行。在第一步链增长反应中，乙烯和三乙基铝以 19∶1（摩尔比）的比例进入反应器，在溶剂中反应生成长链三烷基铝，反应温度 130℃、反应压力 21MPa，乙烯单程转化率为 40%（质量分数），溶剂可以用烷烃、环烷烃、苯、甲苯等。第二步链置换反应是在链置换反应器中进行的，在 290℃、16MPa 下，催化剂被置换、再生并送回链增长单元，停留时间约为 0.5s，以防止副产物的产生。两步法乙烯低聚工艺的优点是链增长反应可以单独控制和调节，因此产品中各碳数 α-烯烃单体分布灵活性较大，并且链增长反应温度有所降低，链置换反应仍可在较高的温度下进行[31]。

两步法乙烯低聚工艺的产品分布如表 2-5 所示。C_4～C_8 低碳产品占 50%（质量分数）以上，其 C_6、C_8、C_{10} 中直链 α-烯烃的含量高于 96%（质量分数），产品的线型率随碳数的增加而下降。C_4～C_{12} 的 LAOs 含量为 93.7%～99.7%（质量分数），1-丁烯的纯度最高。杂质包括链烷烃、内烯烃和支链烯烃。与一步法乙烯低聚工艺相比，由于两步法乙烯低聚过程中 α-烯烃产物在循环步骤中连续反应，这些支链产物的碳数集中在较高的 C_{14}～C_{18} 范围，且链长较短的 LAOs 具有更低浓度的支链杂质。因此，C_{14} 中 α-烯烃含量为 81.0%（质量分数），而 C_{16}～C_{18} 范围内的 α-烯烃含量为 62.7%（质量分数）。两步法乙烯低聚技术使 Ineos 公司成为目前全球重要的 LAOs 生产商之一，全球有多套生产装置在运行。为了适应不断变化的市场需求，两步法乙烯低聚技术可以通过调整反应的工艺条件来改变产品的碳数分布。当前的生产重点是生产低碳数的 LAOs，以满足共聚单体、增塑剂和聚 α-烯烃市场的需求。

表 2-5 两步法乙烯低聚中各组分 α-烯分布

α-烯烃	选择性(质量分数)/%
C_4	12
C_6～C_{10}	54～60

续表

α-烯烃	选择性(质量分数)/%
C_{12}～C_{14}	20～25
C_{16}～C_{18}	5～7
C_{20+}	2

与一步法乙烯低聚技术类似，两步法乙烯低聚反应过程中使用的烷基铝化合物，在高温、高压下的危险性也是很大的。因此，必须要有精密可靠的反应控制设备才能进行工业化生产，且催化剂回收系统投资较大，技术较为复杂。

1994 年，Ethyl 公司将 LAOs 业务转让给了 Albemarle 公司。随后，Albemarle 公司于 1996 年将其拥有的 LAOs、聚 α-烯烃和洗涤剂醇业务出售给 Amoco 公司。Amoco 公司随后与英国石油（BP）公司合并，在北美成立了英国石油阿莫科公司，该公司后来更名为英国石油公司。英国石油公司的炼油、烯烃及衍生物和炼油子公司 Innovene 于 2005 年被 Ineos 公司完全收购。Ineos 公司使用了类似的技术，在比利时费卢伊的一家工厂中增加了丁烯回用回路，该工厂于 1992 年年中开始运营。在加拿大阿尔伯塔省的一家工厂于 2002 年 5 月开始运营，由此产生的产品分布如表 2-6 所示。

表 2-6　Ineos 加拿大阿尔伯塔省工厂生产的 α-烯分布

α-烯烃	选择性(质量分数)/%
C_4	0
C_6～C_{10}	70～77
C_{12}～C_{14}	21～28
C_{20+}	2

2.5.3　SHOP 工艺

SHOP 工艺[32]是荷兰皇家壳牌化学公司于 1968 年开发的一种基于均相催化剂催化乙烯低聚生产 LAOs 以及内烯烃的生产工艺，于 20 世纪 70 年代投入运营，目前壳牌化学公司每年生产超过 100 万吨的 LAOs。SHOP 工艺因其工艺灵活性和高纯度的产品而备受关注，可以通过改变操作条件来调节产物的碳数以适应市场的需求，被视为乙烯低聚合成 LAOs 领域的重要技术之一[33-36]。该工艺生产的 LAOs 产品范围广泛，涵盖 C_4～C_{20+} 范围内的 LAOs。SHOP

工艺生产的 LAOs 产品纯度可以达到 99%（质量分数）。

20 世纪 60 年代壳牌化学公司面临的经济环境促进了乙烯低聚 SHOP 工艺的技术开发和工业应用，具体情况如下：

① 壳牌化学公司在路易斯安那州的盖斯马尔投产了一家生产脂肪醇（Neodol）的氢甲酰化工厂。由于生态环境的要求，出现了从使用支链脂肪醇的“硬”洗涤剂到使用线型脂肪醇的“软”洗涤剂的转变。支链表面活性剂的生物降解能力差，从而导致江河和海洋中泡沫堆积，对生态环境造成了负面的影响。另外，基于 Neodol 的洗涤剂在硬水中表现出良好的洗涤性能，并可在较低的温度下使用。它们在磷酸盐含量较低的配方中同样表现出色，有助于减少地表水的富营养化现象。受到当时巨大的需求量推动，壳牌化学公司生产的脂肪醇市场需求的增长率很高。

② 当时盖斯马尔工厂用于氢甲酰化的烯烃是通过氯代烷烃脱除 HCl 来生产的，采用这种方法生产单烯烃会缩短钴磷催化剂的使用寿命。此外，壳牌化学公司计划建造一个大型的天然气裂解装置，产生的大部分乙烯仍然需要有一个用途。

③ 在这种情况下，壳牌化学公司需要用含双键的 α-烯烃和线型单烯烃进行甲酰化反应。该公司的研究部门致力于研究乙烯低聚生成 LAOs 和线型单烯烃的催化剂和催化反应工艺。在当时通过石蜡裂解法和 Ziegler 乙烯低聚工艺合成的 α-烯烃存在生产成本高、生产出的洗涤剂产品质量较差等问题。

作为乙烯低聚 SHOP 工艺的发明者，Keim 教授在 Ziegler 教授的指导下完成了博士学位论文，他对过渡金属催化的烯烃碳碳双键偶联机理非常熟悉[37-38]，如图 2-5 所示。在过渡金属催化剂中，含有单齿膦的配体已经被广泛研究和报道，这些配体可以影响碳碳双键的偶联[39]。相比之下，含有多齿膦的配体的研究报道较少，但它们可能具有独特的催化性能和反应选择性。研究多齿膦配体对于深入理解催化机理，提高催化效率以及控制反应选择性都是非常合理和有益的。Keim 教授课题组的 T. Shryne 在研究中进行了 Rh 催化下的环丁烯砜氢化制备环丁砜的工作，首次发现了 Ph_2CH_2COOH 配体。1968 年，Keim 教授发现 Ph_2CH_2COOH 配体与 $Ni(cod)_2$（cod=1,5-环辛二烯）进行反应得到红色溶液，该溶液可以催化乙烯低聚合成碳数具有 Schulz-Flory 分布的 LAOs[40]。该催化剂的特点是不需要使用助催化剂即可催化乙烯低聚。如图 2-6 所示，乙烯低聚催化循环从镍氢配合物开始，乙烯进一步插入 Ni—H 键中得到镍-乙基配合物，重复乙烯插入后 β-H 消除导致生成不同碳数的 LAOs，催化剂的活性得到恢复。

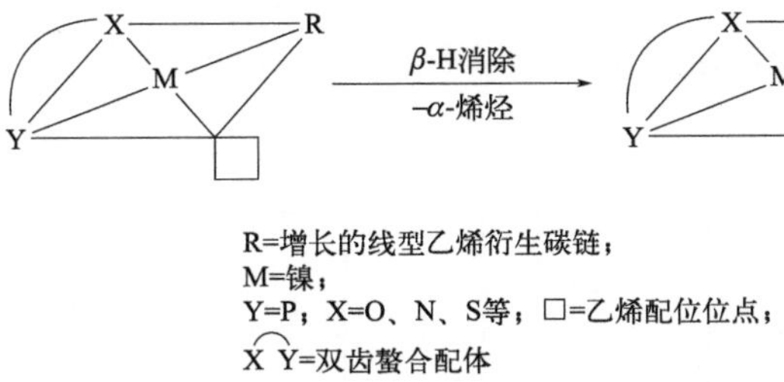

图 2-5　Keim 等提出的 α-烯烃生成机理

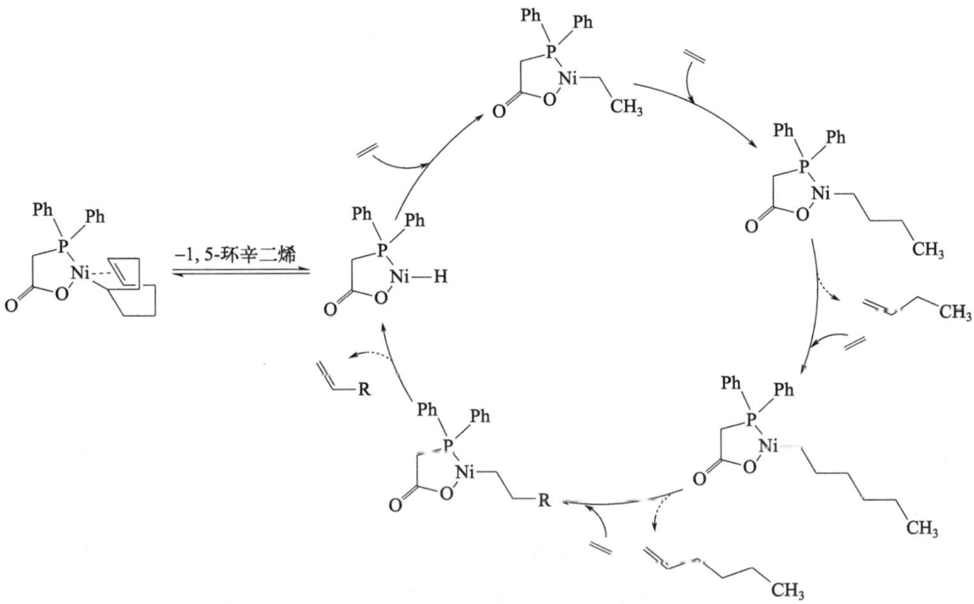

图 2-6　壳牌 Ni 配合物催化乙烯低聚反应机理

研究人员进一步优选了 1,4-丁二醇作为溶剂，开发了乙烯低聚工艺，形成了 SHOP 乙烯低聚技术，其工艺流程如图 2-7 所示[41]。在反应器 1 中，乙烯低聚反应使用极性的 1,4-丁二醇为溶剂，操作温度为 90～100℃，反应压力在 10.0～11.0MPa 之间。在反应器 2 中，产物 LAOs 不溶于 1,4-丁二醇，可通过相分离实现催化剂与产物的分离，催化剂可回收再循环使用。在反应器 7 中，蒸馏分离即可得到符合碳数要求的 α-烯烃。未被市场接受的产物部分在反应器 9 中进行烯烃的异构化处理，随后在反应器 10 中进行歧化。此外，碳数小于 10 和碳数大于 14 的馏分仍再次经历异构化和歧化，并转化为 C_{11}～C_{14}

的内烯烃。通过对产物中的 C_4～C_{10} 和 C_{14+} 产品进行异构化和歧化，可以增加 C_{10}～C_{14} 的 LAOs 部分，这对生产洗涤剂醇是非常有意义的。

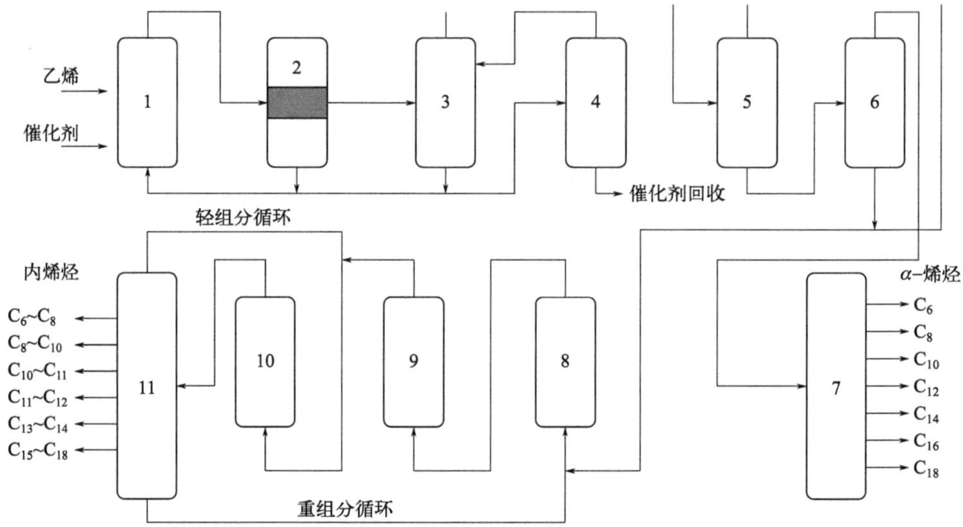

图 2-7　SHOP 工艺流程

1—乙烯低聚反应器；2—分离器；3—产物洗涤反应器Ⅰ；4—产物洗涤反应器Ⅱ；5—轻组分分离塔；6—重组分分离塔；7—精馏塔Ⅰ；8—提纯塔；9—异构化反应器；10—歧化反应器；11—精馏塔Ⅱ

从生产 LAOs 的工艺经济性角度分析，SHOP 工艺比石蜡裂解工艺和齐格勒工艺更具有环境和成本优势。SHOP 乙烯低聚的产品分布涵盖偶数碳的 LAOs，碳数遵循 Schulz-Flory 分布，其中 C_{12}～C_{18} 组分的含量占比为 40%～50%（质量分数）[42]。当时无法直接销售生产的 C_4～C_{20+} 产品，特别是在当时 C_4～C_8 组分 LAOs 的市场规模较小，1-癸烯作为原料生产润滑油基础油的市场仍处于起步阶段的情况下，如何使用碳数组分小于 C_{12} 和碳数组分大于 C_{18} 的产物仍是亟需解决的问题。研究人员认为将这些烯烃进行异构化和歧化反应，形成所需的 C_{12}～C_{18} 内线型单烯烃用于合成洗涤剂用醇，可用于洗涤剂生产，如图 2-8 所示。这种方法可以有效地利用 SHOP 工艺生产的产品，将其应用于洗涤剂领域，从而提高产品的利用率和降低废弃物处理的成本[36,43]。

1977 年，壳牌化学公司在路易斯安那州盖斯马尔的工厂首次将 SHOP 技术商业化使用。与使用三乙基铝催化剂的 Gulfene 和 Ethyl 工艺不同，SHOP 工艺中的乙烯低聚是基于镍催化剂体系的[33-36]。SHOP 工艺的初始产品是 C_4～C_{20+} 的偶数碳 LAOs，这一技术能有选择性地生产高纯度 LAOs 和洗涤剂

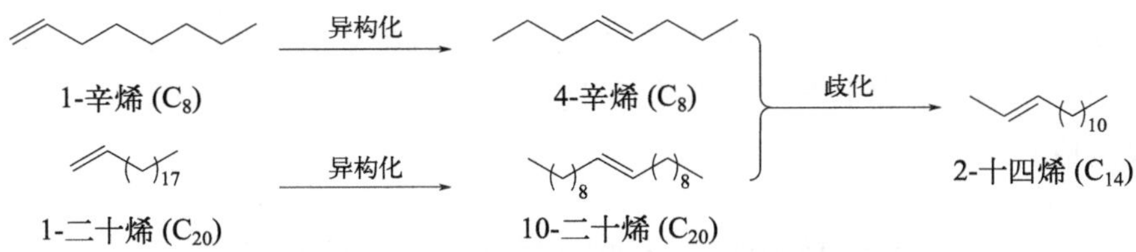

图 2-8　SHOP 工艺中烯烃异构化和歧化反应

用醇生产所需的内烯烃，通过精馏分离得到 C_4～C_{20} 范围内的特定碳数产品。未经分离的 α-烯烃通过一系列异构化和歧化步骤，转化为 C_8～C_{18+} 的内烯烃，这些内烯烃可以通过羰基化合成转化为洗涤剂所需的伯醇。SHOP 工艺操作的灵活性使该工艺能够满足多样化的产品需求，使用专用的镍催化剂进行乙烯低聚反应生成 C_4～C_{20+} 的 LAOs，其典型的碳数分布如表 2-7 所示。

表 2-7　SHOP 工艺中各组分 α-烯分布

α-烯烃	选择性(质量分数)/%
C_4	7～14
C_6	8～15
C_8	9～14
C_{10}	8～12
C_{12}	8～10
C_{14}	7～8
C_{16}	6～7
C_{18}	5～8
C_{20+}	14～42

乙烯低聚一步法（Gulfene 工艺）、两步法（Ethyl 工艺）、SHOP 法的工艺特点对比如表 2-8 所示。由于 α-烯烃的碳原子数范围较宽，为了尽可能生产更多的特定碳原子数的高碳烯烃，SHOP 技术中包括了异构化和歧化工艺。这些工艺旨在将低碳数和高碳数的 α-烯烃转化为市场所需的碳原子数适中的高碳烯烃，主要是内烯烃。因此，在采用 SHOP 乙烯低聚技术时，最好尽可能利用所有不同碳原子数的产品，以避免更多的物料再次进行异构化和歧化，这样有利于提高该技术的经济性。随着聚烯烃工业、合成润滑油工业和洗涤剂

工业的快速发展，市场对低碳 LAOs 的需求日益提升，卡塔尔的 SHOP 工艺装置在异构化和歧化方面的装置逐渐停止运行。SHOP 工艺新建的乙烯低聚生产 LAOs 装置也都省掉了异构化和歧化单元，大大降低了 SHOP 工艺装置的投资成本。

表 2-8　Gulfene 法、Ethyl 法和 SHOP 法工艺特点比较

项目	Gulfene	Ethyl		SHOP		
反应步骤	一步法	链增长	链置换	低聚	异构化	歧化
催化剂	三乙基铝	三乙基铝	三乙基铝	镍配合物	MgO	MoO_2 或 Re_2O_7/Al_2O_3
反应温度/℃	180～220	130	229	80～120	80～140	80～140
反应压力/MPa	21	21	16	6.80～16.3	0.35～1.70	0.35～1.70
低聚反应器	管式	搅拌槽		搅拌槽		
催化剂回收	无	有		有		
装置复杂程度	简单	复杂		复杂		
催化活性/[g/(g·h)]	260	3		90		
产物直链 α-烯烃含量/%	91.0～97.0	63.0～97.5		96.0～97.5		
产物支链烯烃含量/%	1.6～7.8	1.9～29.1		1.0～3.0		
产物内烯烃含量/%	—	0.6～8.2		1.0～2.4		
产物烷烃含量/%	1.4	0.1～0.8		0.1		
产物总单烯烃含量/%	98.6	99.0		99.0		

2.5.4 Linealene 工艺

日本出光石油化学株式会社的 Shiraki 等[44]发现 $ZrCl_4$-TEA（三乙基铝）-EASC（三氯三乙基二铝）三组分催化剂用于乙烯低聚合成 LAOs 具有重要的工业应用价值。该催化剂体系是由固相和液相组成的浆料，催化活性中心是 Zr 原子，乙烯低聚过程中生成的少量固体聚合物副产物是由催化活性中心 Zr 的过度还原而引起的。催化活性受催化剂制备方法的影响，如有机铝的添加顺序、老化温度和老化时间等。将 TEA 加入 $ZrCl_4$ 溶液中，连续加入 EASC，在 70℃以上加热 30min，可以制备出高活性、稳定的催化剂。核磁共振分析证明高活性是由与 $ZrCl_4$ 配位的 TEA 的量增加引起的。由于 Zr 的还原，有机铝化合物的配位提高了催化剂的活性。

添加剂如四氢噻吩和噻吩与 Zr 配位增加了 Zr 的电子密度，并由于空间位阻抑制了产物 LAOs 插入 Zr—Et 键而引起的二次反应，因此产物 LAOs 的纯度提高了。可以选择具有高杂原子电子密度的添加剂如四氢呋喃（THF）与有机铝配位，当 THF 或醚类化合物作为配体与 Al 原子配位时，会使中心原子 Zr 的正电荷显著降低。

出光石油化学株式会社在 20 世纪 80 年代末开发了出光乙烯低聚合成 LAOs 工艺，并建设了一套 6 万 t/a 的 α-烯烃工业装置[45]，工艺流程如图 2-9 所示。该工艺使用 $ZrCl_4$-TEA-EASC 三组分催化剂，在反应温度为 120℃、反应压力为 6.4MPa 的条件下进行[46]。该工艺选用环己烷作为溶剂，并选择合适的有机配体来形成高活性的催化体系。在乙烯低聚反应后需要一个闪蒸系统来回收未反应的乙烯，作为催化剂的后处理还需要一个失活系统来使催化剂失活，以及一个脱灰系统来去除失活催化剂组分中的金属成分。此外，还需选择噻吩作为缓化剂，以防止反应过于剧烈。该方法催化剂活性高、反应条件较为温和，C_{10} 以下的 α-烯烃含量达到了 85.9%（质量分数），非常适合生产聚烯烃用共聚单体原料。最初，该装置只生产 C_4～C_{18} 的 LAOs，从 2005 年也开始生产 C_{20} 和 C_{24} 的 α-烯烃。

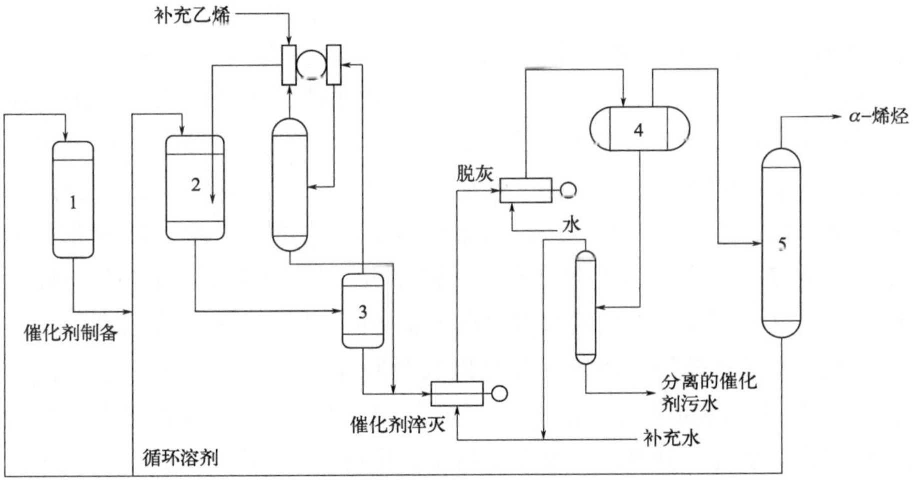

图 2-9 出光乙烯低聚合成 LAOs 工艺流程

1—储料罐；2—反应釜；3—闪蒸釜；4—气液分离罐；5—精馏塔

2.5.5 AlphaSelect 工艺

在实施了乙烯选择性二聚合成 1-丁烯的 AlphaButol 工艺后，Axens 公司和法国石油研究院（IFP）的研究人员进一步尝试开发针对宽分布的 LAOs 生产的乙烯低聚工艺[45,47]。他们发现，锆基均相配合物具有与市场上其他宽分布的 LAOs 催化剂竞争的潜力，促成了在 20 世纪 90 年代试运行的第一个 AlphaSelect 装置，该装置专注于 C_4～C_{10} 范围内 LAOs 的生产。AlphaSelect 乙烯低聚催化体系中以（M）-H 表示的金属氢化物可能是实际的催化活性中心，如图 2-10 所示[45]。LAOs 产物的碳数遵循 Schulz-Flory 分布，通过调整 Al/M 的摩尔比可以调节 LAOs 产物的碳数分布。

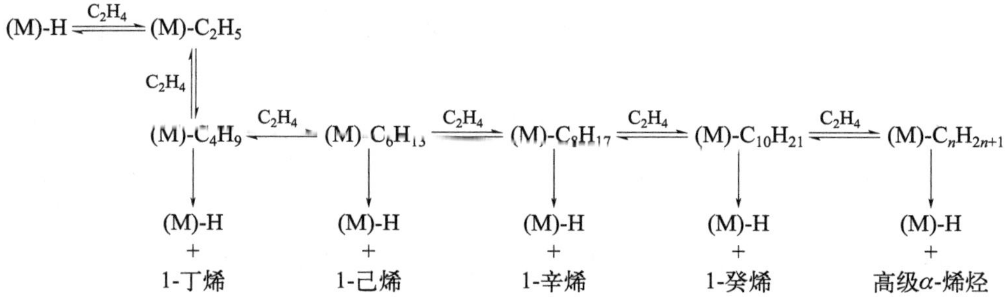

图 2-10 遵循金属氢化物机理的乙烯低聚 α-烯烃产物的碳数分布

AlphaSelect 乙烯低聚工艺使用专用的可溶性催化剂，在反应压力为 7.0～9.0MPa、反应温度为 130～150℃的条件下进行反应，反应溶剂可使高分子量的副产物保持可溶并能增强催化剂活性。反应过程中将催化剂和助催化剂在相同的溶剂中稀释并连续注入反应回路中。乙烯低聚在一定的催化剂/助催化剂摩尔比、乙烯/溶剂比以及一定的乙烯浓度下进行，催化剂/助催化剂的摩尔比是调控 LAOs 产物碳数分布的关键参数。与 AlphaButol 工艺一样，催化体系是由催化剂和助催化剂双组分现场制备的，以保证较高的催化活性，得到的催化体系具有较好的稳定性并可以长时间保存。AlphaSelect 乙烯低聚工艺流程与 AlphaButol 工艺非常相似，如图 2-11 所示。从反应器出来的物料进入催化剂分离系统，分离出的废催化剂经氧化变成无毒形式并进一步处理。有机烃相进入精馏单元得到 1-丁烯、1-己烯、1-辛烯和 1-癸烯等产品。AlphaSelect 乙烯低聚技术得到的 LAOs 也具有非常高的质量，产品纯度也随 LAOs 碳数的增加而降低，杂质主要由少量的支链和直链内烯烃组成，如表 2-9 所示。AlphaSelect 乙烯低聚技术对 C_4～C_{10} 的 LAOs 的选择性达到 93%（质量分数）以上，而且可以调整 LAOs 的碳数分布以满足市场的需求。

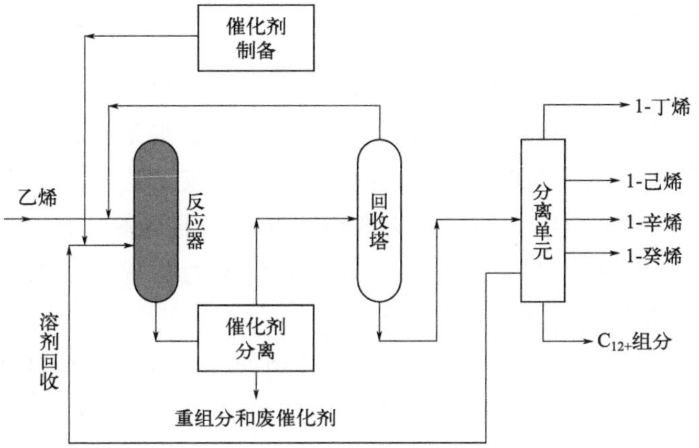

图 2-11　AlphaSelect 乙烯低聚工艺流程

表 2-9　AlphaSelect 工艺中各组分 α-烯分布

α-烯烃	选择性(质量分数)/%	纯度(质量分数)/%
1-丁烯	35～40	99
1-己烯	29～30	98
1-辛烯	19～21	96
1-癸烯	11～14	92

2.5.6　UOP-UCC (Linear-1)工艺

UOP-UCC 公司开发的乙烯低聚技术名称为 Linear-1 工艺，自称是生产 LAOs 最经济的途径，但尚无报道表明有商业装置采用该技术[48]。据报道，Linear-1 工艺具有灵活性，只需调整操作参数即可使产物的碳数符合 Schulz-Flory 分布，即可生产碳链长度范围为 C_4～C_8 的 LAOs，选择性高达 80%(质量分数)。该工艺使用镍基均相催化剂，采用的配体是 2-二苯基膦基-1-萘磺酸，而助催化剂则是硼氢化钠，以环丁砜为溶剂，在 95℃和乙烯压力为 10.0MPa 的条件下进行乙烯低聚反应。然而，一旦使用大量催化剂或助催化剂，催化体系可能会出现严重失活的情况。该工艺中使用的溶剂具有使产物分离更容易的优势，这有助于实现催化剂、助催化剂和溶剂的再循环，从而实现更好的工艺优化。反应结束后，碳链长度为 C_4～C_{18+} 的 LAOs 被分离出来，而未反应的乙烯则再循环回反应釜。

2.5.7 DuPont (Versipol)工艺

杜邦（DuPont）公司首次采用铁催化剂开发了均相乙烯低聚合成 LAOs 技术[49]，工艺名称为 Versipol 工艺。铁是地壳中含量最丰富的元素之一，这使得该催化转化过程主催化剂的成本相对较低。该工艺使用了 Versipol 催化剂三齿 N 配体/铁配合物与铝助催化剂相结合，用于制备具有灵活分布的高纯度 LAOs 产品。然而，尽管该技术具有优异的潜力和优势，却尚未找到有关该工艺商业化应用的报道。

中国石油吉林石化公司曾与 DuPont 公司就 Versipol 催化剂技术共同进行中试研究，设计了管式反应器和短管反应器进行了中试试验[50]。试验结果表明：该催化体系在乙烯转化率、溶剂比值和产品纯度等方面具有优势，但有少量聚合物生成会影响中试装置的连续长周期运行，这是需要解决的问题。

2.5.8 Alpha-Sablin 工艺

Linde 公司和 SABIC 公司合作开发了一种乙烯低聚合成 LAOs 技术，商业名称为 Alpha-Sablin 工艺，工艺流程如图 2-12 所示。该技术采用锆铝催化剂体系，具有高活性和高选择性的特点，产品碳数分布窄，高碳数烯烃支链数多。该技术的特点之一就是可以通过改变 Al/Zr 摩尔比实现对产品碳数分布的灵活调节，满足市场对各种不同碳数 LAOs 产品的需求。2009 年，第一个 Alpha-Sablin 工艺装置成功实现了商业化，该装置的 LAOs 产能为 15 万 t/a。Alpha-Sablin 工艺使用基于羧酸锆的均相催化剂，主要生产碳链长度在 C_4～C_{12} 范围内的 LAOs[46]。

与其他的 LAOs 生产工艺不同，Alpha-Sablin 工艺过程所使用的反应器是一个鼓泡塔式反应器，如图 2-13 所示。该工艺在 2.0～3.5MPa 的乙烯压力和 50～100℃的温度下运行，乙烯从反应器底部的气体分配器引入，而催化剂和助催化剂都是从反应器的侧面注入的，因此进入反应器的乙烯进料主要有反应原料、反应冷却和反应混合三个用途。反应产物采用了特定的处理方法，未反应的乙烯与轻质 LAOs 从反应器顶部连续蒸发，而带有催化剂、助催化剂和重质 LAOs 的溶剂则从反应器底部排出。这种设计有助于有效撤出反应热量，从而控制反应的温度，同时解决了传统换热器内表面因存在聚合物挂壁、堵塞等而影响换热效率的问题。然而，该工艺的局限性在于需要多个反应器并联才能实现高生产能力。尽管存在一些不足，但该工艺具有灵活性，可通过调整 Al/Zr 摩尔比将 C_4～C_8 产品的总选择性提高至 81%（质量分数）。

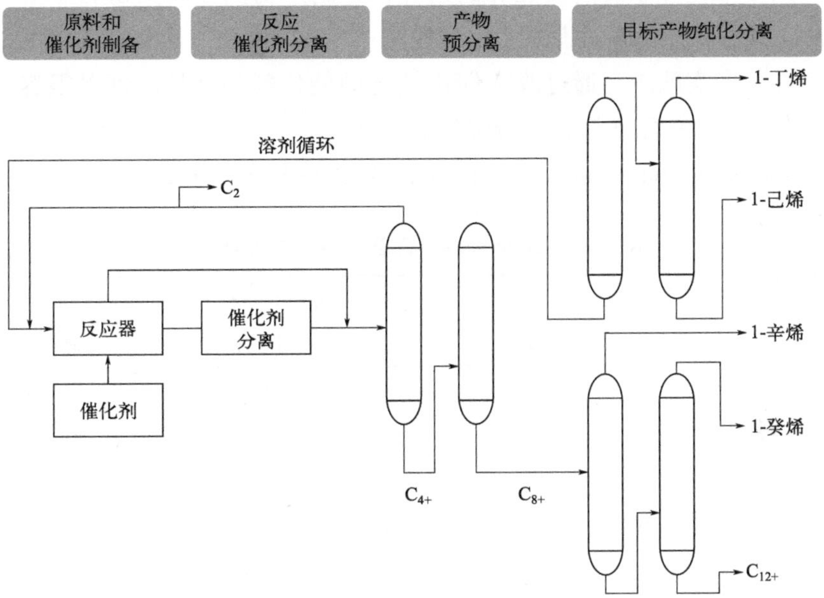

图 2-12　Alpha-Sablin 工艺流程

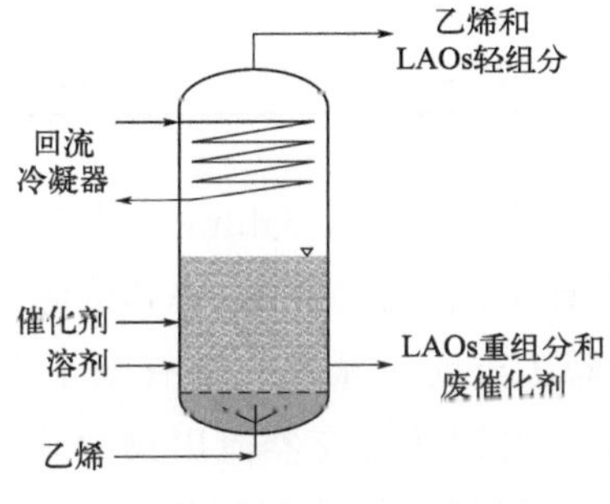

图 2-13　Alpha-Sablin 工艺反应器

和其他乙烯低聚生产 LAOs 技术相比，Alpha-Sablin 工艺具有以下优点：

① 具有更适中的反应条件，反应器、管道和关键设备可以采用碳钢，显著降低了装置投资和操作成本。由于适中的反应条件和高度的产物选择性，反应器中的高聚产物非常少。此外，催化剂成分的原材料是工业化生产中很容易得到的，因此具有来源广泛、生产成本低的特点。

② 温度过高会导致催化剂体系失活。因此，反应不会出现高度放热和聚合失控的情况，即使在不规范的操作条件下也不会产生不良后果，确保了生产的安全性。

③ 由于催化体系的高活性和高选择性，副产物例如高聚物和非 LAOs 很难形成，因此不需要进一步的纯化过程。

④ 在生产实践中，通过改变催化剂与助催化剂的比例，可以很容易地调整产物的碳数，符合目前的市场需要。

乙烯低聚 Alpha-Sablin 工艺典型的产物组分分布如表 2-10 所示。

表 2-10 Alpha-Sablin 工艺中各产物组分分布

α-烯烃	Alpha-Sablin		
	重组分/%	中间组分/%	轻组分/%
C_4	6.1	24.0	40.2
C_6	6.2	27.1	28.1
C_8	14.2	13.2	14.0
C_{10}	15.3	11.2	8.4
C_{12}	13.6	8.3	5.0
C_{14}	12.0	5.8	2.3
C_{16}	10.0	4.8	1.4
C_{18}	8.2	2.9	0.5
C_{20+}	13.4	2.8	0.1

在工业规模的生产装置中，Alpha-Sablin 工艺的反应器部分被整合到乙烯循环系统中，这种集成设计可以提高生产效率和资源利用率。乙烯通过循环输送压缩机和加热器/冷却器送至反应器，这将有助于维持反应器内所需的适宜反应条件。在这种工艺中，可以从反应器流出物中分离提取溶解的催化剂，同时将 Zr 和 Al 作为相应的金属氧化物分别回收。Linde 公司成功地将这一流程融入其技术组合中，实现了乙烯技术与下游聚合物生产和其他消耗 LAOs 的工厂之间的衔接。目前，Linde 公司已经开发了较大规模的 LAOs 生产技术工艺包，并创建了基础条件用于该技术未来的许可。

2.5.9 中国石化的 LAOs 工艺

中国科学院化学研究所孙文华教授课题组[51]开发了一种新型的 2-亚氨基邻菲咯啉铁配位催化剂催化的乙烯低聚体系，该体系使用三乙基铝作为助催化剂催化乙烯低聚合成 LAOs。中国石油化工集团有限公司（简称中国石化）首创了具有自主知识产权的铁系三元复合催化体系[52]，在该体系的催化作用下，乙烯在烷烃溶剂中转化为偶数碳的 LAOs 产品，主要包括 1-丁烯、1-己烯、1-辛烯、1-癸烯、1-十二烯、1-十四烯、1-十六烯、1-十八烯和少量 C_{20} 以上的烯烃，具有催化反应活性高、目标产物选择性优、低聚物含量少、乙烯单耗和能耗低的特点。中国石化利用该技术在茂名石化分公司建成了全球首套铁系催化体系的 5 万 t/a LAOs 工业装置，填补了国内系列高级 LAOs 的生产空白，产品成功应用于高端聚烯烃材料及高等级全合成润滑油基础油等领域。中国石化采用该技术在天津石化新建的一套 20 万 t/a 的乙烯低聚制备 LAOs 装置也已经成功投入运营。

几种商业化的非选择性乙烯低聚制 LAOs 技术比较如表 2-11 所示。

表 2-11　商业化规模生产 LAOs 工艺比较

工艺商/工艺名称	反应温度/℃	反应压力/MPa	产物分布(质量分数)/%
CPChem (Gulfene)	175～290	13.8～27.5	C_6～C_{10}≥41
Ineos (Ethyl)	116～316	18.6～20.6	C_6～C_{10}≥77
Shell (SHOP)	90～100	10.0～11.0	C_{12}～C_{18}≥40
Axens (AlphaSelect)	130～150	7.0～9.0	C_4～C_{10}≥93
UOP-UCC (Linear-1)	95	10.0	C_4～C_8≥80
SABIC-Linde(Alpha-Sablin)	50～100	2.0～3.5	C_4～C_8≥81
中国石化 LAOs	50～100	5.0	C_4～C_{10}≥65

对于非选择性乙烯低聚技术来说，其发展方向如下：

① 产品碳数分布的优化。减少附加值相对较低的 1-丁烯产量，增加 C_6～C_{12} 等高附加值的 LAOs 产量，这样可以提高该工艺的技术经济性。

② 提升产品方案的灵活度。两步法乙烯低聚工艺通过反应控制和 1-丁烯的回用，形成了两套产品方案；SHOP 乙烯低聚工艺通过异构化、歧化调节产品组成；Alpha-Sablin 乙烯低聚工艺通过调控反应温度调节产品分布等，目的都是更好地适应市场的需求。

③ 工艺安全、节能降耗和装置大型化。温和的反应工艺条件更便于反应设备的工程化，也有利于规模化，可相应降低运营成本，提高工艺装置的经济性。

2.6　选择性乙烯低聚工艺

近年来随着对 C_4～C_{10} 的 LAOs 需求的快速增长，乙烯选择性低聚生产

1-丁烯、1-己烯或 1-辛烯等取得了显著进展。基于钛和铬的催化剂体系在乙烯选择性低聚合成 LAOs 中的应用引起了学术界和产业界的广泛关注[53-54]。目前，钛系催化剂催化乙烯选择性二聚合成 1-丁烯、铬系催化剂催化乙烯选择性三聚合成 1-己烯和铬系催化剂催化乙烯选择性四聚合成 1-辛烯都已经实现工业化应用。近年来有关乙烯选择性低聚的研究主要集中在催化活性中心的形成及反应机理、新型过渡金属配合物催化剂的开发、进一步提高催化活性和目标产物选择性、第三组分的添加对乙烯低聚催化体系性能的改进、聚合物副产物的生成机理及有效抑制等方面，所用的金属主要是铬、钛等。研究结果表明：配体的结构对乙烯选择性低聚过渡金属配合物催化剂的性能有着重要的影响。用于乙烯选择性三聚和四聚的过渡金属配合物催化剂的配体有 PNP[55]、PNNP[56]、PCCP[57-60]、PN[61-64]、SNS[65]、NNN[66]等系列，对乙烯选择性二聚、三聚、四聚的催化剂研究进展情况也有很多文献评述[67-74]。

对于乙烯三聚合成 1-己烯的催化体系及其反应机理人们进行了深入的研究，如 Phillips 公司的吡咯铬催化体系、Sasol 公司的杂原子铬体系及 BP 公司的双膦铬体系等。人们普遍认为乙烯三聚是通过成环机理进行的，形成的七元环中间体是高选择性形成 1-己烯的主要原因。同时，还有研究人员提出乙烯四聚是不可能的，这主要是因为要进行乙烯四聚，如果通过成环机理则要形成九元环中间体，而九元环是不稳定的。另外，如果形成了九元环，那么十一元环、十三元环等都可以形成，也就意味着乙烯可以高选择性四聚、五聚、六聚了。乙烯选择性二聚、三聚和四聚反应机理尚存在争议，虽然普遍认为乙烯选择性低聚遵循金属成环机理，如图 2-14 所示，但对活性中心的结构和价态还存在争议。充分认识乙烯选择性低聚反应机理是开发高催化活性、高选择性乙烯低聚催化剂的关键。然而，由于催化反应过程中活性中间体的不稳定性，对其进行提纯和表征的手段十分有限，因此对乙烯选择性低聚反应机理方面的研究进展比较缓慢。

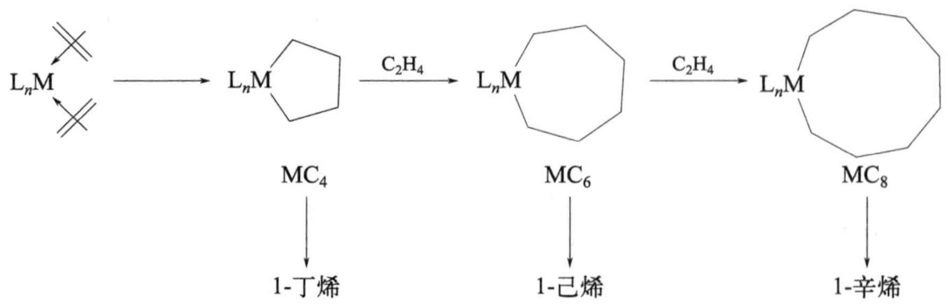

图 2-14　乙烯选择性低聚的成环机理

与乙烯非选择性低聚工艺相比，乙烯选择性低聚生产1-丁烯、1-己烯和1-辛烯等，具有目标产物选择性高、工艺流程简单、设备投资少、原子利用率高和分离成本低等优点，符合绿色化工的发展趋势，因此成了该领域内的研究热点。几种乙烯选择性低聚生产技术的比较如表2-12所示。

表2-12 几种乙烯选择性低聚生产技术比较

产品	技术来源	反应温度/℃	反应压力/MPa	产物选择性(质量分数)/%
1-丁烯	AlphaButol(Axens)	50～60	2.5	91
1-丁烯	中国石油	50～55	2.2～2.5	>91
1-己烯	S1H(CPChem)	115	10.0	99
1-己烯	MET 1-Hexene(Mitsui)	—	—	>95
1-己烯	AlphaHexol™(Axens)	140	3.0	>85
1-己烯	中国石化	110～120	5.0	>93
1-己烯	中国石油	110～120	5.0	>93
1-己烯	三井化学	50～70	5.0	>92
1-己烯/1-辛烯	Sasol四聚	>50	—	20% 1-己烯,70% 1-辛烯

大多数乙烯选择性低聚技术在生产LAOs过程中，通常会产生一定量的聚合物，这些聚合物的出现会堵塞反应器、管道和换热器等，影响热交换和产生结垢问题，如何减少乙烯选择性低聚过程中聚合物的生成一直是该领域内的一个难点。因此，为了保证生产装置的连续长周期运行，通常需要附加的设备和持续的维护来清除这些聚合物。乙烯二聚合成1-丁烯技术实现工业化应用至今已经有近40年了，技术发展相对成熟，但聚合物的问题一直没有得到彻底解决。最近沙特阿美和住友化学联合开发的聚合物抑制添加剂技术(AFA)，在保证催化体系活性的同时可以显著减少乙烯二聚反应过程中聚合物的生成，沙特阿美和住友化学已授予Axens将这项技术再许可给AlphaButol现有和未来许可单位的权利。通过提高生产效率和降低维护成本，AFA在设备运营利润方面取得了真正的突破。通过更简单的清洁方式，污垢的可清除性也得到了提高，从而缩短了维护周期。

尽管乙烯选择性合成LAOs技术存在副产物影响生产装置长周期运行、乙烯三聚和乙烯四聚反应目标产物选择性不够高和二次反应副产物较多等问题，但从工艺的技术经济性角度看具有盈利潜力，并且可以与其他流程相结合，因而备受关注。受催化活性、1-辛烯选择性、生产成本和聚合物堵塞等问题的影响，目前全球只有美国投产了一套 10 万 t/a 的乙烯四聚合成 1-辛烯生产装置[75]。国内中国石油、中国石化及多家公司正在对乙烯四聚催化剂和工艺进行研究开发，多套万吨级的工业化生产装置在规划建设。

对于乙烯选择性低聚技术来说，其发展方向如下：

① 产品高碳化和高品质。乙烯二聚合成 1-丁烯、乙烯三聚合成 1-己烯和乙烯四聚合成 1-辛烯已相继产业化，乙烯五聚合成 1-癸烯亟待突破。聚烯烃加工对共聚单体的品质，特别是杂质含量要求越来越苛刻，因此对于乙烯选择性低聚技术来说，提高目标产物的选择性和纯度是其发展方向。

② 解决聚合物堵塞影响生产装置长周期运行的问题。少量副产聚合物会造成反应器、搅拌器、管道和设备等的堵塞、黏附、成胶、成垢等问题，这是制约生产装置连续长周期运行和反应工程化的关键因素，需要持续深入研究、积累应用经验。

③ 装置规模化。产业转型背景下受市场需求的拉动，规模化是必然趋势。重点是突破两相传递强化、高效撤热等反应工程瓶颈，解决反应设备工程化问题，提高单套装置的生产能力。

2.7 丁二烯调聚合成 1-辛烯

陶氏化学公司于 1992 年开发了一条基于 1,3-丁二烯和甲醇的可调控聚合反应生产 1-辛烯的工艺路线，并于 2008 年在西班牙塔拉戈纳进行了工业化应用[76-78]。如图 2-15 所示，在此过程中，主要使用石油裂解气中的 C_4 组分作为原料，在钯和三芳基膦催化体系作用下合成关键中间体 1-甲氧基-2,7-辛二烯(1-MOD)。接下来调聚产物 1-MOD 经催化加氢转化为相应的 1-甲氧基辛烷，产率超过 99%。最后通过碱催化高温裂解得到 1-辛烯，收率为 97%，生成的副产物甲醇可循环利用。根据专利资料，第二步和第三步的反应具有高效率和高选择性，相关产品几乎可以实现定量转化。

该工艺流程如图 2-16 所示，使用粗 C_4 作为丁二烯源，反应物通过混合器后在 90℃下进入管式反应器 R-1，催化剂浓度为 0.0025%（摩尔分数）[78-79]。在调聚反应步骤之后，先释放压力在闪蒸装置中分离出低沸点的 1,3-丁二烯和甲醇，并将其再循环至管式反应器中。然后，混合产物和溶解的均相催化剂依次通过两个蒸馏步骤（D-1 和 D-2），在此过程中催化剂被破坏并分离出所需的中间产物 1-MOD。中间体 1-MOD 在反应器 R-2 中经过多相 Ni 催化的加氢

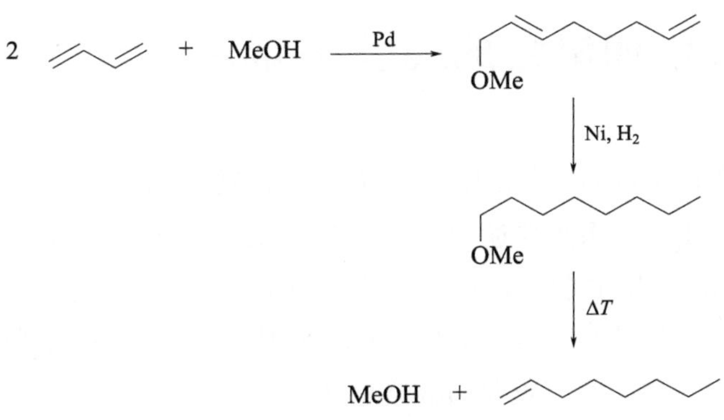

图 2-15　1,3-丁二烯与甲醇调聚反应生成 1-辛烯

步骤，随后在炉 F 中进行热分解，生成甲醇和目标产物 1-辛烯。此外，D-3 蒸馏步骤中得到的甲醇再循环到管式反应器中，并且接收到纯度高达 99%（质量分数）的目标产物 1-辛烯。由于丁二烯调聚合成 1-辛烯工艺流程复杂、生产成本高，并且对催化剂要求高，因此目前全球仅有一套生产装置在运行。

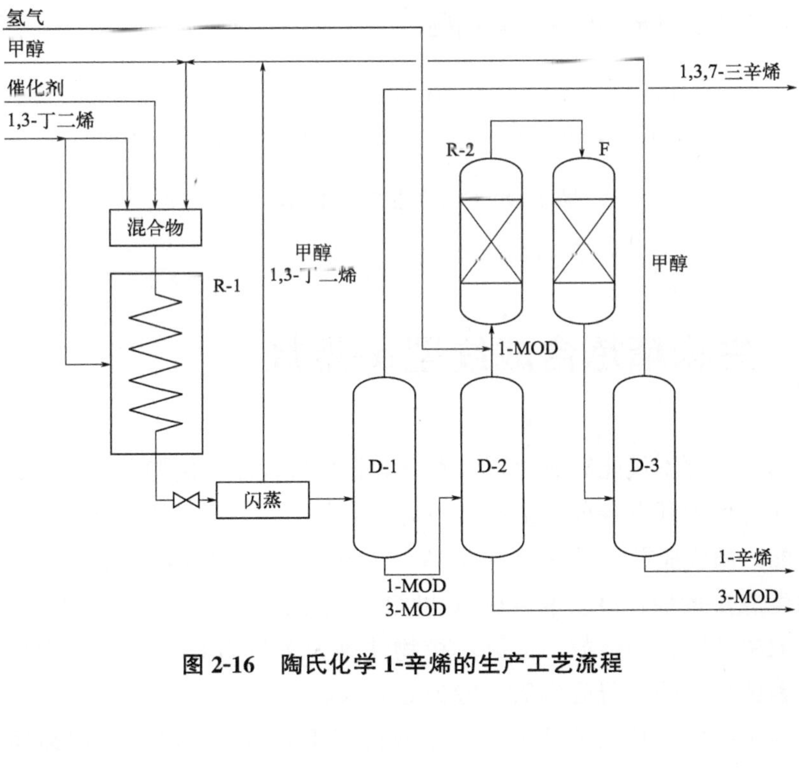

图 2-16　陶氏化学 1-辛烯的生产工艺流程

2.8 CO_2 加氢合成线型 α-烯烃

利用清洁能源制 H_2 然后和 CO_2 加氢直接转化为 LAOs，是将温室气体 CO_2 资源化利用的一条重要途径[80]。传统的 LAOs 合成方法主要是石脑油裂解的副产品和煤经甲醇制备，均需要依赖石油和煤等化石资源[81]。因此，将 CO_2 转化为具有高附加值的 LAOs，不仅实现了 CO_2 资源化利用，还可以达到减排 CO_2 的效果，具有重要的战略意义[82-83]。

目前，CO_2 加氢制备 LAOs 主要由费托合成（FTS）路径（CO_2-FTS 路径）实现，如图 2-17 所示，该路径主要包含两个过程：CO_2 和氢气（H_2）经过逆水煤气变换（RWGS）反应生成一氧化碳（CO）；随后，生成的 CO 发生加氢反应，最终得到 LAOs 产品。Fe 基催化剂在该 CO_2-FTS 路径中扮演着重要角色，兼具 RWGS 和 FTS 反应的催化活性，因此是该反应体系中应用最广泛的催化剂。关于 CO_2 加氢经 RWGS 和 FTS 路线制取 LAOs 的过程，改性 Fe 基催化剂的研究取得了较大进展，但仍面临碳一副产物（如 CH_4、CO）较多，目标产物长链烯烃收率低等问题。

$$CO_2 + H_2 \rightleftharpoons CO + H_2O$$

$$n\,CO + 2n\,H_2 \longrightarrow CH_2{=}CH{+}CH_2{+}_{n-3}CH_3 + n\,H_2O$$

图 2-17 CO_2 加氢制备 LAOs 反应

2.9 生物精炼合成线型 α-烯烃

生物质资源不仅能够成为石油资源的直接替代品，例如燃料乙醇、生物柴油等，还可作为开发各种化工产品的资源平台，例如乙二醇、高级脂肪酯、高级脂肪酸、高级脂肪醇等精细化学品[84]。植物油经加氢制得脂肪醇，脂肪醇经脱水生成 α-烯烃，该技术早在 20 世纪 40 年代之前就已实现工业化，其产品的碳数取决于原料的碳数，而天然植物油绝大多数为 C_{12}～C_{18} 的脂肪酸甘油三酯，因此得到的 α-烯烃碳数一般为 C_{12}～C_{18}。

近年来，生物基化学品生产技术取得了重要进展，涉及生物柴油生产技术、动植物油脂提取技术以及生物质深加工技术等领域，例如提取脂肪酸甲酯、生产脂肪醇等。微生物工程在脂肪酸衍生可再生生物燃料和生物基化学品方面也取得了突破，涉及脂肪酸烷基酯、脂肪醇、脂肪甲基酮、长链 α-烯烃和内烯烃等产品，其中十二烷二酸已经实现商业化生产[85-87]。油脂和脂肪，包括饱和和不饱和脂肪酸、高级脂肪酸酯、高级脂肪醇等，如今已被视为化学工业中的可再生生物质原料，为利用生物化学品制造长链 α-烯烃提供了物质基础。

用于 LAOs 生产的主要生物化学品包括高级脂肪酸酯、高级脂肪酸和高级脂肪醇。通过催化转化，这些物质可以转化为相应的 LAOs。内烯烃和乙烯歧化生产 α-烯烃是一项具有实用性和创新性的技术路线，其成功开发有望带来显著的经济效益和社会效益。此外，脂肪族羧酸经过催化脱羧消除反应，可在 110℃条件下转化为 α-烯烃[88]。

美国威斯康星大学的研究人员报道了一种利用生物内酯或生物基不饱和脂肪酸制备高纯度 LAOs 的方法，并已申请相关专利。这项研究引人注目之处在于他们采用了成本低廉的 γ-Al_2O_3 路易斯酸催化剂，且无须负载贵金属。研究表明，生物工艺中原料含有的水分能有效抑制烯烃的双键异构化，从而高选择性地生成 LAOs。近年来，生物发酵技术取得了重大进展，这为醇脱水制备烯烃技术提供了原料和技术支持。

2.10　我国线型 α-烯烃的发展建议

目前我国聚烯烃工业面临快速扩能和提高产品质量的发展现状，对共聚单体用的 LAOs 面临“量”“质”的升级，因此发展高选择性乙烯低聚技术，全面提升共聚单体用 LAOs 的产品质量具有重要的意义。

① 在现有选择性乙烯低聚技术研发的基础上，加大国内自主技术的规模化应用力度，提升国产 1-丁烯、1-己烯和 1-辛烯的产品质量，降低生产成本，促进茂金属等高端聚烯烃产业升级。

② 宜持续研究，提高装置、产品、方案的灵活度，规避同质化竞争。多种举措并行、突破行业技术瓶颈。积极谋划、自主创新，探索乙烯五聚、六聚的催化体系和反应机理。研究费托合成烯烃中含氧化合物的深度脱除技术，解决费托合成烯烃 C_9～C_{11} 原料脱含氧化合物难题，使其用于低黏度 PAO 的生产，以降低其原料成本。

③ 原料乙烯的成本是乙烯低聚合成LAOs成本的构成主体，从提升经济效益的角度出发，建议选择乙烯成本较低、运输便利的地区建厂，有利于经济效益的最大化。

参考文献

[1] Chen X, Yan Y. Study on the technology of thermal cracking of paraffin to alpha olefins[J]. Journal of Analytical and Applied Pyrolysis, 2008, 81(1): 106-112.

[2] Knözinger H. Dehydration of alcohols on aluminum oxide[J]. Angewandte Chemie-International Edition, 1968, 7(10): 791-805.

[3] Kostetskyy P, Zervoudis N A, Mpourmpakis G. Carboranes: The strongest bronsted acids in alcohol dehydration[J]. Catalysis Science & Technology, 2017, 7(10): 2001-2011.

[4] 吴丽琼. 丁烷催化脱氢制丁烯固定流化床工艺技术研究[D]. 兰州：兰州交通大学，2014.

[5] 王育，马天石，戴伟，等. 高碳α-烯烃的生产工艺进展[J]. 乙烯工业，2015，27(4)：4-8，75.

[6] Rotgerink H L, Tacke T, Brand R, et al. Catalyst for the dehydrogenation of C_6-bis C_{15}-paraffinen: DE 59508645[P]. 2000-09-21.

[7] Vittorio F, Giuseppe F, Gioseppe B. Catalyst of dehydrogenation and procedure for its preparation: IT 2155887[P]. 1987-07-31.

[8] 陈丽珍. 环球油品公司的洗涤剂烷基化新工艺[J]. 精细化工信息，1990(9)：19-20.

[9] Vora B V. Development of dehydrogenation catalysts and processes[J]. Topics in Catalysis, 2012, 55(19): 1297-1308.

[10] 何松波，毕文君，赖玉龙，等. 一种C_{10}-C_{13}长链正构烷烃脱氢催化剂的制备方法：CN 102451684[P]. 2012-05-16.

[11] Gaube J, Klein H F. Further support for the two-mechanisms hypothesis of fischer-tropsch synthesis[J]. Applied Catalysis A: General, 2010, 374(1): 120-125.

[12] Dancuart L P, De Haan R, De Klerk A. Chapter 6-Processing of primary fischer-tropsch products[M]. New York: Elsevier, 2004.

[13] 张君涛. 乙烯低聚制线性α-烯烃的新工艺研究[D]. 西安：西北大学，2001.

[14] De Klerk A. Etherification of C_6 fischer-tropsch material for linear α-olefin recovery[J]. Industrial & Engineering Chemistry Research, 2004, 43(20): 6349-6354.

[15] 祁彦平，栗同林，郭贵贵. α-烯烃的生产工艺及应用[J]. 石化技术，2008，15(1)：53-56.

[16] Nesterenko N, Aguilhon J, Bodart P, et al. Methanol to olefins: An insight into reaction pathways and products formation[M]. New York: Elsevier, 2016.

[17] Ilias S, Bhan A. Mechanism of the catalytic conversion of methanol to hydrocarbons[J]. ACS Catalysis, 2013, 3(1): 18-31.

[18] Enayat S E. Japan, Iran, and the oil business: A case study of Iran Japan Petrochemical Company (IJPC)[D]. Stirling: University of Stirling, 1994.

[19] Al-Sherehy F A. IFP-SABIC process for the selective ethylene dimerization to butene-1 [J]. Studies in Surface Science and Catalysis，1996，100：515-523.

[20] Gillis D，Vanwees M，Zimmerman P，et al. Upgrading residues to maximize distillate yields with UOP UniflexTM process[J]. Journal of the Japan Petroleum Institute，2010，53(1)：33-41.

[21] Ray S，Rao Peddy V，Choudary N V. Poly-α-olefin-based synthetic lubricants：A short review on various synthetic routes[J]. Lubrication Science，2012，24(1)：23-44.

[22] Wang Da，Gu Y，Chen Q，et al. Direct conversion of syngas to alpha olefins via fischer-tropsch synthesis：Process development and comparative techno-economic-environmental analysis[J]. Energy，2023，263(PE)：125991.

[23] 吴昊，毛国梁，王月含，等. 乙烯低聚工艺从非选择性低聚到选择性低聚[J]. 化工科技，2019，27(1)：77-84.

[24] Britovsek G J P，Malinowski R，Mcguinness D S，et al. Ethylene oligomerization beyond Schulz-Flory distributions[J]. ACS Catalysis，2015，5(11)：6922-6925.

[25] Ziegler K，Gellert H，Holzkamp E，et al. Metallorganische verbindungen，XXXVI synthese geradkettiger α-olefine aus äthylen[J]. Justus Liebigs Annalen der Chemie，1960，629(1)：172-198.

[26] 张宝军. 新型乙烯低聚催化剂及反应性能研究[D]. 天津：河北工业大学，2007.

[27] Akamatsu K，Lakshminarayanan S，Manako H，et al. Data-based control of an industrial tubular reactor[J]. Control Engineering Practice，2000，8(7)：783-790.

[28] Ziegler K. Entdeckung der aufbaureaktio[J]. Brennstoff Chemie，1952，35：193.

[29] Cornils B. Applied homogeneous catalysis with organometallic compounds[M]. New York：Wiley-VCH，1996.

[30] Flory P J. Molecular size distribution in ethylene oxide polymers[J]. Journal of the American Chemical Society，1940，62(6)：1561-1565.

[31] Cornils B. Applied homogeneous catalysis with organometallic compounds：A comprehensive handbook in three volumes[M]. 3rd ed. New York：Wiley-VCH，2002.

[32] Reuben B，Wittcoff H. The SHOP process：An example of industrial creativity[J]. Journal of Chemical Education，1988，65(7)：605-607.

[33] Keim W，Kowaldt F H，Goddard R，et al. New coordination mode of (benzoylmethylene) triphenylphosphorane in a nickel oligomerization catalyst[J]. Chemischer Informationsdienst，1978，9(36)：466-467.

[34] Peuckert M，Keim W. A new nickel complex for the oligomerization of ethylene[J]. Organometallics，1983，2(5)：594-597.

[35] Keim W，Schulz R. Chelate control in the nickel-complex catalysed homogeneous oligomerization of ethylene[J]. Journal of Molecular Catalysis A-Chemical，1994，92(1)：21-33.

[36] Lutz E. Shell higher olefins process[J]. Journal of Chemical Education，1986，63(3)：202-203.

[37] Keim W. Oligomerisierung von ethen zu α-olefinen：Erfindung und entwicklung des Shell-higher-olefin-prozesses (SHOP)[J]. Angewandte Chemie-International Edition，2013，125(48)：12722-12726.

[38] Keim W. Nickel: An element with wide application in industrial homogeneous catalysis [J]. Angewandte Chemie-International Edition, 1990, 29(3): 235-244.

[39] Cossee P. Ziegler-Natta catalysis I. Mechanism of polymerization ofα-olefins with Ziegler-Natta catalysts[J]. Journal of Catalysis, 1964, 3(1): 80-88.

[40] Keim W. Bimetallische π-allylkomplexe von nickel und palladium [J]. Angewandte Chemie-International Edition, 1968, 80(22): 968-969.

[41] Jess A, Wasserscheid P. Chemical technology: An integral textbook[M]. New York: Wiley-VCH, 2013.

[42] Kuhn P, Sémeril D, Matt D, et al. Structure-reactivity relationships in SHOP-type complexes: Tunable catalysts for the oligomerisation and polymerisation of ethylene[J]. Dalton Transactions, 2007(5): 515-528.

[43] Spitzer E. Der shop-olefin-prozess[J]. Pascal and francis bibliographic databases, 1981, 107(6): 141-143.

[44] Shiraki Y, Nakamoto Y, Souma Y. $ZrCl_4$-TEA-EASC three-component catalyst for the oligomerization of ethylene: The role of organoaluminum co-catalysts and additives[J]. Journal of Molecular Catalysis A: Chemical, 2002, 187(2): 283-294.

[45] Forestiere A, Olivier-Bourbigou H, Saussine L. Oligomerization of monoolefins by homogeneous catalysts[J]. Oil & Gas Science and Technology, 2009, 64(6): 649-667.

[46] Yamada T, Shiraki Y, Takeuchi K, et al. Development of α-olefin production catalyst and its process[J]. Journal of the Japan Petroleum Institute, 1994, 37(4): 337-346.

[47] Olivier-Bourbigou H, Chodorge J A, Travers P. Olefin oligomerisation with homogeneous catalysis[J]. Technology Quarterly, 1999, 4(3): 141-150.

[48] 吴涛，张君涛，倪炳华. 烯烃低聚生产 α-烯烃的工艺技术进展[J]. 现代化工，2007(S1): 48-53.

[49] Ittel S. Olefin polymerization with DuPont's Versipol™ catalyst system[M]. New York: Wiley-VCH, 1999.

[50] 谭铁鸣. 乙烯低聚法制备 α-烯烃技术研究[D]. 上海：华东理工大学，2012.

[51] 王云，张文娟，王行，等. 乙烯反应中的铁配合物催化剂：从概念到产业化[J]. 高分子学报，2023，54(5): 564-583.

[52] 中国石化集团有限公司. 乙烯齐聚制 α-烯烃技术及产品//国务院国有资产管理委员会. 中央企业科技创新成果产品手册(2022 年版)[EB/OL]. (2023-05-20)[2024-06-06]. http://www. sasac. gov. cn/n4470048/n22624391/n26705666/n26757703/c26912569/content. html.

[53] 曹胜先，陈谦，祖春兴. 线性 α-烯烃的技术现状及应用前景[J]. 中外能源，2012，17(2): 80-85.

[54] 张宝军，于部伟，陈谦. 乙烯齐聚反应合成 α-烯烃铬系催化剂研究进展[C]. 太原：2008 年石油补充与替代能源开发利用技术论坛. 2008-11-14.

[55] Bollmann A, Blann K, Dixon J, et al. Ethylene tetramerization: A new route to produce 1-octene in exceptionally high selectivities[J]. Journal of the American Chemical Society, 2004, 126(45): 14712-14713.

[56] Shaikh Y, Albahily K, Sutcliffe M, et al. A highly selective ethylene tetramerization catalyst[J]. Angewandte Chemie-International Edition, 2012, 51(6): 1366-1369.

[57] Dulai A, Bod H, Hanton M, et al. C-substituted bis (diphenylphosphino) methane-type ligands for chromium-catalyzed selective ethylene oligomerization reactions [J]. Organometallics, 2009, 28(15): 4613-4616.

[58] Kim S, Kim T, Chung J, et al. Bimetallic ethylene tetramerization catalysts derived from chiral DPPDME ligands: Syntheses, structural characterizations, and catalytic performance of [(DPPDME) $CrCl_3$]$_2$ (DPPDME = S, S-and R, R-chiraphos and meso-achiraphos)[J]. Organometallics, 2010, 29(22): 5805-5811.

[59] Overett M, Blann K, Bollmann A, et al. Carbon-bridged diphosphine ligands for chromium-catalysed ethylene tetramerisation and trimerisation reactions[J]. Journal of Molecular Catalysis A-Chemical, 2008, 283(1): 114-119.

[60] Zhang J, Wang X, Zhang X, et al. Switchable ethylene tri-/tetramerization with high activity: Subtle effect presented by backbone-substituent of carbon-bridged diphosphine ligands[J]. ACS Catalysis, 2013, 3(10): 2311-2317.

[61] Dulai A, McMullin C, Tenza K, et al. N,N'-bis (diphenylphosphino) diaminophenylphosphine ligands for chromium-catalyzed selective ethylene oligomerization reactions [J]. Organometallics, 2011, 30(5): 935-941.

[62] Härzschel S, Kühn F, Wöhl A, et al. Comparative study of new chromium-based catalysts for the selective tri-and tetramerization of ethylene[J]. Catalysis Science & Technology, 2015, 5(3): 1678-1682.

[63] Shaikh Y, Gurnham J, Albahily K, et al. Aminophosphine-based chromium catalysts for selective ethylene tetramerization[J]. Organometallics, 2012, 31(21): 7427-7433.

[64] Zhou Y, Wu H, Xu S, et al. Highly active chromium-based selective ethylene tri-/tetramerization catalysts supported by PNPO phosphazane ligands [J]. Dalton Transactions, 2015, 44(20): 9545-9550.

[65] McGuinness D, Wasserscheid P, Keim W, et al. First Cr(Ⅲ)-SNS complexes and their use as highly efficient catalysts for the trimerization of ethylene to 1 hexene[J]. Journal of the American Chemical Society, 2003, 125(18): 5272-5273.

[66] Yoshida T, Yamamoto T, Okada H, et al. Catalyst for trimerization of ethylene and process for trimerizing ethylene using the catalyst: US 7368516[P]. 2008-05-06.

[67] 董博，孙月明，王媚，等. 乙烯四聚合成1-辛烯研究新进展[J]. 高分子通报，2013，26(12)：38-43.

[68] Dixon J, Green M, Hess F, et al. Advances in selective ethylene trimerisation-a critical overview[J]. Journal of Organometallic Chemistry, 2004, 689(23): 3641-3668.

[69] Wass D. Chromium-catalysed ethene trimerisation and tetramerisation-breaking the rules in olefin oligomerisation[J]. Dalton Transactions, 2007(8): 816-819.

[70] Belov G. Selective dimerization, oligomerization, homopolymerization and copolymerization of olefins with complex organometallic catalysts[J]. Russian Journal of Applied Chemistry, 2008, 81(9): 1655-1666.

[71] Leeuwen P, Clément N, Tschan M. New processes for the selective production of 1-octene[J]. Coordination Chemistry Reviews, 2011, 255(13): 1499-1517.

[72] Belov G. Tetramerization of ethylene to octene-1 (a review)[J]. Petroleum Chemistry, 2012, 52(3): 139-154.

[73] Agapie T. Selective ethylene oligomerization：Recent advances in chromium catalysis and mechanistic investigations [J]. Coordination Chemistry Reviews，2011，255 (7)：861-880.
[74] McGuinness D. Olefin oligomerization via metallacycles：Dimerization，trimerization，tetramerization，and beyond[J]. Chemistry Reviews，2011，111(3)：2321-2341.
[75] Group C. Sasolappoints S&B engineers for lake charles plant[J]. Chemweek's Business Daily，2011，16：2.
[76] Bohley R，Jacobsen G，Pelt H，et al. Process for producing 1-octene：CA 2097297A1 [P]. 1992-06-25.
[77] Behr A，Becker M，Beckmann T，et al. Telomerization：Advances and applications of a versatile reaction [J]. Angewandte Chemie-International Edition，2009，48 (20)：3598-3614.
[78] Tschan M，Launay H，Hagen H，et al. Telomerisation of buta-1，3-diene and methanol：Superiority of chromanyl-type phosphines in the Dow process for the industrial production of 1-MOD[J]. Chemistry-A European Journal，2011，17(32)：8922-8928.
[79] Van Leeuwen P，Tschan M，Freixa Z，et al. Novel phosphine-based catalysts suitable for butadiene telomerization：WO 2011101504A[P]. 2011-08-25.
[80] 黄宁. 烯烃氢甲酰化技术工业化现状及展望[J]. 当代石油石化，2023，31(5)：29-34.
[81] 路正攀. 甲醇制烯烃工艺烯烃分离装置开工优化[J]. 辽宁化工，2022，51(11)：1577-1579.
[82] 张新宝. 锌基催化剂上 CO_2 加氢反应研究[D]. 大连：大连理工大学，2021.
[83] 刘业奎，侯栋，王黎，等. 二氧化碳加氢合成低碳烯烃的研究进展[J]. 石油与天然气化工，2003，32(6)：343-348.
[84] De Roo S，Einsiedler F，Mecking S. Catalytic biorefining of natural oils to basic olefinic building blocks of proven chemical valorization schemes [J]. Angewandte Chemie-International Edition，2023，62(24)：e202219222.
[85] Funk I，Rimmel N，Schorsch C，et al. Production of dodecanedioic acid via biotransformation of low cost plant-oil derivatives using *Candida tropicalis* [J]. Journal of Industrial Microbiology & Biotechnology，2017，44(10)：1491-1502.
[86] Röttig A，Wenning L，Bröker D，et al. Fatty acid alkyl esters：Perspectives for production of alternative biofuels[J]. Applied Microbiology and Biotechnology，2010，85 (6)：1713-1733.
[87] Xiong M，Deng J，Woodruff A，et al. A bio-catalytic approach to aliphatic ketones[J]. Scientific Reports，2012，2(1)：311.
[88] Sun X，Chen J，Ritter T. Catalytic dehydrogenative decarboxyolefination of carboxylic acids[J]. Nature Chemistry，2018，10(12)：1229-1233.

第3章

乙烯二聚合成1-丁烯

1-丁烯是一种重要的基础有机化工原料，在合成正丁基硫醇、正丁基氧化物、仲丁醇、甲乙酮和丁二烯等方面具有重要的应用。此外，1-丁烯还可作为均聚或共聚单体用于生产聚 1-丁烯（PB）和聚乙烯（PE）。1-丁烯经过二聚和羰基化可生成异壬醇，异壬醇是合成高效增塑剂邻苯二甲酸二异壬酯的主要原料。近年来，随着化工生产技术的不断进步，1-丁烯三聚反应也被用于生产十二碳烯烃，进一步应用于油品添加剂、表面活性剂和分子量调节剂等的生产。此外，作为高级润滑油基础油、乳化剂和增塑剂等的原料，1-丁烯的市场需求不断增加，应用前景广阔[1]。

1-丁烯的生产方法包括丁醇脱水、丁烷脱氢、醋酸丁酯和氯丁烷高温分解、2-丁烯异构、C_4 馏分分离以及乙烯二聚等[2]。由于 C_4 馏分的原料丰富且价格低廉，因此从 C_4 馏分中分离制备 1-丁烯是目前工业界首先考虑的方法。然而，C_4 馏分中各主要组分之间的沸点相近，特别是异丁烯和 1-丁烯的沸点仅相差 0.64℃，使得其分离具有一定难度。目前，国内 1-丁烯的工业生产主要依赖于混合 C_4 的分离，其次是 2-丁烯异构化法和乙烯二聚法。其中，2-丁烯异构化法分为美国 ABB Lummus Global 公司的碱性金属氧化物催化异构法和中国石化上海石油化工研究院的酸性硅铝酸盐催化异构法[3]。2022 年由上海石油化工研究院自主开发的 DBI-1 超高选择性烯烃双键异构化催化剂，在国家能源集团宁夏煤业有限责任公司 2 万 t/a 聚合级 1-丁烯生产装置上实现首次工业应用，此次应用打破了国外在丁烯双键异构化催化剂领域的垄断，实现了超高选择性双键异构化催化剂的首次国产化。

国内最早的 C_4 馏分分离生产 1-丁烯装置是中国石化齐鲁石化公司从日本瑞翁公司引进的生产能力为 1.5 万 t/a 的装置。经过多次技改和工艺调整，该套装置设备实现了国产化。20 世纪 80 年代，随着我国聚乙烯工业的发展，作为共聚单体的1-丁烯出现了供应不足的问题。因此，除了采用C_4馏分分离法制备聚合级1-丁烯外，我国先后从法国石油研究院（IFP）引进了四套乙烯二聚合成1-丁烯的生产装置。同时，国内也开始对乙烯二聚合成1-丁烯的催化剂和生产工艺进行深入研究。当时的化工部上海化工研究院从1980年开始对乙烯二聚合成1-丁烯进行研究，并建成了乙烯二聚工艺的扩大实验装置，取得了相关数据。这些研究成果支撑了当时大庆乙烯联合化工厂1000t/a的乙烯二聚合成1-丁烯装置的建设。辽阳石化研究院和上海合成树脂研究院等也在乙烯二聚合成1-丁烯催化剂和生产工艺方面进行了大量的研究工作。

目前，中国1-丁烯产能已经超过150万t/a，主要用于配套的下游聚烯烃装置，提供聚合级1-丁烯作为共聚单体。随着煤制烯烃项目及石油炼化一体化项目的发展，国内混合C_4馏分产量不断增多，采用C_4馏分分离法生产1-丁烯的项目也在逐年增加。随着乙烷裂解制乙烯项目及煤制烯烃项目的相继投产，这些项目因C_4馏分产量不足而导致分离得到的聚合级1-丁烯不能满足下游聚烯烃装置对共聚单体的需求。因此，中国石油大庆化工研究中心开发了乙烯二聚合成1-丁烯技术，并在中国石油独山子石化塔里木乙烷制乙烯项目中建成了3万t/a的乙烯二聚合成1-丁烯装置，开发了乙烯二聚/三聚灵活切换技术并在中国石油兰州石化长庆乙烷制乙烯项目中建成了3万t/a的乙烯二聚/三聚生产装置，以满足这些项目对共聚单体1-丁烯的需求。

卫星化学股份有限公司也开发了乙烯高选择性二聚制备1-丁烯绿色新工艺，并建成了千吨级高纯度1-丁烯中试装置，在催化剂及助催化剂、反应器设计、在线除垢及催化剂灭活等方面取得了多项创新成果，生产的高纯度1-丁烯产品适用于生产LLDPE、HDPE及POE等，与在用的进口1-丁烯原料性能相当，可实现1-丁烯原料的进口替代。

3.1 乙烯二聚技术简介

乙烯二聚合成1-丁烯是目前获得高纯度聚合级1-丁烯的重要方法之一。尽管其原料乙烯价格不如C_4馏分便宜，但乙烯二聚法具有工艺过程简单、反应条件温和等优点，且便于作为聚烯烃装置的配套装置建设。特别是乙烯二聚法制得的1-丁烯纯度高，且质量高于C_4馏分分离法得到的1-丁烯的质量。乙烯二聚法合成1-丁烯的工艺有以下优点：

① 反应条件温和，副产物少，副产C_6烯烃可作溶剂使用；

② 工艺和设备简单，装置投资少，能在短期内得到聚合级的 1-丁烯；

③ 乙烯转化率高，1-丁烯选择性好，纯度大于 99%（质量分数）；

④ 无需考虑与其他副产物的平衡。

在聚烯烃装置区附设乙烯二聚装置，可大幅度降低 1-丁烯的生产费用，其原因是：①原料单一，仅为乙烯，不另用其他原料；②部分条件相同，例如催化剂属同一类型催化剂，特别是助催化剂都是三乙基铝，可统一配制、贮存，无需另加设备；③乙烯二聚装置的产物 1-丁烯和未转化的乙烯只需脱去废催化剂和 C_6 副产物后即可直接供 PE 共聚装置使用，这简化了生产工艺流程，降低了生产成本。

目前仅法国石油研究院（IFP）和中国石油掌握了该项技术。该技术的产业化难点是如何解决微量聚合物挂堵问题和降低产品微量杂质（二烯烃）含量。IFP 采用定期切换、水力清洗换热器的方式解决聚合物积聚影响换热器换热的问题。中国石油的乙烯二聚合成 1-丁烯技术已经解决了二烯烃杂质的问题，1-丁烯产品中二烯烃 $<10\mu g/g$；开发了在线热溶洗工艺，解决了水力清洗频繁、拆清工作量大、影响催化活性等问题。

3.2　乙烯二聚催化剂

20 世纪 50 年代初，德国化学家 Ziegler 和 Martin 在探索有机金属化合物应用于烯烃催化二聚的可行性过程中，发现了三乙基铝与钛或锆的氧化物组合可以高选择性地将乙烯转化为 1-丁烯[4]。目前，已报道有多种催化体系可以用于催化乙烯二聚合成 1-丁烯，如镍、钯、钛、铑、锆、钽和钴等金属的化合物单独作为催化剂或与不同的烷基铝化合物组成催化体系。其中钛化合物在乙烯二聚催化活性和 1-丁烯选择性方面具有优势，如表 3-1 所示。这些金属化合物与烷基铝化合物组成的催化体系不仅可以用于乙烯二聚，还可以用于生产高分子量的聚乙烯、聚苯乙烯和聚共轭二烯等高分子材料。这种多功能性表明，乙烯二聚和低聚反应可以被视为聚合反应的一部分，且它们之间存在竞争和共存的关系。主导哪种反应机制取决于催化剂金属的性质、其氧化状态以及所采用的反应条件。这些催化体系可以是均相催化剂体系，也可以是负载型非均相催化剂体系。用于乙烯二聚的均相催化体系通常由活性金属、路易斯（Lewis）酸或助催化剂、添加剂和溶剂组成[5]，常用的金属是钛和第Ⅷ族过渡金属，如铁、钴、镍和钌、铑、钯等[6]。这些金属活性位点通常在与两个以下阴离子结合或被多种铝的烷基衍生物以及其他还原剂还原到较低氧化态时，表现出催化乙烯二聚的特性。助催化剂通常是 Lewis 酸，在乙烯二聚反应中兼具还原剂和卤化物离子受体双重角色，从而提高反应速率，并对反应过程产生重要的影响[6-7]。催化剂改性剂或添加剂（如膦）通常添加到催化体系中，可以提高目标产物的选择性[6-7]。改性剂能够影响乙烯分子的连接方式，并抑制高分子量聚合物的形成。烷烃、环烷烃、烯烃、芳香烃和卤代烃等常被用作均相乙烯二聚催化体系的溶剂[7-10]，它们在提升反应速率和促进催化活性方面发挥着重要作用[9]。

表 3-1　ⅣB 族过渡金属配合物作为乙烯二聚催化剂的性能

催化剂	温度/℃	催化剂浓度/(mmol/L)	催化活性/[g C_4/(g M·h)]	1-丁烯选择性(质量分数)/%
$Ti(OBu)_4$	50	6.9	562000	97.3
$Ti(OEt)_4$	50	6.9	162000	96.6
$TiCl_4$	22	5.2	6251	6.6
Cp_2TiCl_2	8	5.2	14	2.2
$Zr(OPr)_4$	50	6.9	5579	95.3

注：反应压力＝2.1MPa；Al/Ti（摩尔比）＝3.2；Al/THF（摩尔比）＝2.0；反应时间＝60min；溶剂＝甲苯；M＝Ti 或 Zr；助催化剂＝$AlEt_3$。

众所周知，在烯烃聚合/低聚过程中，Ⅷ族过渡金属催化剂有利于 β-H 转移或消除，因此常被用于烯烃的二聚和低聚反应。相比之下，第Ⅳ族至第Ⅵ族过渡金属催化剂更有利于链增长反应，因此基于这些金属的催化剂体系主要用于烯烃的聚合。对于相同的金属，链增长的速率随着氧化态的增加而降低，因此可以通过配体来修饰金属的特性。供体配体倾向于增加链增长速率，而受体配体则倾向于降低链增长速率。目前，钛和锆的配合物被认为是非常有效的乙烯二聚催化剂。如表 3-1 所示，催化剂 $Ti(OR)_4$-AlR_3（R＝C_1～C_6 烷基或芳基）被认为是乙烯选择性二聚生成 1-丁烯的优良催化剂，具有非常高的催化活性和 1-丁烯选择性、极低的异构化活性。

在乙烯二聚催化剂研究中高活性的多相催化体系也有广泛报道[11-12]。通过将活性催化剂配合物负载在聚合物、沸石或其他载体上，兼具均相催化体系的高选择性和多相催化体系中产物易分离的优势[6]。在乙烯二聚反应中，均相和非均相催化剂体系之间存在密切关系。非均相催化体系中，负载活性位点的载体在均相催化体系中相当于配位金属原子的配体[13]。载体的性质变化会显著影响活性位点，就如同均相催化剂中配体对活性中心原子的电负性和极化率及其反应性的影响一样[6]。

3.2.1　钛基催化剂

1952 年，Ziegler 等[14]的研究开创了乙烯催化二聚合成 1-丁烯的先河。该研究最初旨在通过有机铝化合物催化乙烯多次插入 Al—C 键来实现高分子量聚乙烯的增长反应。然而，在一次实验中得到了意外的结果，即乙烯二聚形成了 1-丁烯。这一意外结果最终被证明是由于在铬镍钢制成的高压釜含有的微量镍盐所致，工业界和学术界的研究人员对此结果表现出了极大的兴趣。20 世纪 80 年代中期，IFP 和 SABIC 公司联合开发了首个商业化的乙烯二聚合成 1-丁烯工艺，即 AlphaButol 工艺[15]。该乙烯二聚催化体系采用钛（Ⅳ）前驱体和烷基铝助催化剂，具体为 $Ti(OR)_4$-AlR_3，其中 R 为具有 1～6 个碳原子的烷基或芳基。通过优化该催化体系的组成、配制方式和反应条件等，可以使乙烯二聚产物 1-丁烯的选择性达到 93%（质量分数），纯度达到 99.5%（质量分数）。

与其他可用的钛基催化体系相比，$Ti(OR)_4$-AlR_3 催化体系表现出最高的选择性[6-7,10,15-24]。针对该 Ti 基催化体系催化乙烯二聚生成 1-丁烯的反应机理尚未得到充分验证，现有的主要观点为金属环扩增机理或 Cossee-Arlman 机理[23,25-26]。金属环扩增机理认为，两分子乙烯首先配位至二价钛中心，随后通过［2+2+1］环加成反应生成环钛戊烷中间体，最终经过 β-H 消除分解得到产物 1-丁烯，如图 3-1 所示。这一反应机理成功解释了乙烯二聚过程中乙烯和 1-丁烯共聚生成 C_6 副产物的现象。尽管缺乏直接的实验证据，但这种反应机理已被广泛地接受。

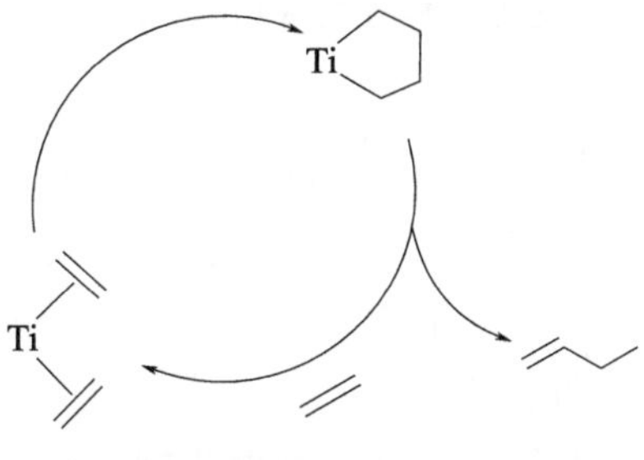

图 3-1　乙烯选择性二聚金属环扩增机理

Whitesides 等[27-28]的研究表明，该钛环烷烃中间体具有相当的稳定性，但仍可能通过分解生成 1-丁烯，或通过还原反应形成双乙烯配位的钛化合物。Hill 等[29-30]对钛芳基氧化物的研究进一步证明了钛环烷烃中间体的生成，然而未能观察到其生成 1-丁烯产物的过程。McGuinness 等[31]对 $Ti(OR)_4/AlR_3$ 催化乙烯二聚反应中的金属环扩增机理提出了质疑，并进行了氘代乙烯标记实验，通过对理论和质谱实验结果进行比较，发现其产物 1-丁烯和次级反应产物乙烯/1-丁烯二聚体的生成与 Cossee-Arlman 机理模型完美契合，充分支持了这一催化机理。Cossee-Arlman 机理认为，第一分子乙烯先配位形成具有不饱和配位空穴的 Ti-Et 中间体；当第二分子乙烯配位时，则会发生链转移而得到 Ti-^{n}Bu 中间体，最终通过 β-H 消除而得到相应的产物 1-丁烯，如图 3-2 所示。此外，McGuinness 等[32]采用 DFT 计算对两种机理下的催化过程进行了比较，预测结果表明，乙烯通过环扩增选择性生成 1-丁烯的可能性较低，该路径更倾向于生成 1-己烯；相反，根据 Cossee-Arlman 机理，实验大多数条件下未观察到丁烯异构现象，这进一步支撑了该催化机理。

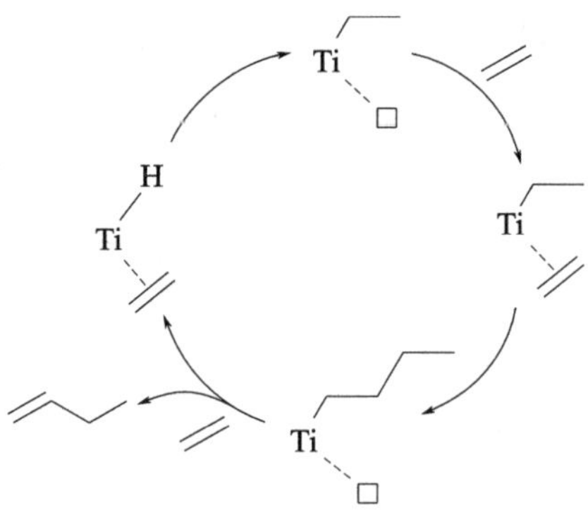

图 3-2　乙烯选择性二聚 Cossee-Arlman 机理

此外，由于金属环扩增机理和 Cossee-Arlman 机理均生成类似的 C_6 副产物，因此目前关于钛基催化剂在乙烯二聚反应中的机理仍存在较大争议。特别是活性物种的具体结构以及金属中心氧化态等尚未明确，这很大程度上阻碍了对其催化机理的深入研究和理解。

多家研究机构和科研人员对此类型的催化剂进行了乙烯二聚研究。由于钛基催化体系的低异构化特征，因此仅形成少量的顺/反式丁烯、已烯和聚合物。催化体系中的烷基铝表现出高的路易斯酸性，这降低了活性钛中心上的电子云密度。对于 $Ti(OR)_4$-AlR_3 催化体系，反应条件对乙烯转化率、1-丁烯选择性和低聚物/聚合物副产物的形成有着重要的影响[15,19-24]。在乙烯二聚反应中，所使用的助催化剂通常是路易斯酸型的三烷基铝化合物，三烷基铝助催化剂发挥的多重作用是：①释放钛酸盐配合物中的自由配位位点；②降低钛金属中心周围的电子云密度，降低钛的化合价；③通过将其烷基与钛酸盐配合物的烷氧基交换，生成一个或多个 Ti—C 键。在反应过程中，铝位点及其连接的配体实际上保持惰性。相较于其他试剂，三烷基铝作为钛酸盐前体的助催化剂表现出最优异的性能。这些作用归因于有机铝化合物倾向于采用桥接缔合的方式，其铝原子的键合特性由其电子缺陷决定。因此，有关烷基铝的性质、钛周围烷氧基的性质、Al/Ti 摩尔比、溶剂、反应温度、反应压力和催化剂改性剂等对 $Ti(OR)_4$-AlR_3 乙烯二聚催化体系性能的影响有多篇报道。

3.2.1.1　烷基

Zhukov 等[33]在反应温度为 30℃、反应压力为 0.1MPa、溶剂为己烷、反应时间为 2h 的条件下，研究了钛化合物和有机铝中烷基的性质对乙烯二聚合成 1-丁烯反应性能的影响，结果如表 3-2 所示。首先，主催化剂选择 $Ti(OC_4H_9)_4$，通过改变助催化剂 AlR_3 取代基的类型，考察了不同的烷基对乙烯二聚催化体系的催化活性和产物 1-丁烯选择性的影响，得到如下规律：催化活性 $Al(C_4H_9)_3 > Al(C_3H_7)_3 > Al(C_2H_5)_3 > Al(C_4H_9)_2H$；1-丁烯选择性 $Al(C_4H_9)_2H > Al(C_2H_5)_3 > Al(C_4H_9)_3 > Al(C_3H_7)_3$。然后，选择助催化剂为 $Al(C_2H_5)_3$，考察了主催化剂 $Ti(OR)_4$ 中不同烷基对乙烯二聚催化体系催化活性和产物 1-丁烯选择性的影响规律，催化活性 $Ti(OC_4H_9)_4 > Ti(OC_5H_{11})_4 > Ti(O\text{-}^iC_5H_{11})_4 > Ti(OC_3H_7)_4 > Ti(OC_6H_5)_4$；1-丁烯选择性 $Ti(OC_6H_5)_4 > Ti(OC_5H_{11})_4 > Ti(O\text{-}^iC_5H_{11})_4 > Ti(OC_3H_7)_4 > Ti(OC_4H_9)_4$。研究表明，基于不同烷基的 $Ti(OR)_4$-AlR_3 乙烯二聚催化体系，催化活性和 1-丁烯选择性的规律正好相反。因此，从催化剂产物选择性最佳的角度选择，最优体系是 $Ti(OC_6H_5)_4$-$Al(C_4H_9)_2H$；而从催化剂催化活性最佳的角度选择，最优体系则是 $Ti(OC_4H_9)_4$-$Al(C_4H_9)_3$，这些结果与其他研究者的结论一致[7]。同时表明，在乙烯二聚反应过程中连接到铝上的烷基保持稳定，反应仅通过烷基钛配合物进行[19]。

表 3-2 $Ti(OR)_4$-AlR_3 催化体系中烷基类型对乙烯二聚反应的影响

催化体系		催化活性 /(10^4g/g Cat)	产物选择性(质量分数)/%			
$Ti(OR)_4$	AlR_3		1-丁烯	甲基戊烯	1-乙基丁烯	聚合物
$Ti(OBu)_4$	$AlEt_3$	1.32	65.0	10.7	22.2	2.1
$Ti(OBu)_4$	$AlPr_3$	1.64	56.3	13.1	28.4	2.2
$Ti(OBu)_4$	$AlBu_3$	2.04	59.5	13.0	26.2	1.3
$Ti(OBu)_4$	$Al(Bu)_2H$	0.52	95.5	—	—	4.5
$Ti(OPr)_4$	$AlEt_3$	2.05	82.5	5.0	11.6	0.9
$Ti(OBu)_4$	$AlEt_3$	2.39	79.8	6.0	13.4	0.8
$Ti(OC_5H_{11})_4$	$AlEt_3$	2.23	83.0	5.7	10.3	1
$Ti(O\text{-}^iC_5H_{11})_4$	$AlEt_3$	2.07	82.7	5.5	10.8	1
$Ti(OPh)_4$	$AlEt_3$	0.82	99.7	—	—	0.3

注：溶剂＝己烷；反应温度＝30℃；反应压力＝0.1MPa；反应时间＝2h；Bu—丁基；Pr—丙基；Et—乙基。

3.2.1.2 Al/Ti 摩尔比

研究发现，Al/Ti 摩尔比对 $Ti(OR)_4$-AlR_3 催化乙烯二聚生成 1-丁烯的催化活性和 1-丁烯选择性具有显著的影响，结果如图 3-3 所示。据报道，当 Al/Ti 摩尔比＜10 时对乙烯二聚反应有利，当 Al/Ti 摩尔比＞10 则主要发生聚合反应[7,34-35]。在反应温度为 26℃、反应压力为 0.1MPa、溶剂为庚烷的条件下研究结果证实了上述结论。当 Al/Ti 摩尔比为 7.6 时，乙烯的转化率可达 70%，1-丁烯的选择性为 75%[7]。在较低的 Al/Ti 摩尔比下，反应过程中形成的 C_6 低聚物和聚合物显著减少。而在 Al/Ti 摩尔比为 18 时，催化体系对 1-丁烯的选择性明显降低，乙烯的转化率增高。Belov 等[19]报道了相似的结果，发现反应温度范围为 10～30℃时，最佳 Al/Ti 摩尔比为 8～10；反应温度高于 50℃时，最佳 Al/Ti 摩尔比为 3～4。

在乙烯二聚催化体系中，Al/Ti 摩尔比对催化活性和 1-丁烯选择性有显著的影响。当 Al/Ti 摩尔比大于 2.5 后，催化体系的催化活性迅速增加，但高聚物的生成量也急剧增多，这会对生产装置的长周期运行造成不利影响。而 Al/Ti 摩尔比太小，反应活性较低，催化剂的消耗量过大，会导致生产成本增加。因此，综合考虑催化剂的成本和副产高聚物对生产装置运行周期的影响，Al/Ti 摩尔比需要控制在一个适当的范围内，从而实现经济有效的连续生产。

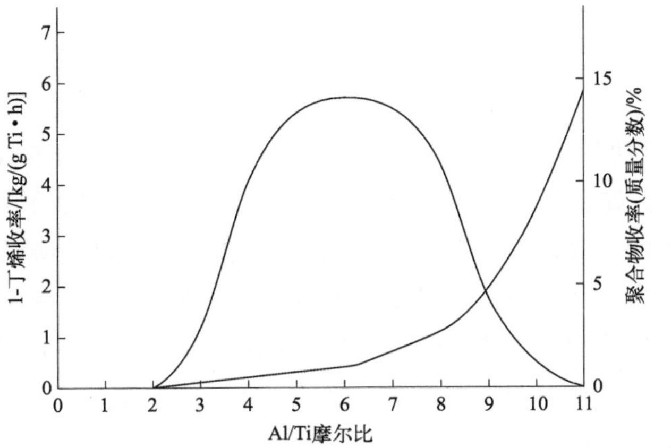

图 3-3 Al/Ti 摩尔比对 $Ti(OR)_4$-AlR_3 乙烯二聚催化体系性能的影响

3.2.1.3 反应溶剂

对 $Ti(OR)_4$-AlR_3 催化体系而言，所用溶剂的性质对乙烯二聚反应至关重要[5,36-38]。溶剂的选择应确保其不会与乙烯在金属中心上竞争配位，或不会中和助催化剂所需的路易斯酸[6]。除了溶剂的性质外，其相对于催化剂配合物的比例也显著影响催化体系的催化活性和目标产物的选择性。研究表明，乙烯二聚的初始速率与溶剂类型无关，但活性中心失活的速率与所用溶剂的性质密切相关。具体而言，所用溶剂的极性会显著影响催化体系 $Ti(OR)_4$-AlR_3 的失活速率[8]。

尽管在乙烯二聚反应中可以使用多种溶剂，但通常优选脂肪烃类溶剂[7]。Mathovskii 等[9]在反应温度为 40～60℃、反应压力为 0.4～1.6MPa 和 Al/Ti 摩尔比为 10～50 的条件下，研究了乙醚或二丁醚等醚类作为乙烯二聚反应溶剂的使用效果。实验结果表明，主要的反应产物是 1-丁烯。选用介电常数较高的溶剂可以促进乙烯二聚反应催化体系的催化活性，但同时也会促进 C=C 键异构化的速率。当反应溶剂为丁烷、庚烷、异辛烷、苯或甲苯等溶剂时，除 1-丁烯外，还会生成少量的 2-丁烯、一定量的高级烯烃以及较多的聚乙烯。以甲苯和其他芳烃作为反应溶剂时，活性中心的失活速率要高于以烷烃为溶剂。与庚烷和甲苯分别用作乙烯二聚反应的溶剂时产物 1-丁烯的选择性分别为 92%（质量分数）和 89%（质量分数）相比，1-丁烯作为乙烯二聚反应的溶剂时产物的选择性增加到93%（质量分数），因此在工业化装置中可以考虑选用1-丁烯作为乙烯二聚反应的溶剂。

3.2.1.4 反应温度

研究结果表明反应温度对 $Ti(OR)_4$-AlR_3 乙烯二聚催化体系的性能有着重要的影响[7,19]，如表3-3所示。随着反应温度的升高，乙烯的转化率呈现先稍增加而后降低的趋势，1-丁烯的选择性随反应温度的升高而降低。乙烯的转化率下降可能是由于在较高反应温度下单体溶解度降低；1-丁烯的选择性降低可能源于反应温度升高导致反应体系中1-丁烯的分压增加，而乙烯分压降低，从而使得乙烯在液相中的浓度下降。此外，随反应温度升高，副产聚合物的生成比例也会增加，这是由于反应温度升高加快了活性中心的失活速率，从而形成了更多的 $Ti^{Ⅲ}$ 和 $Ti^{Ⅱ}$ 物种，催化乙烯聚合而生成了更多的聚合物。尽管高温对1-丁烯的选择性有不利的影响，但Belov等[19]注意到，当反应温度＞50℃时，Al/Ti摩尔比的最佳范围降低至3～4。这表明，将反应温度提高到40～50℃，烷基铝的消耗量将减少至2/5～1/3，从技术和经济角度上都具有显著优势。此外，Pillai等[7]将测量了乙烯二聚反应的热力学参数，结果如表3-4所示。较低的反应焓变（ΔH）和活化熵变（ΔS），可以解释为反应存在刚性的过渡态。这些热力学数据还表明，乙烯分子和二聚体在活性金属中心上存在相对较强的配位作用。

在乙烯二聚反应过程中，随着反应温度的升高，1-丁烯和乙烯可能发生共聚合，从而使副产物己烯的量增加。Belov等[19]研究了反应温度对乙烯二聚动力学的影响，发现在10～30℃的反应温度下可获得最大的1-丁烯产率，由初始速率计算的乙烯二聚的活化能为36.54kcal/mol（152.95kJ/mol）；随着Al/Ti摩尔比的降低，在合适的反应温度下会降低聚合物的形成速率[19]。

表3-3 反应温度对乙烯二聚催化体系性能影响

温度/℃	乙烯转化率/%	产物选择性/%			
		1-丁烯	己烯	辛烯	聚合物
33	97.5	75.3	21.2	2.2	1.3
49	98.1	66.3	31.6	1.0	1.1
62	93.2	64.0	31.8	1.0	3.1

表 3-4 不同溶剂体系乙烯二聚反应的热力学参数

参数	庚烷	C_{11}～C_{14} 烷烃
ΔE_a/(kcal/mol)	36.54	35.66
ΔH/(kcal/mol)	34.03	33.65
ΔG/(kcal/mol)	63.79	49.94
ΔS/[kcal/(K·mol)]	−101.93	−54.42

注：1kcal/mol=4.19kJ/mol。

在乙烯二聚合成 1-丁烯生产装置的操作中，反应温度失控是一个重要的问题。Ali 和 Humaizi 等[39] 通过计算机生成的比例积分（proportional integral，PI）控制和线性模型预测控制（mode predictive control，MPC）来稳定和控制反应温度，为工厂的安全运行提供了一个可能的解决方案。在此过程中，流体需要用循环泵（pump around the loop，PAL）进行循环和换热，这可能导致所生成的聚合物在热交换器中积聚。

3.2.1.5 反应压力

采用 $Ti(OR)_4$-AlR_3 作为催化体系的乙烯二聚反应中，乙烯的转化率随着反应压力的增加而提高[7,19,35]。由表 3-5 可知，随着反应器的总压力从 0.33MPa 增加到 0.66MPa 时，1-丁烯和 3-甲基-1-戊烯（又称异己烯）的产率几乎翻了一番。然而，这种压力增加对 1-丁烯的选择性产生了不利影响。这是由于较高的乙烯压力有利于乙烯单体通过反应混合物向催化活性中心扩散，从而确保了催化剂的更高活性。而初始乙烯压力对 1-丁烯的选择性并无明显影响，但较高压力下也促进了聚合物的生成。有报道指出[19]在乙烯压力大于 0.3MPa 时进行乙烯二聚反应，对二聚的初始速率没有显著影响；但在乙烯压力为 0.05～0.25MPa 的范围内，反应初始速率与乙烯压力成正比。此外，Pillai 等的研究表明[7]，乙烯压力从 0.05MPa 增加到 1.7MPa 的同时，聚合物含量从 0.01%（质量分数）增加到 1.4%（质量分数）。在反应压力为 0.4～1.45MPa 和反应温度为 60℃的条件下，乙烯的单程转化率从 88.7%（质量分数）提高到 97.6%（质量分数）。初始乙烯压力对 1-丁烯的选择性没有影响，而随着反应压力的增加，高碳烯烃的生成量有所降低。然而，聚合物的生成从反应压力为 0.4MPa 时的 0.9%（质量分数）增加到反应压力为 1.45MPa 时的 3%（质量分数）。

表 3-5　反应压力对 1-丁烯活性和选择性的影响

反应压力/MPa	活性/[g/(gTi·h)]			1-丁烯选择性/%
	1-丁烯	3-甲基-1-戊烯	2-乙基-1-丁烯	
0.11	61.8	1.92	3.84	93.8
0.33	339.5	15.4	36.6	90.8
0.44	474.0	21.1	48.0	91.1
0.55	516.1	25.2	56.8	88.9
0.66	741.3	27.5	62.2	88.9

注：c(Ti)＝7.3×10^{-3}mol/L；Al/Ti(摩尔比)＝3；反应温度＝50℃；反应时间＝1.25h；p_{H_2}＝0.11MPa；溶剂＝正己烷（0.5L）。

3.2.1.6　催化剂改性剂

钛基催化剂体系用于催化乙烯二聚合成1-丁烯具有产品收率高、1-丁烯选择性好的特点，但反应过程中生成的高分子聚合物可能影响生产装置的连续操作。因此，减少副产聚合物的生成，解决聚合物挂壁、堵塞等问题导致的生产装置长周期运行困难的挑战，一直是乙烯二聚合成1-丁烯研究领域的关注焦点。为解决这一问题，可以通过向催化体系中引入适量的改性剂来提高乙烯二聚反应的选择性，同时抑制高分子聚合物的生成，改性剂的加入对乙烯二聚催化剂的性能有显著影响。强配位配体（硬配体）往往会大幅削弱催化剂的活性，而弱配位配体则对催化剂的性能影响较小。改性剂的种类繁多，包括有机胺、有机膦、氧、有机钛和醚类等都有较好的效果[7,21]。相较于AlR_3，改性剂的添加量一般在0.1～1（摩尔比）范围内。改性剂在一定程度上可以减少聚合物的形成，但有的改性剂可能会使催化剂活性降低[40]。改性剂可以抑制聚合活性中心的形成[7,16,21]，同时极性溶剂和电子供体对于稳定乙烯二聚钛活性中心起到了重要作用。在Pillai等[7]的研究中，在反应温度为35℃、反应压力为1.2MPa、Al/Ti摩尔比为8以及C_{11}～C_{14}烃馏分作为溶剂的条件下，在催化体系$Ti(OR)_4$-AlR_3中引入各种改性剂，例如叔膦、亚磷酸酯、胺和环醚，所用改性剂的量为0.1mol改性剂/mol AlR_3。当加入顺序为$Ti(OR)_4$、改性剂和助催化剂AlR_3时，获得最佳的乙烯二聚结果，改性剂的加入有效抑制了高碳烯烃和聚合物的形成。如表3-6所示，在各种改性剂存在下，1-丁烯的选择性按以下顺序递减：$P(OPh)_3$＞THF＞无改性剂＞PPh_3＞Et_3N＞PBu_3。综合考虑催化活性、1-丁烯的选择性和聚合物的生成，THF被证明是最佳的改性剂。

表 3-6　改性剂对 $Ti(OR)_4$-AlR_3 乙烯二聚性能的影响

改性剂	转化率/%	产物选择性/%			
		1-丁烯	己烯	辛烯	聚合物
PBu_3	93.9	61.5	37.0	1.4	0.1
PPh_3	90.2	67.3	28.0	1.7	3.0
Et_3N	80.2	67.2	29.2	3.6	—
THF	56.9	78.3	17.1	4.6	—
$P(OPh)_3$	38.8	84.3	15.7	—	—
无改性剂	97.5	75.3	21.2	2.2	1.3

注：反应温度 35℃；溶剂 C_{11}～C_{14} 烃馏分；反应压力 1.2MPa；改性剂/$AlEt_3$＝0.1（摩尔比）；Al/Ti（摩尔比）＝8；反应时间 1h。

Mahdaviani 等[41-42]提出了改性剂 1,2-二氯乙烷型卤化物和双改性剂 2,5-二甲氧基四氢呋喃（2,5-DMTHF）和四氢吡喃（THP）对乙烯二聚生产 1-丁烯的影响；Bigdeli 等[43]研究了烷基硅烷在催化体系中的作用，发现其能够显著提升催化体系的活性和 1-丁烯的选择性。此外，有研究表明钛（Ⅲ）配合物是形成高分子量聚合物的主要因素，而改性剂加入催化体系内则能抑制钛（Ⅲ）配合物的生成，并稳定钛（Ⅳ）配合物[41]。

通过添加氧对 $Ti(OR)_4$-AlR_3 催化剂体系进行改性，1-丁烯的产率提高了 10%～20%（质量分数），同时提高了 1-丁烯的选择性[18]。这主要是因为氧气与过量的 AlR_3 相互作用，降低了三烷基铝的失活能力，将其转化为反应性较低的 AlR_2OR。

3.2.1.7　催化剂预处理

研究表明主催化剂和助催化剂的预处理条件对乙烯二聚活性中心的催化性能有着重要的影响。当在乙烯存在的条件下混合主催化剂和助催化剂时，1-丁烯的选择性显著增加，同时聚合物的生成量降低[20,44]。Beach 等[34,45]的研究表明 $Ti(O\text{-}^iPr)_4$-$AlEt_3$ 催化剂在乙烯存在下混合后用于乙烯二聚时其催化活性最高，也证明了主催化剂和助催化剂的预活化过程对于催化活性中心的形成有着重要的影响。

在催化剂的预处理过程中，不仅乙烯对其催化性能有影响，还有研究表明引入一定量的氢气可以使乙烯二聚产物中 1-丁烯的选择性达到 92%（质量分数）。在混合催化剂组分时，氢气或氢供体的存在可以增加乙烯二聚反应速率，这可能是由于氢气可以通过 Ti—C 键的氢解作用促使乙烯二聚体快速释放。根据这一结果，用氢气预处理 $Ti(OBu)_4$-$AlEt_3$ 催化剂会导致更短的诱导期，同时加快乙烯二聚反应速率。然而，使用氢气预处理催化剂可能会导致乙烷、丁烷和 2-丁烯等副产物的生成量增加。根据 Belov 等[46]报道，如表 3-7 所示，在乙烯-氢气混合物预处理下，将 $Ti(OBu)_4$-$AlEt_3$ 催化剂用于乙烯二聚反应可以获得更高的催化活性，并能提高对二聚体和三聚体的选择性，同时显著减少生成的聚合物比例。二聚体和三聚体的分布取决于催化剂的预处理条件，在温度为 27℃、压力为 1.5MPa 的条件下，采用 30%～70%（体积分数）H_2 的乙烯-氢气混合物对 $Ti(OBu)_4$-$AlEt_3$ 催化剂进行预处理后，可以获得最高的催化活性。然而，H_2 为 30%（体积分数）时，该反应中 1-丁烯的选择性为 76%（质量分数），己烯的选择性为 23.9%（质量分数），副产聚合物的选择性为 0.1%（质量分数）。上述结果表明，经乙烯-氢气预处理后，催化体系的催化活性显著提高，但同时也导致了 1-丁烯选择性降低和高碳副产物生成量增加。

表 3-7　乙烯-氢气混合物预处理对 $Ti(OBu)_4$-$AlEt_3$ 催化乙烯二聚性能的影响

催化剂预处理				活性/[g/(g Ti·h)]	产物选择性/%		
H_2(体积分数)/%	预处理温度/℃	预处理压力/MPa	预处理时间/min		1-丁烯	己烯	聚合物
不做处理				46.0	92.4	4.9	2.7
63	27	0.25	7	277	77.6	22.0	0.4
63	25	1.0	10	84.0	75.0	24.9	0.1
20	25	1.0	10	118	89.0	10.8	0.2
20	100	0.25	1	222	89.9	9.9	0.2
95	0.0	1.0	12	105	69.2	30.6	0.2
5	80	0.2	5	112.5	79.3	20.4	0.3
30	27	1.5	7	347	76.0	23.9	0.1

3.2.1.8　活性中心的结构

尽管乙烯选择性二聚的活性中心结构尚未明确，但研究人员发现溶液中催化体系 Al/Ti 摩尔比的变化会导致生成一系列复杂的物种。研究人员通过调控 Al/Ti 摩尔比、反应时间和反应温度等，采用多种方法提出了具有 Al-Ti 桥联结构的多种可能性。在低 Al/Ti 摩尔比条件下，催化剂的还原程度较低，主要生成 Ti(Ⅳ）活性物种；相反在高 Al/Ti 摩尔比条件下，则可能生成 Ti(Ⅱ）活性物种[7,47-50]。

Dzhabiev 等[51]利用电子自旋共振（ESR）光谱对不同 Al/Ti 摩尔比下乙烯选择性二聚产物进行研究，结果表明当 Al/Ti 摩尔比为 2 时，可能生成 Ti(Ⅲ）活性物种，并提出其可能结构的配合物 **A**，如图 3-4 所示。Hirai 等[52]通过 ESR 光谱研究了较宽范围内 Al/Ti 摩尔比对产物的影响，当 Al/Ti 摩尔比分别在小于 2 或大于 3 时，可能形成如图 3-4 所示的配合物 **B** 和配合物 **C**。在这些配合物中，Ti(Ⅲ）离子中心显示为五重配位方式，因此导致其稳定性极差。

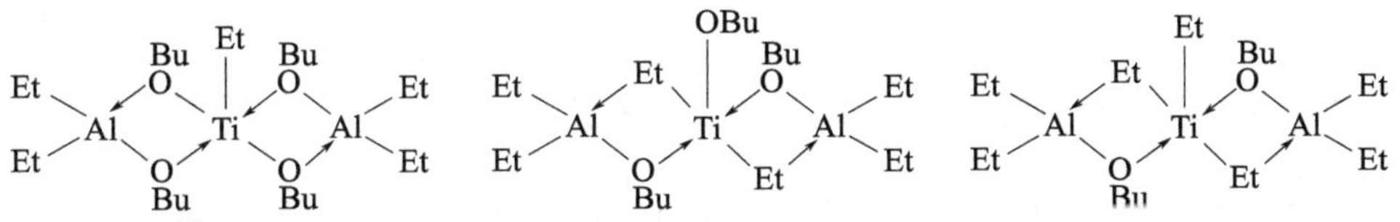

配合物**A**
Al/Ti = 2

配合物**B**
Al/Ti < 2

配合物**C**
Al/Ti > 3

图 3-4　Ti(OR)-AlR_3 在不同Al/Ti 摩尔比条件下可能形成的物种

Christenson 等[53]采用化学电离质谱法检测了不同 Al/Ti 摩尔比下的产物结构，并提出了三种较为复杂的活性物种。如图 3-5 所示，当 Al/Ti 摩尔比小于 2 时只生成配合物 **D**，而 Al/Ti 摩尔比大于 2 时会生成 Ti 氧化态为＋3 的配合物 **E**，在 Al/Ti 摩尔比大于 10 的条件下则形成 Ti 氧化态为＋2 的三聚配合物 **F**。值得注意的是，Al/Ti 摩尔比小于 2 时，乙烯二聚反应无法进行。相比之下，配合物 **E** 和 **F** 均含有 Ti—C 键，其被认为是发生链增长反应的特征结构[53]。同时，过高的 Al/Ti 摩尔比可能导致生成更多的非活性 Ti-Al 配合物，从而产生较多的聚合物[7]。如图 3-5 所示，非活性物种配合物 **G** 显示为六配位的 Ti-Al 构型，是由配合物 **E** 通过改变 Al/Ti 摩尔比生成的。

总之，该类乙烯二聚催化剂的活性强烈依赖于 Al/Ti 摩尔比[54]。在具有不同组成和结构的各种复杂配方下，会生成不同的活性物种，从而导致催化性能的差异性。

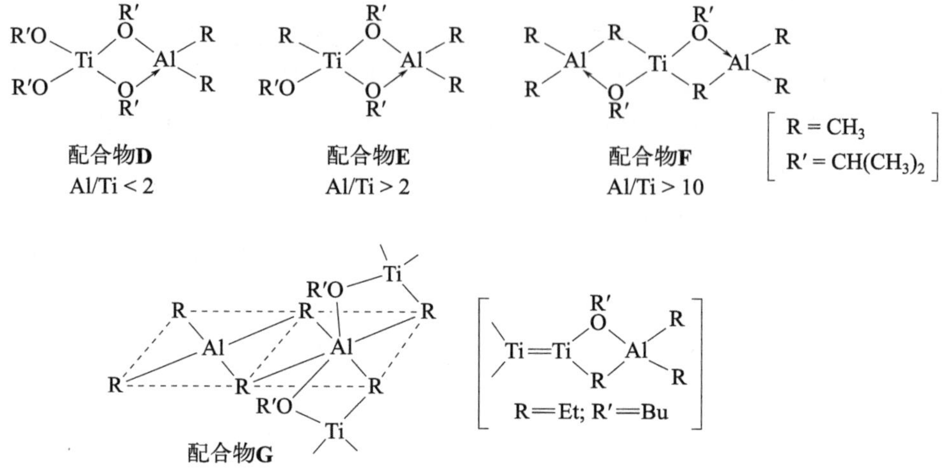

图 3-5 质谱法检测 Ti(OR)-AlR_3 在不同Al/Ti 摩尔比下形成的物种

3.2.1.9 其他 Ti 催化体系

Smith 等[12,55]研究了负载型 $Ti(OEt)_4$-$AlEt_3$ 催化剂体系在乙烯二聚合成 1-丁烯过程中的应用。将 $Ti(OEt)_4$ 负载在多孔载体 SiO_2、Al_2O_3 和磷酸铝（P/Al＝0.9，摩尔比）上，制备了负载型乙烯二聚催化剂。在反应温度为 95℃、反应压力为 3.8MPa、使用异丁烷为溶剂时，探讨了负载型催化剂催化乙烯二聚的反应性能。研究结果显示：制备负载型催化剂的最佳方法是使用 $Ti(OEt)_4$ 处理载体，存在于反应器中的 $AlEt_3$ 用于原位还原催化剂产生乙烯二聚催化活性中心。与均相催化剂相比，以二氧化硅和磷酸铝为载体得到的负载型催化剂表现出良好的催化活性。对于二氧化硅负载的催化剂，在 Al/Ti 摩尔比为 1.4 时达到最佳催化活性。如图 3-6 所示，使用负载钛催化剂的乙烯二聚体系在反应动力学上不同于未负载钛催化剂的体系，负载 $Ti(OEt)_4$ 催化剂提高了反应体系的整体活性，可能是因为载体稳定了乙烯二聚的催化活性位点。与均相催化体系相比，负载型催化剂的另一个优势是最大限度地减少了副产聚合物在反应器内部的结块和黏壁等问题。大部分生成的聚合物存在于催化剂表面，便于回收利用，而不像在使用均相催化剂时，副产聚乙烯往往会附着在反应器壁上[12]。

基于 $Ti(OBu)_4$-$AlEt_3$-$MgCl_2$ 的新型负载催化体系对乙烯二聚和乙烯原位聚合表现出较高的催化活性[15]。研究人员在反应温度为 27℃、反应压力为

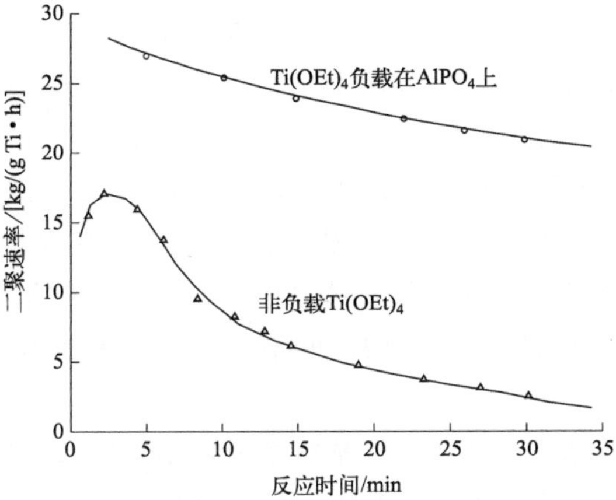

图3-6　负载和非负载 $Ti(OEt)_4$ 催化体系的乙烯二聚反应动力学

0.1MPa、以 C_{11}～C_{14} 烃为溶剂的条件下，用 $Ti(OBu)_4$-$AlEt_3$ 催化体系和 $Ti(OBu)_4$-$AlEt_3$-$MgCl_2$（Mg/Ti摩尔比为0.23）催化体系，在Al/Ti摩尔比在5～100的范围内进行了乙烯二聚的对比试验。$Ti(OBu)_4$-$AlEt_3$-$MgCl_2$ 催化剂体系的特点是初始反应速率高，但乙烯转化率低。1-丁烯的选择性随Al/Ti摩尔比的增加呈先降低而后增加的趋势，当Al/Ti摩尔比为50时达到最低点。随后，在Al/Ti摩尔比为100时乙烯的转化率降低到20%，1-丁烯的选择性增加至95%。在Al/Ti摩尔比为5～100时，不含Mg的催化体系中1-丁烯的选择性变化不大（表3-8）。

表3-8　$Ti(OBu)_4$-$AlEt_3$-$MgCl_2$ 和 $Ti(OBu)_4$-$AlEt_3$ 体系催化乙烯二聚结果

催化剂	Al/Ti(摩尔比)	乙烯转化率/%	产物选择性/%		
			1-丁烯	己烯	辛烯
$Ti(OBu)_4$-$AlEt_3$-$MgCl_2$	5	68	89	8	3
	10	66	79	13	8
	50	45	44	44	12
	100	20	95	3	2
$Ti(OBu)_4$-$AlEt_3$	5	96	79	18	4
	10	88	79	20	1
	50	41	83	25	2
	100	39	79	12	9

注：反应温度27℃；反应压力0.1MPa；溶剂为 C_{11}～C_{14} 烃；反应时间45min。

Mg-Ti 负载型催化剂的优点在于乙烯二聚反应过程中不会形成固体聚合物。Beach 等[34]使用 $Ti(OBu)_4$-$AlEt_3$ 和 $TiCl_4$-$MgCl_2$ 体系的双功能催化剂进行了乙烯二聚/原位聚合反应。这种双功能催化剂催化的乙烯二聚部分活性足以提供聚合反应所需的共聚单体 1-丁烯，并通过原位聚合实现了使用单一原料乙烯即可制备共聚聚乙烯。以庚烷为溶剂，在 90℃下进行乙烯二聚反应，1-丁烯的选择性达到 90%（质量分数）以上，并伴有少量己烯和 2%～4%（质量分数）的聚合物。双功能催化体系中，乙烯二聚催化剂组分的存在可使乙烯聚合催化剂组分的反应活性增加两倍，这主要是因为“共单体效应”的影响[56]。

在 $Ti(OR)_4$ 体系中，使用二烷基氨基氢化铝（H_2AlNR_2）代替烷基铝作为助催化剂，可以获得较高的 1-丁烯收率[57]。以甲苯为溶剂，在反应温度为 65℃、反应压力为 2.1MPa、反应时间为 3h 的条件下，采用上述催化体系进行乙烯二聚反应，1-丁烯的选择性达到 95%（质量分数）。

Shikata 等[58]利用环戊二烯基三氯化钛（$CpTiCl_3$）和钠汞齐在室温、乙烯压力为 0.1MPa、甲苯溶剂中构建了乙烯二聚催化体系。在该反应中，1-丁烯的选择性是 80%（质量分数），1-己烯的选择性是 20%（质量分数），同时还有微量的丁烷、己烷和 2-己烯生成。该反应的机理是基于钠汞齐还原 $CpTiCl_3$ 逐步脱除 Cl 原子而形成乙烯二聚的催化活性中心。另一种用于乙烯二聚合成 1-丁烯的钛基催化剂是（ηC_4H_6）$_2$Ti(1,2-双二甲基膦基乙烷)[58]，该催化反应的机理类似于通过形成钛氧环戊烷配合物的 $Ti(OR)_4$-$AlEt_3$ 体系。在室温和反应压力为 5.0MPa 下，$Cp_2Ti(PMe_3)_2$ 在戊烷溶剂中与过量的乙烯反应生成了双乙烯复合物 $Cp_2TiC_2H_4$[38]。这种双乙烯复合物被转化为钛环戊二烯，其在分解时释放 1-丁烯和反式丁烯以及 Cp_2Ti 活性中心。Cp_2Ti 可以通过与乙烯配位形成双乙烯复合物从而完成催化循环。

3.2.2 镍基催化剂

通常，用于催化乙烯二聚合成 1-丁烯的镍配合物催化剂中，卤化镍由于成本较低而具有优势。除了卤化镍之外，有机酸镍盐、乙酰丙酮镍，及烯烃、二烯烃或烯丙基镍配合物等也都是常用的镍基催化剂。一些给电子型配体与 Ni 金属中心的配位可以调节金属与配体的比例，从而更好地控制乙烯二聚反应与低聚反应的比例[6]。

自从发现镍基催化剂催化乙烯二聚反应具有优异的催化活性以来，研究人员一直在深入研究镍基催化剂在乙烯二聚中的反应机理、反应动力学和催化活性中心的结构等。早期的乙烯二聚镍基催化剂是均相的，但近年来也有研究对 Ni 基催化剂进行负载化以改善其催化性能。

3.2.2.1　均相镍催化剂

在 20 世纪末，由于过渡金属镍基乙烯低聚催化剂具有催化活性高、LAOs 选择性高、生产成本低、易发生 β-H 消除、反应单活性中心、稳定性高等优点，引起了学术界和工业界的广泛关注[59]。经过大量的研究发现：乙烯低聚催化剂中配体的结构对催化活性以及产物的选择性有着重要的影响[60]。在乙烯选择性低聚的研究中，为提高催化体系的催化性能，绝大部分创新性的研究工作都集中在新型配体的设计与合成方面，例如：PO、NN、PN、NNN、NO、NNO、PNP、NNP、PP 型配体用于 Ni 配合物的乙烯二聚/低聚催化体系。

（1）PO 型配体

1990 年，Keim[61]等报道了 PO 型配体，催化剂的结构如图 3-7 的 **1a** 和 **1b** 所示。这类催化剂属于较为典型的单组分催化剂，即 SHOP 型镍催化剂。SHOP 型镍催化剂由配合物和有机配体组成，其中有机配体部分起到稳定配合物的作用，而配合物部分则对催化活性和产物选择性起到控制作用。这种催化剂通常用于催化乙烯低聚反应，产物中长链 LAOs 的选择性通常高于 80%（质量分数）。

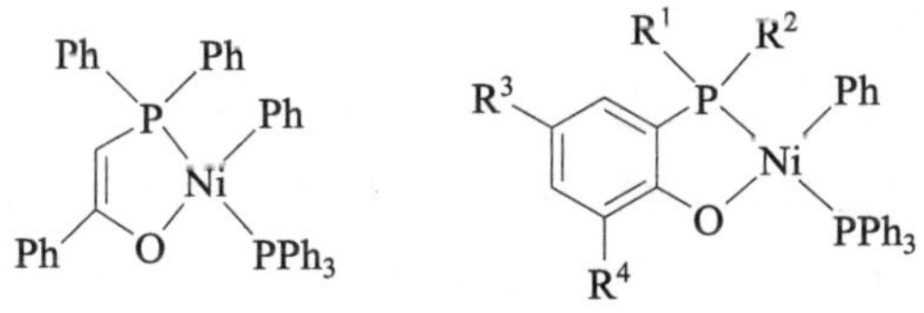

1a　　**1b**

图 3-7　PO 型双齿镍基催化剂

（2）NN 型配体

SHOP 型镍基催化剂作为乙烯低聚的催化剂，引起了学术界的广泛关注及深入研究。在 1995 年，Brookhart[62]等报道了镍基 α,α'-二亚胺催化剂，其在后过渡金属催化体系中具有独特性，能够催化乙烯低聚合成 LAOs。研究表明：配体的电子效应和空间位阻对乙烯低聚的催化性能有显著的影响。如图 3-8 所示，二溴化镍配合物 **2a**～**2e** 为主催化剂，甲基铝氧烷（MAO）为助催化剂对其进行活化，镍基催化剂 **2a**/MAO 表现出极高的催化活性，达到了茂金属催化剂的催化活性水平。此外，催化活性以及产物选择性也受反应温度和乙烯压力的影响。随后，学术界详细研究了配体骨架对催化性能的影响。例如：Killian 等[63]合成并报道了一系列镍基 α,α′-二亚胺催化剂，采用改性甲基铝氧烷（MMAO）对镍基催化剂进行活化，其乙烯低聚的催化活性可达 20.6kg/(g Ni·h)，并且产物 LAOs 的选择性高达 94%（质量分数）。研究结果表明，催化剂结构和反应条件对 LAOs 的选择性和催化活性具有显著的影响。

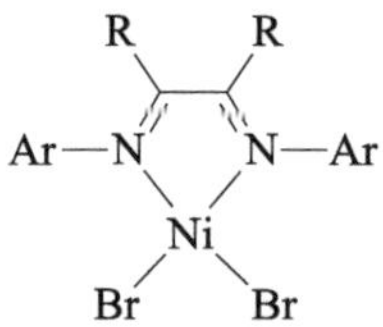

2a～2d

2a：R=H; Ar=2,6-$C_6H_3(^iPr)_2$
2b：R=Me; Ar=2,6-$C_6H_3(^iPr)_2$
2c：R=H; Ar=2,6-$C_6H_3Me_2$
2d：R=Me; Ar=2,6-$C_6H_3Me_2$

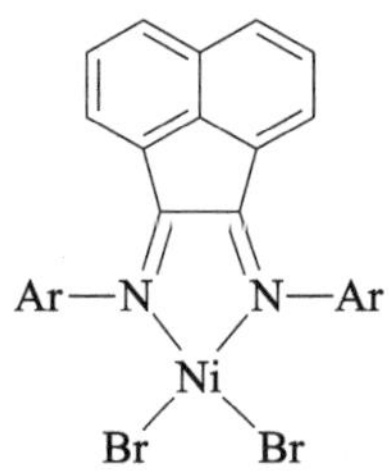

2e

2e：Ar=2,6-$C_6H_3(^iPr)_2$

图 3-8 NN 型双齿镍基催化剂

（3）NO 型配体

Ngcobo 等[64]报道了 NO 配体镍基催化剂，催化剂 **3a**～**3e** 的结构如图 3-9 所示。NO（亚氨基/氨基）酚镍（Ⅱ）配合物在被 $EtAlCl_2$（EADC）助催化剂活化后，成为乙烯低聚反应的活性物种，主要产物 1-丁烯的选择性为 20%～100%（质量分数）。研究结果表明：催化剂的结构和反应条件在很大程度上影响了催化剂的催化活性。例如：催化剂 **3b**（R 取代基为甲基）和 **3c**（R 取代基为氢原子）的催化活性分别为 44.3kg/(g Ni·h) 和 32.37kg/(g Ni·h)。该催化活性的差异在于催化剂 **3b** 在溶剂中的溶解度较高，有利于活性中心的形成。与胺类似物相比，亚胺催化剂展现出更高的活性。例如：亚胺配合物 **3a** 和胺配合物 **3d** 的催化活性分别为 42.60kg/(g Ni·h) 和 34.08kg/(g Ni·h)。亚胺催化剂的催化活性更高，这归因于亚胺配合物的亲电子性更强，有利于乙烯单体的配位插入。此外，氯化物 **3b** 的催化活性比溴化物 **3a** 的催化活性高，表明卤原子的种类也会影响催化剂的催化活性。对于此类催化剂，高催化活性通常伴随着较低的LAOs选择性，而较低的催化活性则通常具有更高的LAOs选择性。

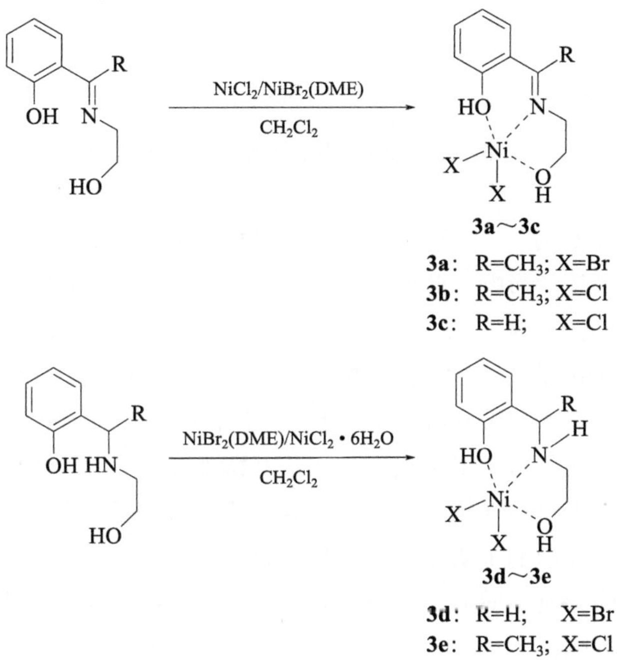

图3-9 NO型双齿镍基催化剂

（4）PN型配体

2004年，Braunstein等[65]研究了带有双齿PN-膦基吡啶的配合物**4a～4c**，催化剂的分子结构如图3-10所示。采用$AlEt_2Cl$（DEAC）对其进行活化，镍配合物的催化活性为9.88kg/(g Ni·h)。当**4a**为主催化剂时，选择2倍量的DEAC作为助催化剂，产物中LAOs的选择性达60%。当助催化剂为800倍量的MAO时，配合物**4a～4c**表现出较低的催化活性，但1-丁烯的选择性较高。此外，对于此类PN型配体，研究发现亚甲基取代基上碳原子数增多（即烷基取代度增加）会提高催化活性和产物中LAOs的选择性[65]。

（5）NNN型配体

2002年，Wang等[66]研究了含有2-亚氨基-1,10-菲咯啉的镍配合物的乙烯低聚催化性能，如图3-11所示。研究表明，配体的结构和反应条件对此类镍基催化剂的催化活性有显著影响。在乙烯低聚反应中，使用DEAC为助催化剂，镍（Ⅱ）配合物显示出中等的催化活性，最高可达56.23kg/(g Ni·h)。

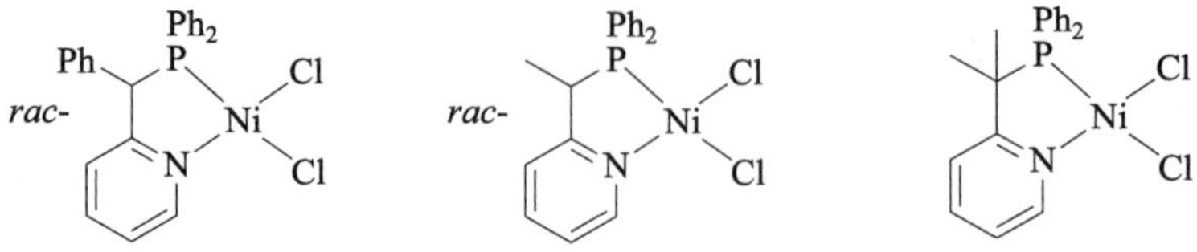
4a 4b 4c

图 3-10 PN 型双齿吡啶镍基催化剂

N-芳基环上的取代基，由于其不同的空间位阻和电子效应，对催化活性和产物的选择性有显著的影响。此外，当使用 PPh_3 作为辅助配体时，催化活性可增加至 640.65kg/(g Ni·h)。连接甲基酮亚胺（R=Me）或苯基酮亚胺（R=Ph）的镍配合物的催化活性比连接醛亚胺（R=H）的镍配合物更高，这表明甲基酮亚胺或苯基酮亚胺和醛亚胺类似物因取代基 R 的不同而对乙烯低聚性能产生不同的影响。对于甲基酮亚胺和苯基酮亚胺的镍配合物，基团 R^1 的空间体积越大，其催化活性越高。然而，对于醛亚胺镍配合物，基团 R^1 的空间体积对其催化活性影响不明显，即亚胺氮原子连接的苯环取代基的电子效应对催化体系的性能影响不明显。此外，研究发现连接镍中心的卤原子种类对催化活性没有显著影响。

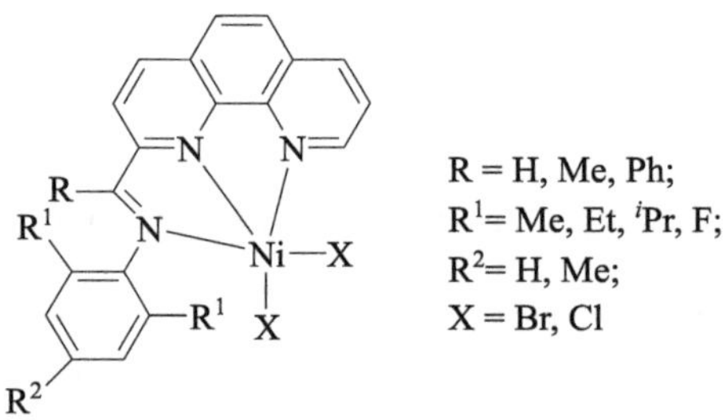

图 3-11 NNN 型三齿镍基催化剂

（6）NNP/PNP 型配体

2006 年，Hou 等[67]研究了含有 NNP 和 PNP 型配体的三齿镍配合物 **5** 和 **6**，如图 3-12 所示。通过采用甲基铝氧烷（MAO）对预催化剂 **5** 活化，催化活性可达到 20.62kg/(g Ni·h)。研究表明，预催化剂 **5** 中取代基 R 的空间位阻对催化体系的活性有显著影响。在相同条件下，苯环邻位带有异丙基的配合物显示出最高的催化活性，取代基催化活性的顺序为 ^{i}Pr＞Et＞OMe＞Me＞

H。同样，预催化剂**6**中取代基R的空间体积对催化活性也有重要的影响，其催化活性的顺序为**6e**＞**6d**＞**6c**＞**6b**＞**6a**。即预催化剂**6**中苯环上邻位取代基团的空间体积越大，则催化活性越高。酮亚胺镍配合物**5**与醛亚胺镍配合物**6**相比，后者对LAOs的选择性较高，而前者的催化活性较高。此外，R基含有氧原子的预催化剂**6c**对LAOs的选择性很差。

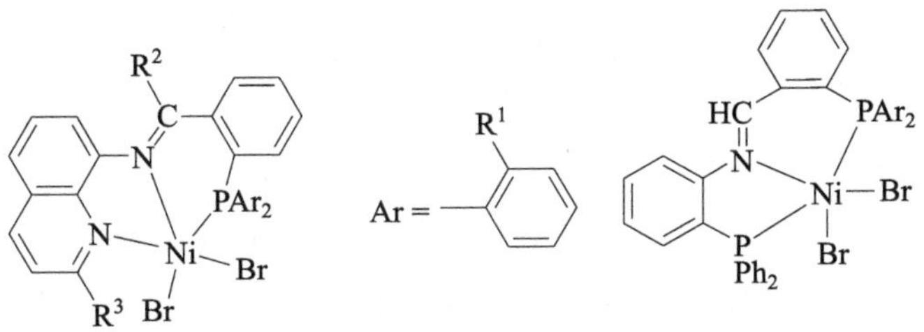

5

R^1=H, Me, OMe, Et, ^{i}Pr
R^2=H, Me;
R^3=H, Me

6a～**6e**

6a：R^1=H；**6b**：R^1=Me；**6c**：R^1=OMe
6d：R^1=Et；**6e**：R^1=^{i}Pr

图3-12　NNP/PNP型三齿镍基催化剂

（7）NNO型配体

2011年，Zhang等[68]研究了由2-(*N*-烷基羧酰胺)-6-亚氨基吡啶基连接的镍配合物催化剂**7a**～**7i**的乙烯低聚性能，如图3-13所示。在以DEAC为助催化剂的体系中，镍配合物**7a**～**7i**均表现出较高的乙烯低聚活性。研究发现配位环境对催化性能有显著的影响。在相同的反应条件下，其催化活性的排列顺序为**7c**＞**7b**＞**7a**，**7f**＞**7e**＞**7d**。这表明在配合物中，N上取代基的烷基链越短，催化活性越低。产生这一结果的原因是较长的烷基链能够更好地保护活性中心，提高催化剂的稳定性。然而，当N上取代基的烷基链较短时，LAOs的选择性则更高。

与之相反的是，苯环上两个邻位取代基R^{1}的空间体积越大，催化活性越低，其催化活性的顺序为**7g**＞**7d**＞**7a**。这是由于苯环上的取代基比酰亚胺上的烷基更靠近金属中心，体积较大的取代基阻碍了乙烯与活性金属中心的配位反应，从而降低了催化活性。此外，苯环上两个邻位取代基R^{1}的空间体积越大，LAOs的选择性越高，其顺序为**7g**＜**7d**＜**7a**。可能的原因是，催化剂体系中空间体积较大的取代基拥有更高的β-H消除势垒，这将有利于提升LAOs的选择性[69-70]。

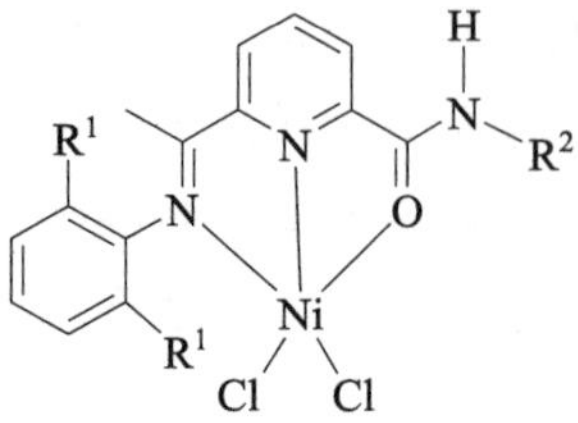

7a～7i

	7a	7b	7c	7d	7e	7f	7g	7h	7i
R^1：	^{i}Pr	^{i}Pr	^{i}Pr	Et	Et	Et	Me	Me	Me
R^2：	Bu	Oct	Do	Bu	Oct	Do	Bu	Oct	Do

Bu=n-C_4H_9; Oct=n-C_8H_{17}; Do=n-$C_{12}H_{25}$

图 3-13 NNO 型三齿镍基催化剂

（8）PP 型配体

2004 年，Albers[71] 等合成了一系列新型镍基配合物 **8a～8f**，催化剂的结构如图 3-14 所示。研究表明，这些阳离子镍基配合物具有中等水平的乙烯低聚催化活性。对此类镍配合物进行系统评价可以发现，其催化活性与双膦配体的碳桥长度密切相关。例如：与 dippe（$n=2$）或 dippp（$n=3$）配体相比，衍生物 dippm（$n=1$）配体对应的镍配合物具有更高的催化活性。进一步研究表明，催化剂的催化活性取决于双膦配体与金属中心的咬合角的大小。具体而言，具有最小咬合角的配体 dippm（$n=1$）的催化活性显著高于 dippe（$n=2$）和 dippp（$n=3$）配体。该研究表明，镍配合物中的 P^1-Ni-P^2 咬合角对催化活性以及产物的选择性具有重要影响，咬合角越小其催化活性越高。

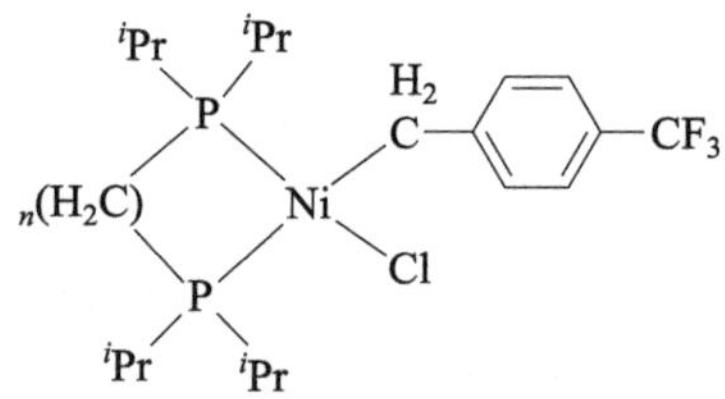

8a～8c

8a：n=1
8b：n=2
8c：n=3

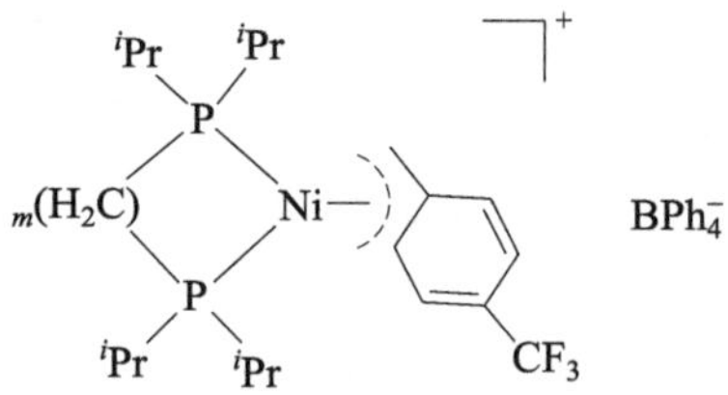

8d～8f

8d：m=1
8e：m=2
8f：m=3

图 3-14 PP 型镍基催化剂

最近，著者团队在开发镍基催化剂用于乙烯低聚方面取得了一定的进展，如硅桥联双膦配体镍配合物[72-73]，其结构如图 3-15 所示。通过系统的评价表明，这类镍基催化剂在生产 1-丁烯方面表现出优异的选择性。通过比较催化剂的结构，再次证明催化剂的空间位阻和电子效应对乙烯低聚性能有重要的影响。通过对催化剂 **9a**、**9b** 和 **9c** 的研究比较，发现催化剂 **9c** 的结构较为稳定，并具有更好的 1-丁烯选择性。与 **9d** 和 **9e** 相比，催化剂 **9f** 的催化活性最高，可达到 4089.28kg/(g Ni·h)。催化剂 **9f** 活性高的原因主要有两方面：一是该配体具有较小的空间位阻，有利于乙烯分子的插入；二是配体向中心镍原子提供了更多的电子，从而使催化剂结构更加稳定。

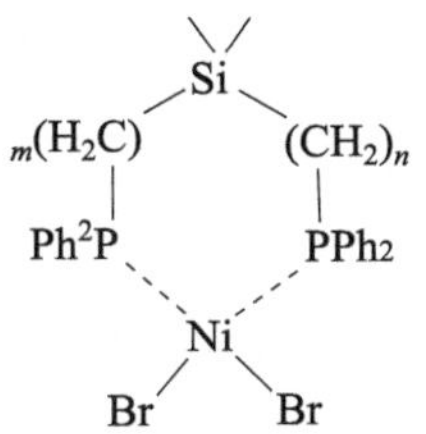

9a～9c

9a：m=0, n=0
9b：m=1, n=0
9c：m=1, n=1

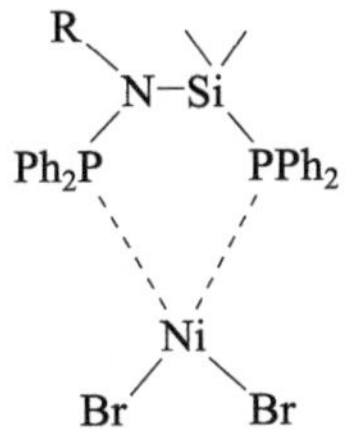

9d～9f

9d：R=2,6-$C_6H_3(^iPr)_2$
9e：R=C_5H_{10}
9f：R=^iPr

图 3-15 硅基双磷配体镍基催化剂

镍配合物催化乙烯二聚合成 1-丁烯的反应机理如图 3-16 所示。研究表明在乙烯二聚过程中 1-丁烯的选择性降低可能是由于其反应生成了烯烃异构体。乙烯二聚产物 1-丁烯插入镍阳离子活性物种中，生成顺/反异构体，这一过程中产生的异构体会降低 1-丁烯的选择性。

① 如图 3-16 所示，在链增长过程中，1-丁烯经过 2,1-插入镍阳离子活性中心，随后再经过 β-H 消除，生成反式 2-丁烯。

② 另一条反应途径中，1-丁烯经过 2,1-插入镍阳离子活性中心，随后发生 C_α 和 C_β 旋转，并经过 β-H 消除，则会生成顺式 2-丁烯[72,74-75]。1-己烯也遵循相同的反应过程，1-己烯由原始的链增长机制生成，其异构体 2-己烯和 3-己烯则通过镍金属催化异构化而形成，其生成方式与 1-丁烯异构体的生成方式相同[76]。

3.2.2.2 多相镍催化剂

乙烯二聚的多相镍催化剂由沉积在固体载体上的活性镍化合物组成，如二氧化硅、Y-沸石、X-沸石和高分子材料负载的镍氧化物和镍配合物等，这些多相镍催化剂均可作为乙烯二聚反应的活性催化剂[77-96]。Matsuda 等[79]制备了一系列负载氧化镍的催化剂，用酸性氧化铝载体负载时表现出乙烯二聚催化

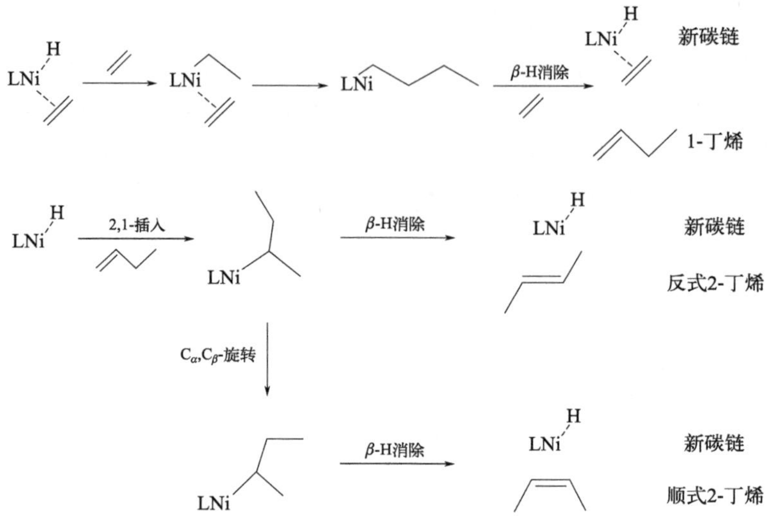

图 3-16　镍配合物催化乙烯二聚合成 1-丁烯的反应机理

活性，生成的产物包括 1-丁烯和 2-丁烯。Matsuda 等认为，这可能是由于 Lewis 酸性位点催化乙烯二聚生成 1-丁烯，而 Brönsted 酸性位点催化乙烯二聚生成 2-丁烯。与 Matsuda 的解释不同，Ono 等[82]采用氘示踪剂研究了 NiO-SiO_2 催化剂酸性位点的催化作用，表明氘在产物中存在是因催化剂表面发生了异构化反应，而不是直接参与乙烯二聚催化反应过程。

Yashima 等[81]报道了使用 NiY-RhY 和 RuY 沸石负载型催化剂催化乙烯二聚合成 1-丁烯。在约 100℃和 0.026MPa 乙烯压力的条件下，对于 NiY 和 RhY，活性位点是由高度分散在沸石骨架上的零价 Ni 和 Rh 组成的。Ono 等[82]研究了脱除羟基的镍-温石棉［$Ni_xMg_{3-x}(OH)_4Si_2O_5$］用于乙烯二聚的催化性能。研究结果表明，乙烯二聚的活性位点可能是暴露在其内表面的镍阳离子。在 50℃和 0.04MPa 的初始乙烯压力下反应 1h 后，Ni/Mg＝1 的温石棉、Ni/Mg＝1∶4 的温石棉和镍-温石棉的乙烯转化率分别为 2.5%（质量分数）、5.5%（质量分数）和 9.3%（质量分数）。

Sohn 等[83]在 20℃、0.03MPa 乙烯压力和反应时间为 1h 的条件下，研究了硅酸镍（蒙脱石和闪锌矿）对乙烯二聚和丁烯异构化的催化活性。研究发现，催化活性的变化与催化剂的表面酸性密切相关。活性中心在蒙脱石上是质子性的，而在闪锌矿上是非质子性的。结果表明，从镍盐-硅酸钠混合物的酸性溶液中沉淀的最终 pH 值越高，或者 Ni/SiO_2 比越高，获得的反闪锌矿越多。观察到的两个最佳活化温度为 100℃和 600℃。第一次活化属于蒙脱石型部位，而第二次活化属于反闪锌矿型部位。Sohn 等[84]研究了用 H_2SO_4 处理的固体 NiO-TiO_2 在 20℃和 0.037MPa 的乙烯压力下催化乙烯二聚合成 1-丁烯，证明了催化剂成分、制备方法和活化程序对催化活性有显著影响。Sohn 等[85]进一步研究了用 SO_4^{2-}、PO_4^{3-} 和 BO_3^{3-} 阴离子改性的 NiO-ZrO_2 催化乙烯二聚，发现催化活性与催化剂的酸强度和活化条件密切相关。

研究表明，可以选择性地将 CO、C_2H_4 或 C_3H_8 等引入 X-沸石或二氧化硅负载的 Ni(Ⅰ) 离子配合物的配体中，形成 [$Ni(L)_n^+$] 型阳离子，其结构主要由压力的高低决定[86]。在较低的压力下，阳离子 Ni 配合物易形成四面体或平面正方形结构，而在较高的压力下形成三角双锥形对称结构。所有这些负载的 Ni(Ⅰ) 配合物都能够催化乙烯二聚反应。特别是将次膦酸化配体选择性地引入二氧化硅负载的 Ni(Ⅰ) 离子配合物中时，得到平面正方形配合物 [$Ni(PEt_3)_2(Os)$]，其中 Os 为配体的表面氧离子。如图 3-17 所示，对该体系进行电子顺磁共振（EPR）研究，证实了存在金属环戊烷中间体的反应机理[87]。该催化体系对乙烯二聚生成 1-丁烯的选择性为 95%（质量分数），乙烯转化率为 23%（质量分数）[87]。这种高选择性归因于碱性膦配体向负载的 Ni^+ 提供电子，从而使得产物更容易解吸[86]。使用含有碱性和大体积膦的离子化合物为配体，可获得更高的乙烯二聚催化活性和 1-丁烯选择性。

将镍配合物接枝到聚合物载体上并用其催化乙烯二聚已经成为多相镍催化剂研究的热点[90-94,97-98]，如图 3-18 和图 3-19 所示。研究表明将 Ni(Ⅱ) 负载到载体上后，催化剂的稳定性显著提高。Echmaev 等[91]制备并测试了负载型 Ni(Ⅱ) 复合物及其与烷基氯化铝在低于 27℃的较宽温度范围内的相互作用。使用辐射接枝的聚丙烯酸、聚 4-乙烯基吡啶和聚甲基丙烯酸改性的聚乙烯作为载体，这些聚合物载体延缓了 Ni(0) 配合物的聚集，从而防止了催化剂的失活。类似地，聚合物负载的 $NiCl_2$ 体系也表现出良好的催化活性，并对 1-丁烯具有高选择性[92]。Ozalei 等[94]研究了以二氧化硅为载体的四面体二价镍离子上的烯烃二聚和异构化反应，在 20～30℃的反应温度下，乙烯的转化率为 4%～10%（质量分数），对 1-丁烯的选择性为 40%～70%（质量分数）。据报道，乙烯二聚的活性位点是氢化镍，二价镍催化乙烯二聚和异构化反应机理如图 3-20 所示。

相较于均相催化剂，非均相催化剂具有稳定性好、催化剂易与产物分离等优点，原则上可极大降低反应流程的复杂程度及生产成本。然而，已有文献报道的用于乙烯二聚反应的非均相催化剂通常表现出较低的催化活性，难以满足实际工业应用的需求。

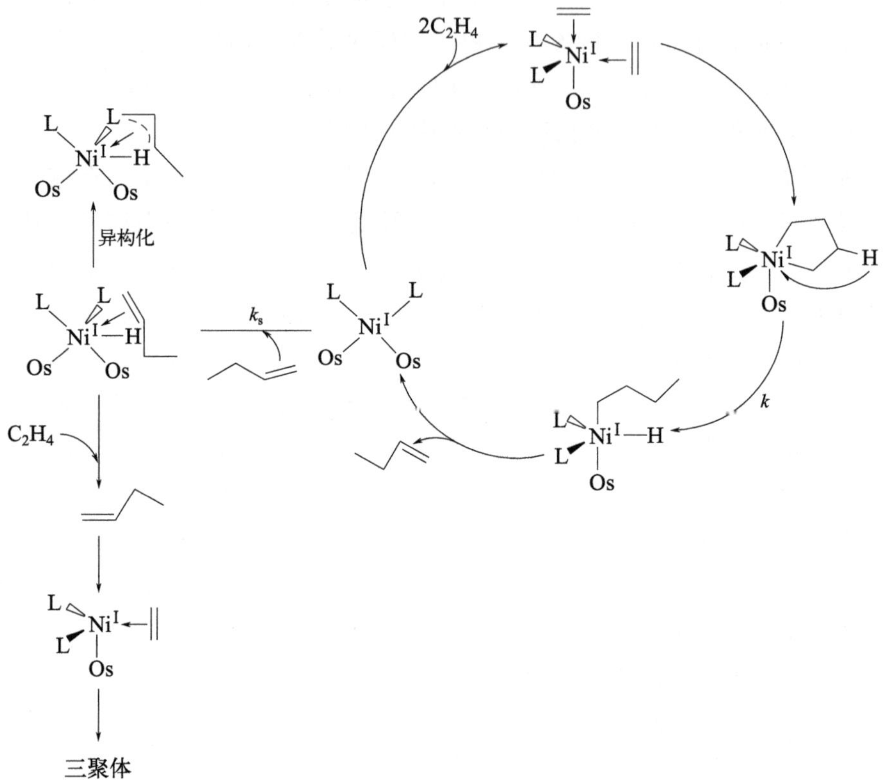

图 3-17　负载型 Ni(Ⅰ) 配合物催化乙烯二聚的反应机理

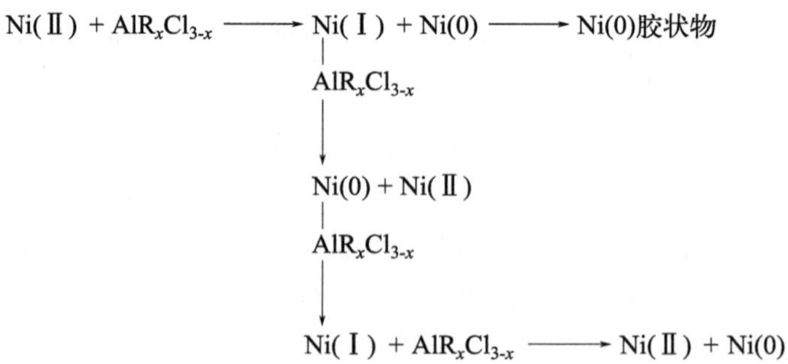

图 3-18　Ni(Ⅱ) 乙烯二聚催化体系活性中心的形成

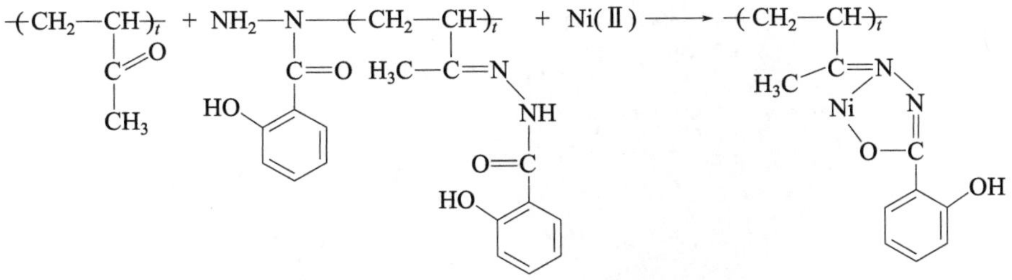

图 3-19　Ni(Ⅱ) 负载在聚合物载体表面的方案

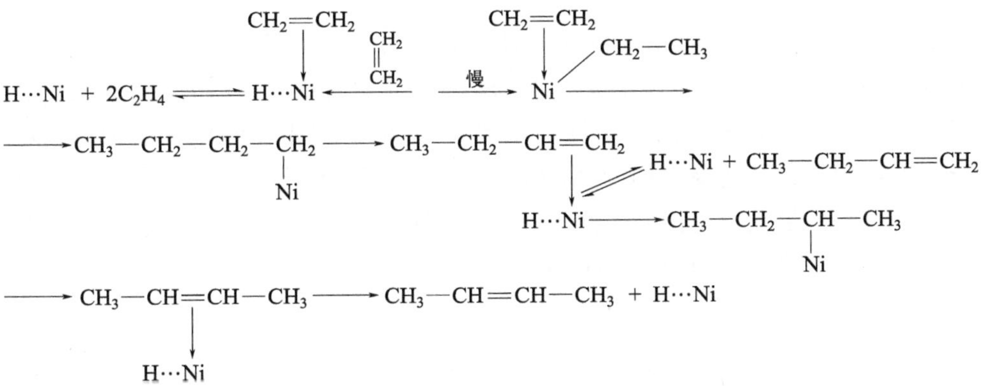

图 3-20　二价镍催化体系的乙烯二聚反应机理

最近，阿卜杜拉国王科技大学（KAUST）韩宇教授团队，通过选择性地将 Ni 负载在金属有机框架材料 ZIF-8 的晶体表面，得到了超高活性的乙烯二聚非均相催化剂[99]，如图 3-21 所示。ZIF-8 是一种非常容易合成且稳定的金属有机框架材料。在 ZIF-8 中，金属离子 Zn^{2+} 与四个来自 2-甲基咪唑的 N 配位，形成了正四面体的配位结构。用于掺杂的 Ni^{2+} 具有 d^8 电子结构，因此更倾向于形成平面正方形的配位构型。由于 Ni^{2+} 与 ZIF-8 骨架结构配位形式的不匹配性，Ni^{2+} 难以嵌入 ZIF-8 的三维骨架，而会自发地、选择性地锚定在 ZIF-8 晶体的外表面。基于这一特性，韩宇教授团队制备了 Ni-ZIF-8 单位点催化剂。该催化剂的优点包括：①催化位点 Ni^{2+} 全部锚定于晶体表面，避免了 ZIF-8 的微孔孔道对传质的影响；②催化位点 Ni^{2+} 具有与很多高活性的二胺镍均相催化剂相似的平面配位构型。

催化测试实验表明，在 35℃、5.0MPa 的乙烯压力下，Ni-ZIF-8 催化剂可实现乙烯转化的转换频率（TOF）$>10^6h^{-1}$，1-丁烯的选择性大于 85%（质量

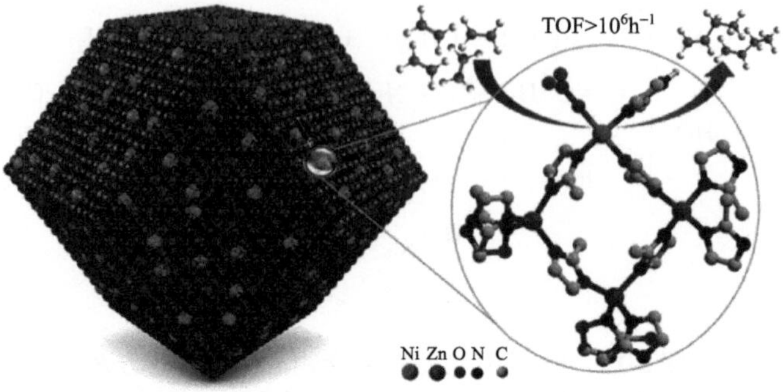

图 3-21 Ni-ZIF-8 催化乙烯二聚生成丁烯的示意图（彩图见文后插页）

分数)。Ni-ZIF-8 所表现出的催化活性远超过目前报道的各种非均相催化剂，甚至超过很多均相催化剂。同时，与通常在几十分钟内就失活的均相催化剂相比，Ni-ZIF-8 具有更好的稳定性，在连续 4h 的反应中，催化剂活性保持稳定，没有出现失活迹象，如图 3-22 所示。Ni-ZIF-8 结合了均相催化剂的高活性和非均相催化剂的稳定性及易分离性的特点，为改善或替代现有 AlphaButol 工艺用的 Ti 催化剂提供了可能。

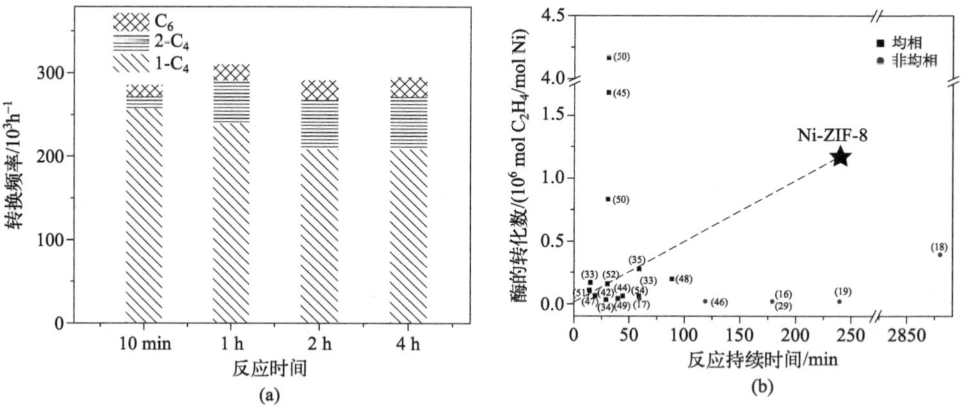

图 3-22 Ni-ZIF-8 催化乙烯二聚生成丁烯的性能

3.2.3 其他催化体系

3.2.3.1 钴基催化剂

由于钴基金属配合物具有催化活性高、低毒性、单金属活性中心和较高的 LAOs 选择性等特点，引起了学术界和工业界对钴基催化剂的广泛关注。近年来，科研工作者们研究了许多类型的钴基金属配合物，将其用于乙烯低聚领域是重要的研究方向[100]。有关钴基金属配合物的研究多集中在催化剂的设计和合成上，如通过修饰配体上的取代基以及引入新型结构的配体，不断优化配合物的结构，使其具有特定的催化性能[101-103]。然而，通过修饰配体来预测它们的催化性能仍然是一项比较艰巨的任务，一般通过研究催化剂的电子效应来预测钴基金属配合物的催化活性。在钴基金属配合物中，与金属钴配位的原子一般为N原子和O原子，中心金属钴原子与N原子上的净电荷以及苯环上空间体积较大的取代基有利于催化活性的提高[104]。芳香族配体周围的电荷分布和金属活性位点周围的空间位阻对催化剂的催化活性影响较大，因此对取代基进行调整或改变过渡金属配合物本身的配体骨架结构，是控制催化活性和LAOs选择性的有效策略。

2004年，Sun等[105]合成了2-(乙基羧基)-6-亚氨基吡啶钴配合物**10a**～**10f**，采用MAO为助催化剂，研究了其乙烯低聚催化性能，如图3-23所示。研究结果表明，**10a**～**10f**作为乙烯低聚催化剂，主要产物为LAOs，且配体结构对催化活性有显著的影响。例如，钴配合物**10a**（R为甲基）、**10b**（R为乙基）、**10c**（R为异丙基）相比，三种催化剂的催化活性顺序为**10a**＞**10b**＞**10c**，而LAOs的选择性顺序为**10c**＞**10b**＞**10a**。另外，钴配合物**10f**（R为溴）、**10d**（R为氟）、**10e**（R为氯）相比，三种催化剂的催化活性和LAOs选择性顺序均为：**10e**＞**10d**＞**10f**。这表明，配体上取代基R的空间体积越小，催化体系的催化活性越高，而电子效应对催化活性的影响较小。钴配合物中取代基R对其催化性能的影响与已报道的实验研究结果一致[106-109]。此外，研究结果还表明反应条件对催化性能有重要的影响。对于配合物**10a**～**10f**，最佳的Al/Co摩尔比为1000，实验结果显示Al/Co摩尔比对乙烯低聚的催化活性和LAOs选择性影响较小。然而，当使用**10b**和**10f**为主催化剂时，将反应温度从−10℃提升至40℃，催化剂的催化活性逐渐降低，表明催化体系中的活性物质在高温下不稳定，导致催化活性降低。

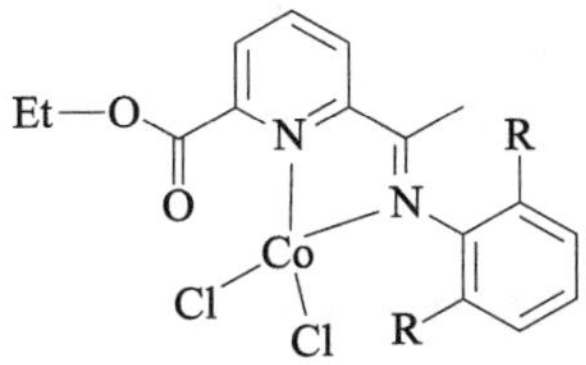

10a～**10f**

10a：R=Me
10b：R=Et
10c：R=^{i}Pr
10d：R=F
10e：R=Cl
10f：R=Br

图3-23 双齿钴催化剂的结构

2009 年，Gao 等[110]合成并表征了如图 3-24 所示的 2-(苯并咪唑基)-6-亚氨基吡啶钴配合物型催化剂，并通过单晶 X 射线衍射测定了配合物 **11a**（Ar＝2,6-$Me_2C_6H_3$）、**11b**（Ar＝2,6-$Et_2C_6H_3$）和 **11g**（Ar＝2,6-$Br_2C_6H_3$）的空间结构。配合物 **11a** 和 **11b** 为三角双锥几何构型，而配合物 **11g** 是扭曲的方形金字塔几何构型。研究结果表明钴配合物中取代基 R 的空间位阻以及电子效应对催化活性和产物选择性有显著的影响。当助催化剂为 MAO 时，2-(苯并咪唑基)-6-亚氨基吡啶钴配合物[111-112]和其他配体形成的配合物类似[113-115]，**11a**～**11g** 均表现出中等的催化活性和较高的 LAOs 选择性，且主要产物为 1-丁烯。乙烯低聚的催化活性顺序为：**11g＝11f＞11a＞11e＞11b＞11c＝11d**。这一催化活性变化趋势是电子效应和空间位阻共同作用的结果[105,116-117]。导致这七种催化剂催化活性不同的直接原因在于 *N*-芳基取代基的不同。当 *N*-芳基上带有吸电子取代基、取代基空间体积较小均会增强体系的催化活性。在后过渡金属催化体系中，空间体积较大且富含电子的配体会削弱金属中心与插入的乙烯之间的相互作用，从而阻碍乙烯的插入速率，降低催化活性。此外，反应条件对催化活性也有显著的影响。例如：在乙烯低聚反应中，当 Al/Co 摩尔比从 200 增加到 1500 时，基于 **11g**/MAO 催化体系的催化活性先增加后降低，在 Al/Co 摩尔比为 1000 时，催化剂达到最佳的催化性能。钴基催化剂对反应温度有很高的依赖性，在室温下催化剂具有中等的催化活性和较高的 1-丁烯选择性，而升高反应温度后，催化活性显著降低。

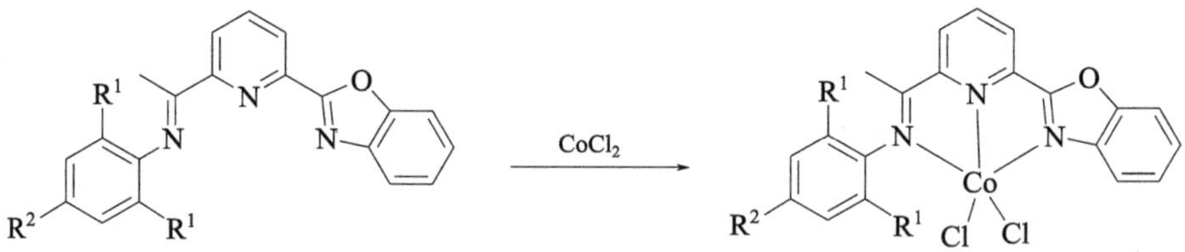

11a～**11g**

	11a	**11b**	**11c**	**11d**	**11e**	**11f**	**11g**
R^1	Me	Et	^{i}Pr	Me	Me	Cl	Br
R^2	H	H	H	Me	Br	H	H

图 3-24　三齿钴催化剂的结构

2017 年，Li 等[101]报道了以十四烷基、十六烷基和十八烷基为核心的三个高支化水杨醛亚胺钴配合物催化剂 **12a**～**12c**，如图 3-25 所示。以 MAO 为助催化剂，研究了配体主链中烷基链长度和反应条件对其催化性能的影响。在相同的反应条件下，评价了钴配合物 **12a～12c**，其均表现出中等的乙烯低聚催化活性，催化活性顺序为 **12a**>**12b**>**12c**。形成该顺序的原因在于，较大的配体阻碍了乙烯与活性金属中心的配位，导致乙烯插入速率降低[118-119]，从而降低了催化活性。配体中烷基链的长度对产物的选择性没有显著影响，这表明配体主链中引入烷基链的长度对产物碳数分布的影响很小。此外，溶剂种类不同也会影响催化活性以及产物的选择性。例如，在相同的反应条件下，选择不同的反应溶剂进行乙烯低聚反应，催化剂 **12c** 的催化活性按照甲苯>环己烷>正己烷的顺序依次降低。在乙烯低聚过程中，乙烯分子需要插入配位不饱和的钴碳键形成过渡态，乙烯的插入速率受溶剂极性的影响，极性较大的溶剂能提高催化体系的反应速率。此外，与环己烷和正己烷相比，以甲苯为溶剂的乙烯低聚体系催化活性较高，可能是由于配合物在甲苯中的溶解度较高。溶剂的改变不仅影响催化活性，还会对产物的选择性产生一定影响。与甲苯和正己烷相比，在环己烷中进行乙烯低聚反应，LAOs 的选择性最高。Al/Co 摩尔比对催化性能也有显著影响，以 **12c** 为主催化剂，当 Al/Co 摩尔比从 200 增加至 1400 时，催化活性先增加后降低，Al/Co 摩尔比为 800 时达到催化活性的最大值。这种趋势可归因于：当 Al/Co 摩尔比较低时，MAO 清除了溶剂中的水分和杂质，并未使 Co 催化剂完全活化；而当 Al/Co 摩尔比继续增大时，过量的助催化剂导致活性位点失活。

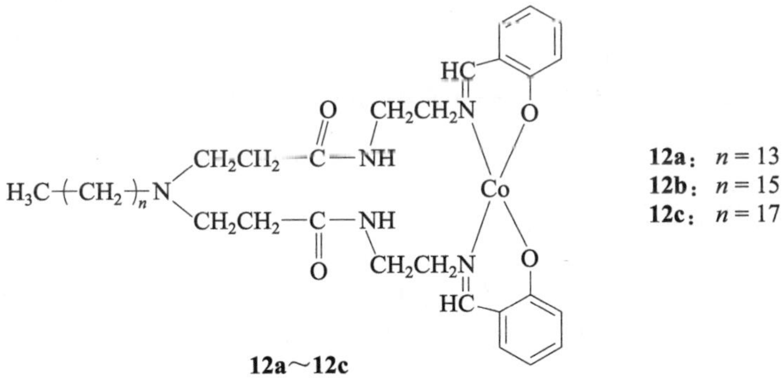

12a～12c

图 3-25　高支化水杨醛亚胺钴基催化剂的结构

2018 年，Huang 等[120]报道了 2-苯并咪唑基-8-芳基-5，6，7-三氢喹啉钴配合物催化剂 **13a～13f**，并研究了六种钴配合物催化剂的乙烯低聚性能，如图 3-26 所示。在反应温度为 40℃、Al/Co 摩尔比为 1000、乙烯压力为 1.0MPa 的条件下，六种钴催化剂的催化活性顺序为 **13d**>**13e**>**13b**>**13c**≈**13a**>**13f**。

由此可知，配体的电子效应和空间效应对催化性能有显著的影响。研究发现，含有甲基的 **13d** 催化活性最高，而带有 2,4,6-三叔丁基取代基的 **13f** 催化活性最低。空间位阻最大的 **13f** 会阻碍乙烯的配位插入，从而导致催化活性最低。苯环对位含有甲基的 **13d** 和 **13e** 的催化活性比 **13a**、**13b** 以及 **13c** 的催化活性高，表明苯环对位取代基 R^2 的给电子性有利于促进催化反应的进行。值得注意的是，与其他 NNN 钴催化剂相比，该催化体系显示出更高的催化活性[110,121-122]。此外，该催化体系中，无论 *N*-芳基取代基如何变化，产物中 1-丁烯的选择性都保持在较高水平，均大于 86.7%（质量分数）。当 MAO 或改性甲基铝氧烷（MMAO）为助催化剂时，其催化活性分别为 2.09kg/(g Co · h) 和 12.90×10^5kg/(g Co · h)，且主要产物均为 1-丁烯。其中，使用 MAO 时 1-丁烯选择性较高，而使用 MMAO 时催化活性更高。

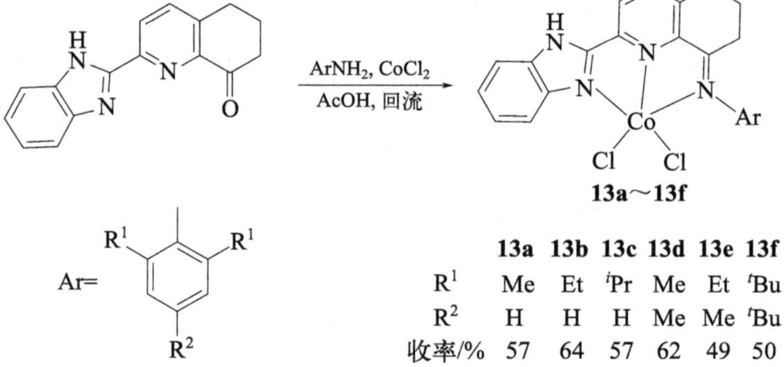

	13a	13b	13c	13d	13e	13f
R^1	Me	Et	^{i}Pr	Me	Et	^{t}Bu
R^2	H	H	H	Me	Me	^{t}Bu
收率/%	57	64	57	62	49	50

图 3-26　2-苯并咪唑基-8-芳基-5,6,7-三氢喹啉氯化钴的结构

3.2.3.2　钽基催化剂

钽基复合物［$CpTa(CHCMe_3)Cl_2$］也可催化乙烯二聚合成 1-丁烯[40,123-130]，反应机理如图 3-27 所示。氘代标记实验研究结果表明，乙烯二聚体的形成并非通过乙烯分子插入钽-乙基键的方式，而是通过钽环戊烷中间体的方式，并通过该中间体的重排得到乙烯的二聚物[128-130]。研究认为，［$TaCpCl_2$］片段中 Ta^{3+} 周围的两个乙烯分子发生偶联反应，而形成了 Ta^{5+} 金属环[131]。

3.2.3.3　铑基催化剂

研究表明，醇溶液中的水合氯化铑（$RhCl_3$-H_2O）能够将乙烯转化为丁烯

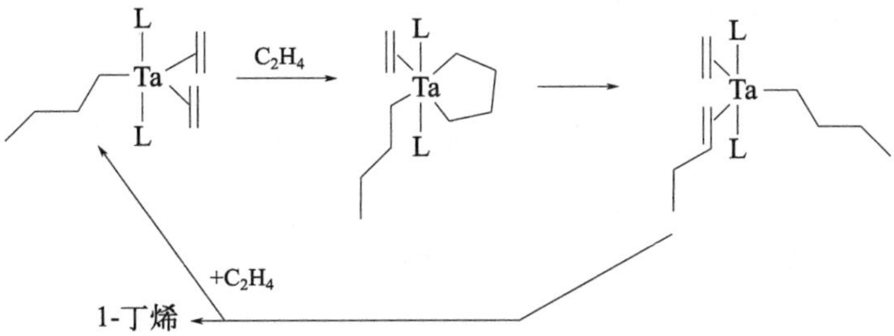

图 3-27　钽配合物催化乙烯二聚合成 1-丁烯的机理

混合物[132]。丁烯混合物的产率和组成受反应温度、反应时间和催化剂浓度等的影响。在反应温度为 30℃和乙烯压力为 100MPa 的条件下，在含有 3% $RhCl_3$-H_2O 的甲醇中，可以获得 38%（质量分数）的 1-丁烯产物。在乙烯压力为 10.0MPa、反应温度为 50℃、Cl/Rh 摩尔比高于 3 以及盐酸存在下进行乙烯二聚反应[133-134]，初始产物中 99%（质量分数）为 1-丁烯，但 1-丁烯会迅速发生异构化。通过降低乙烯的转化率，可避免 1-丁烯的异构化。可能的反应机理如下：①乙烯与金属配位形成铑（Ⅰ）配合物；②HCl 氧化加成得到乙基配合物；③插入配位的乙烯得到丁基配合物；④步骤③中形成的配合物转化为丁烯基配合物；⑤丁烯基配合物中的丁烯分子被乙烯取代，从而再生起始配合物。研究发现，乙烯二聚反应的速率随反应体系中氢离子、铑和乙烯的浓度而变化。

与均相氯化铑催化剂体系相比，硅胶负载氯化铑催化剂在乙烯二聚反应中表现出更高的催化活性[135]。研究发现，其反应活化能约为均相催化反应活化能的一半。铑在载体上的负载量取决于载体的类型，按照硅胶＞氧化硅-氧化铝＞氧化铝的顺序依次递减，单位质量催化剂的乙烯二聚催化活性以相反的顺序递增。与均相催化体系相似，氯化氢的存在增强了催化活性。尽管 1-丁烯主要在初始阶段生成，但由于会被异构化成 2-丁烯，故其含量随着反应时间的推移而减少。

铑与氯化锡组成的配合物［$Rh_2Cl_2(SnCl_3)$］在酸性乙醇溶液中可催化乙烯二聚反应。在 Sn/Rh 摩尔比为 2，盐酸浓度高于 0.5mol/L 时，该配合物较 $RhCl_3$-H_2O 具有更高的催化活性和稳定性。

3.2.3.4　钯基催化剂

由于钯基催化剂具有易于合成、室温下就可以催化乙烯低聚反应等优点，因此有很多关于钯基催化剂催化乙烯低聚的报道[136]。与镍基和钴基催化剂性质相似，钯基催化剂的配体结构与催化性能密切相关。通过调控金属钯中心的电子效应及空间位阻，可以控制催化剂的催化活性和产物的选择性。较多的研究表明，当配位原子上的取代基为烷基时，催化活性较高但产物选择性较低；而当取代基为苯基时，LAOs 选择性最高，但催化活性最低[136]。

如图 3-28 所示，Zhang 等[136]研究了阳离子钯（Ⅱ）配合物在乙烯低聚反应中的应用。阳离子膦-磺酰胺钯（Ⅱ）配合物展现出中等的催化活性，主要产物为 LAOs。研究结果表明，磷原子上的取代基极大地影响了乙烯低聚反应的催化活性和产物的选择性。与配位 P 原子上取代基 R 为烷基的 **14c**、**14d** 和 **14f** 相比，配位 P 原子上取代基 R 为苯基的 **14a** 和 **14e** 具有更高的 LAOs 选择性。而催化剂 **14b**，配位 P 原子上的取代基 R 为 *o*-OMePh 基团，在乙烯低聚中展现出最低的 LAOs 选择性。这可能是由于 *o*-OMePh 基团的空间位阻较大，降低了链转移速率，从而使 LAOs 的选择性较低。而磺酰胺基团中的取代基 R′对乙烯低聚性能影响较小。除了配体结构，乙烯压力和反应温度等也对催化性能有显著影响。当乙烯压力从 2.0MPa 降为 1.0MPa 时，催化活性从 7.40kg/(g Pd·h) 降至 5.60kg/(g Pd·h)。这可能是因为在较高压力下，反应体系内乙烯浓度增加，从而提高了催化活性。此外，将反应温度从 50℃降低至 25℃会显著降低催化活性，而将反应温度提高至 80℃时催化活性会有略微提升。

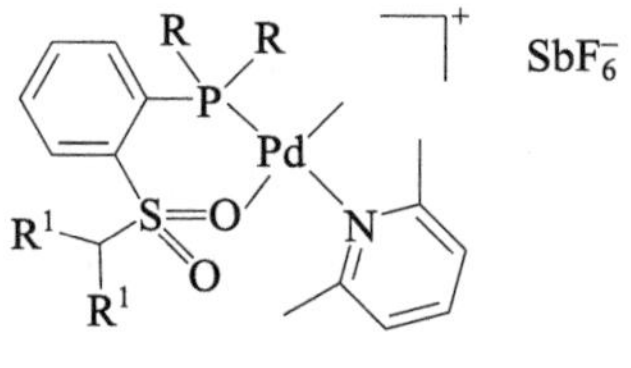

14a～14f

14a: R=Ph, R^1=Cy, 79%
14b: R=*o*-OMePh, R^1=Cy
14c: R=Cy, R^1=Cy, 79%
14d: R=^{i}Pr, R^1=Cy, 76%
14e: R=Ph, R^1=Me, 67%
14f: R=^{i}Pr, R^1=Me, 65%

图 3-28　阳离子膦-磺酰胺钯（Ⅱ）配合物

如图 3-29 所示，Zabransky 等[137]合成了具有杂化阴离子配体 1′-(二苯基膦基)二茂铁-1-磺酸盐（L^-）的钯（Ⅱ）配合物。配合物 **15a** 用 Tl[PF_6] 和 Na[BAr'_4][Ar′=3,5-双(三氟甲基)苯基] 除去卤素原子即生成 **15e**。在反应温度为 21℃、乙烯压力为 3.0MPa 的条件下，催化剂 **15e** 表现出中等的催化活性，并且 LAOs 的选择性达到 95%（质量分数）以上。研究表明，反应中间体中膦磺酸盐配体的 *O*,*P*-配合物配位在催化过程中非常关键。特别是 *O*,*P*-配合二茂铁磺酸盐配体相对较稳定，有利于协调乙烯迁移配位，因此导致较高

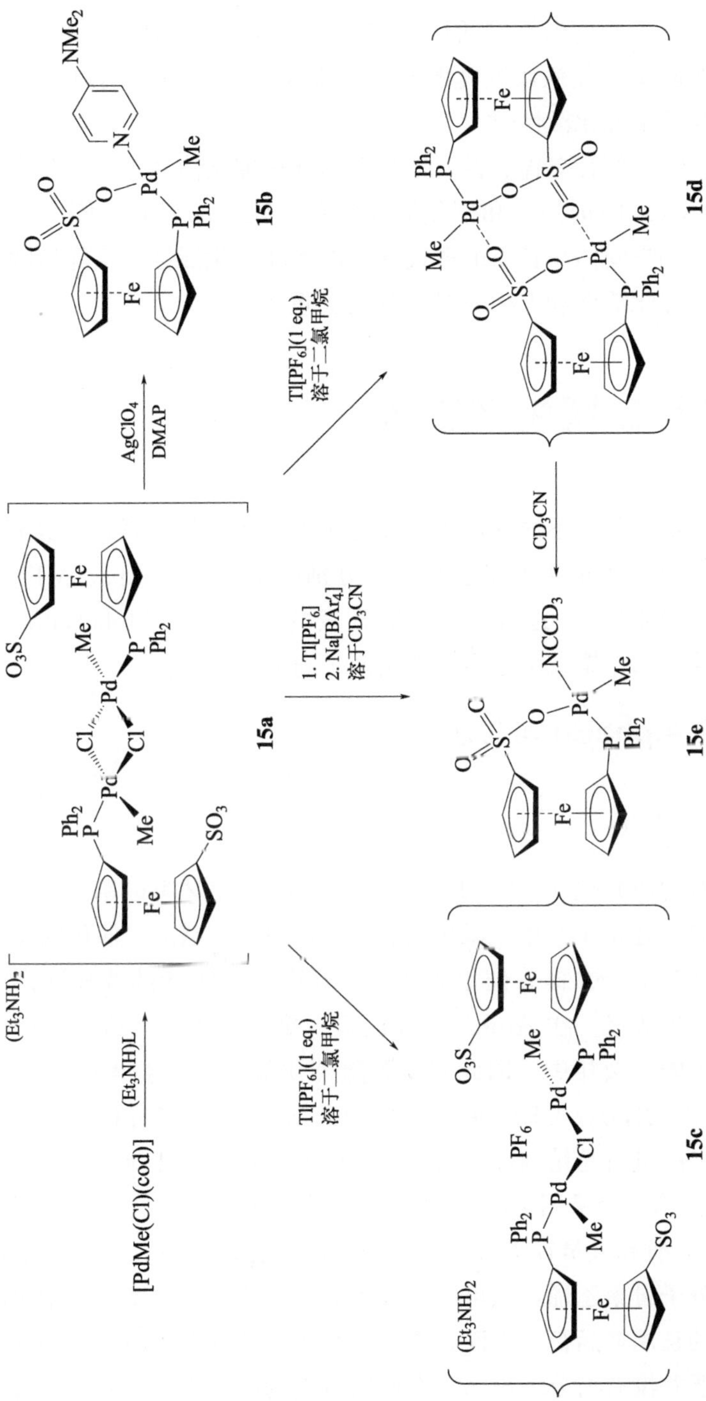

图 3-29　带有膦二茂铁磺酸盐配体的钯（Ⅱ）配合物

的 LAOs 选择性。在所测试的化合物中，仅有配位不饱和的中间体 **15c** 可以通过添加 Na[BAr_4'] 转化为具有活性的催化剂。值得注意的是，Pd-L 配合物与具有异构体 2-膦基二茂铁磺酸盐配合物的催化性能形成鲜明对比，后者并没有显示出乙烯低聚催化活性[138]。

近年来，学者们针对镍、钴、钯基乙烯低聚催化体系进行了深入研究，但对于产物中 LAOs 的选择性和催化活性仍存在较大的提升空间[139-145]。通常，配位原子上连接空间体积较小的取代基可以提高催化活性，且配体的空间结构和反应条件对催化活性和 LAOs 选择性至关重要。

3.3 乙烯二聚生产工艺

到目前为止，基于不同的乙烯二聚合成 1-丁烯催化体系，已经开发出了 5 种乙烯二聚合成 1-丁烯生产工艺技术，分别由 IFP、Phillips、MIT、Dow 和中国石油等公司研发成功。其中，IFP 开发的乙烯二聚 AlphaButol 工艺和中国石油开发的乙烯二聚技术已经成功实现了商业化应用。

3.3.1 IFP-AlphaButol 工艺

3.3.1.1 工艺简介

由法国石油研究院（IFP）开发的 AlphaButol 工艺可以用于乙烯选择性二聚生产 1-丁烯。在该工艺中，采用均相的 $Ti(OBu)_4/AlEt_3$ 催化剂体系，并使用特定的改性剂组分来提高催化活性和目标产物 1-丁烯的选择性，同时降低副产聚乙烯的生成量。在 AlphaButol 乙烯二聚工艺中，反应物、产物和催化剂全部溶解于同一液相中，因此需要脱除催化剂后才能获得高纯度的目标产品。均相的 $Ti(OBu)_4/AlEt_3$ 催化剂体系可以避免 1-丁烯异构化为 2-丁烯，从而不需要对产品进行超精馏即可得到高纯度的聚合级 1-丁烯。

1987 年，第一套采用 AlphaButol 工艺的 1-丁烯生产装置在泰国建成，产能为 3000t/a。研究人员在进行乙烯二聚中试试验研究时，发现该过程中会产生少量的高分子量聚乙烯，这可能导致反应器和换热器堵塞、挂壁等问题，影响生产装置的长周期运行。然而，在第一套生产装置设计时，对如何处理这些聚合物的问题并没有充分考虑，没有提出有效的解决方案。首套乙烯二聚装置投入运行后，针对聚合物生成影响生产装置长周期运行的问题，对生产装置进行了一些改造工作。例如，消除了乙烯反应段中的死区，同时对操作控制方面进行了改进，以确保生产装置的稳定运行。此外，还设置了冷冻水冷却回路，以保证有效地去除反应产生的热量。

同年，IFP 又在沙特阿拉伯建设了一套 5 万 t/a 的 1-丁烯生产装置，这两套装置均生产聚合级的 1-丁烯。1993 年，IFP 授权沙特阿拉伯 SABIC 公司向全世界发放技术许可证。目前，全球范围内已有 30 多套 AlphaButol 工艺的专利许可装置，1-丁烯的总产能超过 71 万 t/a。

3.3.1.2　工艺流程

AlphaButol 工艺流程主要分为催化剂制备、乙烯二聚反应、催化剂脱除和产物分离四部分，工艺流程如图 3-30 所示。

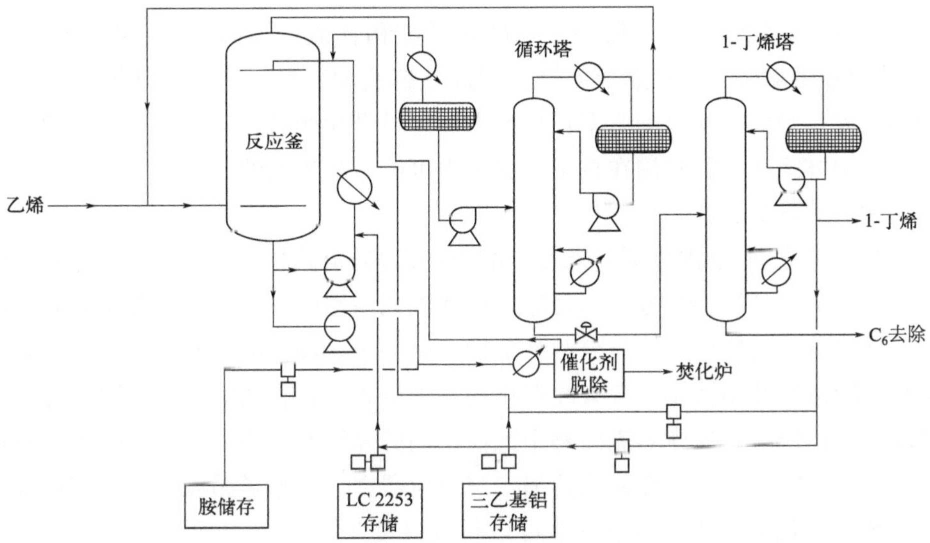

图 3-30　AlphaButol 工艺流程

(1) 催化剂制备

Alphabutol 工艺用 IFP 的专利催化剂，商品名为 LC 2253，LC 2253 催化剂是由溶解在 THF 中的 $Ti(OBu)_4$ 组成的，其中 THF 充当稳定剂的作用，可以阻止 Ti^{III} 的形成，有助于减少副产物聚乙烯的生成。此外，使用三乙基铝 (TEA) 作为助催化剂对活化催化剂至关重要。均相催化剂 $Ti(OBu)_4$ 和助催化剂 $AlEt_3$ 对含氧化合物和水分非常敏感，一旦暴露在湿气或含氧化合物中就会分解，因此配制催化剂和助催化剂的专用储罐应始终保持在惰性气氛下的无水、无氧环境中。催化剂组分在装置内进行活化，并经 1-丁烯稀释后由储罐泵送至反应器。

（2）乙烯二聚反应

选择鼓泡塔式反应器既能满足乙烯二聚反应对传质的要求，同时又能避免在反应器内使用搅拌器，简化了反应器的结构，对工业生产具有重要的意义。新鲜的和回收的乙烯在起泡点通过气体分配器注入 1-丁烯液相中，反应压力约为 2.5MPa、反应温度为 50～60℃、反应停留时间为 5～6h，乙烯二聚反应的单程转化率为 80%～85%（质量分数），产物中 1-丁烯的选择性可达到 93%（质量分数）。乙烯二聚反应的反应热通过配备冷却器的外循环系统移除。催化剂和助催化剂都被注入外循环系统，以快速冷却并移除反应热，并确保它们在反应器中均匀分布。乙烯、催化剂、助催化剂和产物浓度在反应器和外循环系统中保持在一定范围内。乙烯二聚反应过程中会生成一定量的副产聚合物，这些聚合物可能黏结在反应器壁、外循环系统和管道等表面，导致严重的反应器/换热器结垢和管道堵塞等问题。因此，解决副产聚合物问题是该工艺最关键的挑战。当前，解决副产聚合物的主要途径是生产装置停车清洗和维护，而这种维护方式产生的费用在总生产成本中可能占相当大的比例。

（3）催化剂脱除

含有催化剂/助催化剂、未反应的溶解乙烯和液体产物的反应器流出物用反应终止剂（如胺类化合物）处理，以使催化活性中心失活。在催化剂脱除单元，反应器流出物中的液体分两步蒸发：第一步在经典的交换器中蒸发，第二步在薄膜蒸发器中蒸发。含有废催化剂和少量碳氢化合物的残留物则通过焚烧处理。在蒸馏段，反应器流出物中无催化剂的烯烃部分进入乙烯回收塔，未转化的乙烯在塔顶蒸馏并返回到乙烯二聚反应器中。而乙烯循环塔的塔底提取物被送至 1-丁烯纯化塔，通过蒸馏可以得到纯度为 99.7%（质量分数）以上的聚合级 1-丁烯，并将其输送至储罐内。AlphaButol 工艺生产的聚合级 1-丁烯的典型组成如表 3-9 所示。

表 3-9　AlphaButol 乙烯二聚工艺生产的 1-丁烯产品的组成

成分	含量	成分	含量
1-丁烯	>99.5%(质量分数)	醚(如 DME)	<2μg/g
其他 C_4(丁烯+丁烷)	<0.30%(质量分数)	硫、氯	<1μg/g
乙烷	<0.15%(质量分数)	乙炔类	<5μg/g
乙烯	<0.05%(质量分数)	二烯	<10μg/g
C_6	<100μg/g	CO、CO_2、O_2、H_2O、甲醇	<5μL/L(各自)

（4）产物分离

经过换热器和薄膜蒸发器的组分包含送回反应器的未反应乙烯和送往蒸馏塔的产品。在蒸馏过程中，初始混合物由91%（质量分数）的1-丁烯和9%（质量分数）的C_6产物组成，纯化产物则为纯度>99%（质量分数）的1-丁烯，而C_6副产物被用作燃料。

3.3.1.3　工艺特点

AlphaButol工艺利用相对经济的均相催化剂，具有对1-丁烯较高的催化活性和选择性等优点。然而由于反应器和热交换器表面容易结垢，可能会使生产装置频繁停车清理，导致该工艺的维护成本较高。根据多套装置的生产运行实践，AlphaButol工艺的产品质量和产量均能达到规定的要求。只要严格控制反应温度，保持循环系统大流量、高流速，确保冷却循环器有足够的传热面积，并在一定负荷下运行，即可延长因低聚物堵塞而需要清理的周期，通常生产装置的连续运行周期可达3～6周。增加循环泵出口冷却器换热面积以及适当加大产品储罐的容量，可以应对因原料临时减产或下游装置故障引起的波动。增大的储罐容量可以起到缓冲作用，减少1-丁烯装置被迫停车的时间；适当加大循环泵出口冷却器换热面积，则可以确保反应物料的温度不超过规定的反应温度，从而可以防止副产聚乙烯的堵塞等问题。通过保证反应温度、进料量等参数，以及确保催化剂批次之间的稳定性，可以延长生产装置的连续稳定运行时间。加入适量的终止剂有机胺，也有助于维持装置的稳定性，延长生产装置的停车清理周期。

据IFP介绍，若1-丁烯中丁二烯含量超过150μL/L时，将影响LLDPE生产中催化剂的消耗量；当异丁烯含量达到1500μL/L时，则会导致LLDPE生产中产生黏性高分子物质，从而使得流化床反应器出口冷却器的入口法兰处及管侧发生堵塞，被迫停车进行清理。在国内，部分企业将以C_4馏分为原料制得的1-丁烯用于LLDPE生产时已出现过类似的问题。

AlphaButol工艺流程简洁，燃动能耗低，设备投资费用较少，易于稳定操作并能产出高纯度的1-丁烯产品。然而，乙烯相对于混合C_4馏分来说更难获得，利用该技术生产1-丁烯的成本相对较高，从而限制了其适用性。

3.3.1.4　问题与挑战

基于AlphaButol工艺的乙烯二聚过程以其乙烯转化率高、产物选择性高以及聚合物生成量少等优势，被广泛应用于1-丁烯的生产。在该催化反应过程中，通过调控催化剂浓度、Al/Ti 摩尔比、反应温度、反应压力和停留时间等因素，可以实现高转化率和高 1-丁烯选择性，保证生产装置稳定运行。目前，大多数针对乙烯二聚的研究报道集中在如何利用各种类型的催化剂、添加第三组分等提高催化活性和 1-丁烯的选择性，但对于反应过程中聚合物产生机理、有效抑制及工艺过程中解决聚合物的堵塞等方面的研究报道很少[146]。

尽管 AlphaButol 工艺以其优异性能在工业中得到了广泛应用，但相关文献多数较为陈旧，缺乏最新的研究成果。进一步优化和改进该工艺，特别是对操作工艺和条件参数的优化，是提高其工业应用效果的关键。包括催化剂配方的改进、工艺条件的精细调控等，都是未来研究的重点方向。

乙烯二聚过程中少量副产聚合物的生成会在反应釜和换热器等位置产生挂壁、堵塞和结垢等问题，将影响换热效率和生产装置的长周期稳定运行，这仍然是一个尚未得到有效解决的挑战。当前，生产企业通常通过定期清洗反应釜、管道和换热器等来应对这一问题，从而确保生产装置稳定运行。开发有效的抑制聚合物堵塞措施和清洗技术至关重要。未来可能的解决方案包括：①开发更有效的抗结垢材料，使用新型材料或涂层减少聚合物在设备表面的黏附和堵塞；②实时监测和控制系统，实时检测聚合物结垢的情况，并自动调整工艺参数预防聚合物结垢；③改进清洗剂和清洗方法，研发安全且高效的清洗技术，减少清洗过程中的人员风险。

3.3.2 中国石油乙烯二聚工艺

中国石油大庆化工研究中心开发了具有自主知识产权的新型乙烯二聚合成 1-丁烯工艺，并在中国石油独山子石化塔里木二期乙烯项目、中国石油兰州石化长庆乙烷制乙烯项目分别建成了 3 万 t/a 的乙烯二聚合成 1-丁烯工业化生产装置。该装置包括聚合反应系统、产品分离系统、溶剂干燥系统、产品缓存及公用工程系统等。中国石油的乙烯二聚工艺具有反应诱导期短、催化剂活性高、1-丁烯选择性高的特点。此外，中国石油还开发了灵活切换生产 1-丁烯/1-己烯成套技术，创新开发出活性、选择性兼优的催化剂，攻克了快速、慢速两种反应在单一反应器内匹配兼容的技术难题，在世界上首次开发出同一种原料灵活切换生产两种高纯度 α-烯烃的自主技术。该技术达到国际先进水平，在中国石油兰州石化长庆乙烷制乙烯国家示范工程中首次工业应用，为中国石油聚乙烯业务提质增效提供了技术支撑。

参考文献

[1] 付玉川，陈翠翠. 1-丁烯生产工艺及其应用概述[J]. 山西化工，2013(1)：21-24.

[2] Krzywicki A，Johnstone K. Ethylene dimerization[J]. Studies in Surface Science and Catalysis，1992，73：155-160.

[3] 孙凤侠，龚海燕，刘俊涛. 2-丁烯双键异构化制1-丁烯的研究[J]. 石油化工，2018，47(8)：808-812.

[4] Karl Z，Heinz M. Production of dimers and low molecular polymerization products from ethylene：US 2943125[P]. 1960-06-28.

[5] Vybihal J. Method for the separation of a catalyst from reaction product of dimerization of ethylene into butene-1：CS 187822[P]. 1979-02-28.

[6] 王洋. 烯烃聚合助催化剂：发展、应用和展望[J]. 科学通报，2022，67(17)：1895-1907.

[7] Pillai S M，Tembe G L，Ravindranathan M，et al. Dimerization of ethylene to 1-butene catalyzed by the titanium alkoxide-trialkylaluminum system[J]. Industrial & Engineering Chemistry Research，1988，27(11)：1971-1977.

[8] Marta F，Kallo D. Mechanisms of hydrocarbon reactions[M]. New York：Elsevier，1975.

[9] Matkovskii P Y，D'yachkovskii F S，Russiyan L N，et al. Dimerization of ethylene using a $Ti(n\text{-}C_4H_9O)_4\text{-}Al(C_2H_5)_3$ system in diethyl ether in the presence of hydrogen[J]. Petroleum Chemistry USSR，1982，22(2)：76-83.

[10] Al-Jarallah A M，Anabtawi J A，Siddiqui M B，et al. Ethylene dimerization and oligomerization to butene 1 and linear α-olefins：A review of catalytic systems and processes[J]. Catalysis Today，1992，14(1)：1-121.

[11] Lappert M F. Catalysis：Heterogeneous and homogeneous[J]. Journal of Organometallic Chemistry，1975，102(4)：52-53.

[12] Smith P D，Klendworth D D，Mcdaniel M P. Ethylene dimerization over supported titanium alkoxides[J]. Journal of Catalysis，1987，105(1)：187-198.

[13] Lefebvre G，Chauvin Y. Dimerization and Co-dimerization of olefinic compounds by Co-ordination catalysis[J]. Springer Netherlands，1970，1：107-201.

[14] Ziegler，K. Aluminium-organische synthese im bereich olefinischer kohlenwasserstoffe [J]. Angewandte Chemie International Edition，1952，64(12)：323-329.

[15] Sivaram S，Gupta V. Concurrent dimerization and polymerization of ethylene using novel titanium-magnesium catalysts [J]. Preprints-American Chemical Society Division of Petroleum Chemistry，1989，34(3)：595-598.

[16] Commereuc D，Andrews J，Chauvin Y，et al. Dimerize ethylene to 1-butene[J]. Hydrocarbon Processing，1984，63(11)：118-120.

[17] Keim W，Behr A，Roper M，et al. Comprehensive organometallic chemistry：Vol 8 [M]. Oxford：Pergamon Press，1982：371-384.

[18] Pillai S M，Ravindranathan M，Sivaram S. Dimerization of ethylene and propylene catalyzed by transition-metal complexes[J]. Chemical Reviews，1986，86(2)：353-399.

[19] Belov G P，Dyachkovskii F S，Smirnov V I. Dimerization of ethylene in the presence of a $Ti(n\text{-}C_4H_9O)_4\text{-}AlR_3$ catalytic system in *n*-heptane[J]. Petroleum Chemistry USSR，

1978, 18(4): 223-227.

[20] Yamada S, Ono I. Production of butene-1 from ethylene[J]. Bulletin of the Japan Petroleum Institute, 1970, 12: 160-163.

[21] Belov G P, Dzhabieva Z M, Dyachkovskii F S. The principal regularities and mechanisms of selective ethylene dimerization under the action of $Ti(OR)_4$-AlR_3[M]. Philadelphia: Gordon and Breach Sci, 1986.

[22] Belov G P, Dzhabiev T S, Kolesnikov I M. Activation of C—H and C—C bonds in ethylene and piperylene catalytic reactions[J]. Journal of Molecular Catalysis, 1982, 14(1): 105-112.

[23] Cossee P. Ziegler-Natta catalysis Ⅰ. Mechanism of polymerization of α-olefins with Ziegler-Natta catalysts[J]. Journal of Catalysis, 1964, 3(1): 80-88.

[24] Cassoux P, Crasnier F, Labarre J F. A theoretical investigation of the oligomerization of ethylene by titanium compounds: The $TiMeCl_3 \cdot C_2H_4$ system as a model for a quantitative evaluation of the cossee mechanism[J]. Journal of Organometallic Chemistry, 1979, 165(3): 303-318.

[25] Lancer Jr A. Linear alpha-olefins by catalytic oligomerization of ethylene[J]. Journal of Macromolecular Science: Part A-Chemistry, 1970, 4(4): 775-787.

[26] Arlman E, Cossee P. Ziegler-Natta catalysis Ⅲ. Stereospecific polymerization of propene with the catalyst system $TiCl_3 AlEt_3$[J]. Journal of Catalysis, 1964, 3(1): 99-104.

[27] Mcdermott J X, Whitesides G M. Preparation and reactions of a titanium (Ⅳ) metallocycle. Formation of cyclopentanone from ethylene and carbon monoxide[J]. Journal of the American Chemical Society, 1974, 96(3): 947-948.

[28] Mcdermott J X, Wilson M E, Whitesides G M. Synthesis and reactions of bis(cyclopentadienyl) titanium (Ⅳ) metallocycles[J]. Journal of the American Chemical Society, 1976, 98(21): 6529-6536.

[29] Hill J E, Balaich G J, Fanwick P E, et al. Selective catalytic cross-coupling of ethylene and 2, 3-dimethylbutadiene by titanium aryl oxide compounds[J]. Organometallics, 1991, 10(10): 3428-3430.

[30] Thorn M G, Hill J E, Waratuke S A, et al. Synthesis and chemistry of titanacyclopentane and titanacyclopropane rings supported by aryloxide ligation[J]. Journal of the American Chemical Society, 1997, 119(37): 8630-8641.

[31] Suttil J A, McGuinness D S. Mechanism of ethylene dimerization catalyzed by $Ti(OR')_4/AlR_3$[J]. Organometallics, 2012, 31(19): 7004-7010.

[32] Robinson Jr R, McGuinness D S, Yates B F. The mechanism of ethylene dimerization with the $Ti(OR')_4/AlR_3$ catalytic system: DFT studies comparing metallacycle and cossee proposals[J]. ACS Catalysis, 2013, 3(12): 3006-3015.

[33] Zhukov V, Belov G, Ivolgin V Y, et al. Optimum conditions of dimerization of ethylene on a $Ti(OR)_4/AlR_3$ catalyst[J]. Petroleum Chemistry USSR, 1982, 22(3): 150-154.

[34] Beach D L, Kissin Y V. Dual functional catalysis for ethylene polymerization to branched polyethylene. Ⅰ. Evaluation of catalytic systems[J]. Journal of Polymer Science: Polymer Chemistry Edition, 1984, 22(11): 3027-3042.

[35] Vernov P A, Lemaev N V, Liakumovich A G, et al. 1-Butene production by ethylene

dimerization with triisobutylaluminum, tetrabutyltitanate catalyst[J]. Neftepererab, 1977, 8: 25-26.

[36] Vybihal J. Method of proessing butene-1: CS 179248[P]. 1977-10-31.

[37] Vybihai J. Process for preparing butene-1: CS 179726[P]. 1977-11-30.

[38] Mccarroll J J, Tennison S R, Wilkinson N P. Oligomerization of lower olefins: CS 244442[P]. 1986-07-17.

[39] Ali E, Al-Humaizi K. Temperature control of ethylene to butene-1 dimerization reactor [J]. Industrial & Engineering Chemistry Research, 2000, 39(5): 1320-1329.

[40] Belov G P, Dzhabiev T S, Dyachkovsky F S, et al. Method of producing butene-1: US 3969429[P]. 1976-07-13.

[41] Mahdaviani S H, Soudbar D, Parvari M. Selective ethylene dimerization toward 1-butene by a new highly efficient catalyst system and determination of its optimum operating conditions in a buchi reactor[J]. International Journal of Chemical Engineering and Applications, 2010, 1(3): 276-281.

[42] Mahdaviani S H, Parvari M, Soudbar D. Ethylene dimerization by a homogeneous Ti-based three-component catalyst system: Process evaluation and optimization of parametric performance[J]. Procedia Engineering, 2012, 42: 616-622.

[43] Bigdeli P, Abdouss M, Abedi S. Ti alkoxide-based catalyst system in selective ethylene dimerization: High performance through modifying by alkylsilanes [J]. Chemical Engineering Communications, 2018, 205(1): 102-109.

[44] Farina M, Ragazzini M. The influence of Al/Ti ratio upon the ethylene dimerization reaction[J]. Chim Ind(Milan), 1958, 40: 816.

[45] Kissin Y V, Beach D L. Dual-functional catalysis for ethylene polymerization to branched polyethylene. Ⅱ. Kinetics of ethylene polymerization with a mixed homogeneous-heterogeneous Ziegler-Natta catalyst system[J]. Journal of Polymer Science Part A: Polymer Chemistry, 1986, 24(6): 1069-1084.

[46] Zhukov V I, Shestak N P, Belov G P, et al. Method of dimerizaton of alpha-olefins: US 4101600[P]. 1978-07-18.

[47] Bawn C, Symcox R. Polymerization of ethylene by soluble Ziegler catalysts[J]. Journal of Polymer Science, 1959, 34(127): 139-151.

[48] Takeda M, Iimura K, Nozawa Y, et al. Studies of the active complex of a soluble catalyst. Ⅰ. Ti(O-n-Bu)$_4$-AlEt$_3$ system[J]. Journal of Polymer Science Part C: Polymer Symposia, 1968, 23(2): 741-752.

[49] Natta G, Porri L, Carbonaro A. Polymerization of conjugated diolefins by homogeneous aluminum alkyl-titanium alkoxide catalyst systems. Ⅱ. 1, 2-polybutadiene and 3, 4-polyisoprene[J]. Die Makromolekulare Chemie: Macromolecular Chemistry and Physics, 1964, 77(1): 126-138.

[50] Belov G, Dzhabiev T, Kolesnikov I. Activation of C—H and C—C bonds in ethylene and piperylene catalytic reactions[J]. Journal of Molecular Catalysis, 1982, 14(1): 105-112.

[51] Dzhabiev T, Shilov A. Electron paramagnetic resonance and structures of Ti(Ⅲ) complexes formed on reduction of Ti(Ⅳ) cyclopentadienyl compounds by aluminum alkyl derivatives[J]. Journal of Structural Chemistry, 1965, 6(2): 279-280.

[52] Hirai H, Hiraki K, Noguchi I, et al. Electron spin resonance study on homogeneous catalysts derived from *n*-butyl titanate and triethylaluminum[J]. Journal of Polymer Science Part A: Polymer Chemistry, 1970, 8(1): 147-156.

[53] Christenson C, May J, Freyer L. Ti-Al organometallics by chemical ioniaztion mass spectrometry [J]. Research Gate, 1983, 4: 763-777.

[54] Kissin Y V. Isospecific polymerization of olefins with heterogeneous Ziegler-Natta catalysts[M]. Berlin: Springer-Verlag, 1958.

[55] Smith C E, Czenkusch E L, Bailey G C. Dimerization of monoolefins with catalysts on solid support: US 428103[P]. 1976-02-10.

[56] Mcdaniel M P, Smith P D, Klendworth D D. Ethylene dimerization and polymerization: EP 0230983[P]. 1987-08-05.

[57] Cesca S, Marconi W, Santostasi M L. α-Olefins reaction with systems based on H_2AlNR_2 and $Ni(acac)_3$ or $Ti(OR)_4$[J]. Journal of Polymer Science Part B: Polymer Letters, 1969, 7(7): 547-550.

[58] Shikata K, Nishino K, Azuma K, et al. Hydrogenation of olefins in the presence of bis-cyclopentadienyl titanium dichloride and some organometallic compounds[J]. Nippon Kagaku Kaishi, 1965, 68(2): 358-362.

[59] Datta S, Fischer M, Wreford S. Bisbutadiene [1, 2-bis(dimethylphosphino) ethane] titanium(0) olefin dimerizations catalyzed by titanium and zirconium butadiene complexes [J]. Journal of Organometallic Chemistry, 1980, 188(3): 353-366.

[60] Chen H, Liu Y, Peng S, et al. New bulky phosphino-pyridine ligands: Palladium and nickel complexes for the catalytic polymerization and oligomerization of ethylene[J]. Organometallics, 2003, 22(24): 4893-4899.

[61] Keim W. Nickel: An element with wide application in industrial homogeneous catalysis [J]. Angewandte Chemie International Edition in English, 1990, 29(3): 235-244.

[62] Johnson L, Killian C, Brookhart M. New Pd(Ⅱ)-and Ni(Ⅱ)-based catalysts for polymerization of ethylene and α-olefins[J]. Journal of the American Chemical Society, 1995, 117(23): 6414-6415.

[63] Killian C M, Johnson L K, Brookhart M. Preparation of linear α-olefins using cationic nickel(Ⅱ) α-diimine catalysts[J]. Organometallics, 1997, 16(10): 2005-2007.

[64] Ngcobo M, Ojwach S O. Structural and ethylene oligomerization studies of chelated N̂O (imino/amino) phenol nickel(Ⅱ) complexes[J]. Journal of Organometallic Chemistry, 2017, 846: 33-39.

[65] Speiser F, Braunstein P, Saussine L. New nickel ethylene oligomerization catalysts bearing bidentate *P*, *N*-phosphinopyridine ligands with different substituents a to phosphorus[J]. Organometallics, 2004, 23(4): 2625-2632.

[66] Wang L, Sun W H, Han L, et al. Late transition metal complexes bearing 2, 9-bis (imino)-1, 10-phenanthrolinyl ligands: Synthesis, characterization and their ethylene activity[J]. Journal of Organometallic Chemistry, 2002, 658(1): 62-70.

[67] Hou J, Sun W H, Zhang S, et al. Synthesis and characterization of tridentate nickel complexes bearing PNN and PNP ligands and their catalytic property in ethylene oligomerization[J]. Organometallics, 2006, 25(1): 236-244.

[68] Zhang W, Wang Y, Yu J, et al. 2-(N-Alkylcarboxamide)-6-iminopyridyl palladium and nickel complexes: Coordination chemistry and catalysis[J]. Dalton Trans action, 2011, 40(48): 12856-12865.

[69] Schrekker H S, Kotov V, Preishuber-Pflugl P, et al. Efficient slurry-phase homopolymerization of ethylene to branched polyethylenes using α-diimine nickel(Ⅱ) catalysts covalently linked to silica supports[J]. Macromolecules, 2006, 39(19): 6341-6354.

[70] Leatherman M, Svejda S, Johnson L, et al. Mechanistic studies of nickel(Ⅱ) alkyl agostic cations and alkyl ethylene complexes: Investigations of chain propagation and isomerization in (α-diimine)Ni(Ⅱ)-catalyzed ethylene polymerization[J]. Journal of the American Chemical Society, 2003, 125(10): 3068-3081.

[71] Albers I, Alvarez E, Campora J, et al. Cationic 3-benzyl nickel compounds with diphosphine ligands as catalyst precursors for ethylene oligomerization/ polymerization: Influence of the diphosphine bite angle[J]. Journal of Organometallic Chemistry, 2004, 689(4): 833-839.

[72] Meng X, Zhang L, Chen Y, et al. Silane-bridged diphosphine ligands for nickel-catalyzed ethylene oligomerization[J]. Reaction Kinetics Mechanisms and Catalysis, 2016, 119(2): 481-490.

[73] Huang Y, Zhang L, Wei W, et al. Nickel-based ethylene oligomerization catalysts supported by PNSiP ligands[J]. Phosphorus Sulfur & Silicon & the Related Elements, 2018, 193(6): 363-368.

[74] Sun Y, Chen Y, Mao G, et al. Boron- and silicon-bridged bis(diphenylphosphino)-type ligands for chromium-catalyzed ethylene oligomerization[J]. Chinese Science Bulletin, 2014, 59(21): 2613-2617.

[75] Dyer P W, Fawcett J, Hanton M J. Rigid N-phosphino guanidine P,N ligands and their use in nickel-catalyzed ethylene oligomerization[J]. Organometallics, 2008, 27(19): 5082-5087.

[76] Yang Q Z, Kermagoret A, Agostinho M, et al. Nickel complexes with functional zwitterionic N,O-benzoquinonemonoimine-type ligands: Syntheses, structures, and catalytic oligomerization of ethylene[J]. Organometallics, 2006, 25(23): 5518-5527.

[77] Olivier D, Cai F X, Lepetit C, et al. Catalysts for the selective dimerization of ethylene or propylene to monoolefines, of the type based on nickel on a silica support, process for preparing it and dimerization process employing it: US 4749675[P]. 1988-06-07.

[78] David R B. Verfahren zur oligomerisierung von aethylen und dafuer geeigneter katalysator: DE 2538142[P]. 1976-07-15.

[79] Matsuda T, Miura H, Sugiyama K, et al. Selectivity in ethylene dimerization over supported nickel oxide catalysts[J]. Journal of the Chemical Society, Faraday Transactions, 1979, 75: 1513-1520.

[80] Kimura K, A-I H, Ozaki A. Tracer study of ethylene dimerization over nickel oxide-silica catalyst[J]. Journal of Catalysis, 1970, 18(3): 271-280.

[81] Yashima T, Ushida Y, Ebisawa M, et al. Polymerization of ethylene over transition-metal exchanged Y zeolites[J]. Journal of Catalysis, 1975, 36(3): 320-326.

[82] Ono Y, Kikuchi N, Watanabe H. Preparation of nickel catalyst from nickel containing

chrysotile[J]. Studies in Surface Science and Catalysis，1987，31：519-529.

[83] Sohn J R，Ozaki A. Acidity of nickel silicate and its bearing on the catalytic activity for ethylene dimerization and butene isomerization[J]. Journal of Catalysis，1980，61(1)：29-38.

[84] Sohn J R，Kim H W，Kim J T. Preparation of NiO-ZrO_2/SO_4 catalyst and its catalytic activity for ethylene dimerization[J]. Korean Journal of Chemical Engineering，1987，4(1)：1-7.

[85] Sohn J R，Kim H W，Kim J T. New syntheses of solid catalysts for ethylene dimerization[J]. Journal of Molecular Catalysis，1987，41(3)：375-378.

[86] Bonneviot L，Olivier D，Che M. Dimerization of olefins with nickel-surface complexes in X-type zeolite or on silica[J]. Journal of Molecular Catalysis，1983，21(1)：415-430.

[87] Cai F X，Lepetit C，Kermarec M，et al. Dimerization of ethylene into 1-butene over supported tailor-made nickel catalysts[J]. Journal of Molecular Catalysis，1987，43(1)：93-116.

[88] Cai F，Lepetit C，Kermarec M，et al. Dimerization of ethylene and propylene with tailor made nickel complexes supported on silica[J]. Research Gate，1986，4(6)：419-430.

[89] Ceder R，Muller G，Sales J，et al. Catalytic dimerization of ethylene to 1-butene by square-planar nickel complexes[J]. Journal of Molecular Catalysis，1991，68(1)：23-31.

[90] Pomogailo A，D′yachkovskii F，Khrisostomov F. Supported catalysts. XV. Dimerization of ethylene to butenes and their isomerization on supported nickel catalysts[J]. Kinetics and Catalysis，1986，26(5)：953.

[91] Echmaev S B，Borod′ko Y G，Golubeva N D，et al. Investigation of immobilized catalysts. XVIII. Strong-field magnetic susceptibility of products from conversion of nickel catalysts for olefin dimerization[J]. Kinetics and Catalysis，1986，27：1099.

[92] Carlu J，Caze C. Dimerization of ethylene catalyzed by a nickel catalyst supported on porous polymers[J]. Reactive Polymers，1990，13(1)：153-160.

[93] Kabanov V，Chediya R，Grishin G，et al. Investigation of certain principles of the formation of the active sites of nickel gel-immobilized catalytic systems of the dimerization of lower defins[J]. Kinetics and Catalysis，1985，26(6)：6.

[94] Ozaki A，Kimura K. The effective site on acid catalysts revealed *n*-butene isomerization [J]. Journal of Catalysis，1964，3：395-405.

[95] Riekert L. The kinetics of ethylene polymerization in nickel-Y zeolite[J]. Journal of Catalysis，1970，19(1)：8-14.

[96] Nicolescu I V，Botez L，Angelescu E. Ethylene dimerization catalyzed on coordinative compounds fixed on oxide supports[J]. Revue Roumaine de Chimie，1990，35(2)：199-205.

[97] Kabanov V A，Martyova M A，Pluzhnov S K，et al. Process of olefin dimerization：BE 852471[P]. 1977-09-15.

[98] Antonov A A，Kabanov V A，Martynova M A. Process of olefin dimerization：BE 852472[P]. 1977-09-15.

[99] Chen C，Alalouni M R，Dong X，et al. Highly active heterogeneous catalyst for ethylene dimerization prepared by selectively doping Ni on the surface of a zeolitic imidazolate

framework[J]. Journal of the American Chemical Society, 2021, 143(18): 7144-7153.

[100] Qian M, Wang M, Zhou B, et al. Ethylene oligomerization by cobalt(Ⅱ) diimine complexes/EAO[J]. Applied Catalysis A: General, 2001, 209(1): 11-15.

[101] Li C, Wang F, Lin Z, et al. Cobalt complexes based on hyperbranched salicylaldimine ligands as catalyst precursors for ethylene oligomerization[J]. Applied Organometallic Chemistry, 2017, 31(11): 3756.

[102] Flisak Z, Sun W-H. Progression of diiminopyridines: From single application to catalytic versatility[J]. ACS Catalysis, 2015, 5(8): 4713-4724.

[103] Allen K E, Campos J, Daugulis O, et al. Living polymerization of ethylene and copolymerization of ethylene/methyl acrylate using "sandwich" diimine palladium catalysts[J]. ACS Catalysis, 2014, 5(1): 456-464.

[104] Appukuttan V K, Liu Y, Son B C, et al. Iron and cobalt complexes of 2,3,7,8-tetrahydroacridine-4,5(1*H*,6*H*)-diimine sterically modulated by substituted aryl rings for the selective oligomerization to polymerization of ethylene[J]. Organometallics, 2011, 30(8): 2285-2294.

[105] Sun W, Tang X, Gao T, et al. Synthesis, characterization, and ethylene oligomerization and polymerization of ferrous and cobaltous 2-(ethylcarboxylato)-6-iminopyridyl complexes [J]. Organometallics, 2004, 23(21): 5037-5047.

[106] Small B, Brookhart M, Bennett A M. Highly active iron and cobalt catalysts for the polymerization of ethylene[J]. Journal of the American Chemical Society, 1998, 120(16): 4049-4050.

[107] Chen Y, Qian C, Sun J. Fluoro-substituted 2,6-bis(imino) pyridyl iron and cobalt complexes: High-activity ethylene oligomerization catalysts [J]. Organometallics, 2003, 22(6): 1231-1236.

[108] Bluhm M E, Folli C, Döring M. New iron-based bis(imino)pyridine and acetyliminopyridine complexes as single-site catalysts for the oligomerization of ethylene[J]. Journal of Molecular Catalysis A: Chemical, 2004, 212(1-2): 13-18.

[109] Michiue K, Jordan R F. Synthesis, structures, and olefin polymerization behavior of sterically crowded tris(pyrazolyl) borate zirconium and hafnium complexes [J]. Organometallics, 2004, 23(3): 460-470.

[110] Gao R, Wang K, Li Y, et al. 2-benzoxazolyl-6-(1-(arylimino)ethyl) pyridyl cobalt(Ⅱ) chlorides: A temperature switch catalyst in oligomerization and polymerization of ethylene[J]. Journal of Molecular Catalysis A: Chemical, 2009, 309(1-2): 166-171.

[111] Sun W, Hao P, Zhang S, et al. Iron(Ⅱ) and cobalt(Ⅱ) 2-(benzimidazolyl)-6-(1-(arylimino) ethyl) pyridyl complexes as catalysts for ethylene oligomerization and polymerization[J]. Organometallics, 2007, 26(10): 2720-2734.

[112] Gao R, Xiao L, Hao X, et al. Synthesis of benzoxazolylpyridine nickel complexes and their efficient dimerization of ethylene to alpha-butene[J]. Dalton Trans actions, 2008, 27(21): 5645-5651.

[113] Zhang S, Sun W, Kuang X, et al. Unsymmetric bimetal(Ⅱ) complexes: Synthesis, structures and catalytic behaviors toward ethylene [J]. Journal of Organometallic Chemistry, 2007, 692(23): 5307-5316.

[114] Zhang M, Hao P, Zuo W, et al. 2-(benzimidazol-2-yl)-1,10-phenanthrolyl metal (Fe and Co) complexes and their catalytic behaviors toward ethylene oligomerization[J]. Journal of Organometallic Chemistry, 2008, 693(3): 483-491.

[115] Wallenhorst C, Kehr G, Luftmann H, et al. Bis(iminoethyl) pyridine systems with a pendant alkenyl group. Part A: Cobalt and iron complexes and their catalytic behavior [J]. Organometallics, 2008, 27(24): 6547-6556.

[116] Zhang T, Guo D, Jie S, et al. Influence of electronic effect on catalytic activity of salicylaldiminato nickel(Ⅱ) complexes[J]. Journal of Polymer Science Part A: Polymer Chemistry, 2004, 42(19): 4765-4774.

[117] Zhang X, Duan B, Sun W, et al. Catalytic activity correlation of Ni(Ⅱ), Co(Ⅱ) and Pd(Ⅱ) complexes to metal atom net charge[J]. Science in China Series B: Chemistry, 2008, 52(1): 48-55.

[118] Zhang S, Pattacini R, Braunstein P. Reactions of a phosphinoimino-thiazoline-based metalloligand with organic and inorganic electrophiles and metal-induced ligand rearrangements[J]. Organometallics, 2010, 29(24): 6660-6667.

[119] Ulbrich A H, Campedelli R R, Milani J L S, et al. Nickel catalysts based on phenyl ether-pyrazol ligands: Synthesis, XPS study, and use in ethylene oligomerization[J]. Applied Catalysis A: General, 2013, 453: 280-286.

[120] Huang Y, Zhang R, Liang T, et al. Selectivity effects on N,N,N'-cobalt catalyzed ethylene dimerization/trimerization dictated through choice of aluminoxane cocatalyst [J]. Organometallics, 2019, 38(5): 1143-1150.

[121] Chen Y, Hao P, Zuo W, et al. 2-(1-isopropyl-2-benzimidazolyl)-6-(1-aryliminoethyl) pyridyl transition metal (Fe, Co, and Ni) dichlorides: Syntheses, characterizations and their catalytic behaviors toward ethylene reactivity[J]. Journal of Organometallic Chemistry, 2008, 693(10): 1829-1840.

[122] Xiao L, Gao R, Zhang M, et al. 2-(1*H*-2-benzimidazolyl)-6-(1-(arylimino) ethyl) pyridyl iron(Ⅱ) and cobalt(Ⅱ) dichlorides: Syntheses, characterizations, and catalytic behaviors toward ethylene reactivity[J]. Organometallics, 2009, 28(7): 2225-2233

[123] Tebbe F N. Hydride complexes of metals of groups ⅣB and ⅤB: US 3933876[P]. 1976-01-20.

[124] Schrock R R. Tantalum catalysts or catalyst precursors: US 4197419[P]. 1980-04-08.

[125] Schrock R R. Tantalum and niobium catalysts or catalyst precursors: US 4231947[P]. 1980-11-04.

[126] Mclain S J, Sancho J, Schrock R R. Metallacyclopentane to metallacyclobutane ring contraction[J]. Journal of the American Chemical Society, 1979, 101(18): 5451-5453.

[127] Mclain S J, Sancho J, Schrock R R. Selective dimerization of monosubstituted alpha-olefins by tantalacyclopentane catalysts[J]. Journal of the American Chemical Society, 1980, 102(17): 5610-5618.

[128] Schrock R, Mclain S, Sancho J. Tantalacyclopentane complexes and their role in the catalytic dimerization of olefins[J]. Pure and Applied Chemistry, 1980, 52(3): 729-732.

[129] Mahajan T B, Elsila J E, Deamer D W, et al. Formation of carbon-carbon bonds in the

photochemical alkylation of polycyclic aromatic hydrocarbons[J]. Origins of Life and Evolution of the Biosphere, 2003, 33(1): 17-35.

[130] Fellmann J D, Rupprecht G A, Schrock R R. Rapid selective dimerization of ethylene to 1-butene by a tantalum catalyst and a new mechanism for ethylene oligomerization[J]. Journal of the American Chemical Society, 1979, 101(17): 5099-5101.

[131] Mclain S J, Schrock R R. Selective olefin dimerization via tantallocyclopentane complexes[J]. Journal of the American Chemical Society, 1978, 100(4): 1315-1317.

[132] Mark J E, Flory P J. The configuration of the polyoxyethylene chain[J]. Journal of the American Chemical Society, 1965, 87(7): 1415-1423.

[133] Cramer R. Transition metal catalysis exemplified by some rhodium-promoted reactions of olefins[J]. Accounts of Chemical Research, 1968, 1(6): 186-191.

[134] Cramer R. Olefin coordination compounds of rhodium. Ⅲ. The mechanism of olefin isomerization [J]. Journal of the American Chemical Society, 1966, 88 (10): 2272-2282.

[135] Takahashi N, Okura I, Keii T. Heterogenized rhodium chloride catalyst for ethylene dimerization[J]. Journal of the American Chemical Society, 1975, 97(26): 7489-7490.

[136] Zhang Y, Cao Y, Leng X, et al. Cationic palladium(Ⅱ) complexes of phosphine-sulfonamide ligands: Synthesis, characterization, and catalytic ethylene oligomerization [J]. Organometallics, 2014, 33(14): 3738-3745.

[137] Zabransky M, Oberhauser W, Manca G, et al. Selective ethylene dimerization by palladium (Ⅱ) complexes bearing a phosphinoferrocene sulfonate ligand [J]. Organometallics, 2019, 38(7): 1534-1543.

[138] Liang T, Chen C. Side-arm control in phosphine-sulfonate palladium-and nickel-catalyzed ethylene polymerization and copolymerization[J]. Organometallics, 2017, 36(12): 2338-2344.

[139] Patel N, Valodkar V, Tembe G. Recent developments in catalyst systems for selective oligomerization and polymerization of higher α-olefins[J]. Polymer Chemistry, 2023, 14(21): 2542-2571.

[140] Wang K, Li Z, Gao X, et al. Novel heterogeneous Fe-based catalysts for carbon dioxide hydrogenation to long chain α-olefins-A review [J]. Environmental Research, 2023: 117715.

[141] Wang D, Gu Y, Chen Q, et al. Direct conversion of syngas to alpha olefins via Fischer-Tropsch synthesis: Process development and comparative techno-economic-environmental analysis[J]. Energy, 2023, 263: 125991.

[142] Mashayekhi M, Moballegh L, Bahri-Laleh N, et al. Ionic liquids as modifier for the oligomerization of α-olefins to reactive poly (α-olefins) via traditional $AlCl_3$ catalyst[J]. Molecular Catalysis, 2023, 547: 113403.

[143] Zhu M L, Liu X, Niu Y, et al. Long-chain α-olefins production over Co-MnO_x catalyst with optimized interface[J]. Applied Catalysis B: Environment and Energy, 2024, 346: 123783.

[144] Wang S, Sun W, Redshaw C. Recent progress on nickel-based systems for ethylene oligo-/polymerization catalysis[J]. Journal of Organometallic Chemistry, 2014, 751:

717-741.

[145] Hong D H，Gebresillase M N，Seo J G. Selective and scalable catalytic dehydration of primary alcohols to linear alpha-olefins over CeO_2-doped Al_2O_3[J]. Journal of Cleaner Production，2024，451：141994.

[146] Agapie T. Selective ethylene oligomerization：Recent advances in chromium catalysis and mechanistic investigations[J]. Coordination Chemistry Reviews，2011，255(7-8)：861-880.

第 4 章

乙烯三聚合成 1-己烯

4.1 乙烯三聚技术简介

在合适的催化剂作用下，乙烯可以通过选择性三聚生成 1-己烯，如图 4-1 所示。

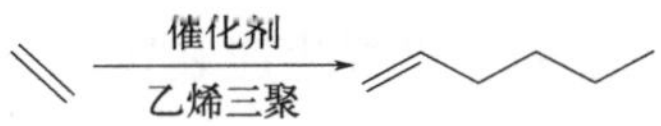

图 4-1 乙烯选择性三聚合成 1-己烯

Chevron-Phillips 公司是第一个通过乙烯三聚生产 1-己烯的公司，但与该技术相关的关键发现实际上是由联合碳化物公司（UCC）的 Manyik、Walker 和 Wilson 等完成的，1967 年 UCC 公司申请了一项关于 PE 连续生产工艺的专利[1]。他们观察到，在使用部分水解的三异丁基铝（PIBAO）活化催化剂三(2-乙基己酸)铬［$Cr(2\text{-}EH)_3$］催化乙烯聚合过程中，有少量乙烯分子三聚生成了 1-己烯，1-己烯与乙烯共聚合形成具有丁基侧链的聚合物。随后几年，Manyik 等[2]报道了关于 $Cr(2\text{-}EH)_3$/PIBAO 催化乙烯聚合过程中 1-己烯形成的发现。他们采用气相色谱对聚合反应产物进行了详细的分析，结果表明：液相中存在 1-丁烯、1-己烯、1-辛烯和 1-癸烯，但以 1-丁烯为主。1-丁烯与 1-己烯的比例约为 25∶1，1-己烯的含量仅占液体样品的 1.1%（质量分数）左右。上述发现为乙烯选择性三聚合成 1-己烯技术的发展奠定了重要基础。

Chevron-Phillips 公司在专利中报道了乙烯选择性三聚合成 1-己烯工艺[3]，

此工艺使用的复合催化剂体系由2,5-二甲基吡咯（DMP）、三乙基铝（TEA）、氯化二乙基铝（DEAC）和铬（Ⅲ）组成，在溶剂存在下进行反应形成催化活性中心。C_6产物中1-己烯的选择性可以达到99%（质量分数）以上，该工艺已于2003年在卡塔尔实现商业化生产，乙烯三聚生产装置的产能为4.7万t/a。Chevron-Phillips公司的乙烯三聚技术成功应用后，国际上多家化学公司和研究者对Chevron-Phillips公司的乙烯三聚技术进行了改进或开发新的乙烯三聚工艺，三菱公司、Axene公司、三井化学公司、中国石化燕山石化研究院和中国石油大庆化工研究中心等，也都分别自主研发了自己的乙烯高选择性三聚合成1-己烯的催化剂体系和生产工艺，并实现了商业化应用[4]。其中中国石化采用环管反应器的乙烯三聚技术1-己烯选择性可以达到93%（质量分数），并于2007年在中国石化燕山石化公司建成了5万t/a的工业化生产装置，使得中国石化成为继Chevron-Phillips公司之后全球第二家拥有乙烯三聚合成1-己烯技术的企业，填补了国内1-己烯产品的空白，并荣获2010年中国石化科技进步奖一等奖和2015年国家技术发明二等奖。中国石化的乙烯三聚合成1-己烯技术也走出国门，成功许可阿塞拜疆国家石油公司。中国石油大庆化工研究中心采用釜式反应器开发了乙烯三聚合成1-己烯生产工艺，于2008年在中国石油大庆石化公司建成5000t/a的1-己烯工业化生产装置。2014年中国石油独山子石化公司建成2万t/a的1-己烯生产装置，装置规模在中国石油广西石化公司进一步放大到5万t/a。

多套乙烯三聚合成1-己烯装置的成功投产填补了国内1-己烯生产的空白，扭转了我国1-己烯依赖进口的局面，为进一步开发茂金属高性能聚烯烃等高端化工产品提供了原料保障，有利于提高聚乙烯产品的档次和市场竞争力。随着化工产品高端化竞争策略的推进，下游转产及新建聚乙烯等项目对1-己烯的需求量将呈现快速增长的趋势。

4.2 乙烯三聚催化剂

乙烯三聚催化体系常以铬基催化剂为主催化剂，其中Chevron-Phillips公司的乙烯三聚催化剂是目前效果较好、在工业生产中应用最广泛的乙烯三聚催化剂。自从Chevron-Phillips公司首次报道乙烯选择性三聚催化剂体系以来，有关乙烯选择性三聚催化剂的研究一直是该领域内研究的热点，相关的工艺技术开发也取得了重要的进展。开发高催化活性、高选择性的乙烯三聚催化剂是研究人员追求的目标。在均相乙烯三聚催化剂的基础上，研究者也进行了大量多相乙烯三聚催化剂和非铬基乙烯三聚催化剂的研究和开发工作。但与均相乙烯三聚催化剂相比，多相乙烯三聚催化剂在催化活性、目标产物选择性等方面并不理想。在非铬基乙烯三聚催化剂中，三井化学（Mitsui Chemicals）公司开发的 Ti 基 SFI 乙烯三聚催化剂显著提升了催化活性，同时具有较高的 1-己烯选择性，三井化学已经将 SFI 乙烯三聚催化剂技术实现了工业化应用。

最近报道的均相乙烯三聚催化剂大多数都需要昂贵的活化剂作为助催化剂。在目前的情况下，由廉价的活化剂活化或仅需要少量昂贵的活化剂活化的催化剂具有商业应用的潜在优势。因此，开发具有高商业应用可行性的自活化型催化剂或低成本的催化剂体系，是目前乙烯三聚催化剂研究领域内的重点。除此之外，从环境保护的角度来看，尽量减少催化剂和活化剂残留物、降低聚合物和低聚物等副产物的生成、科学处理废催化剂等是具有重要意义的。

4.2.1　均相铬基乙烯三聚催化剂

目前，已经报道的均相铬基乙烯三聚催化剂可分为三类：芳香配体铬催化剂体系、多齿杂原子配体铬催化剂体系和 Cr(0) 催化剂体系。使用的配体种类不同导致催化剂的乙烯三聚性能具有显著差异，这些差异体现在催化活性、1-己烯选择性和聚合物生成量等方面。

4.2.1.1　芳香配体铬催化剂体系

芳香配体大多是在碱存在的情况下合成的，碱对配体前驱体脱质子化形成阴离子物种与铬配位具有重要的作用。在许多情况下，催化剂体系的芳香化是阴离子物质形成的驱动力。这些芳香催化剂体系的一个共同特征是可以使用普通的烷基铝作为催化体系的助催化剂，从而大幅度降低乙烯三聚合成 1-己烯的生产成本。

（1）Chevron-Phillips 公司乙烯三聚催化剂

在乙烯三聚合成 1-己烯催化剂领域，Chevron-Phillips 公司的巨大贡献是不可忽略的。Chevron-Phillips 公司的乙烯三聚催化体系是最早被发现的乙烯三聚催化剂，它催化乙烯三聚生产 1-己烯的整体选择性大于 90%（质量分数），同时生成小于 2%（质量分数）的 PE[3]。2003 年 Chevron-Phillips 公司在卡塔尔项目上成功地将这项技术商业化[5]，这是第一个工业化的乙烯三聚技术。后续申请的乙烯三聚工艺的专利多是参考了 Chevron-Phillips 公司的乙烯三聚工艺，或是对其进行了优化和改进。在催化体系创新方面，多家化学公司和许多研究学者进行了新型催化体系的设计开发。

Chevron-Phillips 公司的乙烯三聚催化剂体系是在 20 世纪 80 年代后期发现的，这项研究源于铬环戊二烯基配合物在乙烯聚合工业中作为催化剂被广泛地应用。从电子效应和空间位阻的角度来看，吡咯类配体是与环戊二烯基配体最接近的杂环类似物[6]。Reagan 等[3,6]试图在富电子溶剂如 THF 的存在下，用不同化学计量比的吡咯基钠处理 $CrCl_2$ 或 $CrCl_3$，制备多种铬吡咯基配合物。过渡金属吡咯基配合物通常以无机聚合物的形式存在，Reagan 设法分离和表征了一些这样的铬吡咯基配合物。例如，从 $CrCl_2$ 和 2 倍物质的量的吡咯基钠反应中分离出五核配合物 $[Cr_5(C_4H_4N)_{10}(C_4H_4O)_4]$，该配合物是次要产物，主要产物是一种无机聚合物[6]。$CrCl_2$ 和摩尔过量的吡咯基钠反应产生两个完全不同的化合物，其中主要产物是 $[Cr(C_4H_4N)_4]Na_2 \cdot (C_4H_4O)_2$，次要产物是 $[Cr(C_4H_4N)_5 \cdot (C_4H_4O)]Na_2 \cdot (C_4H_4O)_4$。$CrCl_3$ 与 3 倍物质的量的吡咯基钠反应得到了一种无机聚合物，该聚合物的 X 射线荧光分析数据表明，它是由多个 $[Cr(C_4H_4N)_2Cl]$ 单元组成的[6]。上述配合物除了 $[Cr(C_4H_4N)_5 \cdot (C_4H_4O)]Na_2 \cdot (C_4H_4O)_4$ 都具有乙烯低聚催化活性。使用由 $[Cr(C_4H_4N)_2Cl]$ 单元组成的 Cr(Ⅲ) 聚合物作为乙烯三聚的催化剂，其催化活性为 1.0kg/(g Cr・h)，液体低聚物中含有高达 90.5%（质量分数）的己烯，其中约 92%（质量分数）是 1-己烯。因此，1-己烯的总体选择性超过 83%（质量分数），同时产生小于 2%（质量分数）的 PE[3]。

随后，Chevron-Phillips 公司对其最初发现的乙烯三聚催化体系进行了多种改进研究。Reagan 等[7]发现：在进行乙烯三聚反应之前，将铬盐 $Cr(2\text{-}EH)_3$、吡咯和 TEA 在石蜡族溶剂（如环己烷）中混合后可获得高活性的乙烯三聚催化剂。在催化剂制备过程中，芳香烃溶剂（如甲苯）的存在提高了催化剂的稳定性，使催化剂体系甚至可以成功回收利用 3～4 次[8]。然而，在催化剂制备后的反应混合物中存在过量的芳香烃溶剂对催化剂活性有不利影响[7]。在催化剂制备过程中将助催化剂（TEA）添加到含有铬前驱体和配体的溶液中，即使不进行搅拌也可以获得更高的催化剂活性[9]。2,5-二甲基吡咯（DMP）由于其优异的催化性能，是 Chevron-Phillips 公司乙烯三聚合成 1-己烯技术首选的配体。除此之外，在催化剂制备过程中，卤素化合物［如 $AlEt_2Cl$(DEAC)、1-溴丁烷、$GeCl_4$ 和 $SnCl_4$］的存在可以显著提高催化活性和 1-己烯选择性[7]。1999 年，Chevron-Phillips 公司将乙烯三聚催化剂的性能改进到较高的水平。使用 $Cr(2\text{-}EH)_3$、DMP、DEAC 和 TEA 在甲苯中以 1∶3.3∶7.8∶10.8 的摩尔比制备了催化剂，如图 4-2 所示。在 115℃和 10.0MPa 的乙烯压力下，催化剂活性为 157kg/(g Cr・h)，1-己烯的选择性为 93%（质量分数）。主要副产物为线型和支化的癸烯混合物，约 5.38%（质量分数）[9]。

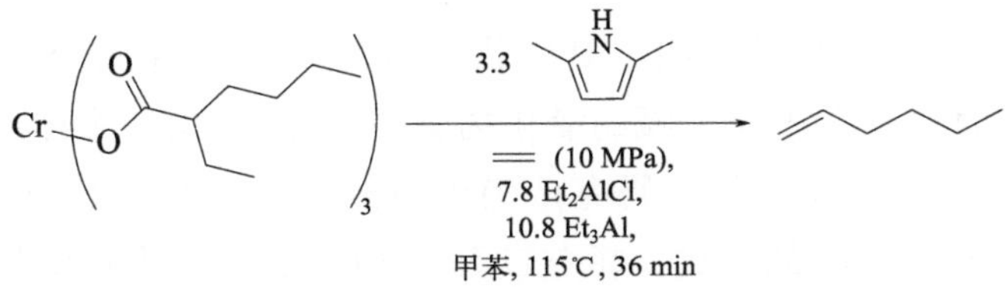

图 4-2　Chevron-Phillips 乙烯三聚催化剂

在发现 Chevron-Phillips 乙烯三聚催化剂后不久，一些其他的商业公司也开始申请与这种催化剂体系相关的专利。三菱化学（Mitsubishi Chemical）公司进行了大量的跟踪研究，他们发现用如［$B(C_6F_5)_3$］等非配位 Lewis 酸与 $Cr(2\text{-}EH)_3$、DMP 和 TEA 组成的催化体系的催化活性，明显高于不用非配位 Lewis 酸制备的催化剂[10]。Mitsubishi Chemical 还开发了一种在连续三聚反应中原位制备 Chevron-Phillips 催化剂的方案[11]。在 105℃和 5.0MPa 的乙烯压力下，采用原位方案［$Cr(2\text{-}EH)_3$、DMP、六氯乙烷和 TEA 的摩尔比为 1∶6∶4∶40］，并控制反应器内 1-己烯与乙烯的摩尔比小于 0.5，Mitsubishi Chemical 将催化活性提高到 3780kg/(g Cr・h)，1-己烯选择性为 95.4%（质量分数），如图 4-3 所示[11]。

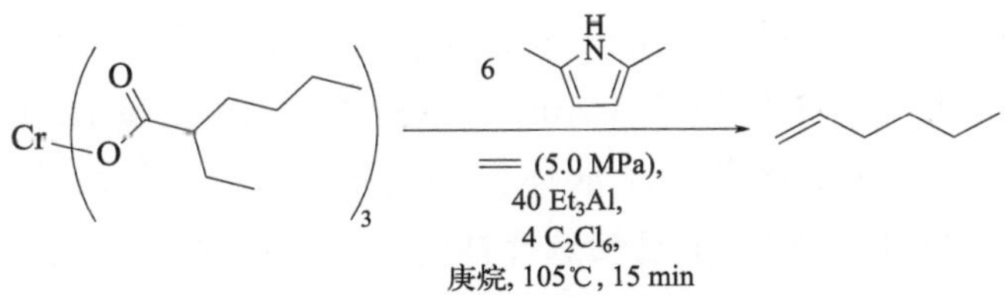

图 4-3　三菱化学改进的乙烯三聚催化剂

其他已经申请专利或发表了类似组成的乙烯三聚合成 1-己烯催化剂体系文献的公司包括 Sumitomo Chemical[12]、BASF[13]、Idemitsu Kosan[14]、中国石油天然气集团有限公司[15]、Sasol[16] 和中国石化燕山石化公司等[17]。研究者通过改变三种基本催化剂组分之一来制备新的三聚催化剂，这些新组分包括二异丁基铝[12]、2-(5′-溴戊基)吡咯[16]、(1,3,5-三正辛基-1,3,5-三氮杂环己烷)$CrCl_3$[13] 和部分水解的 TEA 等[14]。与经典的 Chevron-Phillips 催化剂相比，多数的催化剂体系并没有表现出更好的催化性能。

尽管 Chevron-Phillips 乙烯三聚催化剂体系表现出了突出的催化性能，但相关研究文献很少。Yang 等[18]使用不同的氯化物以及不同的摩尔组成进行了大量催化反应研究，结果表明：氯化物显著影响了乙烯三聚的催化活性和1-己烯的选择性。作为 Lewis 碱的氯化物破坏了 TEA 的二聚体形式，产生了单体的 TEA，如图 4-4 所示。研究认为单体的 TEA 具有较好的 Lewis 酸性能，有利于活性铬物种的形成。胡友良等[19]研究表明：用石蜡包裹乙烯三聚催化剂体系可以提高催化剂的稳定性。石蜡包裹的乙烯三聚催化剂在室温下暴露在空气中 24h，保留了 88%（质量分数）的原始催化活性，1-己烯选择性基本不变。

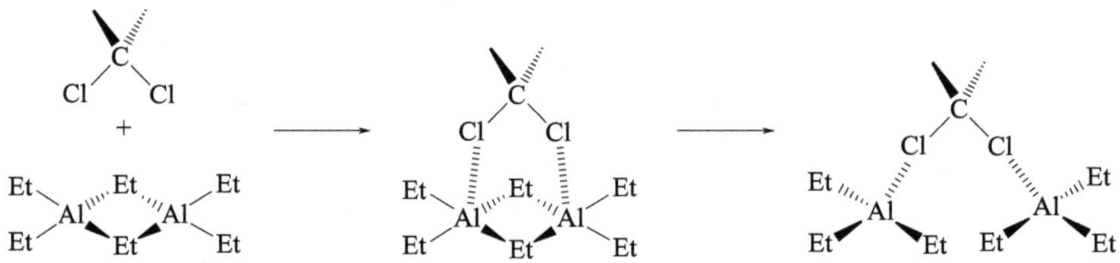

图 4-4 氯化物对 TEA 二聚体的破坏作用

Sasol 公司[20]研究发现：含有［$Et_{3n}Al_nCl$］阴离子的咪唑基离子液体可以作为 Chevron-Phillips 乙烯三聚催化剂的溶剂。离子液体通常很容易从有机化合物中分离出来，有助于 Chevron-Phillips 催化剂的循环再利用。采用 $Cr(2\text{-}EH)_3$、DMP 和 TEA 以 1∶10∶20 的摩尔比制备催化剂，使用含［$Et_{3n}Al_nCl$］阴离子的咪唑基离子液体作为溶剂，在 115℃和 5.0MPa 乙烯压力下，乙烯三聚反应产物中 1-己烯选择性为 65.3%（质量分数），催化剂活性为 25kg/(g Cr・h)。

（2）马来酰亚胺配体

从电子和分子轨道的角度来看，马来酰亚胺配体在许多方面与吡咯基配体非常相似。Tosoh 公司在 20 世纪 90 年代后期开发了含有马来酰亚胺配体的乙烯三聚催化剂[21]。与 Chevron-Phillips 公司的乙烯三聚催化剂一样，Tosoh 公司的乙烯三聚催化剂体系也基于三种组分，即 $Cr(2\text{-}EH)_3$ 前驱体、马来酰亚胺和烷基铝化合物[21]。Tosoh 公司发现如 DEAC、$GeCl_4$ 等含卤素的化合物对乙烯三聚催化剂的活性和选择性都有与 Chevron-Phillips 催化剂相似的积极影响[22]。用 $Cr(2\text{-}EH)_3$、马来酰亚胺、TEA 和 DEAC 以 1∶60∶430∶160 的摩尔比制备催化剂，在反应温度为 120℃和乙烯压力为 4.0MPa 下获得了高达 278kg/(g Cr·h) 的催化活性，1-己烯选择性为 79.6%（质量分数），如图 4-5 所示。

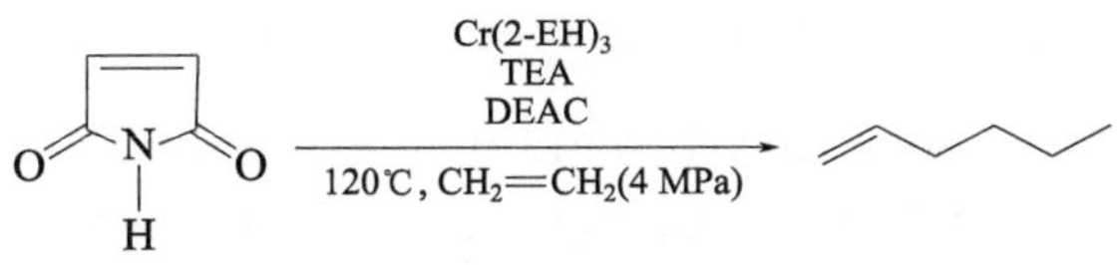

图 4-5　Tosoh 开发的乙烯三聚催化剂体系

Tosoh 公司也研究了一些其他化合物对催化体系性能的影响，这些化合物包括含 O、S 和 P 的化合物（如二甲氧基乙烷）[22]、非共轭二烯（如 1,5-环辛二烯）[22]和芳香族溶剂（如甲苯）等[22]。这些所谓的促进剂大多数对催化体系的性能有微弱甚至有害的影响。Tosoh 公司在催化剂制备中使用不同的含有马来酰亚胺的前驱体，但并没有明显地改善催化性能[23]。该催化剂可以负载在二氧化硅上，但倾向于产生约 20%（质量分数）的 PE[24]。

（3）环戊二烯基配体

从电子效应和空间位阻的角度来看，环戊二烯基（Cp）配体和吡咯基配体是非常相似的[6]。因此，它们也应该是铬催化乙烯三聚的良好配体。Sasol 公司发现：在环戊二烯基环上引入芳香族取代基时，可以得到高活性的乙烯三聚催化剂[25-26]。在反应温度为 100℃和 5.0MPa 的乙烯压力下，以 5-(4-叔丁基苯基)-1,2,3,4-四苯基环戊二烯作为配体，使用 $Cr(2\text{-}EH)_3$、配体、六氯乙烷和 TEA 以 1∶3∶2.5∶45 的摩尔比制备催化剂，催化乙烯三聚合成 1-己烯，催化活性为 58kg/(g Cr·h)，1-己烯的选择性为 77.2%（质量分数），如图 4-6 所示。

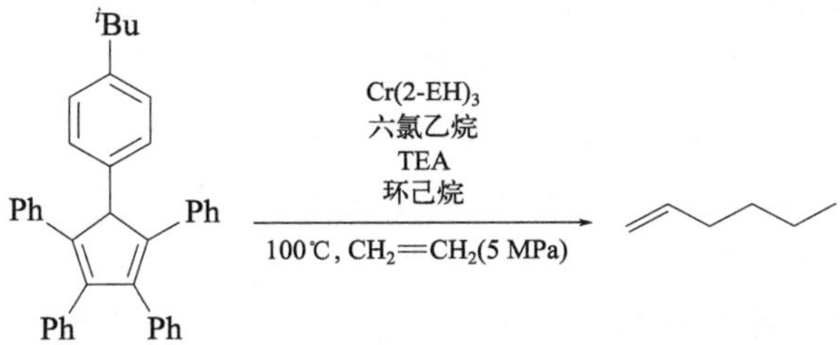

图 4-6　Sasol 开发的基于环戊二烯基配体的乙烯三聚催化剂

研究还发现，C_6 产物中 1-己烯选择性高度依赖于环戊二烯基环上的取代基。使用 1,2,3,4-四苯基-环戊二烯作为配体则生成 61.7%（质量分数）的

1-己烯，而使用5-(4′-叔丁基苯基)-1,2,3,4-四苯基-环戊二烯作为配体则生成83%（质量分数）的1-己烯。反应温度也影响产物1-己烯的选择性，较低的反应温度促进了更高的催化活性和C_6组分内1-己烯的选择性，但也促进了更多的PE生成和更低的C_6选择性。从经济性角度来看，除了取代环戊二烯配体的合成成本较高外，该催化剂体系的主要缺点是C_6组分内的1-己烯选择性较低，含有约17%（质量分数）的内己烯，1-己烯与其他C_6异构体的精细分离会使生产成本大大增加。

（4）硼杂次苄基配体

硼杂次苄基和环戊二烯基阴离子是等电子的[27]，因此人们认为这些配体也可用于乙烯三聚催化剂体系。Mitsubishi Chemical研究发现：硼杂次苄基配体可以促进1己烯的形成，但催化剂活性较低[28]。三甲基膦硼环己二烯与二异丙基胺锂（LDA）在－78℃下反应，将该反应的产物加入0.7摩尔比的$CrCl_3$（THF)$_3$的THF溶剂中，在室温下反应6h即可得到硼杂次苄基铬配合物。用TEA活化该配合物，并在80℃和3.5MPa的乙烯压力下进行乙烯三聚反应，催化剂活性为1kg/(g Cr・h)，1-己烯选择性为62.5%（质量分数），如图4-7所示。

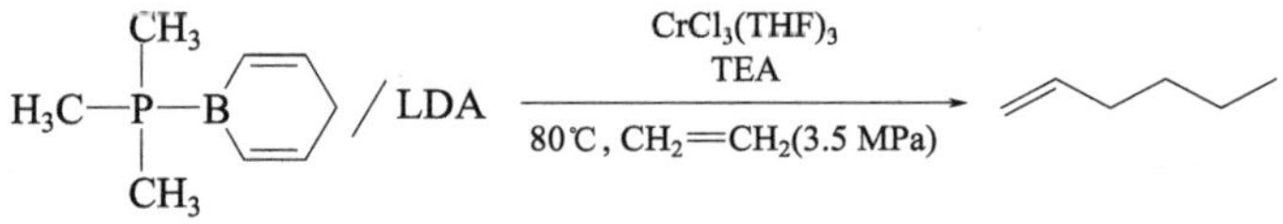

图4-7 Mitsubishi Chemical开发的基于硼杂次苄基配体的乙烯三聚催化剂

（5）芳基氧化物配体

法国石油研究院（IFP）首次使用这类配体进行了乙烯选择性三聚[29]。他们申请了一种乙烯三聚催化剂体系的专利，该体系包括一种铬源、一种通式为$R_nAl(R'O)_{3-n}$的芳基氧铝化合物和一种三烷基铝活化剂。催化剂体系包含Cr(2-EH)$_3$、双(2,6-二苯基苯氧基)异丁基铝和TEA（摩尔比为1∶8∶8），获得了最佳的乙烯三聚结果，如图4-8所示。在120℃和5.0MPa的乙烯压力下，得到1-己烯选择性为77.4%（质量分数），催化剂活性为4kg/(g Cr・h)。

两年后，IFP提交了一项新的催化剂专利[30]，该体系包括铬源、一种通式为$M(RO)_{2-n}X_n$的芳基氧化合物，其中M是镁、钙、锶或钡，X是卤素。在140℃和3.0MPa的乙烯压力下，Cr(2-EH)$_3$、双(2,6-二苯基苯氧基)镁和TEA以1∶1∶3的摩尔比组合为催化剂，得到了83.5%（质量分数）的1-己烯，催化活性为 7kg/(g Cr·h)，如图 4-9 所示。该体系的催化活性是芳基氧铝化合物配体催化体系的两倍。

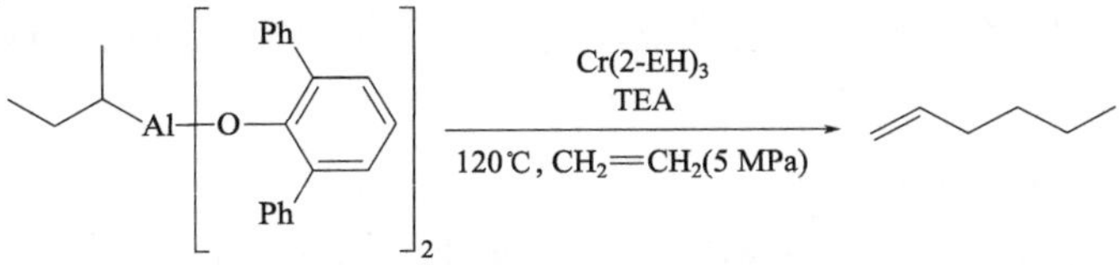

图 4-8　IFP 开发的基于芳基氧铝化合物配体的乙烯三聚催化剂

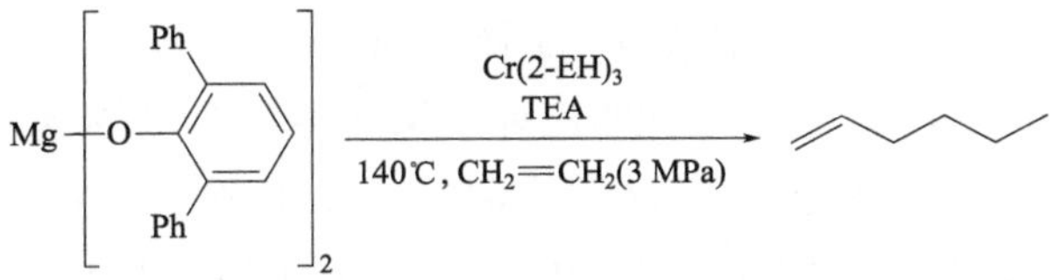

图 4-9　IFP 开发的基于芳基氧镁化合物配体的乙烯三聚催化剂

Sasol 公司研究了芳基氧化物配体在铬基乙烯三聚中的应用，结果表明：芳醚溶剂可以促进乙烯三聚反应[31-32]。与在二甲苯溶剂中进行的乙烯三聚反应相比，芳醚溶剂提高了催化剂体系的选择性和催化活性。催化剂评价实验和光谱数据分析结果表明：苯甲醚可同时作为反应溶剂和催化剂组分。催化剂使用 $Cr(2\text{-}EH)_3$、2,6-二苯基苯酚和 TEA 以 1∶14.5∶20 的摩尔比组成，在以苯甲醚作溶剂的催化反应中，生成 1-己烯的总选择性为 77.5%（质量分数），催化剂活性约为 23kg/(g Cr·h)，如图 4-10 所示。

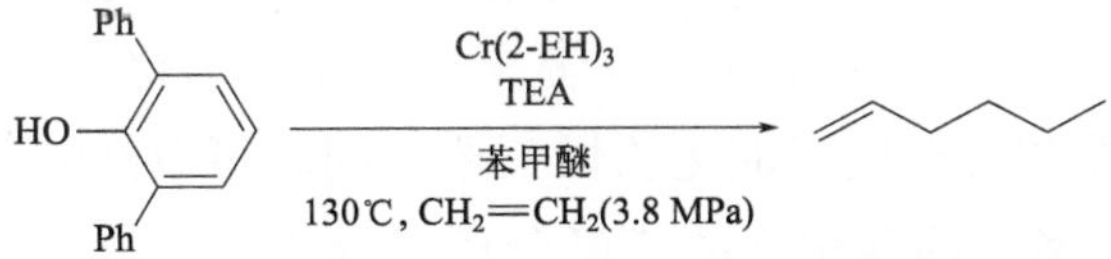

图 4-10　Sasol 开发的基于 2,6-二苯基苯酚配体的乙烯三聚催化剂

虽然芳基氧化物配体相对便宜，但基于芳基氧化物配体的乙烯三聚催化剂的催化活性和 1-己烯选择性较低。此外，高 PE 生成量是该类催化体系主要的不足之处。

4.2.1.2　多齿杂原子配体铬催化剂体系

用于乙烯三聚合成 1-己烯的铬配合物可以是双齿配位的，也可以是三齿配位的。三齿配位的催化剂体系可以进一步细分为配合物中配体径向排列和配体面向排列的体系。那些具有径向排列的配体，其中外部供体原子是弱供体，容易实现结合-解离平衡。一般来说，这些体系能形成极具选择性的乙烯三聚催化剂。

(1) 基于O供体的配体

UCC公司的Briggs[33]申请了乙烯三聚催化剂体系的专利，该催化体系包括铬化合物、水解烷基铝化合物和一个供体配体。该供体配体是从烷基异腈（如叔丁基异腈）、胺（如四甲基乙二胺）和分子通式为$CH_3O(CH_2CH_2O)_nCH_3$（n为正整数）的醚中选择的。以1，2-二甲氧基乙醚（DME）为供体配体，获得了最佳的乙烯三聚活性和1-己烯选择性。Briggs进一步公开了更多关于这种乙烯三聚催化剂的开发细节[34]。在最好的催化例子中，使用$Cr(2\text{-}EH)_3$、三异丁基铝（PIBAO）和DME以1∶2∶10的摩尔比配制催化剂，在95℃和2.8～3.5MPa乙烯压力下，具有74%（质量分数）的1-己烯选择性，催化剂活性为2kg/(g Cr·h)。

UCC的Levine和Karol[35]对这个乙烯三聚催化剂体系的进一步研究表明：二氧化碳的存在可以提高Cr/DME乙烯三聚催化剂对1-己烯的选择性。继UCC发现DME作为供体配体后，Idemitsu Chemical在20世纪90年代中期申请了两项相关的专利，除了用铝醇盐作活化剂外，催化剂体系本质上与UCC的相同[36-37]。二甲醚的加入提高了1-己烯的选择性，这表明它可以用作提高催化剂选择性的添加剂。

(2) 基于N供体的配体

① 三氮杂环烷烃配体　Wu[38]认为用于乙烯三聚的含氮配体是大空间位阻的配体，如1,4,7-三甲基-1,4,7-三氮杂环壬烷，与铬配位是有利的。他推断这些配体与铬配位后倾向于催化乙烯三聚，同时可以抑制聚合反应的发生。Wu[38]申请了以铝氧烷为活化剂的三氮杂环壬烷铬配合物催化剂体系的专利，在氮上没有取代基的情况下，催化剂体系只有聚合活性。有趣的是在乙烯压力下，催化剂体系的原位组合延长了催化剂的寿命。Wu和Araki等对Chevron-Phillips催化剂体系也进行了类似的观察[9,11]。在105℃和2.9MPa的乙烯压力下，使用80摩尔比的正己基铝氧烷（NHAO）活化（1,4,7-三甲基-1,4,7-三氮杂环壬烷）$CrCl_3$进行了乙烯三聚，得到33.4%～37.3%（质量分数）的C_6，催化活性约为12kg/(g Cr·h)，如图4-11所示。产品中的主要杂质为内烯烃、环烯烃和石蜡。

② 三(吡唑基)甲烷配体　三(吡唑基)甲烷配体可与铜、银、镉、铅和铊

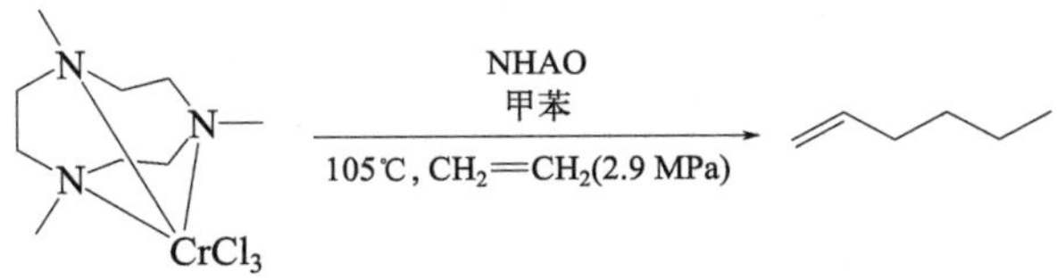

图 4-11　Wu 开发的三齿 NNN/Cr 乙烯三聚催化剂

等配位形成配合物[39]。然而，Tosoh 公司发现，使用甲基铝氧烷（MAO）或三烷基铝活化三（吡唑基）甲烷配体的铬配合物，可得到乙烯三聚催化剂[40]。在他们申请的专利中合成了四种配合物，即[三(3,5-二甲基-1-吡唑基)甲烷]$CrCl_3$、[三(3-苯基-5-甲基-1-吡唑基)甲烷]$CrCl_3$、[三(3-苯基-1-吡唑基)甲烷]$CrCl_3$和{三[3-(4-甲苯基)-1-吡唑基]甲烷}$CrCl_3$。上述配合物用 MAO 或 MAO 和三正辛基铝或三异丁基铝的混合物活化后得到了乙烯三聚催化剂。在反应温度为 80℃和 4.0MPa 的乙烯压力下，使用摩尔比为 360 的 MAO 活化[三(3,5-二甲基-1-吡唑基)甲烷]$CrCl_3$，得到了最佳的催化效果，如图 4-12 所示。1-己烯的选择性达到了 99.1%（质量分数），催化剂的活性为 40kg/(g Cr・h)。该催化体系具有良好的 1-己烯选择性和催化活性。与其他氮基配体催化剂体系相比，三(吡唑基)甲烷配体催化剂体系的稳定性较好且易于处理。Tosoh 就该体系申请了许多相关专利[41-44]。

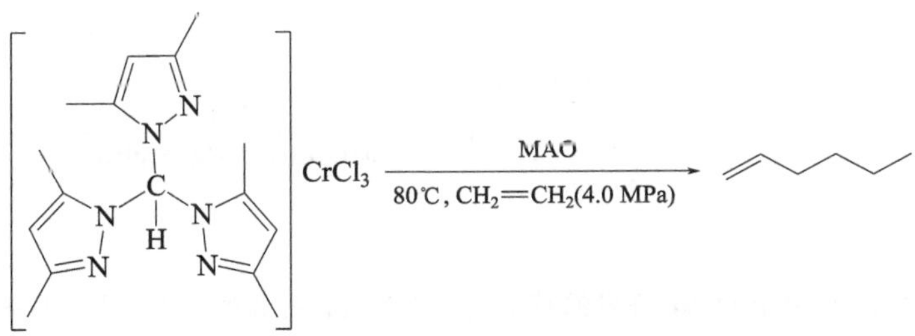

图 4-12　Tosoh 开发的[三(3,5-二甲基-1-吡唑基)甲烷]$CrCl_3$ 乙烯三聚催化剂

③ 二亚胺配体　Sumitomo Chemical[45] 申请了使用二亚胺配体催化剂体系进行乙烯三聚合成 1-己烯的专利。该催化体系包括铬化合物、二亚胺配体[如 $R^1N{=}CR^2(CR^3R^4)_mCR^5{=}NR^6$ 或 $R^7R^8C{=}N(CR^9R^{10})_nN{=}CR^{11}R^{12}$] 和烷基铝活化剂。在一个例子中，由 $Cr(2\text{-}EH)_3$、乙二醛双(1,1,3,3-四甲基丁胺)和 TEA 以 1∶15∶79 摩尔比组合成的催化剂进行乙烯三聚，在 4.0MPa 的乙烯压力和 120℃的反应温度下，得到 58.3%（质量分数）的 1-己烯，催化剂活

性为 23kg/(g Cr·h)，如图 4-13 所示。

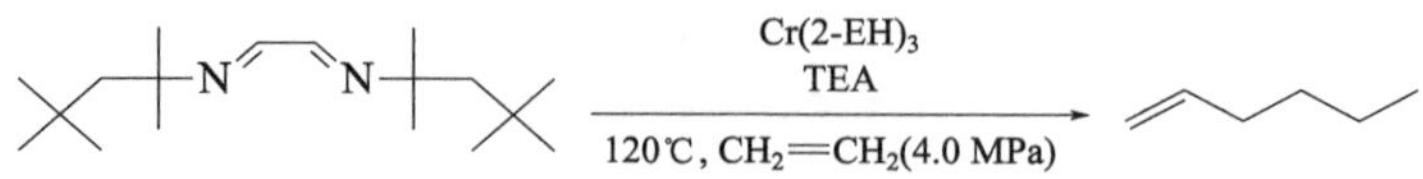

图 4-13　Sumitomo Chemical 开发的基于二亚胺配体的乙烯三聚催化剂

在上述相同的条件下进行反应，但加入 15 倍物质的量的正丁基溴，1-己烯的选择性提高到 79.8%（质量分数），但催化剂活性下降到 17kg/(g Cr·h)。这种现象在其他的乙烯三聚催化剂体系中也有观察到[18,22,25]。研究者评价了许多不同的化合物用作添加剂对乙烯三聚催化剂体系性能的影响，包括 1,2-双(二苯基膦)乙烷、三乙基膦、四乙氧基硅烷和双酚 A 等。然而，这些添加剂在催化剂活性和选择性方面都没有带来更多的好处。

④ 硅基取代含氮配体　20 世纪 90 年代末，Mitsubishi 申请了乙烯三聚合成 1-己烯催化剂的专利，该催化剂体系由铬源、硅基含氮配体和三烷基铝组成[28]。以庚烷为溶剂，使用 TEA、$Cr[N(SiMe_3)_2]_3$ 和第二催化剂前驱体作为催化剂催化乙烯三聚反应。以 *N*-(2,6-二异丙基苯基)-*N*-(三甲基硅基)胺硅三醇与 TEA 在己烷/THF 中回流 3h 反应制备前驱体。乙烯三聚反应在反应温度为 100℃和 3.5MPa 的乙烯压力下进行 30min，得到 75.2%（质量分数）的 1-己烯选择性，催化剂活性为 1kg/(g Cr·h)，如图 4-14 所示。

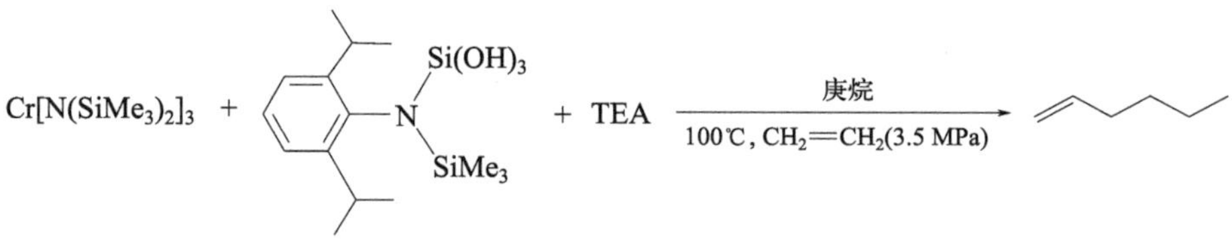

图 4-14　Mitsubishi 开发的基于硅基取代含氮配体的乙烯三聚催化剂

尽管专利或研究论文公开发表了多种基于氮供体配体的催化剂体系，但只有少数体系具有足够的催化活性和 1-己烯选择性，具有潜在的工业应用价值。例如[三(3,5-二甲基-1-吡唑基)甲烷]$CrCl_3$/MAO 乙烯三聚催化剂体系，有良好的催化活性和对 1-己烯的良好选择性。

(3) 基于 P 供体的配体

Amoco 公司[46]开发了一种乙烯三聚合成 1-己烯的催化剂，由多齿膦的铬配合物组成，通式为 $R_2P(CH_2)_nP(R')(CH_2)_mPR_2$，使用铝氧烷助催化剂为活化剂时可以高效催化乙烯三聚合成 1-己烯。铬配合物的 X 射线晶体结构分析显示了该配合物具有八面体几何结构，配体呈径向排列，将这些体系与前一节讨论的面配位的三氮环烷烃配体和三(吡唑基)甲烷配体区分开来。利用不对称配体(2-二甲基膦乙基)(3-二甲基膦丙基)苯基膦的铬配合物催化乙烯三聚得到了最佳的催化效果。在甲苯溶剂中，在 4.2MPa 的乙烯压力和 80℃的反应温度下，使用 214 倍物质的量的丁基铝氧烷（BuAO）作为助催化剂，得到选择性达到 96.5%（质量分数）的 1-己烯，催化剂活性为 34kg/(g Cr·h)（图 4-15）。

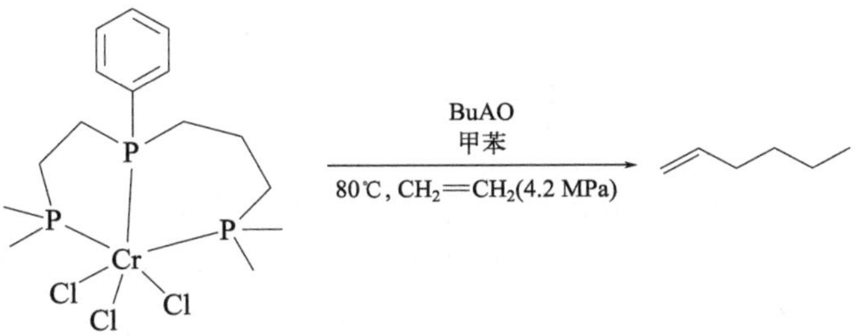

图 4-15　Amoco 开发的基于 PPP 配体的乙烯三聚催化剂

该体系如使用 $MeP[(C_3H_6)PEt_2)]_2$、$PhP[(C_3H_6)PMe_2)]_2$ 等对称结构的配体，形成的催化剂会快速失去活性。此外，如果把配体、金属源和助催化剂等加入乙烯三聚反应体系原位形成催化剂体系，而不制备铬配合物催化乙烯三聚，不仅降低了乙烯三聚的催化活性，也显著增加了 PE 的形成量。该催化剂体系的显著特点是非常高的 1-己烯选择性和通常<2%（质量分数）的 PE 含量，但 PPP 配体合成困难、生产成本高是限制其大规模应用的一个难题。

（4）基于 P 和 N 供体的配体

① 双膦胺配体　British Petroleum（BP）公司[47]申请了专利，并发布了第一个双膦配体铬基乙烯三聚催化剂体系，采用 Ar_2PN（Me）PAr_2 类型的双膦胺配体，其中 Ar 是甲氧基取代的苯基。当被 MAO 活化时，这类催化剂体系表现出高活性和高选择性的乙烯三聚合成 1-己烯性能，使用极低的 Cr 和配体浓度即可获得较好的乙烯三聚合成 1-己烯结果。使用 0.0025mmol 的 $(2\text{-OMePh})_2PN(Me)P(2\text{-OMePh})_2$ 和 $CrCl_3(THF)_3$，在反应温度为 80℃和 2.0MPa 的乙烯压力下进行 1h 的乙烯三聚。当使用 300 倍物质的量的 MAO 活化催化剂时，得到 89.9%（质量分数）的 1-己烯，没有 PE 形成，催化剂的活性高达 1033kg/(g Cr·h)，如图 4-16 所示，催化活性比许多以前报道的催

化剂体系高出两个数量级。此外，催化活性的衰减率低于 10%（质量分数）/h，这也与大多数其他乙烯三聚催化剂体系形成了鲜明的对比，其他体系一般在 30min 的时间内即失去了大部分的催化活性。这些较高的催化剂活性和缓慢的失活速率具有重要意义，可使过渡金属催化剂的消耗量大幅度降低，从而无需从产品中进行催化剂分离。

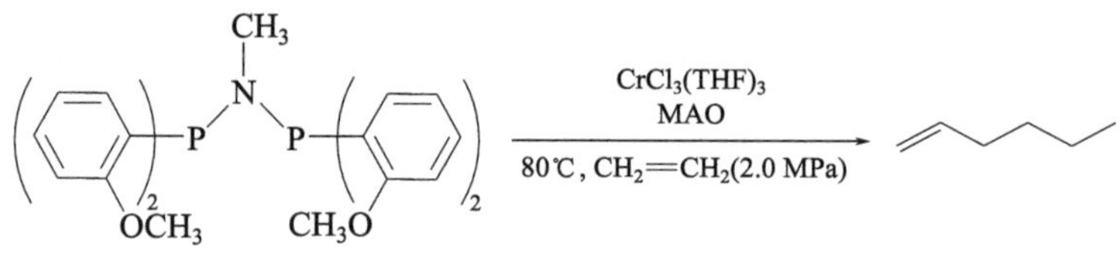

图 4-16　BP 开发的基于双膦胺配体的乙烯三聚催化剂

在所有例子中，C_6 组分内的 1-己烯选择性超过 99%（质量分数），并且没有关于 PE 形成的报道。这种乙烯三聚催化剂体系也可以负载在二氧化硅载体上，而不损失催化活性或 1-己烯的选择性。随着反应时间的延长，负载催化剂的催化活性降低较小，表现出较好的动力学行为。将 $CrCl_3(THF)_3$、PNP 配体和 MAO 负载在 200℃煅烧过的二氧化硅上，在 0.8MPa 的乙烯压力和 80℃的反应条件下，催化剂活性达到 90kg/(g Cr·h)，得到 86%（质量分数）的 1-己烯。最初，研究者认为邻位的取代基对建立催化剂性能很重要。然而，他们发现邻位乙基取代的苯基膦 PNP 类似物在相同的反应条件下没有催化活性；对位甲氧基类似物也表现出低催化活性；具有邻位甲氧基取代基的 PCP 配体也没有催化活性。此外，氢气促进了催化活性增加，但没有增加 1-己烯的选择性。

Linde-SABIC 公司开发了一系列 PNPN 配体用于乙烯三聚催化剂体系[48-49]。骨架 N 原子上的取代基修饰对催化活性和 1-己烯选择性只有很小的影响，而 P 原子上的取代基修饰显著影响了催化活性。在 50℃的反应温度和 3.0MPa 的乙烯压力下，PNPN/Cr 体系表现出 92.7%（质量分数）的 C_6 选择性，1-己烯占 98.9%（质量分数），乙烯三聚过程中也只有少量的 PE 生成，如图 4-17 所示。由于这类配体具有较高的催化稳定性，在很长一段时间内催化活性基本能维持在一个恒定的水平。且助催化剂用量较低（Al/Cr 约为 70），有利于控制催化剂体系的成本。适当的反应活性也有利于反应温度的控制，简化了工业装置的设计。

研究者考察了无氯铬源代替 $CrCl_3(THF)_3$ 对催化剂体系的影响[50-51]。对

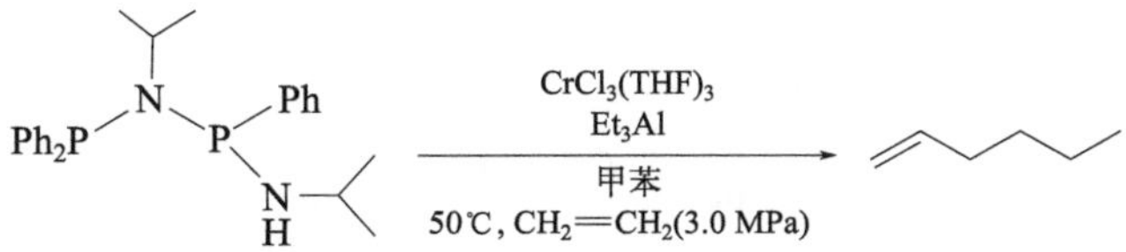

图 4-17　Linde-SABIC 开发的基于 PNPN 配体的乙烯三聚催化剂体系

于无氯铬源，例如三(2-乙基己酸)铬、乙酰丙酮铬 [$Cr(acac)_3$]，几乎没有观察到乙烯的消耗。使用 DEAC 或有机 σ-键合的氯化物作为添加剂可以使催化剂适度地活化，但聚合物的生成量增加。使用 $Cr(acac)_3$ 和含氯改性剂代替 $CrCl_3(THF)_3$ 可以增加催化活性，催化剂体系也仍然可以保持较高的 1-己烯选择性，如图 4-18 所示[51]，助催化剂的使用量也可以进一步降低（Al/Cr 约为 25）。

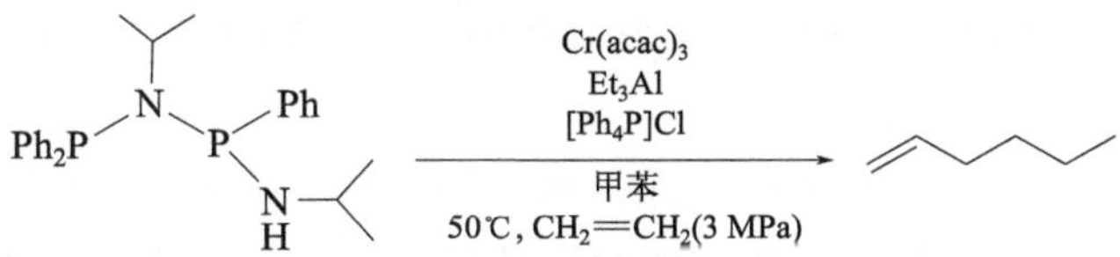

图 4-18　改进的 Linde-SABIC PNPN 乙烯三聚催化剂体系

② 多碳间隔 PNP 配体　Sasol 公司最近申请了专利，并发表了一种基于 $R_2PCH_2CH_2N(H)CH_2CH_2PR_2$ 型三齿配体 Cr 配合物的乙烯三聚催化剂体系[52-53]。该铬配合物是由 $R_2PCH_2CH_2N(H)CH_2CH_2PR_2$ 配体与 $CrCl_3(THF)_3$ 在室温下反应制备的，如图 4-19 所示。使用 MAO 活化，该催化剂表现出较高的催化活性和 1-己烯选择性。提高该催化剂体系活性的最初尝试主要集中在磷原子上 R 基团的修饰上，高碱性、大位阻的双环己基膦取代基导致了催化活性降低并增加了副产物 PE 的产量。相比之下，低碱性、小空间位阻的二乙基膦取代基导致了催化活性增加和较高的 1-己烯选择性。在 100℃ 和 4.0MPa 的乙烯压力下，使用 850 倍物质的量的 MAO 活化[双-(2-二乙基膦-乙基)胺]$CrCl_3$ 获得了最佳的催化活性，得到 93.2%（质量分数）的 1-己烯和 37kg/(g Cr・h) 的催化剂活性，如图 4-20 所示。

催化实例中也有高达 97%（质量分数）的 1-己烯选择性，但同时催化活性要低得多。不同的反应温度对催化性能影响的研究表明：该催化剂体系在 80℃时比在 100℃时更稳定。此外，随反应时间的延长该催化剂表现出快速失

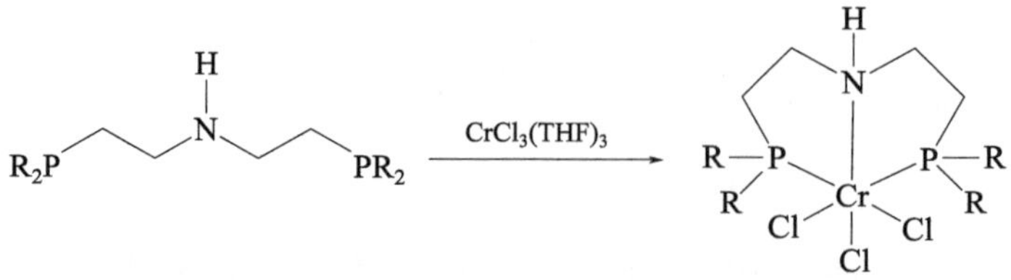

图 4-19　PCCNCCP/Cr 配合物的制备

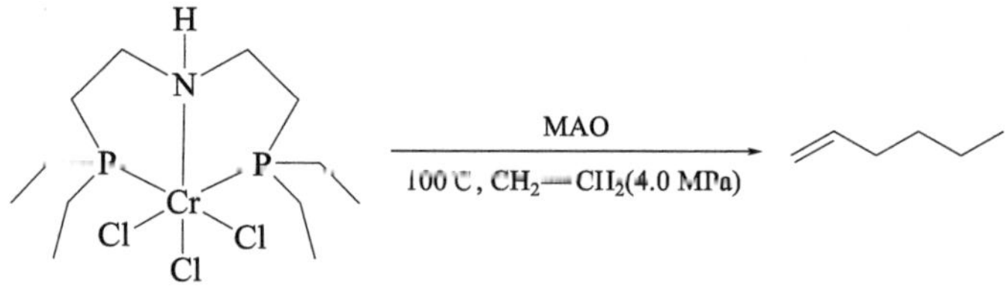

图 4-20　［双-(2-二乙基膦-乙基)胺］$CrCl_3$ 催化的乙烯三聚

活的趋势。［双-（2-二环己基膦-乙基）胺］$CrCl_3$ 和［双-（2-二苯基膦-乙基）胺］$CrCl_3$ 配合物的晶体结构揭示了该类配体是径向排列的扭曲八面体几何结构。

Klemps 等[54]合成了一系列 PCNCP 配体，它们与铬形成的配合物可有效地催化乙烯三聚合成 1-己烯，如图 4-21 所示。研究发现 1-己烯的选择性很大程度上取决于 P 原子上取代基的空间位阻。在乙烯压力为 3.0MPa、反应温度为 70℃条件下，使用 600 倍物质的量的 MAO 活化时，**16f**/Cr 的催化活性达到了 10kg/(g Cr・h)，1-己烯选择性为 97%（质量分数）。

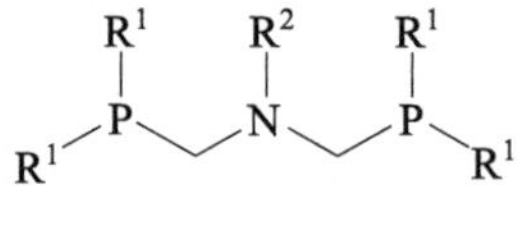

16a～16g

16a：$R^1 = Ph, R^2 = {}^iPr$
16b：$R^1 = Ph, R^2 = {}^tBu$
16c：$R^1 = R^2 = Ph$
16d：$R^1 = Cy, R^2 = {}^iPr$
16e：$R^1 = Cy, R^2 = {}^tBu$
16f：$R^1 = Cy, R^2 = Ph$
16g：$R^1 = {}^nBu, R^2 = {}^iPr$

图 4-21　Klemps 开发的 PCNCP 配体

McGuinness 等[55]报道了一系列 PCCNCCP/Cr 配合物用于催化乙烯三聚合成 1-己烯，如图 4-22 所示。配体中 N 原子上具有 H 原子是高催化活性和高 1-己烯选择性的关键。配体 **17b** 具有大体积环己基取代基，表现出低活性，并且生成了大量的 PE。具有高碱性和小体积乙基取代基的配体 **17c**，表现出极好的催化活性和 1-己烯选择性。在 100℃和 4.0MPa 的乙烯压力下，配体 **17c** 表现出 97%（质量分数）的 1-己烯选择性和 32kg/(g Cr・h) 的催化活性。

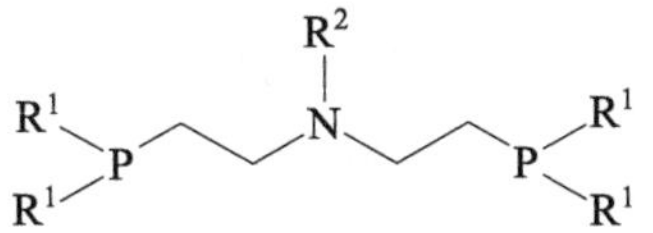

17a～17e

17a：R^1 = Ph, R^2 = H
17b：R^1 = Cy, R^2 = H
17c：R^1 = Et, R^2 = H
17d：R^1 = Ph, R^2 = Me
17e：R^1 =Ph, R^2 = Bn

图 4-22　McGuinness 等开发的 PCCNCCP 配体

（5）基于 P、N、S 和 O 供体的配体

Bluhm 等[56]最近报道了含亚胺和胺的 P、N、S 和 O 供体配体，与 Cr 可形成配合物用于催化乙烯三聚，如图 4-23 所示。通过对这些配合物的晶体结构进行分析发现，与 Amoco[46]和 Sasol[53,57]公司开发的催化体系一样，该类配体是径向排列的八面体几何结构。在 3.0MPa 的乙烯压力和反应温度为 24～30℃下，使用 100 倍物质的量的 MAO 活化，配体 **18a** 与铬形成的配合物催化乙烯三聚反应，得到 81.3%（质量分数）的 1-己烯和 17%（质量分数）的 PE，催化剂活性为 31kg/(g Cr・h)。

在寻找膦配体的替代物时，McGuinness 等[57-58]推断硫醚基团的供体性质与 P 相似，PNP 配体得到了良好的催化结果，因此 SNS 配体也应该具有良好的催化乙烯三聚性能。McGuinness 等[55]制备了一系列 PSP、SNS、SPS 三齿配体及 $CrCl_3$（THF)$_3$ 对应的铬配合物，并进行了乙烯三聚评价，如图 4-24 所示。SNS 配体展现出高催化活性和 1-己烯选择性。螯合环变化（SCCNCCS→SCCCNCCS）不利于催化活性，PSP、SPS 配体与 Cr 形成的配合物也显示出乙烯三聚活性，但没有表现出与 SNS 配合物相同的高催化活性或对 1-己烯的高选择性。与 SNS 配体不同，PSP、SPS 配体不包含容易提取的质子，因此它们可能更类似于已报道的 PPP/Cr 乙烯三聚催化体系[59]。研究表明：具有癸基取代基的 **19d**/Cr 配合物溶解性高于 **19b**/Cr 配合物，这导致了 **19d**/Cr 配合物的催化活性更高。在 90℃和 4.0MPa 的乙烯条件下，使用 280 倍物质的量的 MAO 活化 **19d**/Cr，得到 98.1%（质量分数）的 1-己烯，仅产生了 0.16%（质量分数）的 PE，催化剂活性为 161kg/(g Cr・h)。

Zhang 等[60]在吡唑配体中引入乙醚或硫醚悬垂官能团，使用过量的 MAO 活化后，该催化剂体系对乙烯三聚具有相当大的催化活性和选择性，如图 4-25

所示。在甲苯溶剂中，配合物 **20f** 的催化活性可以达到 21kg/(g Cr・h)，1-己烯选择性约为 98%（质量分数）。

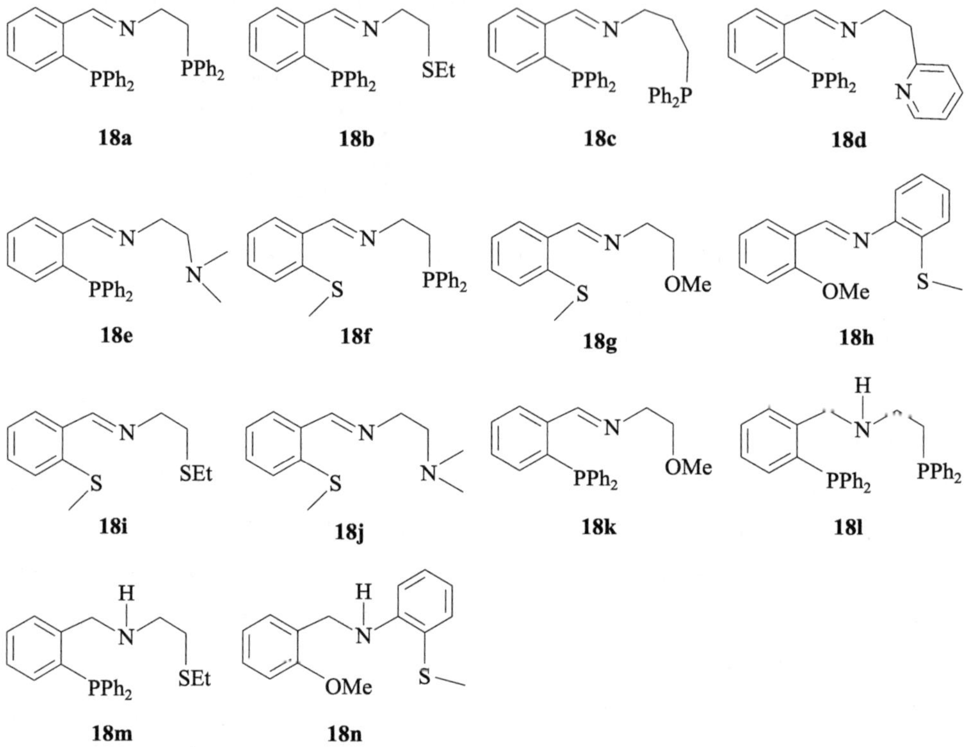

图 4-23　Bluhm 等开发的基于 P、N、S 和 O 供体的配体

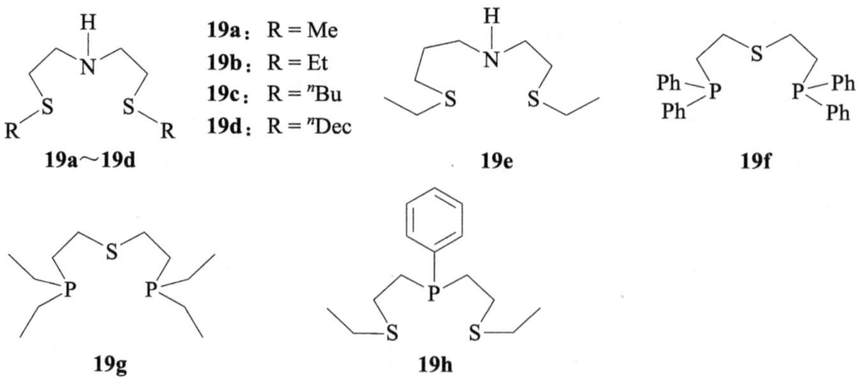

图 4-24　McGuinness 等开发的 SNS、PSP 和 SPS 配体

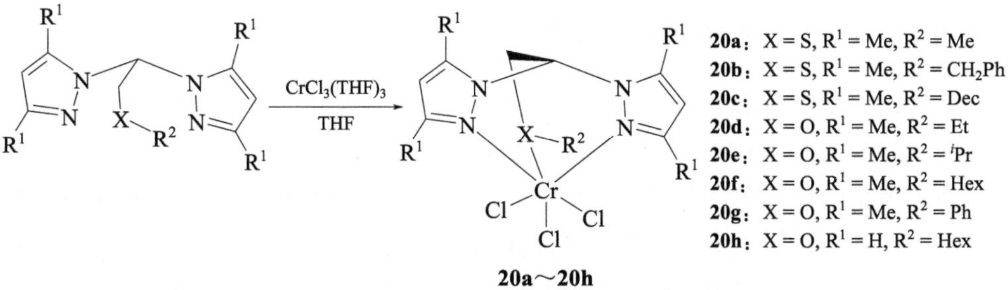

图 4-25　Zhang 等开发的乙醚或硫醚修饰的吡唑配体

4.2.1.3　Cr(0) 催化剂体系

迄今为止所讨论过的铬基乙烯三聚催化剂都含有 Cr^{2+} 和 Cr^{3+} 前驱体，这就引出了基于 Cr^0 的乙烯三聚催化剂是否存在的问题。Tosoh 公司开发了一些基于 Cr^0 的乙烯三聚催化剂体系，这些催化剂通常使用紫外光照射就可以活化。多种化合物可作为这种催化剂的有效配体，如二丁基硫化物[61]、醚[61]、异腈[61]、三(3,5-二甲基-1-吡唑基)甲烷[62-65]、双(二苯基膦乙基)苯基膦[66]和1,3,5-三(二苯氨基)苯等[67]。尽管这些 Cr^0 催化剂用于催化乙烯三聚时对1-己烯具有较高的选择性，但它们通常表现出很低的催化活性。但也有一些例外，其中最突出的是用三羰基(1,3,5-三甲基苯)铬、二丁基硫醚和三异丁基铝以 1∶10∶20 的摩尔比制备的催化剂，在 80℃和 4.0MPa 的乙烯压力下，催化剂活性达到 71kg/(g Cr・h)，1-己烯选择性达到 85%（质量分数），在牺牲催化剂活性的前提下 1-己烯的选择性可以进一步提高。在 80℃和 0.5MPa 的乙烯压力下，用三(3,5-二甲基-1-吡唑基)甲烷三羰基铬、*N*,*N*-二甲基苯胺、三异丁基铝（摩尔比为 1∶10∶120）制备的催化剂，得到 1-己烯选择性为96%（质量分数），催化剂活性达到 16kg/(g Cr・h)，如图 4-26 所示。

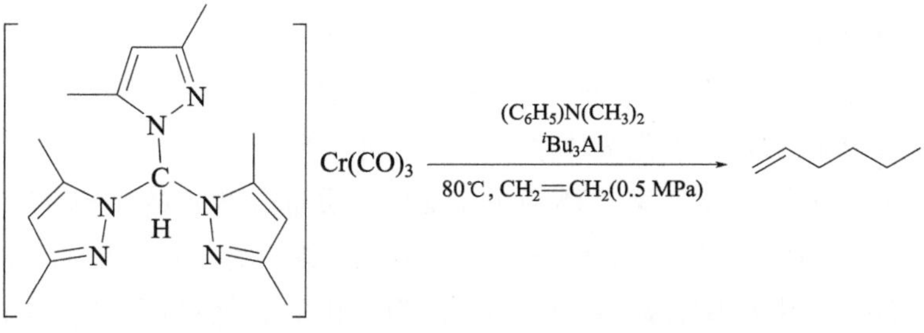

图 4-26　Tosoh 开发的基于 Cr^0 的乙烯三聚催化剂

4.2.2 多相铬基乙烯三聚催化剂

Monoi等申请了专利[68-69]，并发表了基于$Cr[N(SiMe_3)_2]_3$和异丁基铝氧烷（^{i}BAO）的多相乙烯三聚催化剂的评价结果[70]。在氮气保护下，在600℃煅烧该体系，得到了一种具有较高催化活性和选择性的乙烯三聚催化剂。二氧化硅上负载1.0%（质量分数）铬含量的催化剂体系，在120℃和0.7MPa的乙烯压力下，乙烯三聚得到的1-己烯选择性为74.2%（质量分数），催化活性为61kg/(g Cr·h)。根据Manyik等[2]的研究结果，加入1,2-二甲氧基乙醚（DME）作为电子供体，可使1-己烯的选择性从74.2%（质量分数）提高到86.4%（质量分数）。DME的作用可能是与活性位点配位，从而抑制副产物的形成。在没有二氧化硅载体的情况下，催化剂活性降低。研究结果表明，催化剂的煅烧温度对其选择性和催化活性都有影响。

先前讨论的很多均相铬基催化剂体系也可以成功地负载在无机载体上，使这些催化剂多相化，包括Chevron-Phillips催化剂[3,6]、Tosoh马来酰亚胺体系[21]和BP双膦胺体系[47,71]。然而，除了BP双膦胺体系外，这些负载型催化剂都产生了很多的PE副产物。

4.2.3 非铬基乙烯三聚催化剂

研究非铬基乙烯三聚催化剂体系的主要驱动因素包括知识产权、催化剂性能改善和铬的环境问题等。UCC[2]和Chevron-Phillips[72]公司都有评估铬以外的金属基乙烯三聚催化剂活性的策略。UCC测试了铀、铈、钛、钒和锆的盐，只有铀的1-己烯产率与铬相当[2]。然而，UCC并没有提供详细的实验细节。相反，Chevron-Phillips公司在这方面做了大量的研究工作，也公开了相当多的实验细节，具体情况将在下面部分进行详细阐述。

4.2.3.1 前过渡金属基催化剂

（1）锆基催化剂

Chevron-Phillips公司[72]研究了一种包含乙酰丙酮锆［$Zr(acac)_2$］、吡咯和三乙基铝（TEA）的催化剂体系（摩尔比为1∶3∶22），在80℃和3.8MPa的乙烯压力下进行乙烯三聚，得到了7.2%（质量分数）的1-己烯和73.2%（质量分数）的PE，催化剂活性非常低。Wang等[73]在150℃和1.4MPa的乙烯压力条件下，用乙基铝氧烷（EAO）作为活化剂活化Cp_2ZrCl_2（Cp为环戊二烯基），在较低摩尔比（Al∶Zr＝25∶1）时，形成55%（质量分数）的

1-己烯，催化剂活性仅为0.2kg/(g Zr·h)。从这些结果中可以清楚地看出，锆基乙烯三聚催化剂体系目前的催化活性和1-己烯选择性都较低，并且伴随着大量的PE形成，这表明目前的这些锆基催化剂用于乙烯三聚合成1-己烯不具备工业应用价值。

（2）钒基催化剂

Chevron-Phillips公司的研究人员发现[72]，使用乙酰丙酮钒［$V(acac)_2$］、吡咯和TEA以1∶3∶22的摩尔比制备催化剂，在80℃和3.8MPa的乙烯压力下进行乙烯三聚，得到了45%（质量分数）的1-己烯和43.2%（质量分数）的PE，催化剂活性仅有0.1kg/(g V·h)。

Enichem S.P.A.公司[74]也申请了基于低氧化态钒物种乙烯选择性三聚催化剂的专利，催化剂使用通用式$(Ar)_2VX$描述，其中Ar＝苯或单、二、三烷基取代苯，V＝钒，X＝Cl、Br、I、$B(Ar)_4^-$、$AlCl_4^-$、羧酸盐和磺酸盐。令人惊讶的是，根本不需要助催化剂，通过加入1∶20（相对于钒）的吡咯、吡唑、菲咯啉和吡啶等杂环化合物即可产生活性中心催化乙烯三聚。在最佳的催化实例中，$V(Mes)_2$和$Cp_2Fe(BPh_4)$以1∶1的摩尔比结合，在室温和0.7MPa的乙烯压力下进行乙烯三聚反应，产物中1-己烯选择性达到了99%（质量分数），但催化活性仅为0.3kg/(g V·h)。助催化剂对这些钒基催化剂体系并不是必需的，这是一个有吸引力的属性，但催化剂活性还需要进一步提高。

（3）钽基催化剂

钽作为乙烯三聚催化剂被发现是由于在使用氯化烷基铝活化的$TaCl_5$催化乙烯聚合过程中检测到了高支化的PE油[75]，这些支化油只能是聚合过程中存在的乙烯被某种钽烷基物种低聚为α-烯烃而形成的。在2,6-二叔丁基吡啶存在下进行催化乙烯三聚，该吡啶可以作为质子束缚剂抑制阳离子低聚。催化剂由$TaCl_5$、二氯乙基铝和2,6-二叔丁基吡啶以1∶1∶1摩尔比组成，在45℃和4.8MPa的乙烯压力进行三聚，得到45%（质量分数）的1-己烯。用$TaCl_5$、三烷基铝和四烷基氯化铵组成催化体系，可使乙烯三聚选择性提高到67.5%（质量分数）。在这一发现之后，Andes等[76]开发了一种乙烯高选择性三聚催化剂，使用$TaCl_5$和甲基化剂$Zn(CH_3)_2$以1∶1摩尔比制备催化剂，在45℃和4.8MPa乙烯压力下，催化剂在氯苯中得到1-己烯的选择性为96%（质量分数），催化剂活性为0.2kg/(g Ta·h)。这个体系的一个有趣的特点是没有配体参与催化作用。

（4）钛基催化剂

Pellecchia等[77]开发了双Cp^*TiMe_3-$B(C_6F_5)_3$催化剂体系用于生产支链

线型低密度聚乙烯。聚乙烯中只观察到丁基支化，通过气相色谱（GC）和核磁共振氢谱（^{1}H NMR）分析检测到反应液相中具有较高的1-己烯分率。基于上述发现，Deckers 等[78-80]开发出第一个真正具有催化活性和选择性的钛基乙烯三聚催化剂。该设计的突破本质上是认识到甲苯溶剂稳定了 Cp^*TiMe_3-$B(C_6F_5)_3$ 体系的 Ti 乙烯三聚催化活性物种[77]。因此，研究者在 Cp 环上引入了一个悬垂芳基来模拟这种溶剂稳定作用，这被证明是将催化剂的选择性从乙烯聚合转变为乙烯三聚的关键。该芳烃垂体基团被认为是一种弱配位性的配体，从而稳定了活性金属中心。在一个催化实例中，使用 $[CpCMe_2Ph]TiCl_3$ 和 1000 倍物质的量的 MAO 在 0.2MPa 的乙烯压力和 30℃下进行乙烯三聚，1-己烯选择性为 83%（质量分数），催化剂活性为 22kg/(g Ti · h)，如图 4-27 的所示。使用 $[\eta^5\text{-}C_5H_4CMe_2Ph]TiMe_3$ 作为乙烯三聚催化剂的前驱体，与 $[PhMe_2NH][B(C_6F_5)_4]$、$B(C_6F_5)_3$ 或 MAO/SiO_2 结合也能得到具有催化活性和选择性的乙烯三聚催化剂。

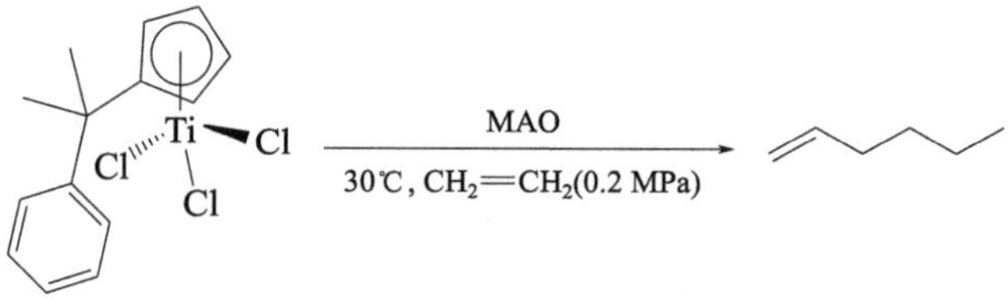

图 4-27　Deckers 等开发的 Ti 基乙烯三聚催化剂

Deckers 等进一步研究了不同影响因素对催化剂性能的影响，包括：①弱配位性悬垂芳烃基的影响；②芳香族与脂肪族溶剂；③Cp 环和芳烃环之间的各种桥联原子；④芳烃环上的取代基；⑤Cp 环上的取代基。催化活性最好的催化剂包含 CMe_2 桥、Cp 上 $SiMe_3$ 取代基和芳烃环上烷基取代基，如图 4-28 所示。

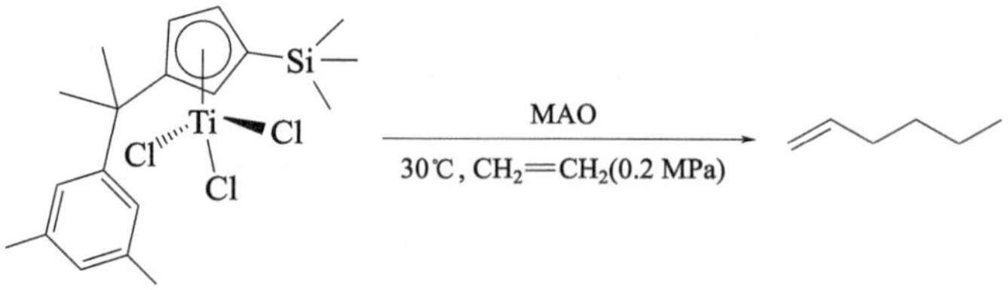

图 4-28　$SiMe_3$ 取代基修饰的 Ti 基乙烯三聚催化剂

Huang 等[81]用一个悬垂噻吩取代了悬垂芳烃，使用 1000 倍物质的量的 MAO 活化主催化剂，在 30℃和 0.8MPa 的乙烯压力下对合成的配合物进行乙烯三聚评价。只有噻吩基团的 2 位通过碳桥联到 Cp 环上的配合物具有 1-己烯选择性，该配合物具有与 Ti 中心进行 η^1-S 或 η^5 配位的能力，这似乎是乙烯选择性三聚的关键。η^1-S 配位模式有利于初始 Ti 活性三聚物种的稳定。使用该配合物催化乙烯三聚时，产生了 86%（质量分数）的 1-己烯，催化活性为 5kg/(g Ti・h)，如图 4-29 所示。

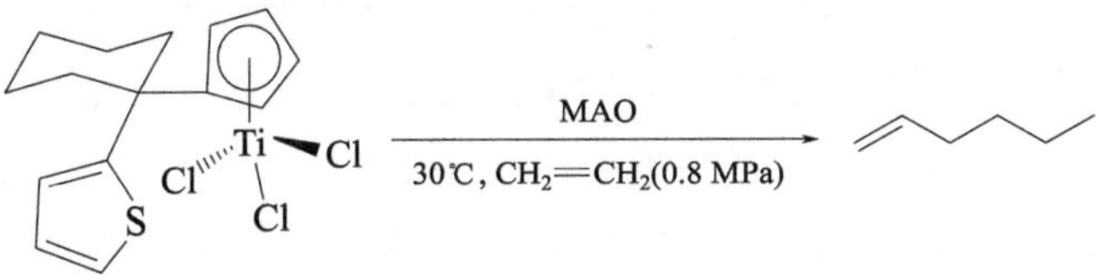

图 4-29　Huang 等开发的 Ti 基乙烯三聚催化剂

Otten 等[82]开发了一系列环戊二烯基钛配合物用于催化乙烯三聚。先用 MeMgCl 对三氯化钛前驱体进行烷基化得到三甲基钛，然后用［Ph_3C］［$B(C_6F_5)_4$］处理得到阳离子化合物，如图 4-30 所示。使用 1.05 倍物质的量的硼酸盐［R_2NMeH］［$B(C_6F_5)_4$］活化阳离子配合物 **21f**，在 30℃和 1.0MPa 的乙烯压力下进行乙烯三聚反应，对于 C_6 的催化活性达到了 572kg/(g Ti・h)，但是选择性较低。总之，尽管钛基乙烯三聚催化剂在催化活性和选择性方面可与铬基体系相媲美，但主要的缺点是需要大量的 MAO 活化剂。

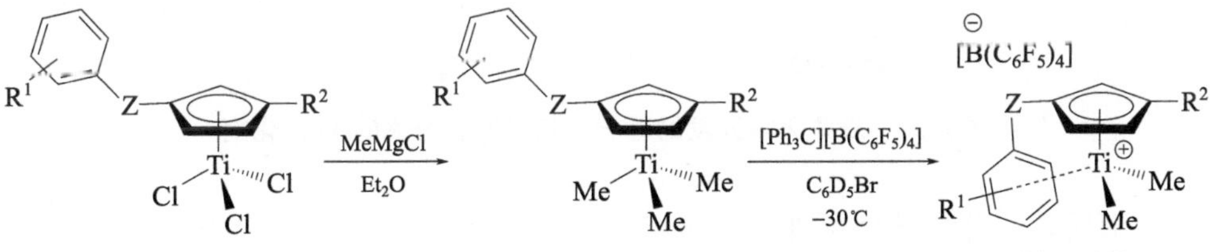

21a～21h

21a：R^1 = H, Z = CMe_2, R^2 = H
21b：R^1 = 3,5-Me_2, Z = CMe_2, R^2 = H
21c：R^1 = 3,5-Me_2, Z = CH_2CMe_2, R^2 = H
21d：R^1 = H, Z = CMe_2, R^2 = $SiMe_3$
21e：R^1 = 3,5-Me_2, Z = CH_2, R^2 = $SiMe_3$
21f：R^1 = 3,5-Me_2, Z = CMe_2, R^2 = $SiMe_3$
21g：R^1 = H, Z = CH_2CMe_2, R^2 = $SiMe_3$
21h：R^1 = 3,5-Me_2, Z = CH_2CMe_2, R^2 = $SiMe_3$

图 4-30　Otten 等开发的环戊二烯基 Ti 乙烯三聚催化剂

2010 年，三井化学（Mitsui Chemicals）公司的 Fujita 报道了基于钛催化剂的乙烯三聚领域的另一项突破[83]。在研究用于烯烃聚合的前过渡金属基双

(苯氧基亚胺) 配合物 (也称为 FI 催化剂) 过程中[84-85]，他们发现了苯氧基亚氨基醚连接的 Ti 配合物，该配合物在用 MAO 活化后用于乙烯低聚具有高催化活性，可选择性地催化乙烯三聚，在温和的条件下以极高的产率得到 1-己烯。通过相应的水杨醛和伯胺之间的席夫碱缩合反应，可以很容易制备三齿苯氧基亚胺配体。通过用 $TiCl_4$ 处理席夫碱亚胺来制备相应的 Ti 配合物。在 0.8MPa 的乙烯压力下，用 1000 倍物质的量的 MAO 研究了配合物 **22a**、**22b** 和 **22c** 催化乙烯三聚的性能，如图 4-31 所示。带苯氧基给电子体的配合物 **22a** 显示出 4kg/(g Ti · h) 的催化活性和 23.4% (质量分数) 的 1-己烯选择性。使用 OMe 取代 OPh 得到的配合物 **22b** 获得了 86.2% (质量分数) 的 1-己烯选择性和 119kg/(g Ti · h) 的催化活性。该结果表明，引入 OMe 基团代替 OPh 基团可将低活性的乙烯三聚催化剂转化为高活性和选择性的乙烯三聚催化剂，说明芳基的—OR 基团对催化剂的性能具有显著影响。具有邻苯氧基金刚烷基的配合物 **22c** 在优化的工艺条件下表现出 91.4% (质量分数) 的 1-己烯选择性和 155kg/(g Ti · h) 的催化活性。在 30℃和 5.0MPa 的乙烯压力下，配合物 **22c** 表现出 6562kg/(g Ti · h) 的催化活性和 92.3% (质量分数) 的 1-己烯选择性。

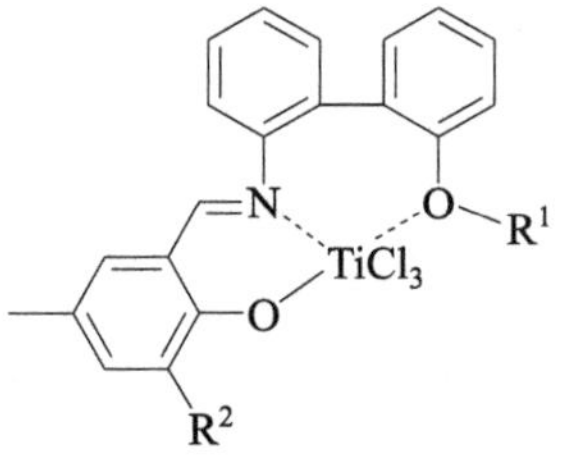

22a～22c

22a：R^1 = Ph, R^2 = $(CH_3)_2CHPh$
22b：R^1 = Me, R^2 = $(CH_3)_2CHPh$
22c：R^1 = Me, R^2 = 金刚烷基

图 4-31　三井化学开发的基于苯氧基亚胺配体的 Ti 催化剂

随后，三井化学公司进一步研究了不同取代基对催化性能的影响[86]，通过 F 原子修饰进一步提高了催化性能。如图 4-32 的配合物在 25℃和 0.8MPa 的乙烯压力下，使用 MAO 活化得到了 664kg/(g Ti · h) 的催化活性和 93.3% (质量分数) 的 1-己烯选择性。在类似的条件下，这类 Ti 配合物的催化活性比商业化的 Chevron-Phillips 铬基催化剂高两个数量级。上述 Ti 配合物被称为 SFI 催化剂，并且三井化学公司已经将 SFI 催化剂商业化。

最近，Cordier[87]通过“聚合物-催化剂”策略详细研究了 Fujita 的乙烯三聚 SFI 催化剂体系副产聚合物生成的可能机理，确定了控制催化活性和目标产物选择性的关键参数，得到了聚合活性中心形成的几个途径：

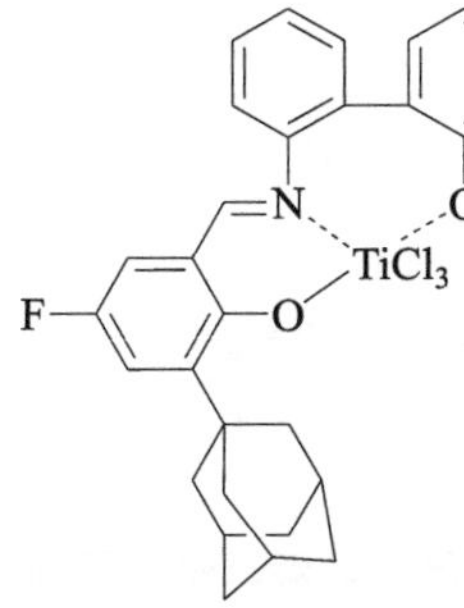

图 4-32　三井化学开发的 SFI 乙烯三聚催化剂

① 反应温度对乙烯三聚 SFI 催化剂体系的性能影响较大。当反应温度 25℃<T<50℃时，主要进行乙烯三聚反应；当反应温度 50℃<T<80℃时，有一定量的聚合物形成，如图 4-33 所示。通过差示扫描量热分析（DSC）、高温核磁共振（NMR）、体积排斥色谱（SEC）和流变学等对聚合物进行分析，结果表明，聚合活性中心对乙烯/1-己烯共聚和链转移反应的能力较差，聚合物的分子量分布变宽表明在较高的反应温度下聚合活性中心从单位点催化转变为多位点催化。

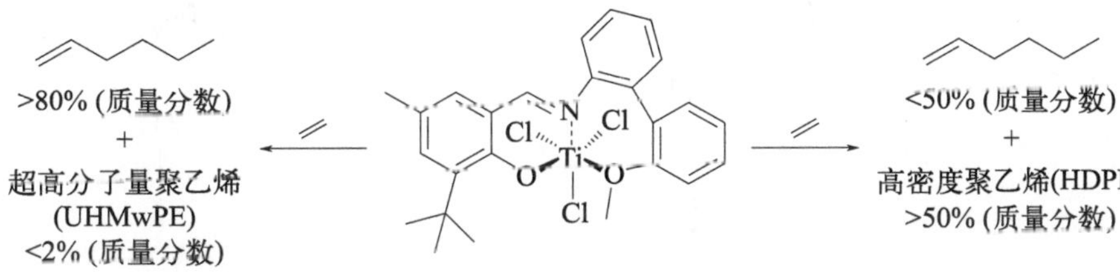

图 4-33　反应温度对 SFI 乙烯三聚催化体系性能的影响

② 研究了该催化体系的反应动力学，结果表明催化剂的活化过程是聚合活性中心形成的关键步骤。事实上乙烯聚合和乙烯三聚活性中心是通过平行的过程产生的，如图 4-34 所示。研究发现在反应温度为 40℃时乙烯三聚和乙烯聚合产物是连续形成的。乙烯三聚活性中心在 80℃时可能转化为乙烯聚合活性中心，这解释了聚合物分子量分布变宽的原因。这种双重行为强化了反应温度促进副反应的假设。

③ 通过改变主催化剂的活化条件，证实了乙烯三聚和乙烯聚合活性中心是同时形成的。在 1-己烯和氢存在下，这两种活性中心的失活特征表明它们

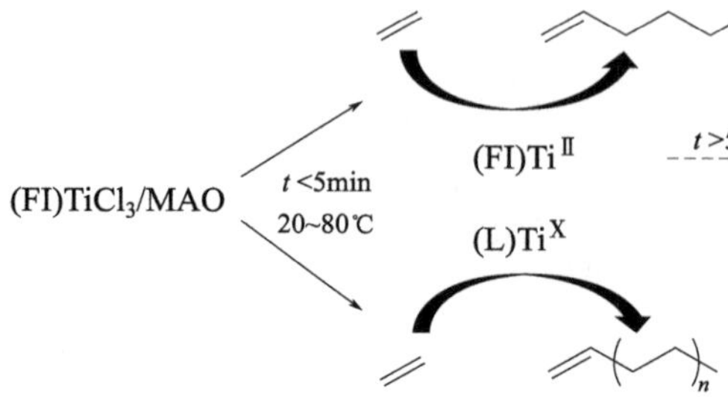

图 4-34 反应时间和反应温度对乙烯三聚和乙烯聚合活性中心的形成影响

来源于相同的预活化物质。不同组成的（FI）$TiCl_3$ 和 MAO 之间长时间接触可能对 1-己烯选择性产生积极的影响。

④ 基于先前的结论和文献中的假设，确定了乙烯聚合活性中心形成的主要参数包括钛的氧化态、与钛配位的配体类型和数量等。（FI）$TiCl_3$ 和 MAO 活化可能形成多种活性中心，如图 4-35 所示。

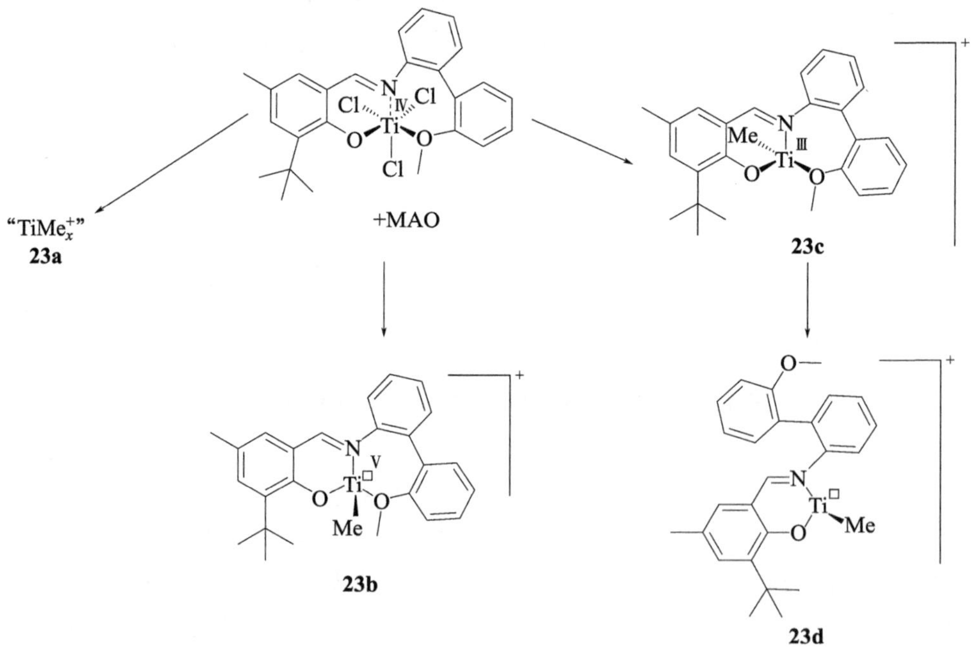

图 4-35 （FI）$TiCl_3$ 和 MAO 活化形成活性中心的过程

研究结果证明了修饰苯氧基亚胺醚配合物配体的可能迁移过程，从而形成多活性中心引发乙烯聚合生成副产聚合物。

4.2.3.2　后过渡金属基催化剂

大多数已知的乙烯三聚催化剂是基于前过渡金属的，如 Cr、Ti、V 和 Ta。然而，后过渡金属也可以形成具有催化活性的乙烯三聚催化剂。Phillips 公司[72]使用 $Ni(acac)_2$、吡咯和 TEA 以 1∶3∶22 的摩尔比组合为催化剂，在 80℃和 3.8MPa 的乙烯压力下进行乙烯三聚反应，得到了 62%（质量分数）的 1-己烯选择性，催化剂活性是 0.3kg/(g Ni · h)，如图 4-36 所示。三井化学公司[88]使用 $NiBr_2(PhN)$ 或 $NiBr_2(CHC_5H_4N)$ 和 MAO 以 1∶250 的摩尔比组合为催化剂，在 25℃和 0.1MPa 的乙烯压力下，得到了 60%（质量分数）的 1-己烯，催化剂活性为 10kg/(g Ni · h)，如图 4-36 所示。$(Ph_3P)_2NiBr_2$ 可以被 MAO[89]或 $MeAlCl_2$[90]活化形成乙烯三聚催化剂，在 100℃和 3.0MPa 的乙烯压力条件下，使用 300 倍物质的量的 $MeAlCl_2$ 活化得到了最佳的乙烯三聚结果，己烯选择性为 95%（质量分数），但 1-己烯含量极低，如图 4-36 所示。Chen 等[91]开发了 Ni@MOFs 用于乙烯三聚，在 50℃和 1MPa 的乙烯压力下，使用 MAO 进行活化，催化活性达到了 3kg/(g Ni · h)，1-己烯选择性为 70.2%（质量分数）。

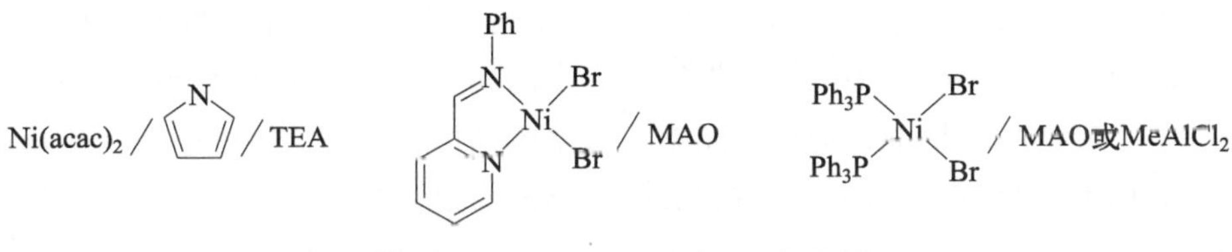

图 4-36　基于 Ni 的乙烯三聚催化剂

4.3　乙烯三聚催化机理及理论模拟

4.3.1　金属环机理

在发现乙烯选择性三聚之前，研究者已经清晰地提出了非选择性乙烯低聚机理。非选择性乙烯低聚工艺的产物分布通常遵循 Schulz-Flory 分布[92]或 Poisson 分布。根据 Cossee 和 Arlman[93-94]提出的非选择性乙烯低聚机理，链的增长是通过连续的乙烯配位，然后插入金属烷基键进行的；链的终止是通过

β-H 转移到金属活性中心形成一个金属氢化物，从而释放出 LAOs 产物，如图 4-37 所示。

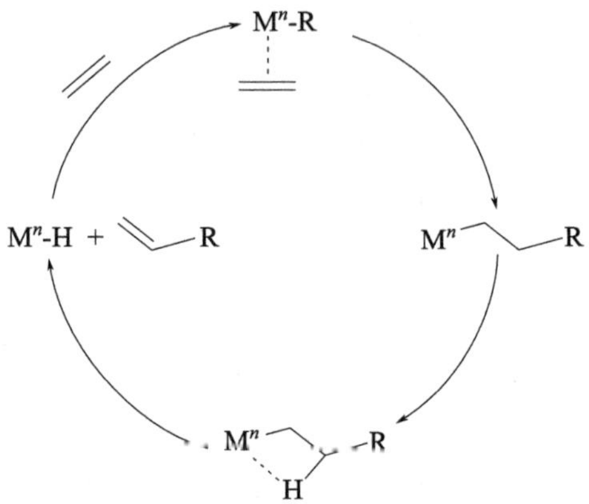

图 4-37 Cossee-Arlman 乙烯低聚机理

Cossee-Arlman 机理不能有效地解释乙烯三聚生成 1-己烯的高选择性。1977 年，Manyik 等[2]提出了第一个基于金属环的铬催化乙烯三聚机理，如图 4-38 所示。所提出的乙烯三聚反应机理首先是两个乙烯分子的配位，接着氧化偶联形成铬杂环戊烷中间体，然后进一步乙烯配位，β-H 从铬杂环戊烷转移到第三个配位的乙烯上，形成丁烯基乙基铬中间体，1-己烯通过还原消除从这个中间体中释放出来。动力学研究表明：该反应对乙烯是二级反应，因此铬杂环戊烷的形成是速率决定步骤。McDermott 等[95]早期证明了 Pt(Ⅱ)金属环的存在，从而支持了铬金属环反应中间体存在的观点。

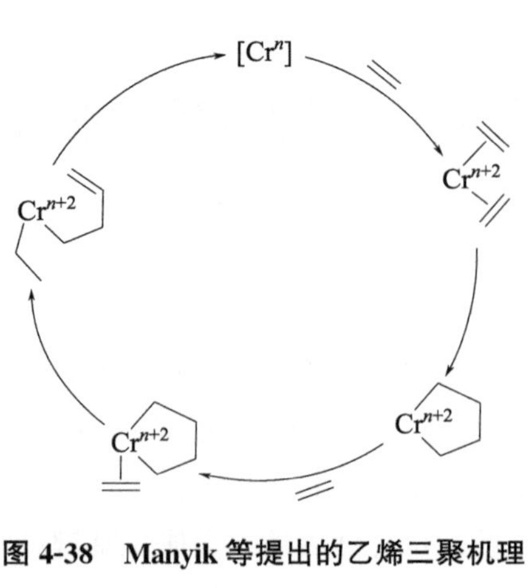

图 4-38 Manyik 等提出的乙烯三聚机理

Briggs[34]进一步对金属环机理进行了改进。铬杂环戊烷中间体的 β-H 不会转移到配位乙烯上，而是乙烯快速插入铬杂环戊烷中形成铬杂环庚烷中间体；然后通过开环形成铬己烯基氢化物，经过还原消除释放出 1-己烯，如图 4-39 所示。McDermott 等[95-96]在 Pt(Ⅱ)金属环热分解研究中的观察结果支持了这一改进。Briggs 提出：一方面，对于 1-己烯的选择性形成，乙烯插入必须比金属环戊烷分解更快；另一方面，1-己烯的释放速率必须比进一步的乙烯插入铬杂环庚烷要快。1997 年，Emrich 等[97]首次合成了铬五元环和铬七元环化合物，这为金属环中间体的存在提供了间接证据，相对于铬五元环，铬七元环更容易热分解产生 1-己烯。稳定的铬烷基氢化物是相当罕见的，但这种物种的晶体结构也有报道[98]。

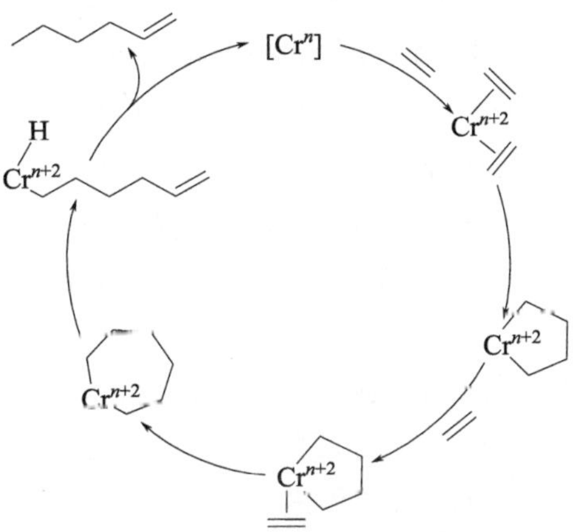

图 4-39　Briggs 改进的乙烯三聚机理

Agapie 等[74]进行了 PNP/Cr 催化乙烯三聚的同位素标记研究。使用 C_2D_4 和 C_2H_4 按 1∶1 混合的乙烯进行乙烯三聚时，当乙烯三聚反应机理遵循金属环机理时，所得 1-己烯中 H 或 D 的数量是偶数，并且所有 1-己烯同位素异构体的比例是 1∶3∶3∶1；如果乙烯三聚按 Cossee-Arlman 机理进行，则 1-己烯中 D 元素的个数可以有奇数个，1-己烯同位素异构体产物比例是 1∶1∶1∶3∶2∶2∶3∶1∶1∶1。研究表明：乙烯三聚产物中同位素异构体分布呈现 1∶3∶3∶1 的比例，与金属环反应机理是一致的[74-76]。

4.3.2　理论计算及光谱研究

Blok 等[99]采用 Deckers 的 Ti 基催化剂[78]对乙烯三聚反应机理进行了理

论计算研究，因为这种 Ti 基催化剂体系中活性物种的结构是明确的，因此它一直是许多理论计算的研究对象。研究发现，金属环戊烷的 β-H 转移再还原消除生成 1-丁烯具有很高的能垒，说明金属环戊烷很稳定，对 1-丁烯的选择性很小。1-己烯的生成路径选择的是 Houk 等[100]提出的直接 3,7-H 转移路径，这也合理解释了 1-己烯选择性高的原因。Rensburg 等[101]对 Phillips 乙烯三聚催化体系进行了计算研究，发现 Cr(Ⅱ) 物种（单重态和五重态）和 Cr(Ⅳ) 物种（单重态）在能量上是不利的，在所提出的机理中自旋态交叉不太可能发生。

Budzelaar 等[102]用密度泛函理论（DFT）研究了 Cr(Ⅰ)吲哚-AlR_2Cl 催化剂体系催化乙烯三聚反应。研究发现：氯可以作为潜在配位点与铬配位，充当了一种半稳定的配体，这有助于平衡 Cr 的两种氧化态的能量。但是，半稳定配体使乙烯的配位受到抑制，使得铬杂环戊烷到铬杂环庚烷的扩张具有更高的势垒，不利于 1-己烯的形成。$C_\beta \rightarrow C_{\alpha'}$ 的直接 H-转移是铬催化乙烯三聚机理的常见步骤，多项计算研究支持了这一观点[103-104]。Kwon 等[105]利用 DFT 和能量跨度模型计算(P,N)Cr 和 (P,N,N)Cr 的转换频率（TOF），解释了更少配位的双齿 (P,N)Cr 比更多配位的三齿(P,N,N)Cr 表现出更高的乙烯三聚催化活性的原因。

尽管 Phillips 乙烯三聚催化剂体系商业化取得了成功，但有关活性中心的形成、结构及乙烯三聚反应机理方面的研究报道很少。Skobelev 等[106]对 Cr-吡咯乙烯三聚催化体系形成的铬物种进行了电子顺磁共振（EPR）监测研究。对于 $Cr(acac)_3$/吡咯/$AlEt_3$/$AlEt_2Cl$ 和 $Cr(2\text{-}EH)_3$/吡咯/$AlEt_3$/$AlEt_2Cl$ 体系，$Cr^{Ⅲ}$ 和 $Cr^{Ⅰ}$ 物种都存在于催化体系中，这些物种的浓度不超过总 Cr 物种的 20%，其余物种可能是以 EPR 不可见的 $Cr^{Ⅱ}$ 形式存在。Cr-吡咯乙烯三聚催化体系的乙烯三聚活性与反应溶液中 $Cr^{Ⅰ}$ 物种的浓度有关，所得到的数据支持了乙烯三聚的 $Cr^{Ⅰ}/Cr^{Ⅲ}$ 氧化还原机理。然而，所进行的 EPR 实验没有提供对所形成的 Cr(Ⅰ) 配合物结构的解释，也没有提供对形成的大量 EPR 不可见配合物结构的解释。Yang 等[107]对 Phillips 乙烯三聚催化体系的 DFT 研究表明：乙烯三聚是能量优势路径，$Cr^{Ⅰ}/Cr^{Ⅲ}$ 催化乙烯三聚是最可能的氧化还原循环。对 Cr—Cl 键长和中间体的 NBO 电荷分析都清晰地显示出氯原子对活性中心的半稳定作用，这是高选择性形成 1-己烯的关键因素。

Duchateau 和 Korobkov 等[108-110]已经成功地分离出 Cr(Ⅰ)、Cr(Ⅱ) 和 Cr(Ⅲ) 吡咯基配合物，研究发现这些配合物中的一些是自活化乙烯三聚催化剂。基于观察到的这些配合物的催化性能，研究提出了通过 $Cr^{Ⅰ}/Cr^{Ⅲ}$ 氧化还原对来完成乙烯三聚催化反应过程。然而，在工业上使用的确切条件下没有分离出任何配合物，即使使用了不同来源的铬、烷基铝试剂和配体。

Venderbosch 等[111]利用 X 射线吸收光谱（XAS）、电子顺磁共振（EPR）、紫外-可见吸收光谱（UV-Vis）技术在工业条件下对铬-吡咯乙烯三聚催化剂的活化过程进行了研究，利用多种方法表征出 Cr(2-EH)$_3$ 的结构为［$Cr_3O(2\text{-}EH)_6(H_2O)_3$］Cl。在活化催化剂之前，2,5-二甲基吡咯（DMP）首先与 $AlEt_3$ 和 $AlEt_2Cl$ 的混合物反应，在 DMP 消耗完之后，反应混合物不会再改变，如图 4-40 所示。研究表明 2-乙基己酸铬与 $AlEt_3$、$AlEt_2Cl$ 和 DMP 的活化，经历了三核羧酸 Cr(Ⅲ) 的立即还原（＜5ms）并形成中性多核羧酸 Cr(Ⅱ)配合物。随着活化反应的进行，铬(Ⅱ)羧酸盐配合物部分转化为氯桥联的双核铬(Ⅱ)吡咯配合物，如图 4-41 所示。在环己烷中，观察到少量未知的 Cr(Ⅰ)配合物存在（1h 后约 1%）；而在甲苯中，Cr(Ⅰ)的量要高得多（1h 后约 23%）。使用甲苯作反应溶剂时可能形成了阳离子双(甲苯基)Cr(Ⅰ)配合物，这可能是观察到低催化活性的原因。通过研究能够排除一些观察到的 Cr(Ⅰ)和 Cr(Ⅱ)配合物作为该催化体系中的活性物质，结合这些表征技术能够在工业条件下对乙烯三聚催化体系的铬配合物进行结构表征。

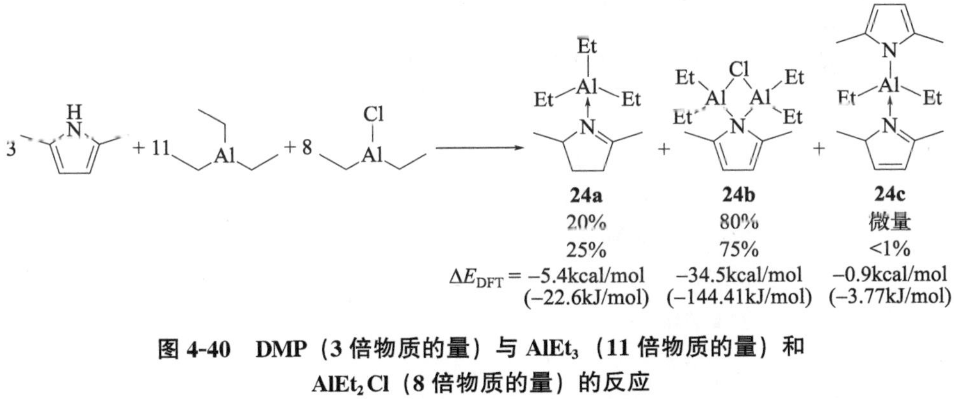

图 4-40　DMP（3 倍物质的量）与 $AlEt_3$（11 倍物质的量）和 $AlEt_2Cl$（8 倍物质的量）的反应

20%和 80%表示在甲苯中观察到的配合物量，25%和 75%表示在环己烷中观察到的配合物量，ΔE_{DFT} 值表示给定转化的电子能。因为配合物 **24c** 的量与配合物 **24a** 及配合物 **24b** 的量相比是非常小的，所以没有量化配合物 **24c** 的数量。在消耗完所有 DMP 之后，反应混合物的含量没有任何进一步的变化。在环己烷中没有观察到 **24c** 的共振，因为溶剂的熔点高，无法将溶液冷却到－40℃

4.3.3　C_{10} 副产物生成机理

乙烯三聚合成 1-己烯反应过程中一般会产生 7%（质量分数）左右的 C_{10}

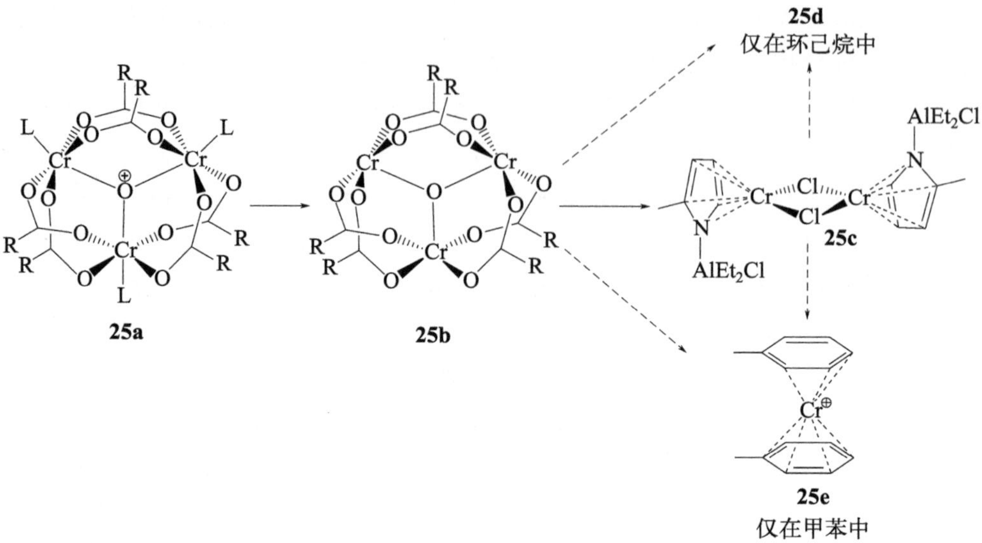

图 4-41　在 $AlEt_2Cl$（8 倍物质的量）、$AlEt_3$（11 倍物质的量）和 DMP（3 倍物质的量）存在下活化$[Cr_3O(2\text{-}EH)_6(H_2O)_3]Cl$(25a)时形成的各种物种(25d 的结构未知)

支链烯烃副产物，王斯晗等[112]对乙烯三聚过程中副产物的生成机理进行了详细的研究，乙烯三聚过程中 C_{10} 副产物的组成如表 4-1 所示。

表 4-1　C_{10} 副产物的组成

组分	含量(质量分数)/%
5-甲基-1-壬烯	27
2-丁基-1-己烯	13
3,4-二甲基-1-辛烯	24
4-乙基-2-辛烯	17
2-癸烯	2
1-癸烯	3
顺-4-癸烯	14

图 4-42 为结合 Labinger 等[113-114,18]提出的共聚机理绘制出的形成 C_{10} 支链烯烃副产物的机理。由于三价铬化合物与其他催化剂组分形成活性中心后，会与两分子乙烯形成金属五元环，才能进行下一步反应，当有乙烯继续插入时形成金属七元环，在适当的条件下七元环会发生 β-H 消除反应，生成 1-己烯。当乙烯三聚催化体系中的 1-己烯插入金属五元环后，则会形成带有丁基的金属七元环中间体，进一步发生 β-H 消除反应后，则生成 C_{10} 支链烯烃。活性中

心也可与一分子乙烯和一分子 1-己烯形成带丁基的金属五元环，再与一分子乙烯形成带有丁基的金属七元环中间体，经 β-H 消除反应后生成 C_{10} 支链烯烃。

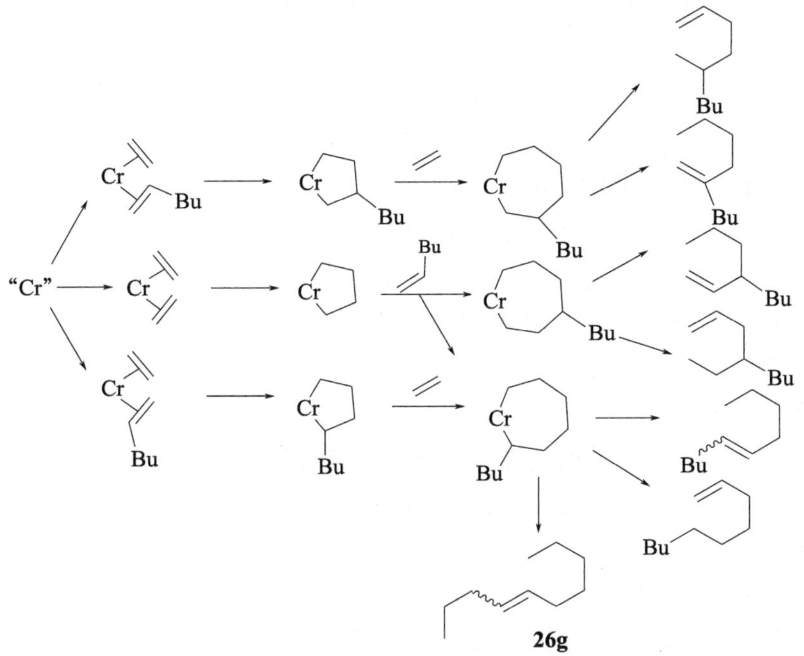

图 4-42　癸烯的形成机理

王斯晗等[112]研究发现反应压力在 0～1MPa 范围内，C_{10} 支链烯烃的生成速率随着反应压力的升高而升高；当反应压力超过 1.0MPa 时，C_{10} 支链烯烃的生成速率随反应压力的升高而降低。当反应温度在 20～70℃范围内，C_{10} 支链烯烃的生成速率随反应温度的升高而升高；当反应温度超过 70℃时，C_{10} 支链烯烃的生成速率随反应温度的升高而降低。经过分析可知通过提高乙烯压力、提高反应温度、控制反应停留时间，可抑制生成 C_{10} 支链烯烃的副反应，达到提高 1-己烯选择性的目的。

4.4　乙烯三聚生产工艺

4.4.1　Chevron-Phillips 公司乙烯三聚工艺

Chevron-Phillips 公司的乙烯三聚合成 1-己烯工艺技术是最早工业化的乙

烯三聚技术，这是当时最先进的乙烯三聚合成1-己烯技术，使Chevron-Phillips公司获得2005年Kirkpatrick化学工程最高成就奖。Chevron-Phillips公司的乙烯选择性三聚工艺于2003年在卡塔尔Mesaieed地区4.7万t/a的1-己烯生产装置中实现了工业化应用，目前在美国、卡塔尔等建有多套生产装置。2023年Chevron-Phillips公司在美国得克萨斯州Old Ocean新建了世界级规模的1-己烯生产装置，该装置设计产能为26.6万t/a。Chevron-Phillips公司在美国的1-己烯产能达到65万t/a。

传统的1-己烯生产方法是由乙烯低聚生产1-己烯，并联产较多的其他LAOs，1-己烯的收率仅为12%～19%（质量分数）。而Chevron-Phillips公司首次开发了由乙烯选择性三聚生产符合聚乙烯共聚单体质量要求的聚合级1-己烯的工业生产技术，此工艺很适合作为大型乙烯装置的配套装置生产1-己烯，为聚乙烯装置提供聚合级的共聚单体。

Chevron-Phillips公司的乙烯三聚合成1-己烯工艺的开发工作，是在美国俄克拉何马州Bartlesville地区的Phillips公司研究中心完成的。研发关键是简化工业催化剂的制备，使其仅占工业生产1-己烯投资费用的一小部分，为此选用了选择性和活性都具有优势的铬基催化剂。此外，还开发了反应溶剂，在生产装置操作能力和最低操作费用之间找到平衡；研发设计了可有效移除反应热的反应器以及尽可能减少热交换器聚合物结垢的方法，所有这些都是实现低成本建设和运行该工艺装置必须解决的问题。最后优化了分离系统，包含分离产品、回收未反应的乙烯和回收溶剂三个部分。乙烯三聚反应过程受反应温度的影响较大，因此为了避免发生副反应必须将反应温度控制在必要范围内。1997年，Phillips公司采用环管反应器完成了乙烯三聚选择性生产1-己烯的中试试验，并于2003年建成了4.7万t/a的1-己烯工业化生产装置。随后，采用釜式反应器建成了10万t/a的1-己烯工业装置。经过对乙烯三聚生产装置的标定，产品1-己烯的选择性大于92%（质量分数），纯度超过99%（质量分数）。

Chevron-Phillips公司的乙烯三聚工艺主要包括催化剂配制、乙烯三聚反应、产品精制分离和催化剂回收四个部分。该工艺的催化剂配制是以间歇方式进行的，首先将$Cr(2\text{-}EH)_3$溶解在环己烷中，然后在搅拌釜中将DMP与$Cr(2\text{-}EH)_3$和环己烷的混合溶液充分搅拌混合；最终生成吡咯铬的配合物；在另一个搅拌釜中将助催化剂TEA与给电子体化合物六氯乙烷充分搅拌混合；最后将两个搅拌釜中的混合溶液充分搅拌反应2h，最终形成铬基催化剂体系。乙烯三聚合成1-己烯工艺流程如图4-43所示：新鲜的原料乙烯和未反应的循环乙烯经过压缩机压缩，然后与提前配制好的催化剂一同被送入釜式反应器内，在反应釜内反应生成1-己烯。反应放出的热量由反应釜外部夹套中的冷却水和反应釜内部的换热盘管移出。反应温度维持在115℃，反应压力维持在4.9MPa，反应过程停留时间为1.8h。溶剂经过后续分离被送回反应釜内循环使用，未反应的乙烯也被输送进反应釜进一步反应。

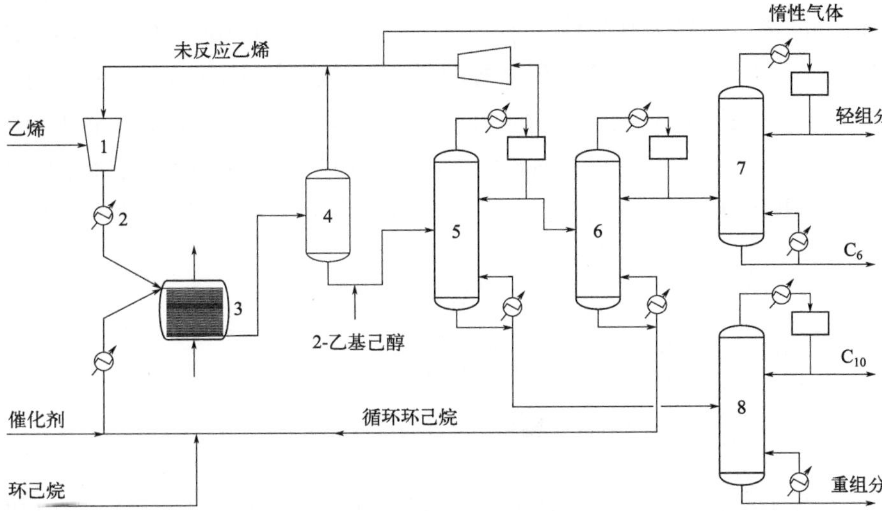

图4-43 Chevron-Phillips乙烯三聚合成1-己烯工艺流程

1—压缩机；2—换热器；3—加热器；4—反应釜；5—汽提塔；6—溶剂分离塔；7—C_6分离塔；8—C_{10}分离塔

2-乙基己醇（又称异辛醇）被添加到反应器流出物中以抑制聚合反应，反应产物通过分馏以获得1-己烯、1-辛烯和1-癸烯。在废水处理之前，通过添加NaOH和H_2SO_4从工艺废水中沉淀铬和铝，达到环保要求。

Phillips乙烯三聚工艺具有以下优点：①能高选择性地合成1-己烯，1-己烯选择性达到90%（质量分数）以上；②反应过程中生成的副产物较少；③催化活性较高，能达到170～300kg/(g Cr·h)；④最终1-己烯产品纯度较高，可直接用于LLDPE的共聚单体；⑤整套工艺流程简单，装置易于操作。此工艺也具有部分缺点：反应过程同时伴随多个副反应，生成少量的乙烯聚合物黏附在反应釜内壁或者缠结在换热盘管上，导致反应器的换热效率降低。

4.4.2 三菱化学公司乙烯三聚工艺

在发现Phillips乙烯三聚合成1-己烯催化剂后不久，国际上许多化学公司开始在该领域进行研究，三菱化学公司基于 Phillips 公司乙烯三聚催化剂体系进行了改进研究并申请了专利[11]。他们发现除了 Cr(2-EH)$_3$、吡咯和 TEA 之外，用非配位的路易斯酸，如 B (C_6F_5)$_3$ 制备的催化剂表现出明显高于不使用它的催化剂体系的活性。研究人员还发现了在连续乙烯三聚反应中原位制备 Phillips 乙烯三聚催化剂的方法，采用这种原位方案，使 Cr(2-EH)$_3$、2,5-二甲基吡咯、六氯乙烷和三乙基铝的摩尔比为 1∶6∶4∶40，并通过仔细控制反应器内 1-己烯与乙烯的摩尔比（小于 0.5∶1），他们在 105℃和 5.0MPa 乙烯压力下，在 15min 内获得了前所未有的高达 945kg/(g Cr・h) 的催化剂活性和 95.4%（质量分数）的 1-己烯选择性，如图 4-44 所示。基于该催化剂体系三菱化学公司开发了一种非常创新的 1-己烯专用工艺，实现了 1-己烯的工业化生产，装置规模从 2 万 t/a 增加到 5 万 t/a。该技术 2020 年获日本石油学会奖。

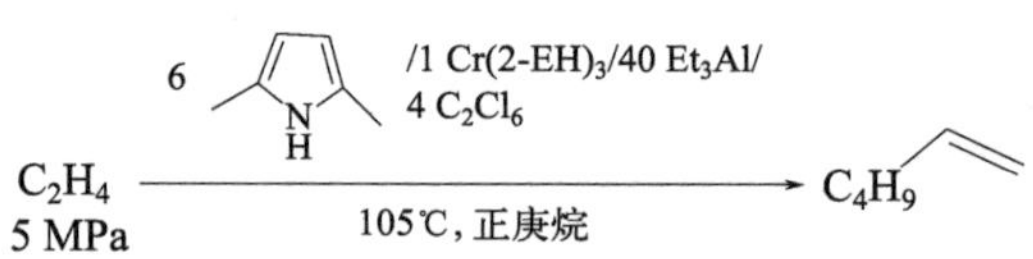

图 4-44　三菱化学开发的乙烯三聚催化剂

三菱化学公司的乙烯三聚技术工艺流程如图 4-45 所示[115]。基本的工艺过程与其他的乙烯三聚过程类似，三菱化学公司的乙烯三聚催化剂体系不仅对 1-己烯具有良好的选择性，而且具有较高的催化活性。该工艺的反应温度 <150℃，反应压力 <10MPa，1-己烯的选择性 >95%；副产聚乙烯的选择性极低，工艺非常简单，可操作性平稳；正常生产过程中不产生任何废水。

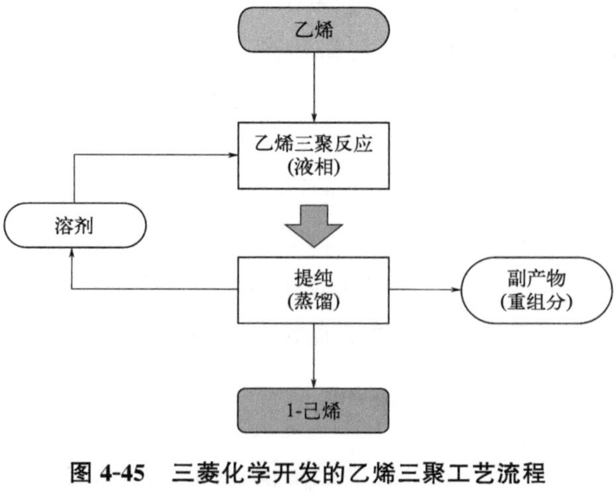

图 4-45　三菱化学开发的乙烯三聚工艺流程

4.4.3　三井化学公司乙烯三聚工艺

SFI 乙烯三聚催化剂是 Fujita 教授根据“配体导向催化剂设计”的思路成功开发出来的，该研究思路最初是专门针对乙烯聚合催化剂研究的。三井化学公司基于以配体为导向的催化剂设计理念，开发了许多高活性乙烯三聚催化剂，通过调整配体的电子性质，可以提高乙烯三聚催化剂的活性。因为这些选择性乙烯三聚催化剂是基于 FI 配体的，故研究人员将这些催化剂命名为“SFI 催化剂”[83,86]。其中，具有苯氧基亚胺配体和侧链醚供体的钛基催化剂显示了非常高的 1-己烯选择性和催化活性，其结构如图 4-46 所示。

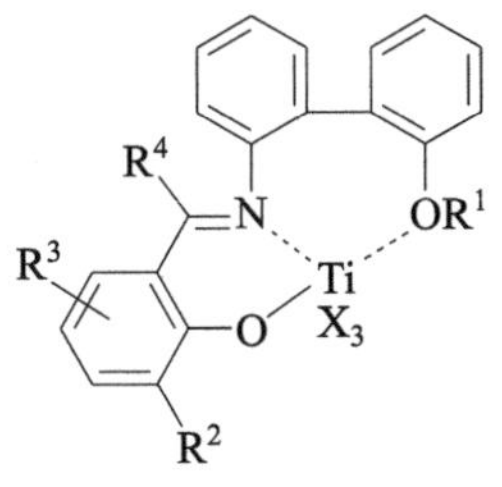

图 4-46　SFI 催化剂的结构

该催化剂的乙烯三聚性能是由于这种单一苯氧基亚胺醚配合物具有特殊的结构，在用 MAO 活化后可催化乙烯三聚生成 1-己烯。在金属活性中心方面，钛具有发生氧化还原反应的能力，特别是通过适合金属循环机理的 Ti^{IV}/Ti^{II} 偶联。此外，三齿 FI 配体的配位方式使三个氯原子具有平面构型，这种特定的几何形状对于两个单体与金属中心之间的氧化偶联以及金属环的扩展至关重要。高活性还依赖于金属中心周围的化学环境，而大位阻烷基则提供了这种约束环境，通过联苯基上的醚基团实现可控的电子灵活性。在金属循环机理中，苯甲醚基团的适度旋转还可以在需要时起到稳定钛活性中心的作用。

该催化剂催化乙烯三聚选择性高，且反应活性比铬基催化剂高约 600 倍。最好的 SFI 催化剂在 5.0MPa 的乙烯压力下催化乙烯三聚产生 1 己烯，选择性达到 92%（质量分数），催化活性为 6590kg/(g Ti・h)，这比类似条件下常见的铬基催化剂活性高两个数量级，同时也超过所有的钛基乙烯三聚催化剂。由于反应体系内 1-己烯的浓度较高，1-己烯和两分子乙烯的共三聚反应会产生约 7.3%（质量分数）的 C_{10} 支链烯烃副产品，如图 4-47 所示。产生的三种主要 C_{10} 副产物是 2-丁基-1-己烯、3-丙基-1-庚烯和 5-甲基-1-壬烯。另一个副反应是乙烯聚合，产生约 0.4%（质量分数）的聚乙烯。

这些副反应并没有阻止三井化学公司利用 SFI 催化剂体系开发乙烯三聚合成 1-己烯的 MET 工艺，MET 工艺流程如图 4-48 所示[116]。2010 年，三井化学公司利用基于 SFI 催化剂的选择性乙烯三聚技术在日本千叶的 Mitsui Chemicals' Ichihara Works 建设了 1-己烯工厂，产能为 3 万 t/a，这是使用非 Cr 基催化剂生产 1-己烯的第一个例子。乙烯三聚过程中的副反应增加了该工

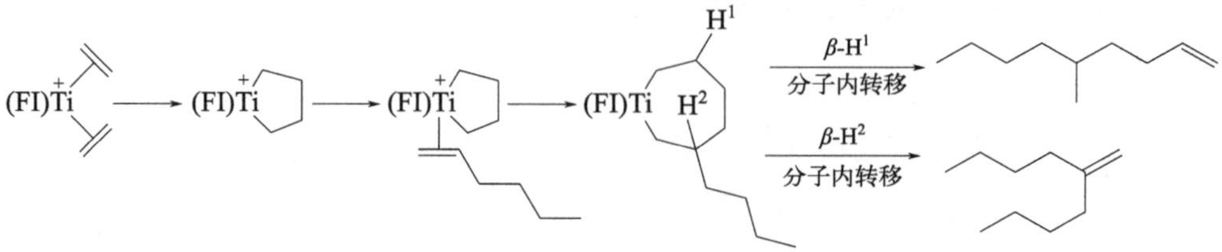

图 4-47　主要 C_{10} 低聚物的生成机理

艺的复杂性，并增加了分离和提纯装置的成本。这种连续工艺需要多个装置来分离聚合物，因为固体产品的积累可能会导致管道和反应器堵塞。因此，抑制聚合是当前提高该工艺的生产效率和增强 1-己烯选择性所面临的重要挑战。

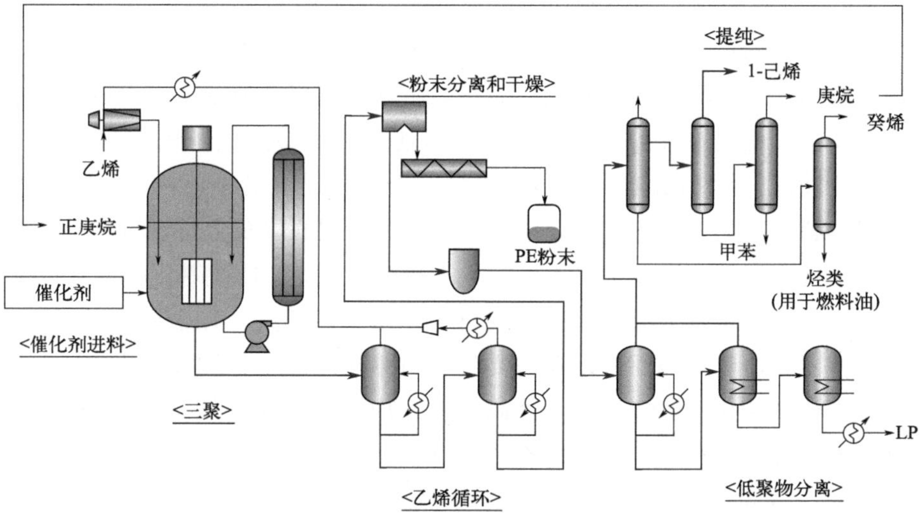

图 4-48　三井化学乙烯三聚（MET）工艺流程

该工艺采用釜式反应器，以正庚烷为反应溶剂进行乙烯三聚反应，反应热通过设置在反应釜外的循环系统换热器进行移除。反应物料从反应釜出来后，经过闪蒸回收未反应的乙烯、分离副产聚乙烯后，进一步分离低聚物，液相产物通过精馏塔分离得到高纯度的 1-己烯，溶剂正庚烷返回聚合系统使用。

4.4.4 Axens 公司 AlphaHexol 乙烯三聚工艺

IFP Energies Nouvelles（IFPEN）公司开发了一项新的技术用于乙烯三聚合成 1-己烯，Axens 进一步将这项技术工程化并发展为一项名为

AlphaHexol™ 的工业化乙烯三聚工艺[117-119]。AlphaHexol™ 乙烯三聚工艺的技术基础与 AlphaButol®乙烯二聚工艺中描述的相似，这项技术可以通过乙烯三聚高选择性合成高纯度的 1-己烯。俄罗斯远东石化股份有限公司的乙烯三聚合成 1-己烯生产装置选用了法国 Axens 公司的 AlphaHexol™ 技术，实现了高纯度 1-己烯的生产。

AlphaHexol™ 乙烯三聚工艺流程如图 4-49 所示。在该工艺中，聚合级乙烯和催化剂送入反应器后在液相体系中发生乙烯三聚反应，反应热通过外部冷却系统除去。反应器流出物被送往催化剂分离部分除去重组分和失效的催化剂，回收塔顶回收的未反应的乙烯返回到反应器，而回收塔底的物料进入分离单元得到高纯度的 1-己烯产物。通过 AlphaHexol™ 工艺生产的 1-己烯质量很高，杂质含量低，这是由于 AlphaHexol™ 乙烯三聚工艺采用了温和的操作条件。AlphaHexol™ 乙烯三聚工艺生产的 1-己烯产品组成如表 4-2 所示。AlphaHexol™ 工艺有如下优点：①能生产得到高纯度的 1-己烯，可直接用于生产 LLDPE 和 HDPE 等；②乙烯进料利用率高；③灵活性高；④工艺简单且易于操作；⑤操作温度和压力缓和；⑥液相反应；⑦物料腐蚀性低，可采用碳钢设备。

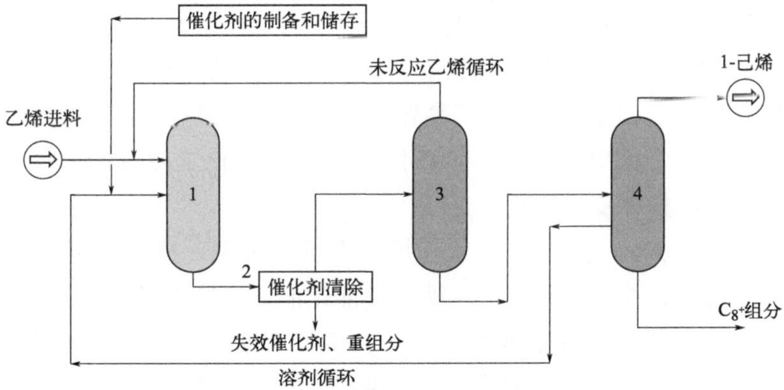

图 4-49 AlphaHexol™ 乙烯三聚工艺流程

1—反应单元；2—催化剂脱除单元；3—闪蒸单元；4—分离单元

表 4-2 AlphaHexol™ 工艺生产的 1-己烯产品组成

1-己烯产品组成	含量(质量分数)/%
1-己烯	>99
内烯烃	<0.5

续表

1-己烯产品组成	含量(质量分数)/%
正己烷	<0.2
C_6 以下组分	<0.25
C_6 以上组分	<0.25

4.4.5 中国石油的乙烯三聚工艺

自 1988 年开始，中国石油大庆化工研究中心对铬基乙烯三聚合成 1-己烯技术进行研究开发，对催化剂原料合成、催化剂制备、催化剂性能评价、工艺条件筛选等进行了试验研究，历经小试、模试，并于 2002 年 3 月～2003 年 5 月成功进行了中试放大试验，中试放大试验连续反应 1000h，其 1-己烯产品选择性达到 93%（质量分数），催化剂活性达到 300kg/(g Cr・h)。进一步通过 5000t/a 工业试验成功开发出 1-己烯成套技术，主要技术框架如图 4-50 所示。并于 2008 年在中国石油大庆石化公司成功投入生产，产能为 0.5 万 t/a。2014 年中国石油独山子石化采用中国石油大庆化工研究中心的技术，建成 2 万 t/a 的 1-己烯生产装置[120]，这极大地满足了国内市场对高质量 1-己烯产品的需求。2023 年中国石油广西石化公司炼化一体化转型升级项目中，采用中国石油大庆化工研究中心开发的具有自主知识产权的乙烯三聚合成 1-己烯工艺技术建设 5 万 t/a 的 1-己烯生产装置。该装置是中国石油首套年产达到 5 万吨的 1-己烯装置，投用后可进一步巩固我国在石油化工领域的地位。该技术曾获中国石油科技进步特等奖。

中国石油大庆化工研究中心从乙烯三聚机理出发，提出并应用了“限位-诱导”双效机理，并自主研发了一种高效催化剂。该催化剂包括主催化剂、配体、催化剂促进剂和烷基铝四种组分，提高了催化剂活性和 1-己烯选择性，降低了装置的单次消耗和催化剂消耗，提高了生产装置的经济效益。中国石油大庆化工研究中心以“双功能集成优化设计”的新理念为指导，开发了新型含卤素的 *N*-杂环配体和电子给体，实现了催化剂位阻和活性中心电子云密度的可调控性，最大限度地提高了催化剂效率。此外，还开发了生产催化剂原液的沉淀和复合分解制备技术，创新了催化剂生产技术，使催化剂合成工艺简单，减少了原料的损耗，催化剂合成收率提高到 80%，催化剂制备装置如图 4-51 所示。

根据“乙烯三聚反应受气液传质过程控制”的特点，中国石油大庆化工研

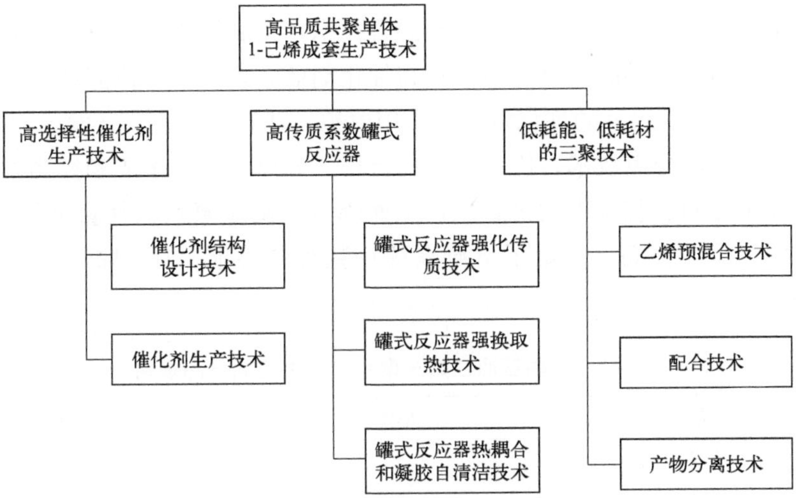

图 4-50　中国石油 1-己烯成套生产技术

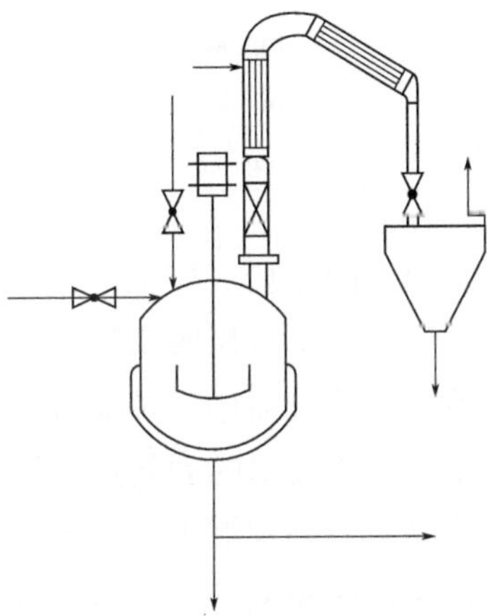

图 4-51　催化剂制备工艺装置

究中心首次研制出具有高传质系数和强制换取热特性的罐式反应器，并成功应用于乙烯三聚合成 1-己烯工艺。罐式反应器的高气液混合能力和良好的分散效果，提高了设备的传质和除热能力，最大限度地发挥了液相催化剂的效率，保证了生产装置的长周期稳定运行。中国石油大庆化工研究中心首次建立了罐式反应器冷管胶化的物理数学模型，针对反应副产物容易在热交换器表面胶化和热量移除能力降低的问题开发了自溶胶技术，解决了聚合物胶化对反应器热抽提的影响问题，确保了设备的长期安全稳定运行。

针对乙烯三聚合成1-己烯的反应速率易受液相中乙烯浓度的影响，中国石油大庆化工研究中心开发了乙烯预混合技术，强制提高液相反应区的乙烯浓度和乙烯与活性中心的接触能力，提高催化剂效率，降低单位能耗。此外根据乙烯三聚产品中各组分的理化特性，采用模拟、计算等方法，开发了“粗分离-精馏”两段三塔分离技术，优化了工艺流程、分离顺序、集成和控制方案，使产品分离单元的工艺流程大大简化，从而降低了高压蒸汽消耗量和设备能耗，使得到的产品纯度高，满足了下游聚烯烃装置的要求。1-己烯产品规格如表4-3所示。

表 4-3　中国石油乙烯三聚生产的 1-己烯产品规格

组成	单位	测定值
1-己烯	%	99.48
α-烯烃	%	99.68
内烯烃	%	0.42
过氧化物	mg/kg	<0.6
苯	mg/kg	未检测出
硫黄	mg/kg	未检测出
氯	mg/kg	<1.0

中国石油大庆化工研究中心的乙烯三聚工艺是以间歇的方式进行催化剂制备，在高纯氮气保护下将催化剂各组分用脱水环己烷在催化剂配制釜中稀释到一定的浓度，然后送到乙烯三聚反应器中。控制反应温度为115℃，反应压力为5.0MPa，停留时间为1.0h。该技术的创新点：①开发出了高选择性1-己烯专用催化剂；②开发出了乙烯与溶剂预混工艺；③设计出了高传质非均相反应器；④开发出不黏釜、低聚物在线脱除专有技术。根据乙烯三聚反应特性进行了工艺设计，催化效率、1-己烯选择性及乙烯单程转化率均大幅提高，乙烯单耗和装置能耗均降低。上述乙烯三聚合成1-己烯成套技术的工业化应用，填补了中国石油在生产1-己烯和利用1-己烯生产共聚PE产品领域内的空白。该技术是中国石油化工业务首次完成的从实验室研究到工业化转化的成套工艺技术，对炼化企业新技术开发和推广应用具有里程碑意义。

4.4.6　中国石化的乙烯三聚工艺

1997年中国石化立项开展乙烯选择性三聚合成1-己烯工业成套技术的研发工作，由中国石化燕山石化公司承担探索性研究。面对国外严格的专利保护和残酷的竞争压力，中国石化燕山石化的科研人员在没有技术储备的情况下，从零起步，搜文献、查资料，决定从理论上进行创新，实现超越。中国石化燕山石化公司研究院使用铬基催化剂研究了乙烯三聚制备 1-己烯生产工艺，科研人员对与 1-己烯合成密切相关的催化体系、反应机理、反应器形式等技术因素进行了深入研究，对传统聚乙烯催化剂创新性地提出了“三配位”的催化机理，并提出了“占位剂”的概念。通过在催化剂体系中加入优选的占位剂，乙烯三聚反应产物 1-己烯的选择性从 70%（质量分数）提高到 93%（质量分数）以上，从而在催化剂的选择性上取得了首次重大技术突破。科研人员还发现催化剂体系组分的进料顺序对反应活性和产品纯度均有重大影响，又从机理入手不断优化，最终开发出了能显著提高催化反应活性的制备工艺。仅用 4 年多的时间，中国石化燕山石化实现了 1-己烯制备技术的重大突破，使催化反应的性能有了质的飞跃，反应活性和产品纯度均达到了世界一流水平，具备了开展工程放大的技术优势和条件。

为了尽快将 1-己烯制备技术实现工业化，2003 年，“5 万 t/a 的 1-己烯工业开发”科技攻关项目由中国石化燕山石化公司牵头，成立了由基础与应用研究、工程设计、环保研究以及未来装置建设和生产企业组成的产学研用联合攻关团队。项目攻关团队联合对催化剂优化、反应器研制、控制过程优化等十几个课题进行攻坚，先后解决了聚合物堵挂、工艺流程优化、自控方案等多个重大技术难题。小试试验成功后，又建成了 500t/a 全流程中试放大装置。2007 年，中国石化燕山石化成功建成了国内首套乙烯选择性三聚生产 1-己烯的工业化装置，产能达到 5 万 t/a[121]，装置一次开车成功，产出合格产品，1-己烯产品的选择性大于 93%（质量分数），产品纯度大于 99.2%（质量分数）。该项目成果实施后，到目前为止中国石化燕山石化公司 1-己烯装置已累计生产数十万吨产品，被广州、山东、天津等地的多家企业应用，占据了国内市场的大部分份额，迫使进口高价 1-己烯产品逐渐退出了我国市场。目前，中国石化燕山石化公司的 1-己烯产品已经出口到韩国、马来西亚、菲律宾等国家，国际市场 1-己烯产品价格也因此下降。

中国石化乙烯三聚制 1-己烯新型催化剂体系及成套工艺技术成果作为国家重点技术创新项目，紧跟国际同行发展进程，打破了国外长期高价垄断的局面。其产品主要质量指标和经济技术指标达到和超过国际同类产品和装置的水平，是我国在有机化工原料制备领域的又一重大科技创新成果。

4.4.7 乙烯三聚技术发展趋势

乙烯三聚合成1-己烯过程反应放热量大，一般用换热盘管和夹套中的冷却水移除反应热。由于副产高碳烯烃和低聚物在低温下容易析出而产生挂壁、黏附换热管或堵塞出料管线等问题，所以冷却水温度不能太低。因此存在冷却水消耗量大，所得热水的可利用程度低，需要的换热面积大，反应器内存在较大的温度梯度等缺点。总体上，反应热的移除和再利用难度较大[122-124]。

在反应热移除和处理结垢、挂胶等方面，张立超等[125]在反应釜内设置可取出的内釜体，当内釜体壁面聚合物达到一定厚度时，更换内釜体进行清洗，从而缩短了停产清洗反应器的时间。但内釜体与釜内壁的间隙必然会增大传热热阻，不利于反应热的移除和反应过程的平衡控制，也不利于连续生产。而且更换内釜体也是非常不容易的。栗同林和徐珂等[126-127]提出了一种用于乙烯低聚的环管反应器，利用环管反应器传热面积大、传质强度高和器壁不易结垢、挂胶的特点，通过对乙烯流量和热介质流量的双控制，实现反应温度和反应器操作的平衡控制。该过程控制要求较高，需要避免过量气相乙烯形成气蚀和气阻，反应速率、乙烯的进料速度和移热速度需要可靠匹配。韩泽圭[128]将液相反应物料闪蒸分离成气相乙烯和液相，乙烯冷却后循环回反应器，液相部分冷却后循环，从而实现反应热的移除并将温度控制在合适范围。该技术反应器内无换热，有助于反应温度的控制，但仍存在移热效率低、低聚物容易挂堵换热器、泵和压缩机数量多问题。

刘振宇等[129]提出了一种乙烯选择性低聚生产 α-烯烃的工艺方法，反应器带有换热夹套，利用外置换热器进行移热。但是其移热方式不利于乙烯在溶剂体系中的溶解，也不能避免低聚物挂壁和堵塞管线的问题。杨颖等[130]采用低温液相乙烯循环移热的方式：原料和反应器气相空间的乙烯冷凝成液相输送至釜式反应器，在反应器内被加热汽化，一部分乙烯气体通过分布器喷射进入反应体系内参与反应，另一部分乙烯作为移热介质汽化吸收反应热并循环利用。该方案利用乙烯的汽化潜热移热，移热介质循环量小，避免了高聚物堵塞换热管的问题，乙烯气体通过分布器喷射进入反应体系也强化了反应器内的传质。但是，乙烯的临界温度为9℃，乙烯循环进入反应器的温度远低于反应器内的温度，必然在反应器内形成大的温度梯度，并且反应器内盘管出现高聚物挂壁问题并不能得以解决。薛宽荣等[131]提出了利用低沸点 C_3～C_5 烃在反应器内汽化吸热，在反应器外冷凝的循环移热方法，可有效、平稳地移除反应热，减少反应生成的聚乙烯和低聚物在换热器壁面析出。

东北石油大学周吉祥[132]提出了一种新的乙烯三聚反应分离耦合工艺，并采用 Aspen Plus 流程模拟软件进行拟合确定了乙烯三聚反应体系各组分的二元交互作用参数和乙烯三聚体系涉及的溶剂及产物与乙烯的气液平衡，根据乙烯三聚反应的特点设计了乙烯三聚反应分离耦合生产 1-己烯的塔式工艺。该工艺与传统的乙烯三聚工艺相比具有可以提高乙烯三聚过程的传质效率，利用溶剂和 1-己烯的部分冷凝移除反应热，换热盘管不会有聚合物黏附，可在反应单元部分分离出 1-己烯等优点。将传统乙烯三聚连续化生产工艺与反应分离耦合新工艺进行对比，发现在相同的动力学参数和操作参数条件下，新工艺的 1-己烯产量提高了 11.3%，1-己烯选择性提高了 2%。

参考文献

[1] Manyik R M, Walker W E, Wilson T P. Continuous processes for the production of ethylene polymers and catalysts suitable therefor: US 3300458[P]. 1967-01-24.

[2] Manyik R M, Walker W E, Wilson T P. A soluble chromium-based catalyst for ethylene trimerization and polymerization[J]. Journal of Catalysis, 1977, 47(2): 197-209.

[3] Reagan W. Process for olefin polymerization: EP 0417477[P]. 1991-03-20.

[4] Alferov K A, Belov G P, Meng Y. Chromium catalysts for selective ethylene oligomerization to 1-hexene and 1-octene: Recent results[J]. Applied Catalysis A: General, 2017, 542: 71-124.

[5] Qi Y, Dong Q, Zhong L, et al. Role of 1,2-dimethoxyethane in the transformation from ethylene polymerization to trimerization using chromium tris (2-ethylhexanoate) based catalyst system: A DFT study[J]. Organometallics, 2010, 29: 1588-1602.

[6] Reagen W K. Chromium (Ⅱ) and (Ⅲ) pyrrolyl ethylene oligomerization catalysts. Synthesis and crystal structure of square planar $Cr(NC_4H_4)_4^{-2}$, and pentanuclear $(Cr_5(NC_4H_4)_{10}(OC_4H_8)_4)$[C]. Symposium on novel preparation and conversion of light olefins. 1989.

[7] Reagan W, Freeman J, Conroy B, et al. Process for the preparation of a catalyst for olefin polymerization: EP 0608447[P]. 1993-01-26.

[8] Knudsen R D, Freeman J W, Lashier M E. Olefin production: US 5563312[P]. 1996-10-08.

[9] Freeman J W, Buster J L, Knudsen R D. Preparation of homogeneous catalysts for olefin oligomerization: US 5856257[P]. 1999-01-05.

[10] Tanaka E, Urata H, Oshiki T, et al. Process for producing alpha-olefin oligomer compositions: EP 0611743[P]. 1994-08-24.

[11] Araki Y, Nakamura H, Nanba Y, et al. Process for producing α-olefin oligomer: US 5856612[P]. 1999-01-05.

[12] Tamura M, Uchida K, Ito Y, et al. Process for producing olefins having a terminal double bond: EP 0614865[P]. 1994-09-14.

[13] Maas H, Mihan S, Koehn R, et al. Oligomerisation catalyst: WO 2000058319[P]. 2000-10-05.

[14] Sato H, Nakajima H. Production of olefin oligomer: JP 06329562[P]. 1994-11-29.

[15] 王刚，谢明和，王斯晗，等. 一种乙烯低聚制1-己烯的催化剂及其应用：CN 1294109[P]. 2001-05-09.

[16] Dixon J T, Grove J J C, Ranwell A. A halopyrrole ligand for use in a catalyst system: WO 0183447[P]. 2001-11-08.

[17] 隋军龙，杜向东，栗同林. 乙烯三聚制1-己烯的研究[J]. 合成树脂及塑料，2001，18(2)：23-25.

[18] Yang Y, Kim H, Lee J, et al. Roles of chloro compound in homogeneous [Cr(2-ethylhexanoate)$_3$/2,5-dimethylpyrrole/triethylaluminum/chloro compound] catalyst system for ethylene trimerization[J]. Applied Catalysis A: General, 2000, 193(1): 29-38.

[19] Fang Y, Liu Y, Ke Y, et al. A new chromium-based catalyst coated with paraffin for ethylene oligomerization and the effect of chromium state on oligomerization selectivity [J]. Applied Catalysis A: General, 2002, 235(1-2): 33-38.

[20] Dixon J T, Grove J J C, Ranwell A. Hydrocarbon conversion process: WO 0138270[P]. 2001-05-31.

[21] Aoyama T, Mimura H, Yamamoto T, et al. Preparation of poly(2-oxetanone): JP 09176299[P]. 1997-07-08.

[22] Mimura H, Aoyama T, Yamamoto T, et al. Production of 1-hexene: JP 09268134[P]. 1997-10-14.

[23] Aoyama T, Yamamoto T, Mimura H, et al. Aluminum-containing oily substance and its production: JP 10007681[P]. 1998-01-13.

[24] Okuri M, Okada H, Koie Y. Ethylene trimerization catalyst and method for trimerizing ethylene therewith: JP 10036432[P]. 1998-02-10.

[25] Mahomed H, Bollmann A, Dixon J T, et al. Ethylene trimerisation catalyst based on substituted cyclopentadienes[J]. Applied Catalysis A: General, 2003, 255(2): 355-359.

[26] Grove J J C, Mahomed H A, Griesel L. Trimerising and oligomerising olefins using a chromium based catalyst: WO 03004158[P]. 2002-06-27.

[27] Rogers J S, Bazan G C. Oligomerization-transmetalation reactions of $Cp^*CrMe_2(PMe_3)$/methylaluminoxane catalysts[J]. Chemical Communications, 2000(13): 1209-1210.

[28] Aoshima T, Urata T. Production of alpha-olefin oligomer: JP 11222445[P]. 1999-08-17.

[29] Commereuc D, Drochon S, Saussine L. Catalytic composition and process for oligomerising ethylene in particular to 1-butene and/or 1-hexene: US 6031145[P]. 1998-06-17.

[30] Commereuc D, Drochon S, Saussine L. Catalytic composition and process for the oligomerisation of ethylene, to primarily 1-hexene: EP 1110930[P]. 2001-06-27.

[31] Grove J, Cronje J, Morgan D H, et al. Oligomerisation process and catalyst system: WO 02083306[P]. 2002-10-24.

[32] Morgan D H, Schwikkard S L, Dixon J T, et al. The effect of aromatic ethers on the trimerisation of ethylene using a chromium catalyst and aryloxy ligands[J]. Advanced Synthesis & Catalysis, 2003, 345(8): 939-942.

[33] Briggs J R. Process for trimerization: US 4668838[P]. 1987-05-26.

[34] Briggs J R. The selective trimerization of ethylene to hex-1-ene[J]. Chemical Communications, 1989, 11: 674-675.

[35] Levine I J, Karol F J. Process for trimerization: US 4777315[P]. 1988-10-11.

[36] Sato H, Suzuki S. Production of alpha-olefin oligomer: JP 07215896[P]. 1995-08-15.

[37] Kodoi K, Sato H. Production of alpha-olefin oligomer: JP 08183746[P]. 1996-07-16.

[38] Wu F J. Ethylene oligomerization: EP 0537609[P]. 1992-07-10.

[39] Reger D L. Tris(pyrazolyl) methane ligands: The neutral analogs of tris(pyrazolyl) borate ligands[J]. Comments on Inorganic Chemistry, 1999, 21(1-3): 1-28.

[40] Yoshida T, Yamamoto T, Okada H, et al. Catalyst for trimerization of ethylene and process for trimerizing ethylene using the catalyst: US 20020035029[P]. 2002-03-21.

[41] Oguri M, Yamamoto T, Mimura H, et al. Trimerization catalyst of ethylene and method for trimerization of ethylene using the same: JP 2001009290[P]. 2001-01-16.

[42] Oguri M, Mitsumura H, Okada H. Ethylene trimerization catalyst and method for trimerizing ethylene using same: JP 200229241[P]. 2000-08-22.

[43] Yamamoto T, Oguri M, Okada H, et al. Ethylene trimerization catalyst and method for trimerizing ethylene using the same: JP 2001096164[P]. 2001-04-10.

[44] Yoshida O, Okada H, Yamamoto T, et al. Method for trimerizing ethylene: JP 2002205960[P]. 2002-07-23.

[45] Iwanaga K, Tamura M. Catalyst system and method for reaction of olefin: US 08/884124[P]. 1997-06-27.

[46] Wu F J. Ethylene trimerization: US 5811618[P]. 1995-08-25.

[47] Duncan Frank W. Olefin trimerisation using a catalyst comprising a source of chromium, molybdenum or tungsten and a ligand containing at least one phosphorous, arsenic or antimony atom bound to at least one hetero hydrocarbyl group: WO 0204119[P]. 2002-01-17.

[48] Heinig S, Wohl A, Muller W, et al. The effect of substituents in PNPN-H ligands on activity and selectivity of a chromium-based catalyst system for highly selective ethylene trimerization[J]. ChemCatChem, 2013, 5(10): 3107-3113.

[49] Rosenthal U, Müller B H, Peulecke N, et al. Oligomerization, cyclooligomerization, dimerization[M]. Weinheim: Wiley-VCH, 2017: 307-410.

[50] Wöhl A, Rosenthal U, Müller B H, et al. Catalyst composition and process for oligomerization of ethylene: WO 2010115520A1[P]. 2010-10-14.

[51] Müller B H, Peulecke N, Peitz S, et al. Activity enhancement of a catalyst system for the selective trimerization of ethene to 1-hexene by modification of the chromium to chloride to aluminium ratio[J]. Chemistry-A European Journal, 2011, 17(25): 6935-6938.

[52] Dixon J T, Grove J J C, Wasserscheid P, et al. Trimerisation and oligomerisation of olefins using a chromium based catalyst: WO 03053891[P]. 2003-07-03.

[53] Mcguinness D S, Wasserscheid P, Keim W, et al. Novel Cr-PNP complexes as catalysts for the trimerisation of ethylene[J]. Chemical Communications, 2003(3): 334-335.

[54] Klemps C, Payet E, Magna L, et al. PCNCP ligands in the chromium-catalyzed oligomerization of ethylene: Tri-versus tetramerization [J]. Chemistry-A European Journal, 2009, 15(33): 8259-8268.

[55] McGuinness D S, Wasserscheid P, Morgan D H, et al. Ethylene trimerization with mixed-donor ligand (N, P, S) chromium complexes: Effect of ligand structure on activity and selectivity[J]. Organometallics, 2005, 24(4): 552-556.

[56] Bluhm M E, Walter O, Döring M. Chromium imine and amine complexes as homogeneous catalysts for the trimerisation and polymerisation of ethylene [J]. Journal of Organometallic Chemistry, 2005, 690(3): 713-721.

[57] McGuinness D S, Wasserscheid P, Keim W, et al. First Cr(Ⅲ)-SNS complexes and their use as highly efficient catalysts for the trimerization of ethylene to 1-hexene[J]. Journal of the American Chemical Society, 2003, 125(18): 5272-5273.

[58] Dixon J T, Wasserscheid P, McGuinness D S, et al. Trimerisation and oligomerisation of olefins using a chromium based catalyst: WO 03053890[P]. 2003-07-03.

[59] Wu F-J. Ethylene trimerization coordination catalyst: US 5811618A[P]. 1998-09-22.

[60] Zhang J, Braunstein P, Hor T S A. Highly selective chromium(Ⅲ) ethylene trimerization catalysts with [NON] and [NSN] heteroscorpionate ligands[J]. Organometallics, 2008, 27(17): 4277-4279.

[61] Oguri M, Mimura H, Aoyama T, et al. Catalyst for trimerizing ethylene and trimerization of ethylene in presence of the same: JP 11092407[P]. 1999-04-06.

[62] Mimura H, Oguri M, Okada H. Catalyst for trimerization reaction of ethylene, and method of trimerization reaction of ethylene using the same: JP 2000176291[P]. 2000-06-27.

[63] Mimura H, Oguri M, Yamamoto T, et al. Catalyst for trimerization of ethylene and process for trimerizing ethylene using the catalyst: US 6337297[P]. 2002-01-08.

[64] Oguri M, Mimura H, Okada H. Ethylene trimerization catalyst and method for trimerizing ethylene using same: JP 2000202299[P]. 2000-07-25.

[65] Mimura H, Oguri M, Yamamoto T, et al. Ethylene trimerization catalyst and ethylene trimerization using the same: JP 2001002724[P]. 2001-01-09.

[66] Oguri M, Yamamoto T, Mimura H, et al. Ethylene oligomerization catalyst and ethylene oligomerization using the same: JP 2001002725[P]. 2002-01-09.

[67] Murakita S, Yamamoto T, Okada H, et al. Trimerizing catalyst for ethylene and trimerizing method for ethylene using the same: JP 2001149788[P]. 2001-06-05.

[68] Monoi H, Torigoe H, Fushimi M, et al. Trimerization of ethylene: JP 09020693[P]. 1997-01-21.

[69] Monoi H, Torikoshi H, Yamamoto M. Polymerization of ethylene: JP 10060043[P]. 1998-03-03.

[70] Monoi T, Sasaki Y. Silica-supported $Cr[N(SiMe_3)_2]_3$/isobutylalumoxane catalyst for selective ethylene trimerization[J]. Journal of Molecular Catalysis A: Chemical, 2002, 187(1): 135-141.

[71] Carter A, Cohen S A, Cooley N A, et al. High activity ethylene trimerisation catalysts based on diphosphine ligands[J]. Chemical Communications, 2002(8): 858-859.

[72] Reagan W K, Freeman J W, Conroy B K, et al. Process for olefin polymerization: US 5451645[P]. 1995-09-19.

[73] Wang M, Shen Y, Qian M, et al. Oligomerization and simultaneous cyclization of ethylene to methylenecyclopentane catalyzed by zirconocene complexes[J]. Journal of Organometallic Chemistry, 2000, 599(2): 143-146.

[74] Santi R, Romano A M, Grande M, et al. Process for the preparation of 1-hexene: WO 0168572[P]. 2001-09-20.

[75] Murtuza S, Harkins S B, Long G S, et al. Tantalum- and titanium-based catalytic systems for the synthesis of hyperbranched polyethene[J]. Journal of the American Chemical Society, 2000, 122(9): 1867-1872.

[76] Andes C, Harkins S B, Murtuza S, et al. New tantalum-based catalyst system for the selective trimerization of ethene to 1-hexene[J]. Journal of the American Chemical Society, 2001, 123(30): 7423-7424.

[77] Pellecchia C, Pappalardo D, Gruter G J. Branched polyethylene produced by a half-titanocene catalyst[J]. Macromolecules, 1999, 32(13): 4491-4493.

[78] Deckers P J W, Hessen B, Teuben J H. Catalytic trimerization of ethene with highly active cyclopentadienyl-arene titanium catalysts[J]. Organometallics, 2002, 21(23): 5122-5135.

[79] Deckers P J W, Hessen B, Teuben J H. Switching a catalyst system from ethene polymerization to ethene trimerization with a hemilabile ancillary ligand[J]. Angewandte Chemie International Edition, 2001, 40(13): 2516-2519.

[80] Deckers P J W, Hessen B. Catalyst for the trimerisation of olefins: WO 02066404[P]. 2002-08-29.

[81] Huang J, Wu T, Qian Y. Ethylene trimerization with a half-sandwich titanium complex bearing a pendant thienyl group[J]. Chemical Communications, 2003(22): 2816-2817.

[82] Otten E, Batinas A A, Meetsma A, et al. Versatile coordination of cyclopentadienyl arene ligands and its role in titanium-catalyzed ethylene trimerization[J]. Journal of the American Chemical Society, 2009, 131(14): 5298-5312.

[83] Suzuki Y, Kinoshita S, Shibahara A, et al. Trimerization of ethylene to 1-hexene with titanium complexes bearing phenoxy-imine ligands with pendant donors combined with MAO[J]. Organometallics, 2010, 29(11): 2394-2396.

[84] Matsugi T, Fujita T. High-performance olefin polymerization catalysts discovered on the basis of a new catalyst design concept[J]. Chemical Society Reviews, 2008, 37(6): 1264-1277.

[85] Makio H, Fujita T. Development and application of FI catalysts for olefin polymerization: Unique catalysis and distinctive polymer formation[J]. Accounts of Chemical Research, 2009, 42(10): 1532-1544.

[86] Ishii S, Nakano T, Kawamura K, et al. Development of new selective ethylene trimerization catalysts based on highly active ethylene polymerization catalysts[J]. Catalysis Today, 2018, 303: 263-270.

[87] Cordier A. Oligomerization and polymerization of ethylene by phenoxy-imine titanium catalysts[D]. Lyon: Université de Lyon, 2019.

[88] Sugimura K, Nitabara T S, Fujita T. Olefin polymerization catalyst and polymerization of olefin using the same: JP 10324710[P]. 1998-12-08.

[89] Ban K, Hayashi T, Suzuki Y. Preparation of alpha-olefin multimer: JP 11060627[P]. 1999-03-02.

[90] Ban K, Hayashi T, Suzuki Y. Production of alpha-olefin oligomer: JP 10101587[P]. 1998-04-21.

[91] Chen L, Jiang Y, Huo H, et al. Metal-organic framework-based composite Ni@MOF as heterogenous catalyst for ethylene trimerization[J]. Applied Catalysis A: General, 2020, 594: 117457.

[92] Flory P J. Molecular size distribution in ethylene oxide polymers[J]. Journal of the American Chemical Society, 1940, 62(6): 1561-1565.

[93] Cossee P. Ziegler-Natta catalysis Ⅰ. Mechanism of polymerization of α-olefins with Ziegler-Natta catalysts[J]. Journal of Catalysis, 1964, 3(1): 80-88.

[94] Arlman E J, Cossee P. Ziegler-Natta catalysis Ⅲ. Stereospecific polymerization of propene with the catalyst system $TiCl_3$-$AlEt_3$[J]. Journal of Catalysis, 1964, 3(1): 99-104.

[95] McDermott J X, White J F, Whitesides G M. Preparation and thermal decomposition of platinum(Ⅱ) metallocycles[J]. Journal of the American Chemical Society, 1973, 95(13): 4451-4452.

[96] McDermott J X, White J F, Whitesides G M. Thermal decomposition of bis(phosphine) platinum(Ⅱ) metallocycles[J]. Journal of the American Chemical Society, 1976, 98(21): 6521-6528.

[97] Emrich R, Heinemann O, Jolly P W, et al. The role of metallacycles in the chromium-catalyzed trimerization of ethylene[J]. Organometallics, 1997, 16(8): 1511-1513.

[98] Macadams L A, Buffone G P, Incarvito C D, et al. A stable alkyl hydride of a first row transition metal[J]. Chemical Communications, 2003(10): 1164-1165.

[99] Blok A N, Budzelaar P H, Gal A W. Mechanism of ethene trimerization at an *ansa*-(arene) (cyclopentadienyl) titanium fragment[J]. Organometallics, 2003, 22(13): 2564-2570.

[100] Yu Z, Houk K N. Why trimerization? Computational elucidation of the origin of selective trimerization of ethene catalyzed by $[TaCl_3(CH_3)_2]$ and an agostic-assisted hydride transfer mechanism[J]. Angewandte Chemie International Edition, 2003, 42(7): 808-811.

[101] Rensburg W J V, Grové C, Steynberg J P, et al. A DFT study toward the mechanism of chromium-catalyzed ethylene trimerization[J]. Organometallics, 2004, 23(6): 1207-1222.

[102] Budzelaar P H. Ethene trimerization at Cr(Ⅰ)/Cr(Ⅲ)-a density functional theory (DFT) study[J]. Canadian Journal of Chemistry, 2009, 87(7): 832-837.

[103] De Bruin T J M, Magna L, Raybaud P, et al. Hemilabile ligand induced selectivity: A DFT study on ethylene trimerization catalyzed by titanium complexes [J].

Organometallics, 2003, 22(17): 3404-3413.

[104] Qi Y, Dong Q, Zhong L, et al. Role of 1,2-dimethoxyethane in the transformation from ethylene polymerization to trimerization using chromium tris(2-ethylhexanoate)-based catalyst system: A DFT study[J]. Organometallics, 2010, 29(7): 1588-1602.

[105] Kwon D-H, Maley S M, Stanley J C, et al. Why less coordination provides higher reactivity chromium phosphinoamidine ethylene trimerization catalysts [J]. ACS Catalysis, 2020, 10(17): 9674-9683.

[106] Skobelev I Y, Panchenko V N, Lyakin O Y, et al. In situ EPR monitoring of chromium species formed during Cr-pyrrolyl ethylene trimerization catalyst formation [J]. Organometallics, 2010, 29(13): 2943-2950.

[107] Yang Y, Liu Z, Cheng R H, et al. Mechanistic DFT study on ethylene trimerization of chromium catalysts supported by a versatile pyrrole ligand system[J]. Organometallics, 2014, 33(10): 2599-2607.

[108] Jabri A, Mason C B, Sim Y, et al. Isolation of single-component trimerization and polymerization chromium catalysts: The role of the metal oxidation state [J]. Angewandte Chemie International Edition, 2008, 47: 9717-9721.

[109] Vidyaratne I, Nikiforov G B, Gorelsky S I, et al. Isolation of a self-activating ethylene trimerization catalyst[J]. Angewandte Chemie 2009, 121(35): 6674-6678.

[110] Licciulli S, Albahily K, Fomitcheva V, et al. A chromium ethylidene complex as a potent catalyst for selective ethylene trimerization[J]. Angewandte Chemie, 2011, 123(10): 2394-2397.

[111] Venderbosch B, Oudsen J-P H, Wolzak L A, et al. Spectroscopic investigation of the activation of a chromium-pyrrolyl ethene trimerization catalyst [J]. ACS Catalysis, 2019, 9(2): 1197-1210.

[112] 王斯晗，蒋岩，王玉龙，等. 乙烯三聚反应中副产物癸烯的生成机理及控制工艺[J]. 石油学报，2017，33(2)：261-266.

[113] Do L H, Labinger J A, Bercaw J E. Mechanistic studies of ethylene and α-olefin co-oligomerization catalyzed by chromium-PNP complexes[J]. Organometallics, 2012, 31(14): 5143-5149.

[114] Gong M, Liu Z, Li Y, et al. Selective co-oligomerization of ethylene and 1-hexene by chromium-PNP catalysts: A DFT study[J]. Organometallics, 2016, 35(7): 972-981.

[115] Cordier A. Oligomerization and polymerization of ethylene by phenoxy-imine titanium catalysts[D]. Lyon: Université de Lyon, 2019.

[116] Karbach F F, Severn J R, Duchateau R. Effect of aluminum alkyls on a homogeneous and silica-supported phenoxy-imine titanium catalyst for ethylene trimerization[J]. ACS Catalysis 2015, 5(9): 5068-5076.

[117] Salian S M, Bagui M, Jasra R V. Industrially relevant ethylene trimerization catalysts and processes[J]. Applied Petrochemical Research, 2021, 11: 267-279.

[118] Olivier-Bourbigou H, Forestière A, Saussine L, et al. Olefin ligomerization for the production of fuels and petrochemicals[J]. Oil Gas-EuropeanMagazine, 2010, 36(2): 97-102.

[119] Zhukov V I, Val'kovich G V, Skorik B N, et al. Selective dimerization of ethylene to

butene-1 under the conditions of industrial process. I. Influence of temperature and pressure on the rate of the process in a bubbling type reactor[J]. Russian Journal of Applied Chemistry，2007(80)：1195-1200.

[120] 于部伟，蒋岩，霍洪亮. 乙烯三聚制 1-己烯的工艺研究进展[J]. 化学工业，2018，36(6)：36-39.

[121] 中国石化有机原料科技情报中心站. 中国石化北京燕山分公司的 1-己烯成套技术打破原料瓶颈[J]. 石油炼制与化工，2019，50(11)：96.

[122] Tang S，Liu Z，Yan X，et al. Kinetic studies on the pyrrole-Cr-based chevron-phillips ethylene trimerization catalyst system[J]. Applied Catalysis A：General，2014，481：39-48.

[123] Höhne M，Peulecke N，Konieczny K，et al. Chromium-catalyzed highly selective oligomerization of ethene to 1-hexene with *N*,*N*-bis[chloro(aryl)phosphino] amine ligands[J]. ChemCatChem，2017，9(13)：2467-2472.

[124] Kamaleddine M，Bonnin C，Michel T，et al. Gas-liquid flow characterization and mass transfer study in a microreactor for oligomerization catalyst testing[J]. Chemical Engineering and Processing-Process Intensification，2021，166：108476.

[125] 张立超，吴红飞，韩春卉，等. 一种乙烯低聚的方法：CN 104109068B[P]. 2015-12-23.

[126] 栗同林，祁彦平，隋军龙，等. 乙烯低聚生产 α-烯烃的方法：CN 104086349B[P]. 2016-08-17.

[127] 徐珂，栗同林，隋军龙，等. 乙烯低聚环管反应器的控制方法：CN 104056583A[P]. 2014-09-24.

[128] 韩泽圭. 乙烯的选择性低聚反应工艺：CN 108026200B[P]. 2020-10-16.

[129] 刘振宇，钟向宏，梁胜彪，等. 一种选择性乙烯低聚生产 α-烯烃的工艺方法及系统：CN 107746365A[P]. 2018-03-02.

[130] 杨颖，乔小飞，贾峥瑞，等. 乙烯选择性低聚制备 1-辛烯的装置和方法：CN 110639459A[P]. 2020-01-03.

[131] 薛宽荣，梁金奎，王东镇，等. 一种乙烯选择性低聚生产 1-己烯的装置及工艺：CN 114225856A[P]. 2022-03-25.

[132] 周吉祥. 乙烯三聚反应分离耦合工艺设计及模拟[D]. 大庆：东北石油大学，2023.

第5章

乙烯四聚合成1-辛烯

5.1 乙烯四聚技术简介

乙烯选择性四聚是通过特定的催化剂将四个乙烯（C_2H_4）分子进行低聚，高选择性合成1-辛烯。1-辛烯作为一种重要的有机化工原料和中间体，被广泛用作LLDPE、聚烯烃弹性体（POE）和烯烃嵌段共聚物（OBC）等高端聚烯烃的共聚单体，此外还可用作增塑剂、表面活性剂、润滑油基础油、润滑剂、羧酸、环氧化合物和橡胶加工化学品的合成原料等。随着我国石油化工行业的蓬勃发展和高端聚烯烃产业不断发展，我国对1-辛烯的需求不断增长。2021年12月，工业和信息化部等发布的《“十四五”原材料工业发展规划》提出“创建高端聚烯烃、高性能工程塑料”等发展思路，到2025年高端聚烯烃自给率提升到70%以上。近年来中国聚烯烃产业升级，在高端化、差异化、多元化产品开发方面不断创新，乙烯四聚合成1-辛烯催化剂和生产工艺的开发也成了该领域内的研究热点，多家企业投入巨资进行相关技术的开发。在市场需求的驱动下，目前国内已有多套乙烯四聚中试/工业示范装置在运行，规划建设的1-辛烯产能达到200万t/a以上。

在传统的LAOs生产方法中，为了从宽分布的乙烯低聚产品中分离出所需的短链烯烃，必须在工艺中引入附加的分离设备，这不可避免地导致了生产成本的增加。乙烯选择性低聚技术成功地解决了这一问题，降低了生产成本，提高了生产效率。经过几十年的研究，学术界和工业界在乙烯选择性低聚领域取得了很大的发展。2003年，Phillips公司在卡塔尔首次实现了乙烯选择性三聚的大规模工业化生产，这也成了LAOs历史上由乙烯二聚到乙烯三聚的一个里程碑，具有重要的意义。紧接着，Sasol 公司的 Bollmann 等研究人员对 BP 石油公司开发的 PNP 配体进行了关键的结构优化，成功研制了第一个真正意义上的乙烯选择性四聚催化剂体系，该体系对 1-辛烯的选择性高达 70%（质量分数）以上。2014 年，Sasol 公司在美国路易斯安那州建成了 10 万 t/a 乙烯四聚技术的工业化生产装置，为乙烯选择性低聚的商业化进程设定了新的标杆。

采用乙烯选择性四聚技术生产 1-辛烯不仅具有出色的原子经济性，还契合绿色化学的发展理念。但目前该技术发展面临的主要瓶颈在于，生产过程中即使只有少量高聚物产生也足以堵塞管道，影响连续化生产装置的稳定运行。另外，由于助催化剂 MMAO 等在国内尚未实现工业规模生产，这使得乙烯四聚技术存在生产成本高的问题，削弱了该技术的市场竞争力。再者，该技术还存在副产物多、1-辛烯选择性有待进一步提高等问题。因此，开发兼具高选择性和高活性的乙烯四聚催化剂体系，深入研究乙烯四聚反应过程中聚合物的生成机理并提出有效抑制措施，开发低成本、高效率的乙烯四聚生产工艺流程，对于乙烯四聚生产 1-辛烯具有至关重要的意义，并已成为近年来该领域的研究热点。

5.2 乙烯四聚主催化剂研究进展

1-辛烯作为生产 LLDPE、HDPE、POE 和 OBC 等的共聚单体，其市场需求量一直在逐年增长，巨大的商业驱动力推动了乙烯选择性四聚催化剂的发展[1-2]。虽然已有多种乙烯四聚催化剂被成功开发，但到目前为止乙烯选择性四聚工业化装置在国内仍处于空白状态[3-10]。研究表明，乙烯选择性四聚催化剂的性能主要受配体的影响，配体的空间位阻和电子效应对催化剂性能的影响很大[11-14]。因此，设计和开发新型配体是实现高性能乙烯选择性四聚催化剂体系开发的关键。Sasol 公司首次报道了高选择性乙烯四聚 PNP/Cr 催化剂体系[15]后，立即引起了国际上许多化学公司和科学家的关注，SK 能源、Chevron-Phillips、ExxonMobil、Shell、Nova、中国石化和中国石油等化学公司都投入巨资支持科学家和研究人员在该领域开展深入的研究。

5.2.1 PNP/Cr 催化剂

2002 年，British Petroleum（BP）公司首次报道了 PNP 配体可以实现乙烯高选择性三聚合成 1-己烯，如图 5-1 所示[8]。以 MAO 为助催化剂，图 5-1 中的 **27a**/Cr 可以催化乙烯三聚，1-己烯的选择性达到 90%（质量分数），催化活性达到 1030kg/(g Cr・h)。Sasol 公司的技术人员对上述 PNP 配体进行了改进，去掉可作为给电子体的甲氧基，避免了铬中心配位饱和度增加，实现了第一个高活性和高选择性的乙烯四聚催化剂体系，如图 5-1 所示[15]。**27i**/Cr 催化乙烯选择性四聚实现了 66.5%（质量分数）的 1-辛烯选择性，催化活性为 591kg/(g Cr・h)。

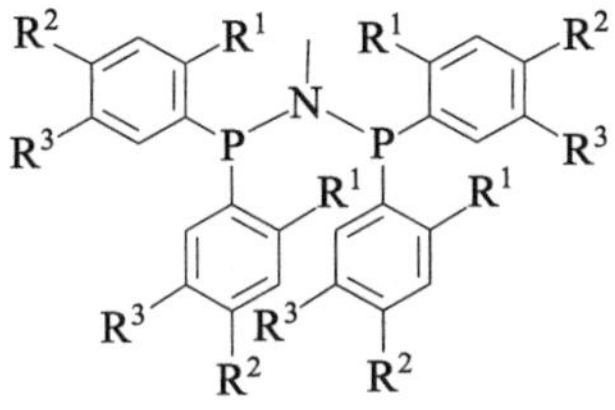

27a～27e

27a：R^1 = 甲氧基, R^2 = R^3 = H
27b：R^1 = 乙基, R^2 = R^3 = H
27c：R^1 = R^3 = H, R^2 = 甲氧基
27d：R^1 = R^3 = 甲氧基, R^2 = H
27e：R^1 = 甲氧基, R^2 = H, R^3 = F

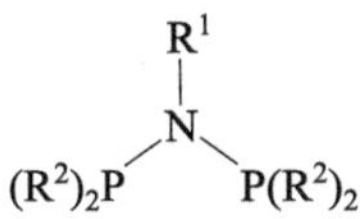

27f～27n

27f：R^1 = 甲基, R^2 = 苯基
27g：R^1 = 戊基, R^2 = 苯基
27h：R^1 = 环己基, R^2 = 苯基
27i：R^1 = 异丙基, R^2 = 苯基
27j：R^1 = R^2 = 苯基
27k：R^1 = 异丙基, R^2 = 2-噻吩基
27l：R^1 = 甲基, R^2 = 乙基
27m：R^1 = 甲基, R^2 = 2-萘基
27n：R^1 = 甲基, R^2 = 4-联苯基

图 5-1　首次报道的乙烯三聚（27a～27e）和四聚（27f～27n）PNP 配体

Blann 等[16]进一步研究了 *P*-芳基和 N 原子上不同的取代基对催化性能的影响，如图 5-2 所示。在图 5-2 中，**28a**、**28b**、**28c** 配体 *P*-芳基的邻位都被烷基取代基占据，它们都表现出乙烯三聚性能，只有很少量的 C_8 馏分生成。但是仅移除一个烷基取代基时，配体 **28d** 的产物选择性显著地从乙烯三聚转变为乙烯四聚，得到 42%（质量分数）的 C_8 选择性，说明邻位取代基减少进一步增加了 C_8 选择性。N 原子上的取代基由甲基变为异丙基后，C_6 产物的形成增加，这是由于异丙基具有更大的空间位阻。研究结果表明：PNP 配体的总体空间体积是决定 1-辛烯和 1-己烯相对选择性的关键因素，空间体积越小的配体越倾向于乙烯四聚生成 1-辛烯[16]。*P*-芳基的对位甲氧基取代基并没有影响催化剂的选择性，但是影响了催化剂的活性。研究表明：*P*-芳基的对位取代基远离活性中心，故其空间位阻的变化对活性中心的影响较小[17]。

Kuhlmann 等研究了 PNP 配体的 N 原子上不同尺寸环烷烃取代基和 *N*-环烷基上的取代基对催化性能的影响，如图 5-3 所示[18]。N 原子上环烷烃取代

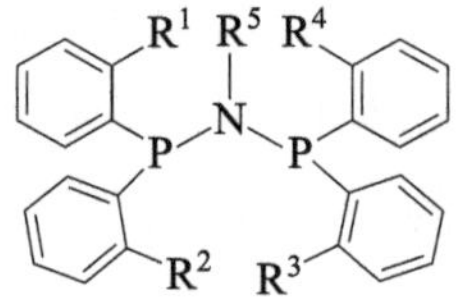

28a～28i

28a：$R^1 = R^2 = R^3 = R^4 = R^5$ = 甲基
28b：$R^1 = R^2 = R^3 = R^4$ = 乙基, R^5 = 甲基
28c：$R^1 = R^2 = R^3 = R^4$ = 异丙基, R^5 = 甲基
28d：R^1 = H, $R^2 = R^3 = R^4 = R^5$ = 甲基
28e：$R^1 = R^2$ = H, $R^3 = R^4 = R^5$ = 甲基
28f：$R^1 = R^3$ = H, $R^2 = R^4 = R^5$ = 甲基
28g：$R^1 = R^3$ = H, $R^2 = R^4$ = 乙基, R^5 = 甲基
28h：$R^1 = R^3$ = H, $R^2 = R^4$ = 乙基, R^5 = 异丙基
28i：$R^1 = R^2 = R^3$ = H, R^4 = 乙基, R^5 = 异丙基

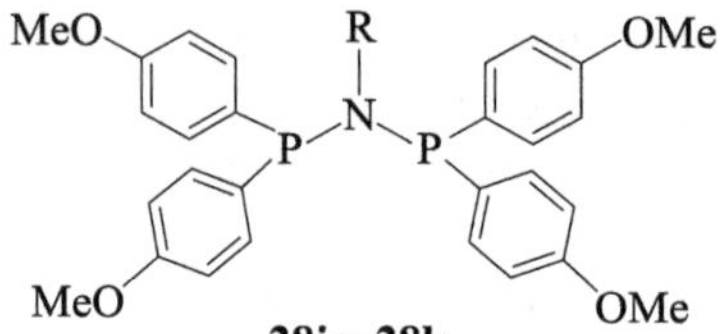

28j～28k

28j：R = 甲基
28k：R = 异丙基

图 5-2　*P*-芳基和 N 原子上不同取代基修饰的 PNP 配体

导致 C_6 产物中的 1-己烯选择性偏低，N 原子上取代基环尺寸增加导致 C_6 中 1-己烯选择性提高。环尺寸从 4 个碳原子增加到 7 个碳原子，导致 1-辛烯选择性增加了 6.9%（质量分数）；进一步增加环尺寸到 12 个碳原子，1-辛烯选择性略微下降。此外，随着 N 原子上取代基环尺寸的增加，催化剂溶解度增加，促进了催化剂活性的提升。研究者进一步以环己基为取代基，探索了环己基的邻位取代基对催化性能的影响。环己基的邻位取代基对催化活性的影响不明显，但是随着邻位取代基位阻增加，C_6 选择性增加，α-烯烃的总选择性增加。

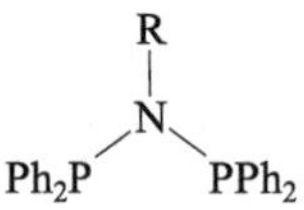

29a～29f

29a：R = 环丙基
29b：R = 环丁基
29c：R = 环戊基
29d：R = 环己基
29e：R = 环庚基
29f：R = 环十二烷基

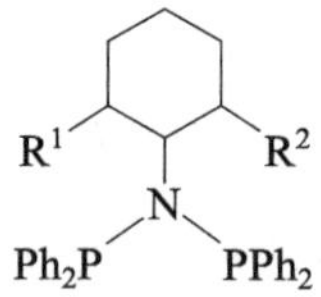

29g～29j

29g：R^1 = H, R^2 = 甲基
29h：R^1 = H, R^2 = 乙基
29i：R^1 = H, R^2 = 异丙基
29j：$R^1 = R^2$ = 甲基

图 5-3　N 原子上不同环烷基修饰的 PNP 配体

研究者对 PNP 配体 *N*-取代基的空间位阻和电子效应对催化性能的影响进行了进一步研究[19-21]。发现：相比于 *N*-取代基的碱度，*N*-取代基的空间体积效应是影响乙烯四聚反应选择性的主要因素，如图 5-4 所示。增加 *N*-取代基的空间位阻可以增加总 α-烯烃选择性（1-己烯和 1-辛烯），但降低了 1-辛烯：1-己烯（OTH）的比例[19,21]。此外，N 原子上的 α-C 具有分支对获得高选择性的乙烯四聚催化剂至关重要。N 原子上具有取代基也是必要的，否则 N 会

脱去质子得到单齿阴离子 N^- 供体，而不是正常的双膦配体[19]。N 原子上芳基取代基空间位阻的大小决定了乙烯四聚的产物选择性，富含电子的 *N*-芳基 PNP 配体具有较高的总 α-烯烃选择性，如图 5-5 所示[20]。对 N 原子上取代基的结构进行微调是获得有效的乙烯四聚催化剂的关键，Jiang 等[21]研究发现，通过调控 *N*-芳基上烷基取代基的位置和大小可以实现对催化剂活性和选择性的控制（图 5-6）。

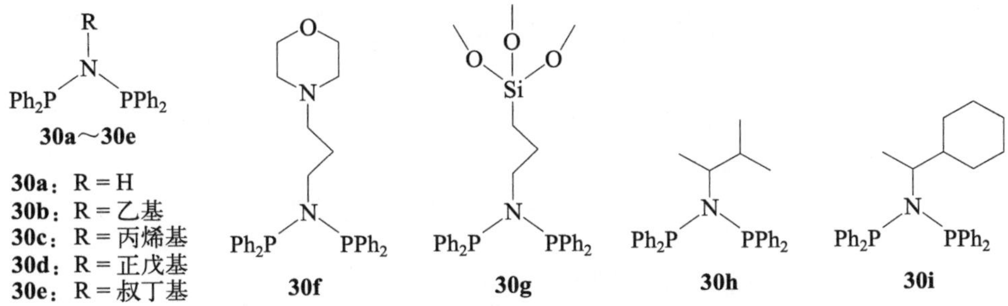

图 5-4　Blann 等报道的不同 *N*-取代基的 PNP 配体

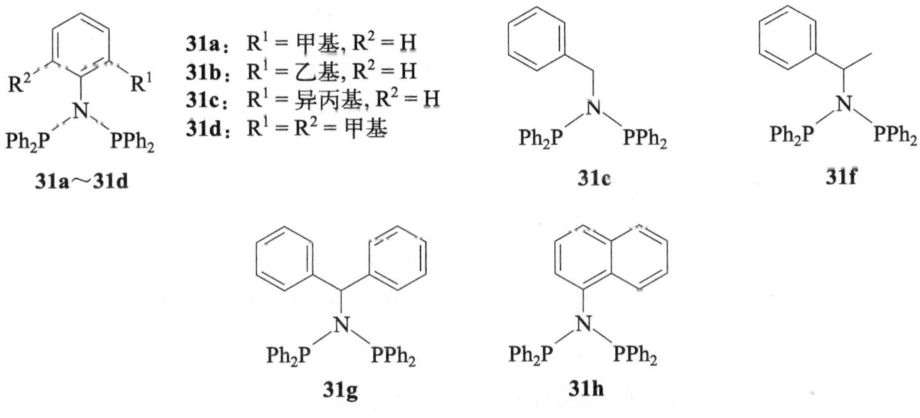

图 5-5　N 原子上不同芳基取代的 PNP 配体

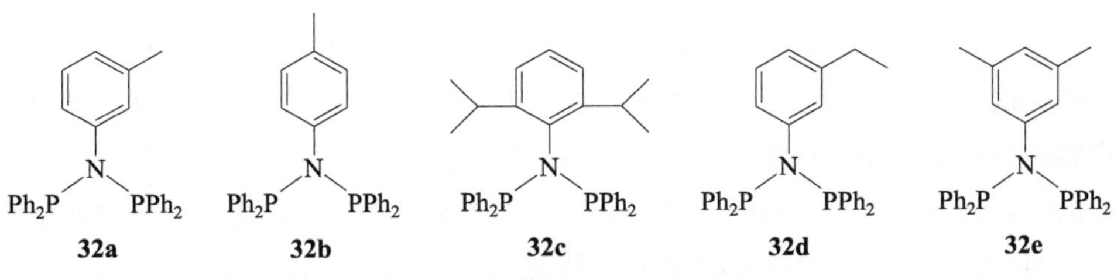

图 5-6　*N*-芳基上不同烷基修饰的 PNP 配体

配体的多核化是设计新型结构配体、研究金属中心之间相互作用的独特策略。为了探索配体多核化之后催化体系性能的变化，研究人员对多核 PNP 配体进行了合成和性能评价研究，如图 5-7 所示。Jiang[22-23]、Blann[19] 和 Mao[24] 等先后报道了双核和三核 PNP 配体。研究结果表明：多核 PNP 配体具有更好的催化剂稳定性，但是催化活性和 1-辛烯选择性没有表现出优势。

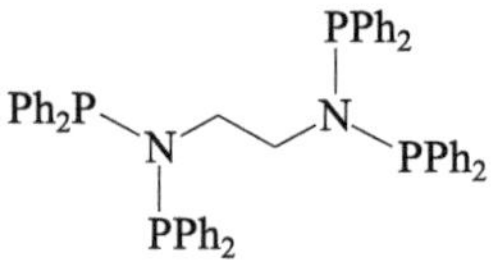

33a

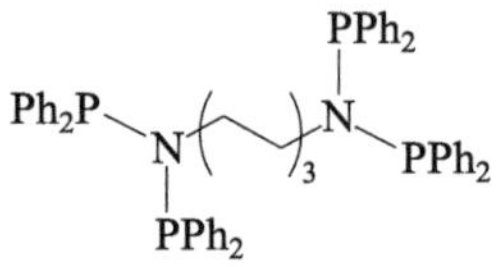

33b

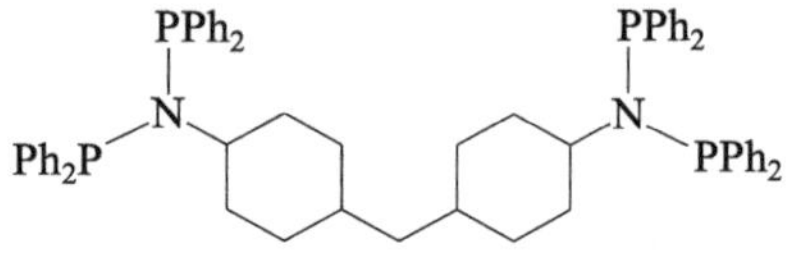

33c

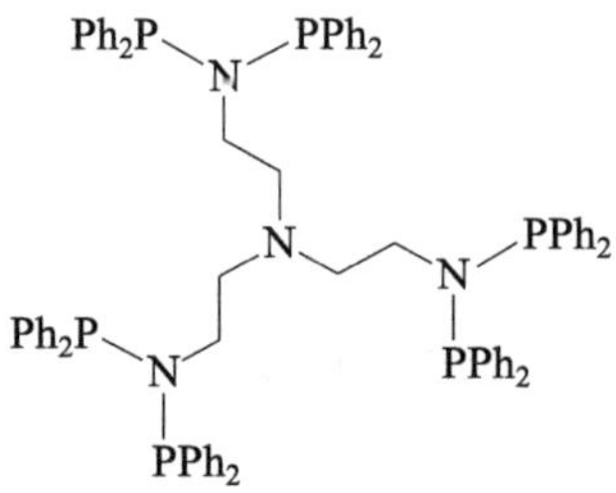

33d

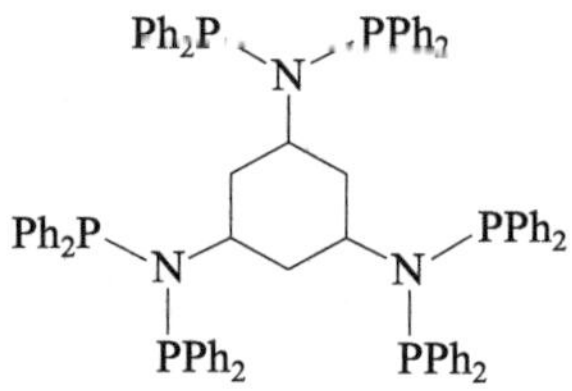

33e

图 5-7　双核和三核 PNP 配体

5.2.2 PCCP/Cr 催化剂

Overett 等[25]首次开发了几种有效的 PCCP 配体用于乙烯选择性三聚和四聚，如图 5-8 所示。**34e**/Cr 用于催化乙烯四聚表现出非常高的催化活性，但是相比于 PNP 配体，该催化体系的 1-辛烯选择性较低。由于 P-Cr-P 咬合角与 1-辛烯/1-己烯比（OTH）存在明显相关性，咬合角越小，OTH 越大，如图 5-9 所示。PNP 配体具有非常小的咬合角（约 67°）[15]，但是 PCCP 配体的 P-Cr-P 咬合角通常在 81°～83°[26]，这导致了 PCCP 配体较小的 OTH。与配体 **34e** 相比，配体 **34f** 和 **34g** 形成的催化剂金属活性中心周围的空间位阻增加，P-Cr-P 咬合角增加，导致该催化体系由乙烯四聚向乙烯三聚转变。配体 **34f** 和 **34g** 的产物选择性剧烈变化可能不仅是源于空间位阻的变化，取代基的电子效应也是影响产物选择性的重要原因。碳桥的不饱和性和骨架刚性都能显著影响催化性能。**34e**/Cr 在 MMAO-3A 活化下，展现出 7200kg/(g Cr · h) 的催化活性，1-己烯选择性为 24.7%（质量分数），1-辛烯选择性为 54.8%（质量分数）。

配体 **34e** 的高活性可能就是源于苯基作为碳桥的不饱和性和刚性。

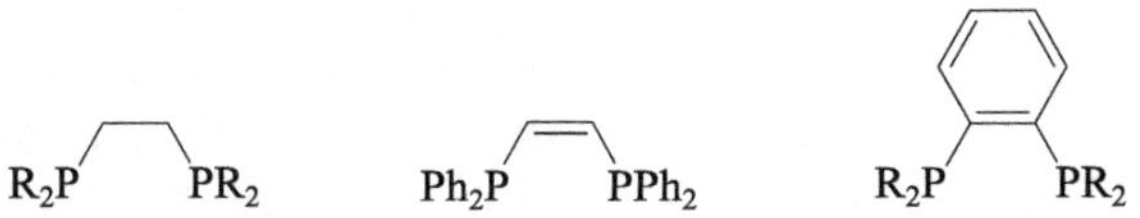

34a～34c　**34d**　**34e～34g**

34a：R＝苯基
34b：R＝甲基
34c：R＝异丙基

34e：R＝苯基
34f：R＝2-乙基苯基
34g：R＝异丙基

图 5-8　Overett 等报道 PCCP 配体

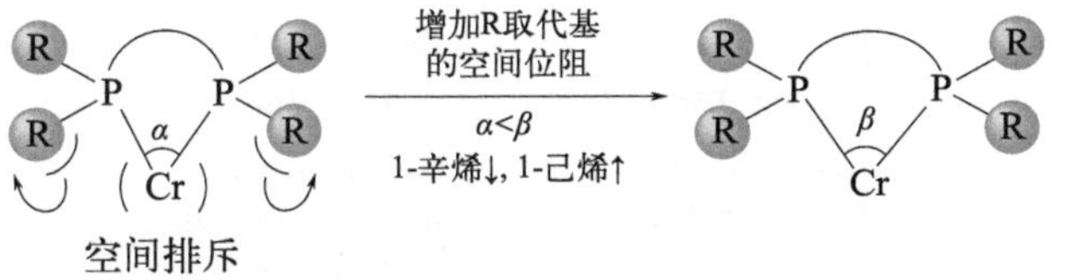

图 5-9　P-Cr-P 咬合角与 OTH 的关系

SK-Energy[27]公司报道了具有手性的乙基桥联 PCCP 配体，如图 5-10 所示。研究表明：乙基碳桥上引入甲基取代基，PCCP/Cr 催化剂的性能得到了显著的提升。**35f**/Cr 催化乙烯四聚活性最高可达 2256kg/(g Cr・h)，1-辛烯选择性为 51.1%（质量分数），1-己烯选择性为 35.2%（质量分数）。膦芳基的邻位取代（**35d** 和 **35e**）极大增加了空间位阻，催化剂表现出低活性，产物几乎只有聚合物。对位甲氧基取代（**35g**）并没有影响催化剂的活性和 1-辛烯选择性。然而，F 原子具有强吸电子效应，对位 F 原子取代（**35f**）显著降低了催化活性。上述研究表明：取代基的电子效应可以引起催化活性的显著变化。

Zhang 等[28]研究了乙基和乙烯基桥联 PCCP 配体的骨架取代基变化对乙烯四聚催化性能的影响，如图 5-11 所示。不饱和的乙烯基桥联 PCCP 配体表现出比饱和的乙基桥联 PCCP 配体更高的催化活性，但是 1-辛烯选择性略低。研究表明：PCCP 配体碳桥上的取代基变化显著影响了催化剂的乙烯四聚性能。碳桥上具有小空间位阻取代基团（甲基），催化剂表现出低活性和高 1-辛烯选择性；碳桥上具有大空间位阻取代基团（叔丁基），催化剂表现出高活性和低 1-辛烯选择性。**36e**/Cr 催化剂表现出 4238kg/(g Cr・h) 的高活性，1-己烯和 1-辛烯的选择性分别为 46%（质量分数）和 33.1%（质量分数）。

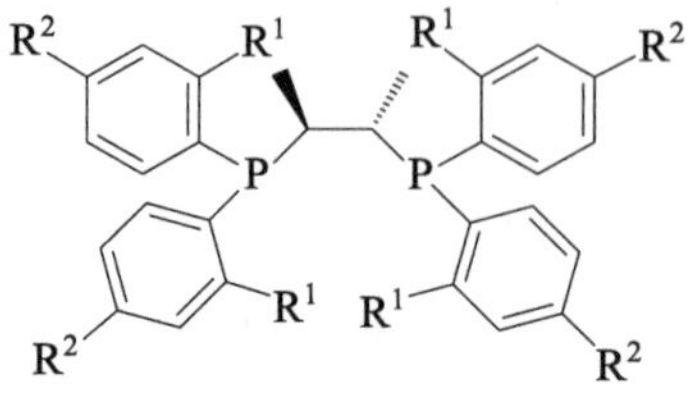

35a～35h

35a：$R^1 = H, R^2 = H$ (*S*, *S*)
35b：$R^1 = H, R^2 = H$ (*R*, *R*)
35c：$R^1 = H, R^2 = H$ (*meso*)
35d：R^1 = 甲基, $R^2 = H$ (*S*, *S*)
35e：R^1 = 甲氧基, $R^2 = H$ (*S*, *S*)
35f：$R^1 = H$, R^2 = 甲基 (*S*, *S*)
35g：$R^1 = H$, R^2 = 甲氧基 (*S*, *S*)
35h：$R^1 = H, R^2 = F$ (*S*, *S*)

图 5-10　SK-Energy 报道的 PCCP 配体

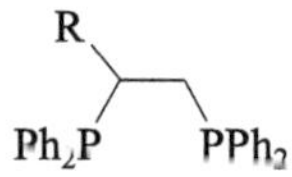

36a～36b

36a：R = 甲基
36b：R = 苯基

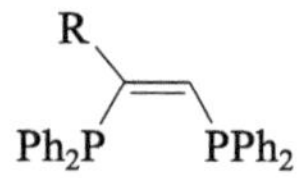

36c～36e

36c：R = 苯基
36d：R = 环己基
36e：R = 叔丁基

图 5-11　Zhang 等报道的 PCCP 配体

Cheredilin 等[29]的研究表明：空间位阻和电子效应对苯基桥联 PCCP/Cr 的乙烯低聚催化性能有显著的影响，如图 5-12 所示。苯基桥上引入取代基对产物选择性没有明显影响，但是引入给电子的甲氧基提高了催化活性；*P*-苯基的邻位烷氧基取代有利于 1-己烯的生成，这与先前报道的 PNP^{OMe}/Cr 体系中观察到的现象一致[8]。

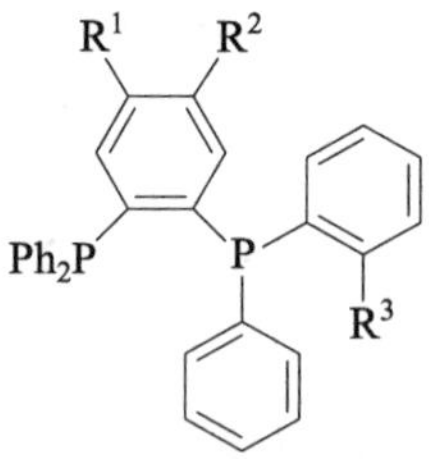

37a～37e

37a：$R^1 = H$, R^2 = 甲基, $R^3 = H$
37b：$R^1 = R^2$ = 甲基, $R^3 = H$
37c：$R^1 = R^2$ = 甲氧基, $R^3 = H$
37d：$R^1 = R^2 = H$, R^3 = 乙氧甲氧基
37e：$R^1 = R^2 = H$, R^3 = 乙氧甲基

图 5-12　Cheredilin 等报道的苯基桥联的 PCCP 配体

Lee 等[30]开发了一系列具有邻氟芳基取代基的 PCCP 配体，如图 5-13 所示。由于邻位氟原子的存在，PCCP/Cr 催化剂可以在较高的温度下发生催化

作用而表现出较高的催化活性。其中，**38f**/Cr 在 100℃ 的高温下展现出 3246kg/(g Cr · h) 的催化活性。相比于 60℃ 的 3328kg/(g Cr · h) 的催化活性，活性几乎没有损失。但是，反应温度的增加导致了 C_8 选择性的降低。

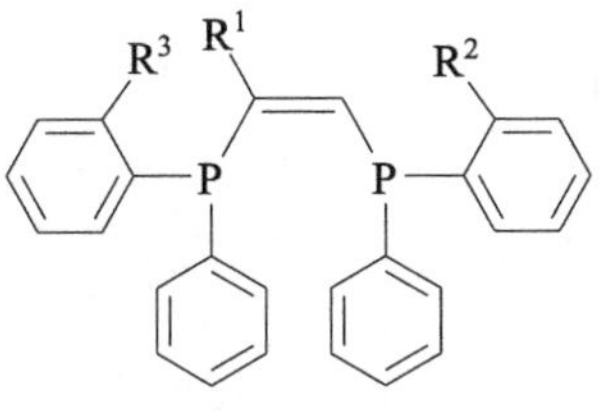

38a～38n

38a：R^1 = 正丁基, R^2 = R^3 = H
38b：R^1 = 正丁基, R^2 = H, R^3 = F
38c：R^1 = 正丁基, R^2 = F, R^3 = H
38d：R^1 = 正丁基, R^2 = R^3 = F
38e：R^1 = 异丙基, R^2 = R^3 = H
38f：R^1 = 异丙基, R^2 = H, R^3 = F
38g：R^1 = 异丙基, R^2 = F, R^3 = H
38h：R^1 = 异丙基, R^2 = R^3 = F
38i：R^1 = 苯基, R^2 = R^3 = H
38j：R^1 = 苯基, R^2 = H, R^3 = F
38k：R^1 = 苯基, R^2 = F, R^3 = H
38l：R^1 = 苯基, R^2 = R^3 = F
38m：R^1 = 叔丁基, R^2 = R^3 = H
38n：R^1 = 叔丁基, R^2 = F, R^3 = H

图 5-13　Lee 等开发的氟化 PCCP 配体

5.2.3　PN/Cr 催化剂

Chevron-Phillips 公司[31]报道了一系列新型 PN/Cr 催化剂，如图 5-14 所示。催化剂的结构决定了乙烯低聚产物中 1-己烯/1-辛烯的比例，膦取代基体积越小生成的 1-辛烯越多。配体 **39e** 的 R^2 取代基苯环与骨架间隔较远，导致配体 **39e** 是空间最开阔的配体骨架，**39e**/Cr 显示出最高的 1-辛烯选择性。在配体 **39f** 的 *N*-苯基 3 位和 5 位上引入甲基时，C_6 和 C_8 中 1-己烯与 1-辛烯的产物纯度显著降低。**39f**/Cr 表现出较高的 C_8 选择性也是由于 *N*-取代基的空间位阻减小。

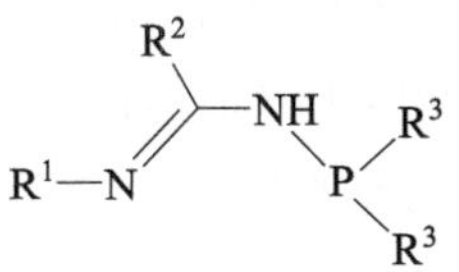

39a～39f

39a：R^1 = 2,6-二甲基苯基, R^2 = R^3 = 苯基
39b：R^1 = 2,6-二甲基苯基, R^2 = 4-叔丁基苯基, R^3 = 异丙基
39c：R^1 = 2,6-二甲基苯基, R^2 = 4-叔丁基苯基, R^3 = 苯基
39d：R^1 = 2,6-二甲基苯基, R^2 = 4-叔丁基苯基, R^3 = 乙基
39e：R^1 = 2,6-二甲基苯基, R^2 = 4-甲基苄基, R^3 = 苯基
39f：R^1 = 3,5-二甲基苯基, R^2 = 苯基, R^3 = 异丙基

图 5-14　Chevron-Phillips 开发的 PN 配体

Shaikh 等[32]开发了两种 PN 配体用于选择性乙烯四聚，如图 5-15 所示。配体 **40a** 的 *N*-取代基具有较小的空间位阻，表现出较高的 C_8 选择性。配体 **40b** 空间位阻增大，1-辛烯选择性降低。相比于配体 **40a**，配体 **40b** 中吡啶环

过度的稳定作用导致催化剂活化困难，表现出较低的催化活性，配体 **40a** 和 **40b** 在乙烯四聚过程中都生成了较多的聚合物。Gambarotta 等[13]报道了类似的 PN 配体，如图 5-16 所示。配体 **41d** 展现出 58%（质量分数）的 C_8 选择性，但是同样具有活性较低、聚合物生成量较多的问题。

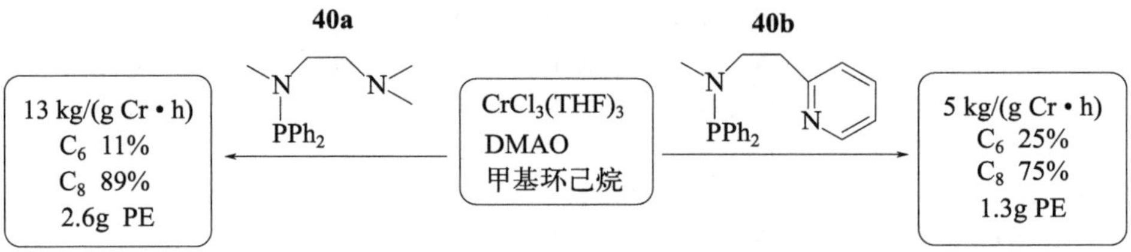

图 5-15 Shaikh 等开发的 PN 配体

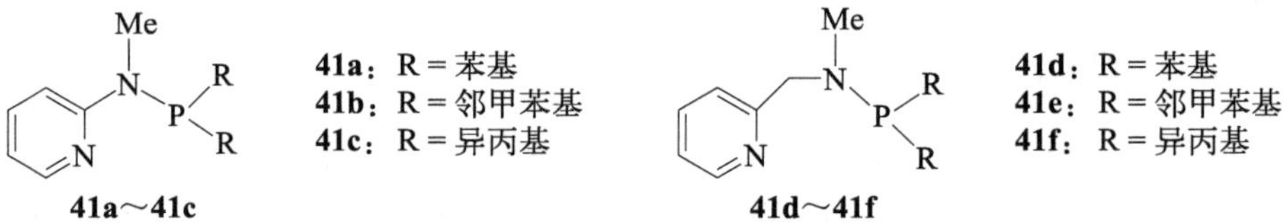

图 5-16 Gambarotta 等报道的 PN 配体

Ogawa 等[33]设计了一系列 PN 配体用于乙烯选择性三聚和四聚，如图 5-17 所示。单晶 X 射线衍射结果表明：**42a**、**42b**、**42e** 与 Cr 形成的配合物中，N-Cr-P 咬合角与 C_8 选择性成正比，这与先前的研究结果相反[25]。非环状膦催化剂 **42f** 具有小的 N-Cr-P 咬合角（78.8°），但是 C_8 选择性（质量分数为 26.4%）比预期的要小得多。这种预测误差表明：配体螯合原子与金属形成的咬合角并不能作为决定 1-辛烯选择性的单一因素。配合物 **42e**/Cr 的催化活性可以达到 1480kg/(g Cr · h)，C_8 选择性达到 37.4%（质量分数）。配合物 **42a**/Cr 虽然具有较高的 C_8 选择性（质量分数为 54.1%），但是催化活性较低。

5.2.4 PNNP/Cr 催化剂

Shaikh 等[34]报道了一类高选择性的乙烯四聚 PNNP 配体，如图 5-18 所示。这类配体表现出了较高的催化活性，并且生成的低聚物纯度较高。PN 单元通过两个碳原子间隔时，主要表现出乙烯三聚性能，配体 **43a** 可达 70%（质量分数）的 1-己烯选择性。当 PN 单元通过三个碳原子间隔时，选择性从

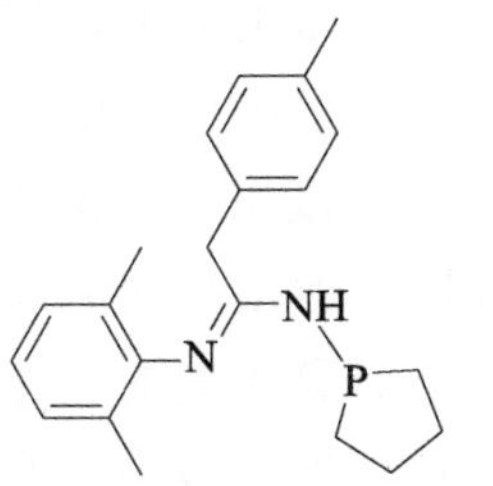

42a

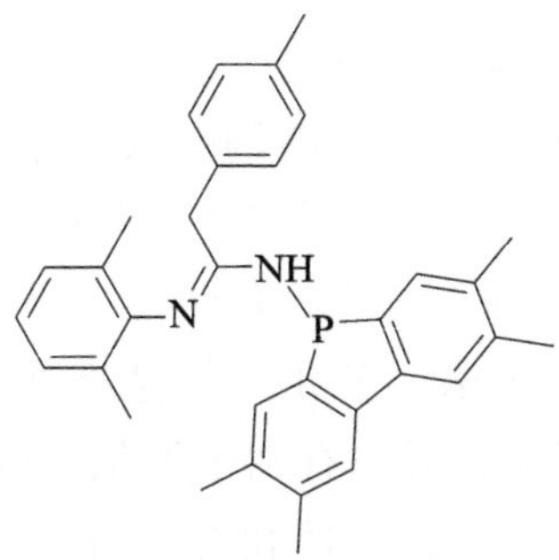

42b

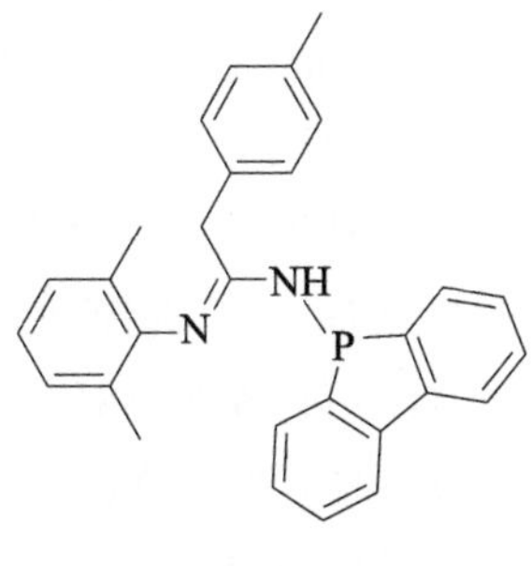

42c

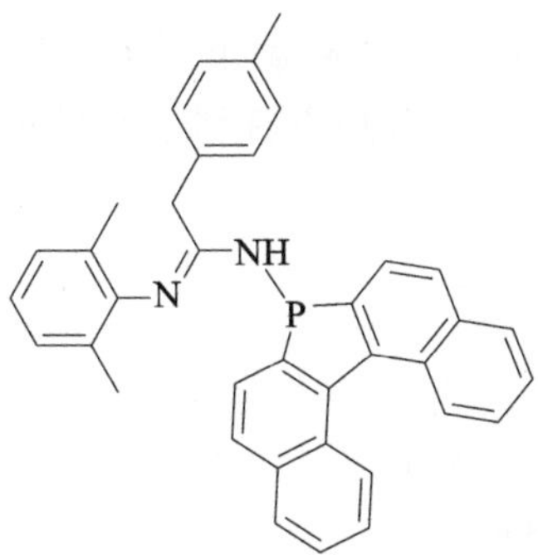

42d

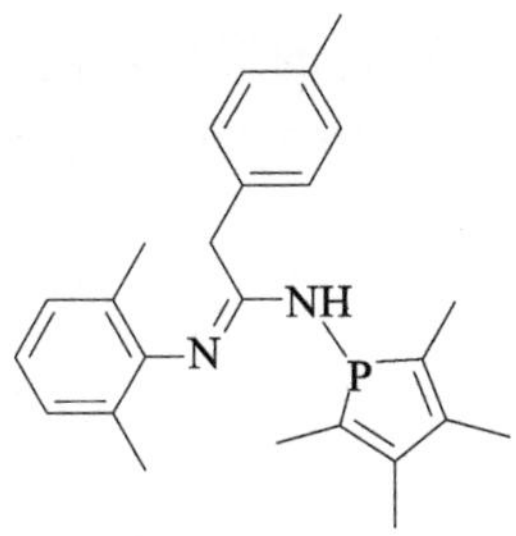

42e

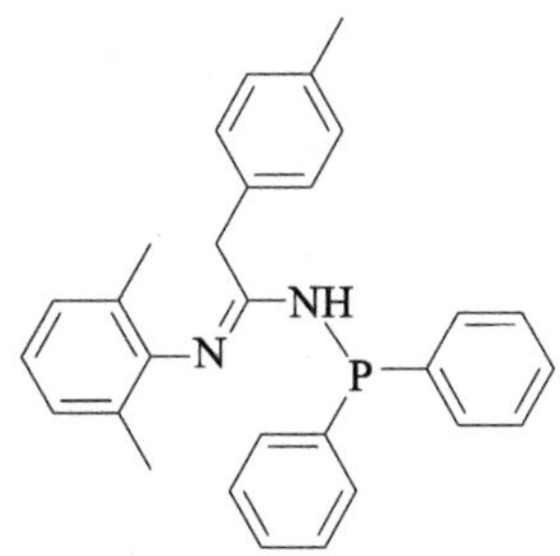

42f

图 5-17　Ogawa 等开发的 PN 配体

乙烯三聚向乙烯四聚发生转变。在合适条件下，配体 **43b** 可以实现 91%（质量分数）的 1-辛烯选择性。骨架 N 原子上的取代基变化（甲基、乙基、异丙基）对产物选择性影响显著。

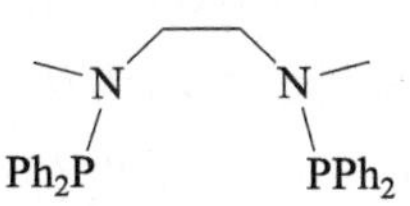

43a

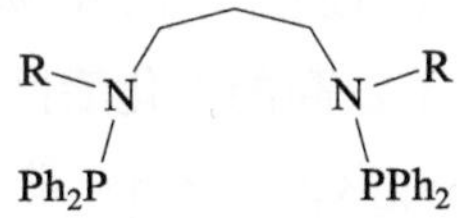

43b：R = 甲基
43c：R = 乙基
43d：R = 异丙基

图 5-18　Shaikh 等报道的 PNNP 配体

5.2.5　硅桥联双膦/Cr 催化剂

最近，著者团队先后报道了几种 Si 原子桥联的双膦配体，Si 原子可以调控催化剂的立体化学性质，从而影响催化剂的性能。Zhang 等[35]对硅桥联双膦（SBDP）配体的中间连接碳数和 Si 原子上的取代基进行了详细的研究，如图 5-19 所示。可以在骨架上的硅原子两侧引入碳原子来改变骨架连接基团的长度，从而实现对催化性能的调控。研究结果表明：连接基团长度增加，催化活性增加，C_8 选择性增加。在 1.0MPa 乙烯压力下，具有最长连接基团的配体 **44c** 可以实现 78%（质量分数）的 1-辛烯选择性。硅原子上取代基的变化显著影响了催化性能，空间体积适中有利于催化活性和 C_8 选择性，最小空间体积的配体 **44g** 导致了最低的催化活性和 C_8 选择性。反应温度对配体 **44c** 催化活性的影响规律不同于其他类型的配体，高温显著增加了配体 **44c** 的催化活性[17,24,28]。高温还促进了 C_{10+} 产物的形成，这可能是由于在高温下形成了新的活性物种。PCSiCP 的晶体学研究表明：大的 P-Cr-P 咬合角更有利于乙烯四聚生成 1-辛烯。

44a～44c

44a：$m=n=0$
44b：$m=0, n=1$
44c：$m=n=1$

44d～44g

44d：R^1 = 甲基, R^2 = 环己基
44e：R^1 = 甲基, R^2 = 苯基
44f：$R^1=R^2$ = 苯基
44g：R^1 = 甲基, R^2 = H

图 5-19　Zhang 等报道的硅桥联双膦配体

在 PNP 配体骨架的基础上引入硅原子得到了 PNSiP 配体，如图 5-20 所示[36]。以脱除挥发性组分的甲基铝氧烷（DMAO）/$AlEt_3$ 为助催化剂，PNSiP/Cr 表现出了较高的催化活性和 C_8 选择性。具有大体积取代基的 **45a**/Cr 表现出最高的 323kg/(g Cr · h) 催化活性和 99%（质量分数）的（1-己烯+1-辛烯）总选择性。相比于配体 **45b**、**45c**、**45d**，N 原子上取代基的大空间体积可能促进了配体 **45a** 的催化活性。较小体积取代基的 **45b**/Cr 表现出最高的 75%（质量分数）1-辛烯选择性。在 N 原子或 Si 原子上具有芳基取代基的催化剂性能较仅有烷基取代基的催化剂好，这可能得益于电子效应。

王讯等[37]设计了乙烯选择性低聚连续化反应装置，以 PNSiP/Cr(Ⅲ)/MMAO 为催化体系，考察了反应温度、乙烯压力、反应时间、催化剂浓度和氢气分压对连续化反应的影响。当反应温度为 60℃、乙烯压力为 5.0MPa、氢气分压为

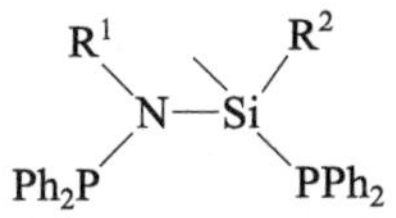

45a～45d

45a：R^1 = 2,6-二异丙基苯基, R^2 = 甲基
45b：R^1 = 环戊基, R^2 = 甲基
45c：R^1 = 异丙基, R^2 = 甲基
45d：R^1 = 异丙基, R^2 = 苯基

图 5-20　Zhang 等报道的 PNSiP 配体

0.2MPa、主催化剂浓度为 7.09μmol/L、Al/Cr 摩尔比为 466 时，催化体系的催化活性和产物选择性在反应时间内保持稳定，催化活性达到 769kg/(g Cr·h)，产物中（1-己烯＋1-辛烯）选择性＞85％。在最佳反应条件下，连续化乙烯选择性低聚反应固相产物仅为 0.09％（质量分数），C_6 副产物选择性＜1％（质量分数），有利于连续化反应装置的长周期稳定运行。

Alam 等在 PNSiP 配体骨架的基础上进一步对桥联结构进行延长，合成了一系列骨架为 PCSiNP 和 PCSiNSiCP 的双膦配体，如图 5-21 所示[38]。相比于 PNSiP 配体，PCSiNP 配体的骨架延长促进了 C_8 选择性，但是催化活性显著降低。PCSiNP 配体中 N 原子上的取代基仍然对催化性能有显著影响。**46b**/$Cr(CO)_4$ 的晶体学数据表明：2,6-二异丙基苯基的大空间体积导致了大的 P-Cr-P 咬合角（101.70°），因此阻碍了乙烯与铬活性中心的配位，不利于 1-辛烯的形成。此外，超大的 P-Cr-P 咬合角还可能导致配体与铬之间的配位较弱，催化剂稳定性降低，导致了低催化活性[25,39]。在用 DMAO/$AlEt_3$ 活化催化剂时，它们的比例可以显著影响催化剂的性能。大量的 $AlEt_3$ 会导致催化剂失活，而 $AlEt_3$ 的量较少又不能完全活化催化体系[40-42]。在合适的条件下，配体 **46c** 将 C_8 选择性进一步提高到 83％（质量分数）。骨架的进一步延长（配体 **46d**、配体 **46e**）不利于催化活性和 C_8 选择性。

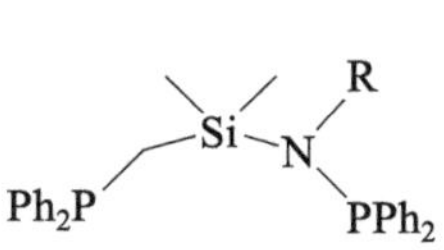

46a～46c

46a：R = 环戊基
46b：R = 2,6-二异丙基苯基
46c：R = 异丙基

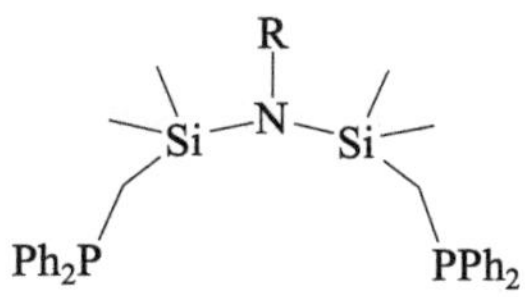

46d～46e

46d：R = 环戊基
46e：R = 异丙基

图 5-21　Alam 等报道的硅基双膦配体

Alam 等报道了一系列新型硅桥联的 PNSiS 配体，研究表明：骨架 N 和 S 原子上的取代基对产物选择性有显著的影响，如图 5-22 所示[43]。在 N 上具有

小空间体积异丙基的配体（**47c**、**47e**、**47f**）可以实现 66%～76%（质量分数）的 C_8 选择性。在 N 上具有大空间体积 2,6-二异丙基苯基和环戊基的配体（**47a**、**47b**）促进了乙烯三聚合成 1-己烯。在 N 上具有 2,6-二异丙基苯基和 S 上具有邻甲苯基的配体 **47d** 完全不利于 C_6 和 C_8 的选择性，而是生成了更多高碳低聚物。

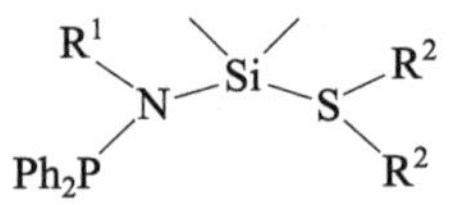

47a～47f

47a：R^1 = 2,6-二异丙基苯基, R^2 = 环己基
47b：R^1 = 环戊基, R^2 = 环己基
47c：R^1 = 异丙基, R^2 = 环己基
47d：R^1 = 2,6-二异丙基苯基, R^2 = 邻甲苯基
47e：R^1 = 异丙基, R^2 = 邻甲苯基
47f：R^1 = 异丙基, R^2 = 乙基

图 5-22　Alam 等报道的硅桥联 PNSiS 配体

Alam 等使用含磷化合物对硅烷的三个取代基进行修饰，得到硅桥联的三齿膦配体，如图 5-23 所示[44]。X 射线单晶衍射分析证明了 Cr 与配体形成了三齿（k^3-P,P,P）配位模式，并且其中一个 P 原子可能是半稳定给电子体，在更强的给电子体存在下，三齿模式可能转变为双齿（k^2-P,P）配位模式。硅原子上取代基的空间位阻和电子效应对催化性能有显著的影响。此外，硅原子与二苯基膦取代基之间的亚甲基间隔有效调控了催化性能。配体 **48a** 和 **48d** 提供了 70%（质量分数）的 C_8 选择性和较好的催化活性。

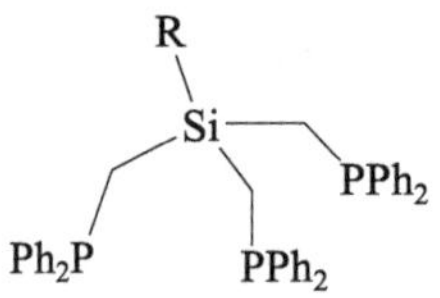

48a～48c

48a：R = 甲基
48b：R = 环己基
48c：R = 苯基

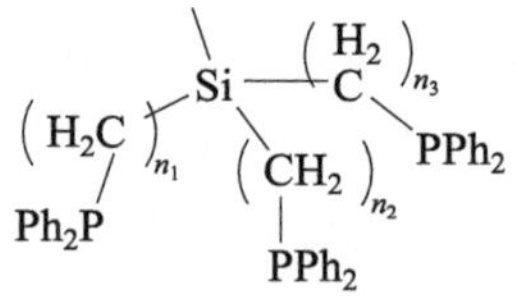

48d～48f

48d：$n_1 = n_2 = 1, n_3 = 0$
48e：$n_1 = 1, n_2 = n_3 = 0$
48f：$n_1 = n_2 = n_3 = 0$

图 5-23　Alam 等报道的硅桥联的三齿膦配体

5.2.6　多相乙烯四聚催化剂

传统的乙烯低聚工艺一般都采用均相催化剂体系，均相催化剂具有催化活性高、目标产物选择性好等优点，但也存在反应条件苛刻、反应产物与催化剂分离困难、设备腐蚀严重等问题。与之相比，多相催化剂体系具有操作压力可大大降低、产物易分离、催化剂易再生等优点。因此，多相催化剂作为一种环

境友好的替代方案受到了学术界和工业界的极大关注。研究人员对大量多相乙烯四聚催化剂体系进行了研究，主要为负载催化剂和分子筛催化剂[45-47]。

5.2.6.1　载体的选择

载体的选择是负载型催化剂制备的一个重要环节，由于不同载体在物理和化学性质等方面的差异会对催化剂活性和产物选择性等产生不同程度的影响。综合考虑对于乙烯四聚催化剂体系载体的选择有如下要求：

① 在载体的颗粒大小、粒度、孔径和孔分布以及形状等表观形态方面具有较好的性能；

② 廉价且易批量生产；

③ 耐磨强度大和机械加工性能好；

④ 高比表面积和多孔结构；

⑤ 具有一定的化学惰性，同时还需要含有能够和催化活性组分键合的基团或化学键。

当然，还要根据具体的实验条件和催化剂体系的不同特征进行有目的的筛选，这样得到的催化剂才能更好地应用到工业生产中，产生一定的经济效益和社会效益。以硅胶载体为例，由于制备方法简单、工业化成熟，故硅胶易得且廉价。尽管和 HY、MCM-41 等分子筛载体相比，硅胶比表面积不大，但是因为其表面具有和活性位点相结合的化学键，且调控范围广，能够很好地改善硅胶负载型催化剂的催化性能和产物的碳数分布。分子筛是结晶态的组成可以调节的硅酸盐或硅铝酸盐，通常由硅氧四面体或铝氧四面体通过氧桥键相连而形成。由于其具有明显的分子择形、较大的比表面积、容易吸附等诸多优点而广泛地应用在各个领域，并可以作为乙烯低聚催化剂的载体来制备负载催化剂或分子筛催化剂。以介孔分子筛为例，由于其骨架不稳定，在聚合过程中容易塌陷并破裂，可以起到固定填料与高分子链的双重作用，非常适合用于烯烃单体的聚合。但同时要注意的是，在载体使用之前或者使用过程中，由于羟基和自由水等干扰因素的存在，需要提前处理以除去多余的羟基或者自由水，从而保证催化剂高效的催化性能。

5.2.6.2　载体的作用

目前大多采用浸渍法将含有活性金属中心的金属化合物、烷基铝或烷氧基铝加热搅拌一段时间后，通过溶剂的润洗、真空抽干溶剂等步骤，从而得到含有活性金属和烷基铝或烷氧基铝的负载型催化剂。从中可以看出载体在其中体现的作用：

① 可以将活性组分很好地分散在载体表面，从而提高催化剂活性金属中心的利用效率，降低催化剂成本；

② 可以对负载型催化剂进行择形处理，生产出更多适合工业装置的不同形状的催化剂；

③ 可以在一定程度上调节催化剂的催化活性和对产物的选择性，同时可以降低催化剂初始活性，从而减少聚合过程中产生的爆聚或聚合物结块现象；

④ 可以增加活性中心的稳定性，载体对于活性分子的失活起到了一定的抑制作用。

5.2.6.3 催化剂负载化机理

将催化剂活性中心负载到载体上主要通过物理或化学吸附、化学键合、配位三种方式完成。活性物质可以通过自身的物理或化学特性和载体表面的宏观物质产生吸附作用，通过改变载体的比表面积、孔容、孔径分布、粒径分布等途径来调节载体吸附活性组分的含量。通过对无机载体（黏土、硅胶、分子筛等）的不断深入研究，得到了四种催化剂负载机理[48]：

① 载体先后与金属活性中心和甲基铝氧烷（MAO）作用，形成负载型催化剂。这是由于载体表面有 Si—OH 存在，会与金属活性中心反应生成对应的金属—O—Si 键，加入 MAO 会使金属—O—Si 键断裂，形成金属阳离子活性中心。因此可以通过改变载体的结构来改变催化剂的性能，从而影响催化结果。

② 载体先后与 MAO 和金属活性中心作用，最后形成负载型催化剂，该方法可以得到较高活性的催化剂。这是因为 MAO 可以和载体表面的 Si—OH 化学键嫁接，减少甚至完全掩盖载体表面的 Si—OH，从而减少甚至消除 Si—OH 对于金属活性中心的影响。

③ 载体与配体发生作用后使得配体负离子化，从而与金属活性中心进行进一步反应，形成负载型催化剂。

④ 载体先后与表面处理剂、MAO 和金属活性中心作用，形成最后的负载型催化剂。

5.2.6.4 无机载体负载型催化剂

Furman 等[49]将（π-$C_3H_5NiX)_2$（X＝Cl，Br，I）等活性组分负载在 γ-Al_2O_3 上，从而制备了负载化催化剂。该负载催化剂催化乙烯低聚研究结果表明：加入卤化铝或卤化钛后，催化活性达到 36g/(g Ni·h)，二聚产物选择性为 87.6%（质量分数）。

柳忠阳等[50]将 $(acac)_2ZrCl_2$ 直接负载到蒙脱土上来考察其催化乙烯低聚反应，结果表明：尽管负载后催化剂的活性有所降低，但同时催化剂的活性衰减速度也降低了，说明催化剂稳定性增强，且低聚产物的选择性也有所改善，这可能是蒙脱土的空间效应影响了催化剂的电子环境造成的结果。此外，低聚产物主要分布在 C_6～C_{14} 烯烃范围内，因此可以成为乙烯低聚生产高级 α-烯烃产物的方法之一。

Schaarschmidt 等[51]用 MAO 和羰基镍配合物分别对 SiO_2 进行处理后得到了负载型催化剂。低聚结果表明，负载后的催化剂可以显著减少助催化剂 MAO 的用量。

5.2.6.5　分子筛负载型催化剂

分子筛具有均匀规则的网状结构，且吸附性能好，表面活性位点多，具有分子择形的特点，即只有一定尺寸的单体分子和聚合产物才能进出分子筛，分子筛催化剂在乙烯低聚中表现出来的诸多优点使得其得到了越来越多人的关注。其中介孔分子筛由于适中的孔结构和比表面积，可处理乙烯低聚过程中较大的分子和基团，在低聚过程中能够表现出良好效果。介孔分子筛的“择形效应”和“受限纳米空间效应”，使得其作为载体的同时，还可以将其看作小型的“反应器”。在乙烯单体分子进入孔道内后，在“反应器”内部进行低聚反应，低聚产物由“反应器”孔道流出至液相中，如此反复循环。如此导致低聚产物的种类、分布和性能有较大的差异。综上所述，分子筛催化剂具有以下特点[52]：

① 具有载体与“反应器”的双重功效，且负载效率和催化活性高；

② 分子筛结构组成简单，对聚合的催化剂和产物无毒害作用；

③ 具有“立体选择效应”，从而可以提高产品的分子量和熔点。

Zhang 等[53]将双亚氨基吡啶类铁基催化剂负载到介孔分子筛 MCM-41 和 SBA-15 上。乙烯低聚结果表明，负载后的催化剂不仅保持了均相催化剂的高活性，而且通过对聚合物分子量的测定，还可以看出聚合物具有更高的分子量和熔点。

Guo 等[54]将铁基催化剂负载到介孔分子筛 MCM-41 和 SBA-15 上制得分子筛催化剂，并进行了乙烯低聚反应。与均相催化剂相比，其具有更好的热稳定性，而且低碳数 LAOs 选择性有一定的增加。

2014年，著者课题组[55]采用MAO处理大孔氧化硅、不同孔径的分子筛并负载$Cr(acac)_3$/PNP催化剂，制备了一系列非均相铬基催化剂并用于乙烯低聚反应，如图5-24所示，研究了“负载方式”和“限域效应”对乙烯四聚反应性能的影响。表征数据和实验结果表明，$Cr(acac)_3$/PNP催化剂在MAO改性的HZSM-5、HY和NaY分子筛上表现出明显不同的负载方式。对于HZSM-5，$Cr(acac)_3$/PNP催化剂主要负载在表面，使得HZSM-5的晶体结构保持不变。对于HY，$Cr(acac)_3$/PNP催化剂作为一个配合物负载在微孔和介孔内，也保持了HY的晶体结构不变。对于NaY，$Cr(acac)_3$负载在表面，PNP配体主要被限制在超笼内，导致NaY的框架结构略有变化。因此，相对于均相催化剂，HZSM-5Cr和HYCr催化乙烯低聚活性和1-辛烯的选择性均有所降低，但没有明显的限域效应；NaYCr催化乙烯低聚活性和1-辛烯的选择性均增加，表现出325kg/(g Cr・h)催化活性和66.1%（质量分数）的1-辛烯选择性，且具有明显的限域效应。

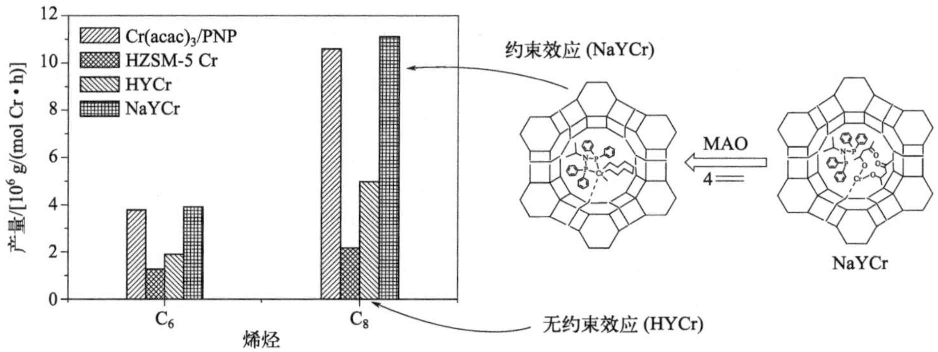

图5-24 HYCr、NaYCr的乙烯低聚活性及产物分布

根据Overett[56]提出的乙烯四聚反应机理，1-辛烯是通过金属环壬烷中间体产生的，其形成受到铬活性位点周围纳米级空间的影响。模拟结果表明，当孔隙尺寸约为1nm时，分子筛内1-辛烯的产量增加[57]。因此，2015年著者课题组[58]将$Cr(acac)_3$/PNP负载到MAO修饰的介孔MCM-41、SBA-15和G2212分子筛上，制备了一系列负载型铬基催化剂，并对负载催化剂的结构进行了表征，研究了载体的孔隙结构对乙烯四聚反应的影响，如图5-25所示。结果表明，在三种负载催化剂中，GCr（G2212/Cr/PNP）的孔径最大，远远大于MAO的动力学直径，因此MAO很容易转移到活性位点。然而，GCr不规则和不连续的孔隙结构抑制了活化和乙烯插入的过程，从而降低了催化活性和对 1-辛烯的选择性。SCr(SBA-15/Cr/PNP) 和 MCr(MCM-41/Cr/PNP) 具有相似的孔径和低聚活性，但对 1-辛烯选择性明显不同，这可能是由于 MCr 和 SCr 中铬活性位点的位置不同。SCr 对 1-辛烯的选择性为 69.0%（质量分数），明显高于 MCr 和 GCr，甚至高于均相催化剂。这一结果可能是由 SCr 的有序孔隙结构造成的。此外，由于动力学效应，SCr 活性位点周围较高浓度的乙烯也导致了较高的 1-辛烯选择性。

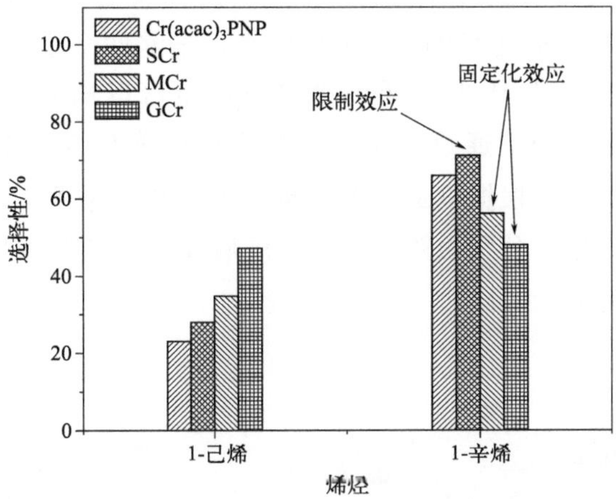

图 5-25　$Cr(acac)_3PNP$、SCr、MCr 和 GCr 的乙烯低聚活性及产物分布

$Cr(acac)_3PNP$—$Cr(acac)_3PNP$ 均相催化剂；SCr—SBA-15 基催化剂；
MCr—MCM-41 基催化剂，GCr—硅基催化剂

5.2.6.6　MOFs 负载型催化剂

金属有机骨架材料（MOFs）是由金属离子和桥联配体通过配位键或其他弱相互作用力而形成的，具有高度规整网络结构的一类配位化合物[59-61]。MOFs 具有比表面积大、结构多样、孔道丰富、易于修饰等特点，常用于气体储存、催化和分离等领域。近年来，随着 MOFs 在催化领域的蓬勃发展，有研究发现将 MOFs 作为催化剂用于乙烯选择性低聚时，MOFs 表现出高催化活性和高选择性的特点。MOFs 既可以作为载体负载其他金属元素作为乙烯低聚催化活性中心，也可以利用其结构中的金属节点作为催化活性中心。Liu 等[62]报道了在 150～500℃的温度下对 MIL-100(Cr) 进行抽真空处理，除去配位水分子，充分暴露不饱和金属活性位点，合成了 5 种 MIL-100(Cr)-t (t = 150℃，200℃，250℃，300℃，350℃) 多相催化剂用于乙烯低聚。这些催化剂对乙烯低聚反应具有中等的催化活性，但对低碳烯烃 C_6、C_8 和 C_{10} 具有较

高的选择性。当使用 $AlEt_2Cl$ 活化 MIL-100(Cr)-150 催化剂时，体系仅表现出低聚活性和最高 69.15％（质量分数）的 1-辛烯选择性。根据 X 射线光电子能谱（XPS）结果分析，MIL-100(Cr)-200/250/300 催化剂中存在 Cr(Ⅲ）和 Cr(Ⅱ）活性位点，而 MIL-100(Cr)-150/350 催化剂中只有 Cr(Ⅲ）活性位点。根据 Jabri 等[63]的报道，Cr(Ⅱ）导致了乙烯聚合，而 Cr(Ⅲ）主要负责乙烯低聚。他们假设产物的分布不是由空间限制效应导致的形状选择性引起的，并提出了如图 5-26 所示的金属环机制。他们认为在真空和加热下除去一个水分子，会生成一个配位不饱和的 Cr(Ⅲ）位点，去除两个水分子将产生双金属 Cr(Ⅲ）位点，相邻三聚体中的两个单铬位点也可以构成双金属铬位点。因此，C_4 和 C_6 被认为分别通过一个五元和七元金属环在一个 Cr(Ⅲ）位上形成，并通过消除得到。根据 Rosenthal 等[64]的理论，推测 C_8 和 C_{10} 的形成是通过双金属相互作用，分别由两个铬杂环戊烷或一个铬杂环戊烷与一个铬杂环庚烷的环偶联引起的。

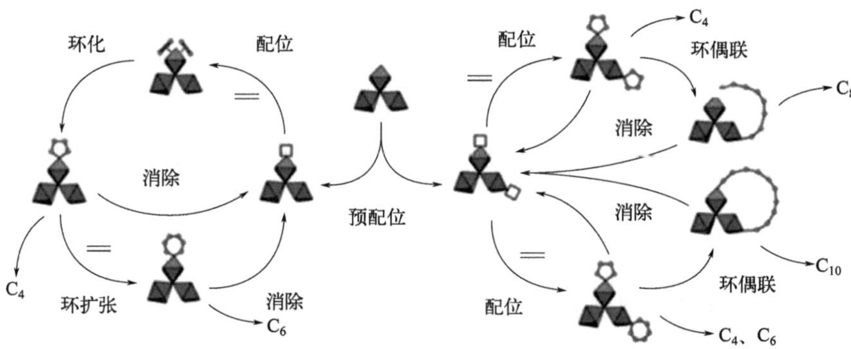

图 5-26 对煅烧的 MIL-100(Cr) 进行选择性低聚反应的金属环机制

2018 年，Han 等[65]在 150～350℃下对 MIL-100(Fe) 进行抽真空处理，得到了一系列 MIL-100(Fe)-t（t＝150℃，200℃，250℃，300℃，350℃）非均相催化剂，如图 5-27 所示。MIL-100(Fe) 结构单元是由 $Fe^{Ⅲ}$ 八面体组成的三聚体，每个三聚体有两个 H_2O 分子和一个—F 或—OH 基团与三个铁原子结合，当这些客体水分子在真空下通过加热去除时，就产生了用于乙烯低聚的活性物种 $Fe^{Ⅲ}$ CUSs（配位不饱和位点，CUSs）和 $Fe^{Ⅱ}$ CUSs。抽真空温度不同，MIL-100(Fe) 的表面积、$Fe^{Ⅱ}$ 和 $Fe^{Ⅲ}$ 配位不饱和位点的含量都发生了变化，这被认为是影响乙烯四聚性能的三个主要因素。随着抽真空温度的提高，MIL-100(Fe)-150/200/250 的低聚活性有所提高，MIL-100(Fe)-250 的低聚活性最高，为 2.2kg/(g Fe·h)，C_8 选择性为 75%（质量分数）。MIL-100(Fe)-300 和 MIL-100(Fe)-350 催化剂活性降低，表明 250℃以上加热温度对乙烯低聚活性不利。同时具有 Fe^{II} CUSs 的 MIL-100(Fe) 催化剂均显示出更高的催化活性和对 C_8 的选择性。因此，MIL-100(Fe) 骨架中的 Fe^{II} 位点被认为是乙烯低聚反应的主要催化活性位点。程阿超等[66-67]进一步合成了一种一维铁有机配位聚合物，乙烯低聚活性达 6.93kg/(g Fe·h)，C_8 选择性高达 94.75%（质量分数），为制备乙烯选择性四聚催化剂提供了新思路。

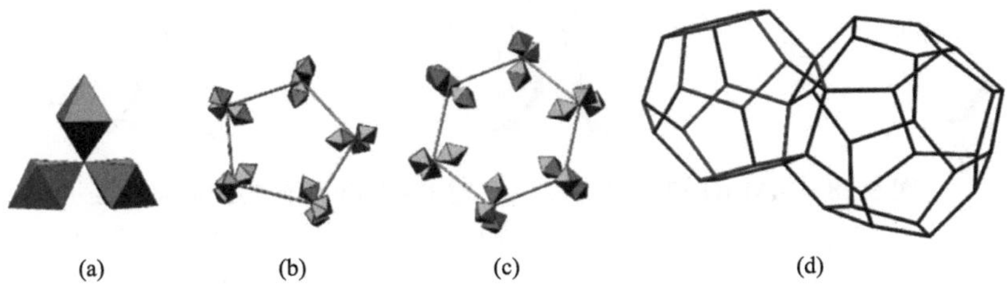

图 5-27　单元结构：(a) 铁八面体的三聚体；(b) 五角形；(c) 六角形；(d) MIL-100 (Fe) 的空腔

5.3　助催化剂及其作用机理

在乙烯低聚催化体系中，通常采用烷基铝氧烷作为助催化剂，其作用不仅在于能有效清除反应体系中的杂质，并且能与金属中心发生反应形成高效低聚催化活性中心。作为典型的助催化剂，MAO/MMAO 能有效地激发反应体系中催化活性中心的形成，并提高对目标产物 1-己烯和 1-辛烯的选择性。然而，由于其昂贵的价格，乙烯低聚催化体系的生产成本较高，因此研究人员正在寻找其他经济且高效的代替型助催化剂。最近的研究表明，如 $AlEt_3$、$B(C_6F_5)_3$、$Al(OC_6F_5)_3$、$[Ph_3C]^+Al[OC(CF_3)_3]_4^-$ 等助催化剂也展现出良好的助催化性能[68-71]。

由于助催化剂 MMAO 的结构尚未明确，因此这也阻碍了研究人员对乙烯四聚催化活性中心的结构、中心金属的价态、活性中间体的结构和反应机理方面的研究。通过电子顺磁共振（EPR）和 X 射线吸收精细结构（XAFS）光谱技术，Venderbosch 等[72]研究了助催化剂 MMAO 对 PNP/Cr 乙烯四聚催化体系的活化作用，结果表明 MMAO 中后修饰的 Me 会与 Cr 中心的配位 Cl 原子交换，从而形成 [(PNP)CrMe]$^+$ [ClMAO]$^-$ 离子对；Kim 等[73] 使用 [B(C_6F_5)$_4$]$^-$阴离子作为活化剂时，与 Cr 中心反应形成 [(PNP)CrCl_2]$^+$ [B(C_6F_5)$_4$]$^-$离子对，并指出其活化过程中 Cr 中心仍保留配位 Cl 原子，如图 5-28 所示。

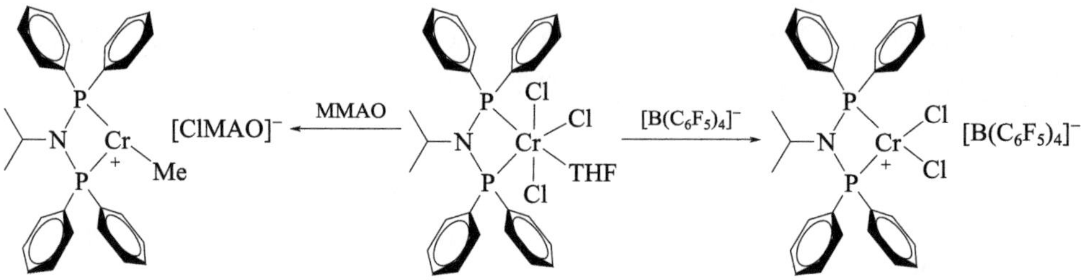

图 5-28 MMAO 和 [B(C_6F_5)$_4$]$^-$ 对 PNP/Cr 配合物的活化途径

经研究发现，助催化剂的稳定性和阴离子的配位强度对催化性能具有重要的影响。为了设计得到替代 MAO/MMAO 的助催化剂，McGuinness 等[74] 基于 PNP/Cr 乙烯四聚催化体系研究了不同阴离子助催化剂对乙烯四聚催化体系性能的影响。如图 5-29 所示，当使用 Al(OC_6F_5)$_3$ 为活化剂时，在没有 PNP 配体的参与下产物主要由 95%（质量分数）的聚乙烯组成。由此可推测出 $CrCl_3$(THF)$_3$/$AlEt_3$/Al(OC_6F_5)$_3$ 组成的催化体系中未形成乙烯低聚活性中心，并初步认为最初形成的阴离子物种可能是 [EtAl(OC_6F_5)]$^-$，通过氧桥供体与阳离子 Cr 中心进行配位。此外，实验发现 [Ph_3C]$^+$ Al[OC(CF_3)$_3$]$_4^-$ 是一种具有最弱配位性和最强酸性的铝酸盐阴离子之一，在催化乙烯四聚方面表现出卓越的性能。在 Al/Cr 摩尔比为 100 的条件下，该体系的催化活性可达 125.6kg/(g Cr・h)，并且对 1-己烯的选择性高达 72%（质量分数），同时聚合物生成量也显著降低。尽管该活化剂能够有效地稳定 Cr 活性中心，但高温或过高负载量的 $AlEt_3$ 仍会导致催化剂失活。在乙烯插入过程中需要和阴离子进行置换，因此接近解离状态且相对稳定的配位阴离子有助于提高乙烯选择性低聚催化性能。综上所述，助催化剂对乙烯四聚催化体系的催化性能有显著的影响。在这方面 McGuinness 等首次为阳离子/阴离子活性物种在乙烯低聚体系中的存在提供了有效的证据。

MMAO 是乙烯四聚 Cr 催化体系常用的助催化剂。MMAO 首先使 Cr 配合物甲基化形成 Cr 阳离子活性中心，然后带负电荷的大体积 MMAO 簇作为弱配位阴离子与 Cr 阳离子活性中心配对，Cr 阳离子-弱配位阴离子之间的相

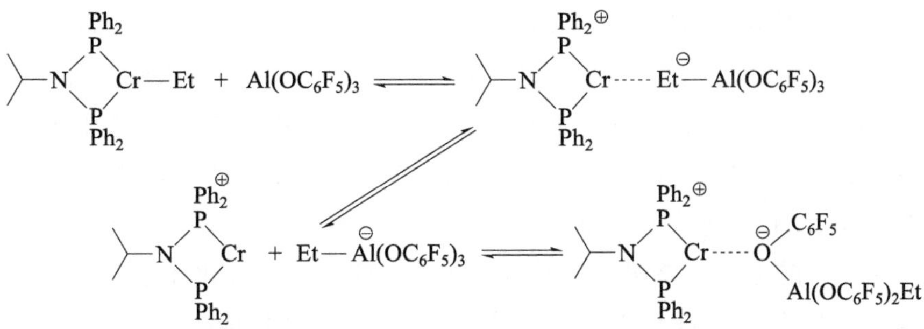

图 5-29　$Al(OC_6F_5)_3$ 对 PNP/Cr 配合物活化途径

互作用是决定催化性能的关键。减小 Cr 阳离子和弱配位阴离子之间的相互作用可以增强 Cr 中心的亲电性，从而提高催化活性。阴离子的配位能力与其空间位阻、电子效应及溶剂的作用有关，在保证乙烯配位、催化剂结构稳定的同时，选择配位性越弱的阴离子越好。

目前 MMAO 系列烷基铝氧烷类助催化剂主要依赖进口，价格昂贵且使用量大（通常 Al/Cr 摩尔比＞500），研究人员尝试采用简单易得、用量低的助催化剂来代替 MMAO。McGuinness 等[74]对比研究了 PNP/Cr 配合物使用硼酸盐或铝酸盐/烷基铝助催化剂与使用 MMAO 助催化剂催化乙烯四聚，虽然产物 1-辛烯选择性相当，但使用硼酸盐或铝酸盐/烷基铝助催化剂的催化体系表现出了迅速失活，并有较多的聚乙烯生成。这可能是硼酸盐或铝酸盐阴离子与 Cr 阳离子活性中心的配位作用较强导致了催化体系的快速失活。

Hirscher 等[75,76]合成了多芳基的 PNP/Cr 配合物，使用硼酸为活化剂，多芳基 PNP/Cr 配合物通过质子化进行活化并用于乙烯四聚，如图 5-30 所示。该催化体系不使用任何烷基铝助催化剂即可以实现乙烯四聚，具有 1-辛烯选择性高、副产聚乙烯含量低的特点。然而该催化体系所用的芳基醚 Cr 配合物合成困难，催化活性也有待于进一步提高。

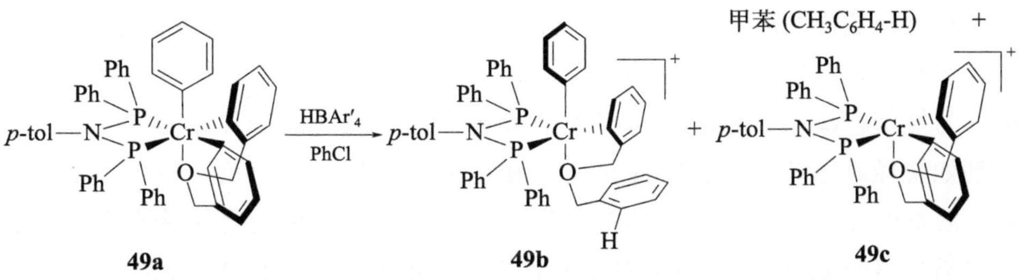

图 5-30　多芳基的 PNP/Cr 配合物的质子化活化

Lee 等[77]使用 $[(CH_3CN)_4CrCl_2]^+[B(C_6F_5)_4]^-$ 与具有大位阻—SiR_3 取代基的 PNP 配体反应合成了 $[PNP\text{-}CrCl_2]^+[B(C_6F_5)_4]^-$ 配合物 **50a**，结构如图 5-31 所示。在烷基铝助催化剂存在下将其用于乙烯四聚，表现出极高的催化活性、1-辛烯选择性和极低的副产聚乙烯生成。研究结果表明：PNP 配体上大位阻的—SiR_3 取代基阻止了双配体 Cr 配合物离子对 $[(PNP)_2CrCl_2]^+[B(C_6F_5)_4]^-$ 的形成，该离子对不能催化乙烯四聚。该催化体系的难点在于配体的放大合成及 $[(CH_3CN)_4CrCl_2]^+[B(C_6F_5)_4]^-$ 的低成本合成。

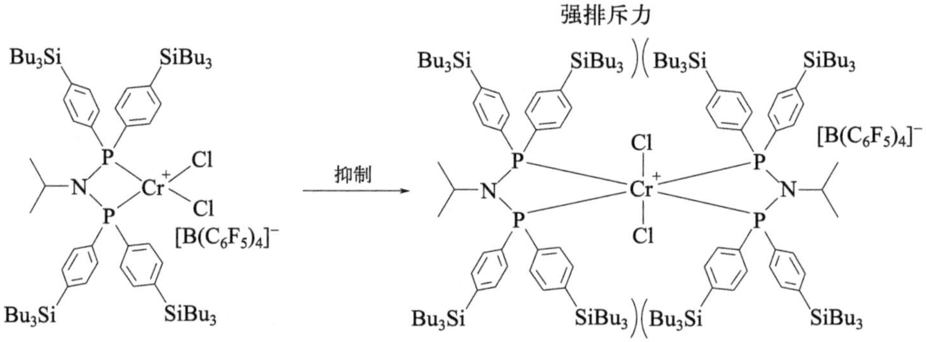

图 5-31 大位阻—$SiBu_3$ 取代基对双配体 Cr 配合物形成的阻碍作用

5.4 溶剂的作用及溶剂化效应

乙烯四聚合成 1-辛烯反应通常采用低介电常数的非极性溶剂为反应介质，而催化剂由带有高正电荷密度的 Cr 阳离子及分散电荷的弱配位阴离子组成，一般认为其在溶液中以阴阳离子对的形式存在，如图 5-32 所示。与紧密的离子对相比，疏松的离子对更容易使乙烯配位插入，从而表现出高催化活性。不同溶剂对乙烯四聚催化性能的研究结果表明，乙烯四聚表现出明显的溶剂效应。与氯苯、氟苯等高活性和高 1-辛烯选择性的反应溶剂体系相比，非极性溶剂如烷烃或环烷烃等会使催化活性和稳定性降低，副产聚乙烯的生成量增加。溶剂的极性对催化活性和 1-辛烯选择性的影响，可能是因为弱配位阴离子更易分离产生更有效的 Cr 阳离子活性中心并减少阴离子的竞争配位。

乙烯四聚反应过程中所用溶剂的性能对乙烯低聚反应有很大的影响，它决

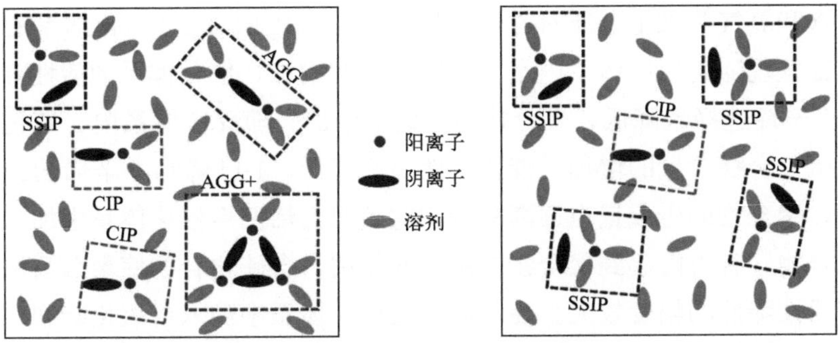

(a) 阴阳离子聚集　　(b) 超级阴离子引发的电荷分离

图 5-32　催化剂阴阳离子聚集模式

SSIP—溶剂分离离子对；CIP—接触离子对；AGG—离子对聚集体；
AGG+—更易配位的离子对聚集体

定了反应组分，尤其是乙烯的溶解度[78]。研究发现对于 PNP/Cr 乙烯四聚催化体系来说，用甲苯作为溶剂不如在脂肪族溶剂中的催化效果好，这主要是因为甲苯参与了催化剂的失活路径。与此相反，卤素官能化的芳烃如氯苯或氟苯似乎可以提高催化效率，但卤代的脂肪烃如二氯甲烷和氯仿等对乙烯四聚反应有不利的影响。此外，溶剂的黏度增加会限制乙烯向溶液中的传质，从而导致催化活性的降低。采用环己烷为溶剂进行乙烯四聚反应时，$\eta_{环己烷}=0.98\text{Pa}\cdot\text{s}$，乙烯四聚的催化活性为 540kg/(g Cr・h)。当在十氢化萘中评价相同的催化剂时，$\eta_{十氢化萘}=3\text{Pa}\cdot\text{s}$，乙烯四聚的催化活性仅为 79kg/(g Cr・h)。另外，研究发现烯烃的官能团容易与乙烯竞争铬配位位点，因此烯烃不适合作为乙烯四聚反应的溶剂。最后，所选溶剂的高纯度至关重要，即使小幅增加微量水分也会大大降低催化活性，大量的残留水会破坏助催化剂。除此之外，溶剂的选择也会影响副产物聚乙烯（PE）沉淀的性质。Paetz 等[79]将溶剂从环己烷换为 2,2,4-三甲基戊烷，这是一种对 PE 溶解度较低的溶剂，通过这种方式 PE 沉淀为非常细小的颗粒，可以充分悬浮在反应液体中，这使得管式反应器微型装置能更好地防止聚乙烯的结垢问题。

5.5　杂质和第三组分的作用

5.5.1　杂质对乙烯四聚的影响

杨小蝶[80]研究了乙烯原料中的水、甲醇、二硫化碳、噻吩、一氧化碳、二氧化碳和氧气等微量杂质对乙烯四聚 Cr/PNSiP/MMAO 催化体系的性能影响。研究发现随着反应体系内水、甲醇含量的增加，催化体系的活性降低直至失活，1-辛烯选择性降低，聚合物的生成量增加。随反应体系内二硫化碳、噻吩等含硫化合物含量的增加，催化活性快速降低，1-己烯和 1-辛烯的选择性逐渐降低，聚合物的生成量也逐渐减少。这表明乙烯四聚催化体系中加入合适的含硫化合物，有可能起到聚合物抑制剂的作用，含硫化合物使聚合活性中心失活或其活性降低的幅度较大。在乙烯四聚反应体系中加入一氧化碳和二氧化碳对乙烯四聚催化性能影响极大，一氧化碳和二氧化碳会在乙烯四聚 Cr 活性中心上吸附配位，使反应终止。即使是极少量的一氧化碳存在，也会对催化体系的活性造成显著的影响。加入一氧化碳后，聚合物的生成量呈现增多的趋势。而加入适当的氧气不仅能够有效提升催化体系的整体活性，还有助于抑制聚合物的生成。通过核磁共振波谱仪和紫外-可见分光光度计等分析和表征，结果表明氧气会与三甲基铝（TMA）和 MMAO 发生反应生成氧化 MMAO 和高分子量 MMAO，且对活性位点产生影响，从而提高催化体系的活性。

5.5.2 添加组分对乙烯四聚的影响

对于乙烯四聚合成 1-辛烯催化体系，也有研究通过在以 Cr、PNP 和 MMAO 组成的乙烯四聚催化体系中加入添加组分来改变体系的催化性能，同时研究添加组分对催化性能的影响。2006 年，Jiang 等[81]在 Cr/PNP/MAO 组成的催化体系中加入四氯乙烷（TCE）组成四元体系，发现 TCE 能提升产物中 1-辛烯的选择性，但催化活性有所降低。为了进一步探明卤化物的影响，Chen 等[82]在 Cr(Ⅲ)/PNP/MAO 乙烯四聚催化体系中加入了不同结构的卤化物，发现相比于三氯甲烷和四氯化碳，加入二氯甲烷后的乙烯四聚催化体系具有更高的 1-辛烯选择性，如图 5-33 所示；相较于 1,1,1-三氯乙烷，1,1,2-三氯乙烷会导致更高的 1-辛烯选择性；氯化物对乙烯四聚催化体系的选择性和催化活性的促进作用优于溴化物。他们认为卤化物是通过与铬中心配位来调控铬活性物种的配位结构，使铬中心的配位几何构型更适合催化乙烯四聚，从而使催化体系的活性和选择性得以提升。

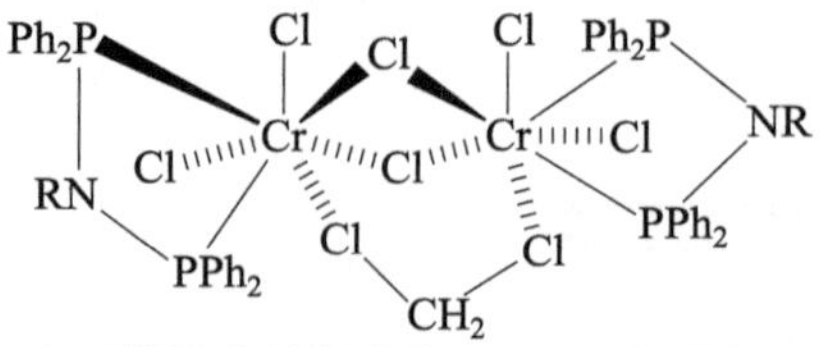

图 5-33 Chen 等提出的氯化物与 Cr 可能的相互作用模型

2010 年，Son 等[83]在 Cr（PNP）Cl_3/MAO 乙烯选择性低聚反应体系中加入了烷基锌（ZnR_2）。ZnR_2（R＝Me，Et，Bu）增加了体系中 C_{10}～C_{22} 低聚物的产率和选择性，并导致所产生的聚乙烯生成量和分子量降低。氘标记实验研究结果表明：ZnR_2 的协同作用与乙烯插入、烯烃消除反应同时竞争高碳数的金属环（C_n＞10）。利用这种具有协同作用的催化剂可以制备末端官能化的线型低聚物。2018 年，李博民等[84]在 PNP/Cr 的乙烯选择性三聚/四聚反应体系中加入了含不同原子的第二配体。结果表明，含有氮、氧、硫、磷原子的第二配体会降低催化体系活性，同时降低乙烯四聚选择性，但能小幅度提升乙烯的三聚选择性，并认为这可能是第二配体与金属中心的配位导致的。其中加入三苯基膦为第二配体时，产物中 1-己烯和 1-辛烯的总选择性有所提升。2019 年，孙任等[85]在 PNP/Cr 与助催化剂（MAO、MMAO）组成的乙烯选择性低聚催化体系中加入了 4 种醚类给电子体，分别是乙醚、甲缩醛、二噁烷和乙二醇二甲醚。结果表明，产物中 C_6＋C_8 的总选择性和聚乙烯的选择性会受到给电子体种类的影响。通过 DFT 计算发现：给电子体乙二醇二甲醚和甲缩醛的两个氧原子与铬中心在反应过程中发生单/双配位交替变化，其环状结构的大小和稳定性会影响乙烯分子插入的难易程度，从而影响了反应的选择性和催化活性。他们认为醚类给电子体对乙烯低聚反应的影响是电子效应和空间位阻效应协同作用的结果，但位阻效应更加明显。2020 年，Müller 等[86]在 Cr-(2F)PN(Bn)P/MMAO 催化体系中加入了几种芳香烃含氟改性剂，其中加入六氟苯和十氟联苯后催化体系的高温活性有所提升，且保持产物的碳数分布基本不变。他们认为可能是六氟苯与［Me_2AlO］$^-$ 发生反应，铝原子的高氟亲和性导致氟向铝中心转移，从而产生各种氟-铝-烷氧基-芳氧基物种，使得催化体系活性发生变化，如图 5-34 所示。

5.6　乙烯选择性四聚机理研究

5.6.1　单核金属环机理

理论上，如果金属环机理是可行的，那么 1-己烯和 1-辛烯的同位素异构体分布结果应该与 Pascal 的三角关系一致。Overett 等[56]对 Sasol 公司报道的 PNP/Cr 乙烯四聚催化体系进行了同位素标记研究，结果与 Pascal 三角关系一致，证实了金属环反应机理。

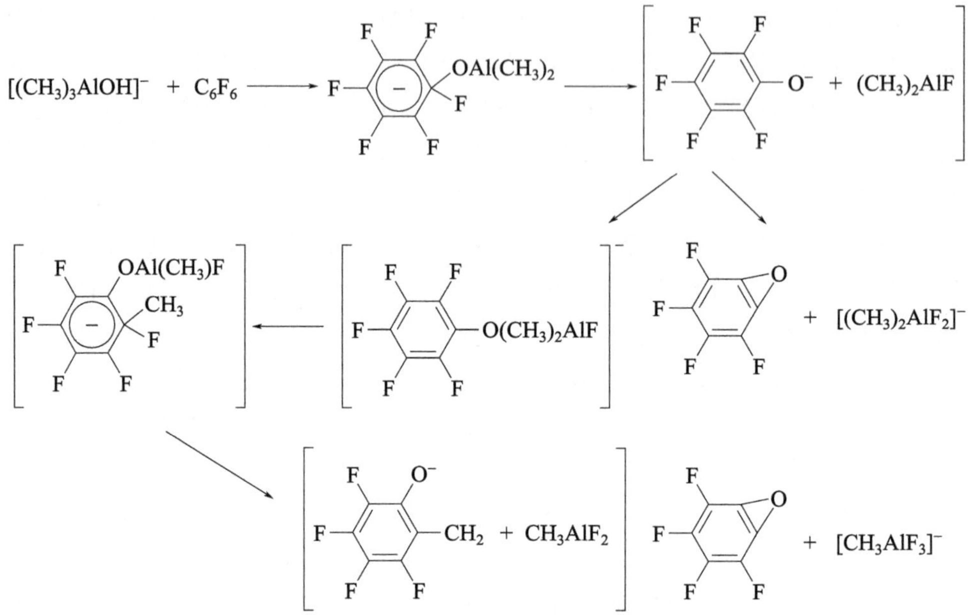

图 5-34 $[Me_2AlO]^-$ 与六氟苯的反应

很多的研究支持铬环化合物通过 $C_\beta \to C_{\alpha'}$ 的直接 H 转移生成 α-烯烃[87-90]，少部分研究者认为 α-烯烃是铬环化合物通过 β-H 转移和还原消除两步反应得到的[91]。Britovsek 等[92-94]使用密度泛函理论（DFT）计算研究了乙烯三聚/四聚反应机理，提出了单/双乙烯配位的选择性乙烯三聚/四聚机理，进一步完善了金属环机理，如图 5-35 所示。Chabbra 等[95]利用电子顺磁共振（EPR）技术首次在实验中发现了铬（Ⅰ）-双乙烯配合物的存在，证实了其组成为 $[Cr(C_2H_4)_2(CO)_2(PNP)]^+$，这为乙烯选择性低聚金属环机理提供了关键性证据。

5.6.2 双核金属环机理

Young 等[96]利用一个 1,4-丁二基单元桥联了两个 Cr 中心，形成了一个双核 Cr 中心配合物，首次提出了乙烯选择性四聚双核金属环机理，如图 5-36 所示。

Peitz 等[64]提出了一种新的双核 Cr 催化循环机理，乙烯分子分别和两个金属中心配位形成两个 Cr 五元环，通过 C-C 偶联形成双金属十元环，接着再通过 β-H 的还原消去释放 1-辛烯，如图 5-37 所示。此机理的合理性还有待于进一步确认。

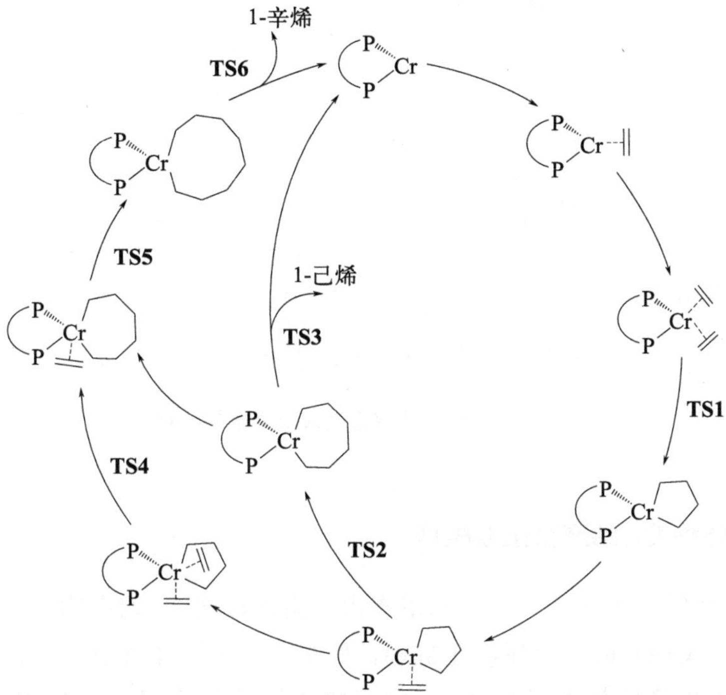

图 5-35　Britovsek 等提出的单/双乙烯配位的选择性乙烯三聚/四聚机理

TS1～TS6—过渡态物质

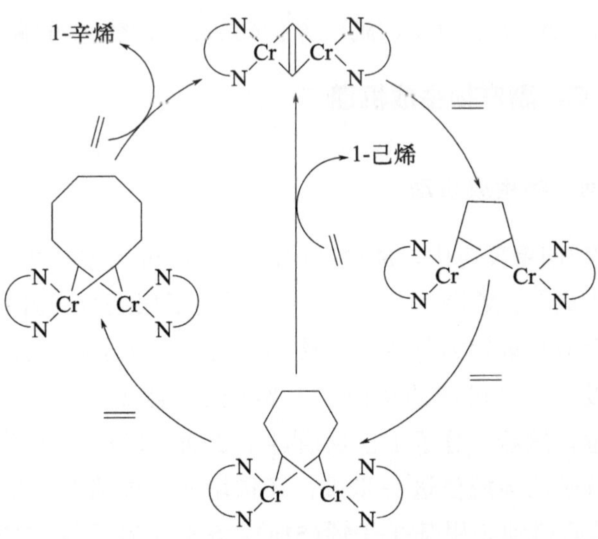

图 5-36　Young 等提出的双核金属环机理

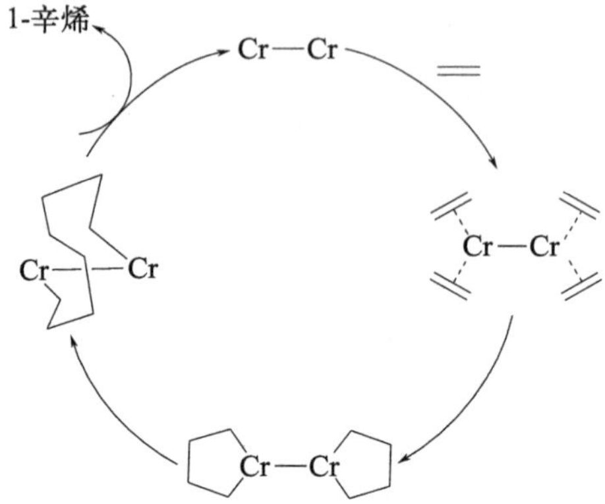

图 5-37　Peitz 等提出的双核金属环机理

5.6.3　环状 C_6 副产物生成机理

Overett 等[56]根据氘代实验结果提出了生成环状 C_6 副产物（亚甲基环戊烷和甲基环戊烷）的双金属歧化机理，如图 5-38A 路径所示。Elowe 等[91]提出如图 5-38B 路径是生成环状 C_6 副产物更可行的路径，虽然 B 路径也被 Overett 等提出过，但是他们的实验并不支持[56]。此外，部分 DFT 计算和实验研究表明：乙烯可能进一步插入铬(氢)(环戊基甲基)物种的 Cr—H 键上，然后发生分子内 H 转移生成环状 C_6 副产物，如图 5-38C 路径所示[33,88]。目前，研究者提出了更为广泛接受的副产物生成路径，如图 5-38D 路径所示[92-93,97]。

5.6.4　C_{10}~ C_{14} 副产物生成机理

5.6.4.1　C_{10} 副产物生成机理

在乙烯三聚/四聚反应中，原位生成的 1-己烯可以进一步与两分子乙烯发生偶联反应，生成 C_{10} 烯烃[98-101]。图 5-39 说明了根据金属环机理生成 C_{10} 烯烃的途径。该反应机理较为复杂，涉及 1,2-或 2,1-化学区域插入，所以对 C_{10} 烯烃的生成假设了三种可能的路径[56]。路径 1：金属活性中心“Cr”先与第一分子乙烯配位，然后一分子 1-己烯通过 1,2-插入形成铬杂环戊烷中间体 **A**，之后再与第二分子乙烯配位进一步进行环扩增而形成铬杂环庚烷中间体 **D** 和 **E**，通过 β-H 消除得到 5-甲基-1-壬烯(**51a**)、5-亚甲基壬烷(**51b**) 或 3-丙基-1-庚烯(**51c**)、4-乙基-1-辛烯(**51d**)，同时释放出 Cr 活性中心。路径 2：金属活

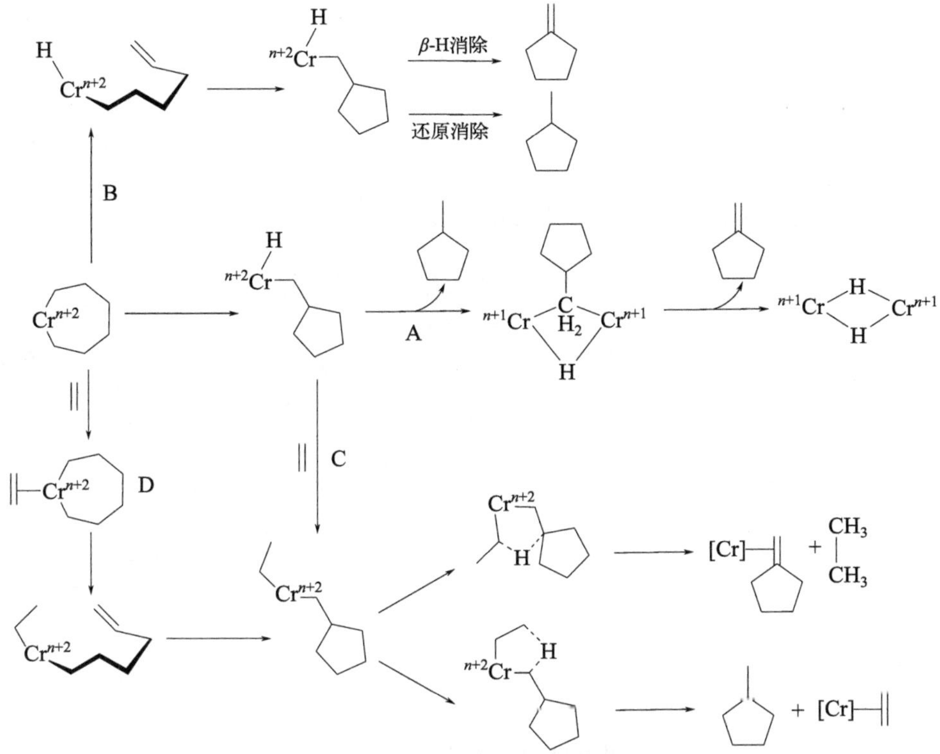

图 5-38　环状 C_6 副产物的生成机理

性中心“Cr”先与两分子乙烯配位形成铬杂环戊烷中间体 **B**，然后一分子 1-己烯通过 1,2-或 2,1-插入进一步进行环扩增而形成铬杂环庚烷中间体 **D** 或 **F**，经过 β-H 消除得到 5-甲基-1-壬烯（**51a**）、5-亚甲基壬烷（**51b**）或 5-癸烯（**51e**）、1-癸烯（**51f**）和顺-4-癸烯（**51g**）。路径 3：金属活性中心“Cr”先与第一分子乙烯配位，然后一分子 1-己烯通过 2,1-插入形成金属环戊烷中间体 **C**，之后再与第二分子乙烯配位进一步进行环扩增而形成铬杂环庚烷中间体 **E** 或 **F**，通过 β-H 消除得到 3-丙基-1-庚烯（**51c**）、4-乙基-1-辛烯（**51d**）或 5-癸烯（**51e**）、1-癸烯（**51f**）和顺-4-癸烯（**51g**）[102-103]。

5.6.4.2　C_{12} 副产物生成机理

在乙烯三聚/四聚反应中，原位生成的 1-己烯可以进一步与三分子乙烯发生偶联反应，生成 C_{12} 烯烃，这与 C_{10} 烯烃形成的过程类似。图 5-40 说明了根据金属环机理生成 C_{12} 烯烃的途径[56]。路径 1：从铬杂环戊烷出发，一分子

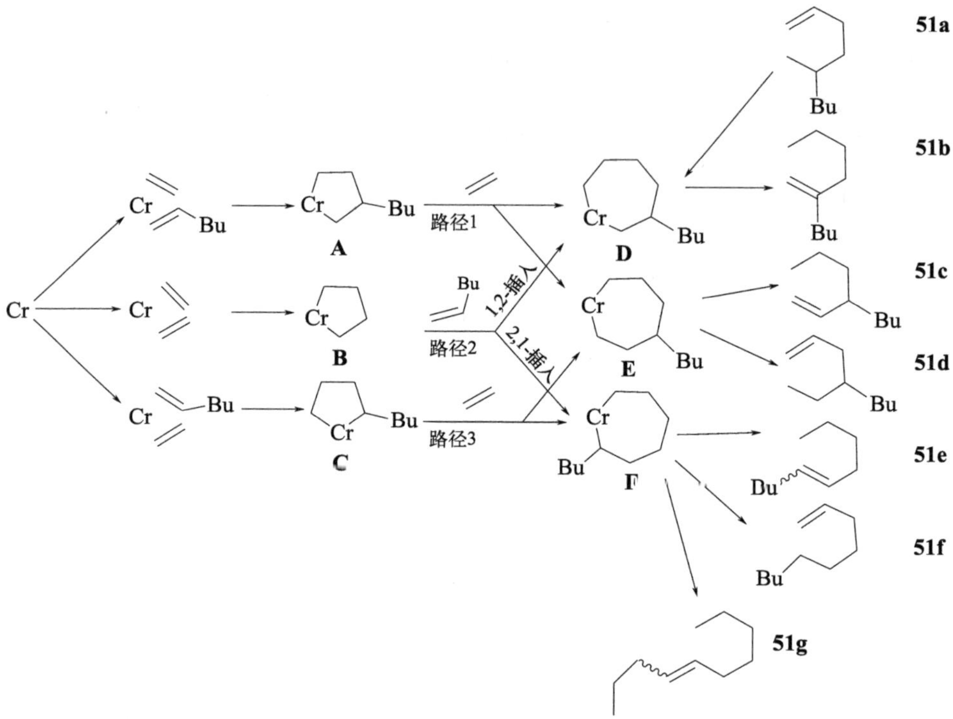

图 5-39　C_{10} 副产物形成机理

1-己烯通过 2,1-插入形成金属环庚烷中间体 **G**，经过 *β*-H 消除得到 1-十二烯。路径 2：从铬杂环戊烷出发，一分子 1-己烯通过 1,2-插入形成金属环庚烷中间体 **H**，经过 *β*-H 消除得到 5-甲基-十一烷、5-甲基-1-十一烯。

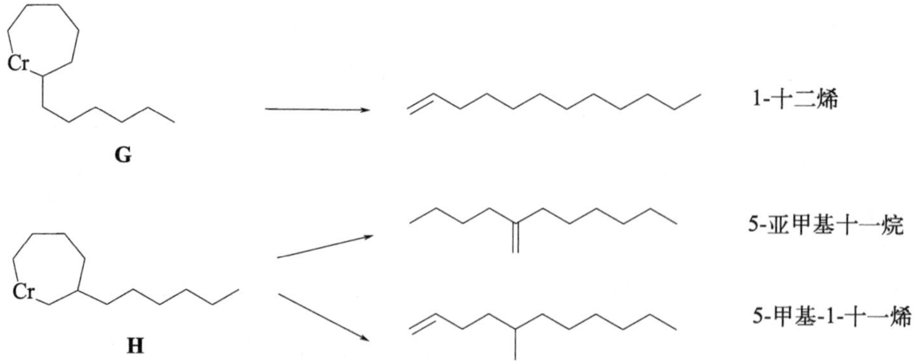

图 5-40　C_{12} 副产物形成机理

5.6.4.3　C_{14} 副产物生成机理

在乙烯三聚/四聚反应中，原位生成的 1-辛烯可以进一步与三分子乙烯发生偶联反应，生成 C_{14} 烯烃，这与 C_{10} 烯烃形成的过程类似。图 5-41 说明了根据金属环机理生成 C_{14} 烯烃的途径[56]。路径 1：从铬杂环庚烷出发，一分子 1-辛烯通过 2,1-插入形成金属环壬烷中间体 **I**，经过 β-H 消除得到 1-十四烯。路径 2：从铬杂环庚烷出发，一分子 1-辛烯通过 1,2-插入形成金属环庚烷中间体 **J**，经过 β-H 消除得到 7-甲基-1-十三烯、7-亚甲基十三烷。路径 3：从铬杂环庚烷出发，一分子 1-辛烯插入形成金属环壬烷中间体 **K**，经过 β-H 消除得到 5-丙基-1-十一烯。

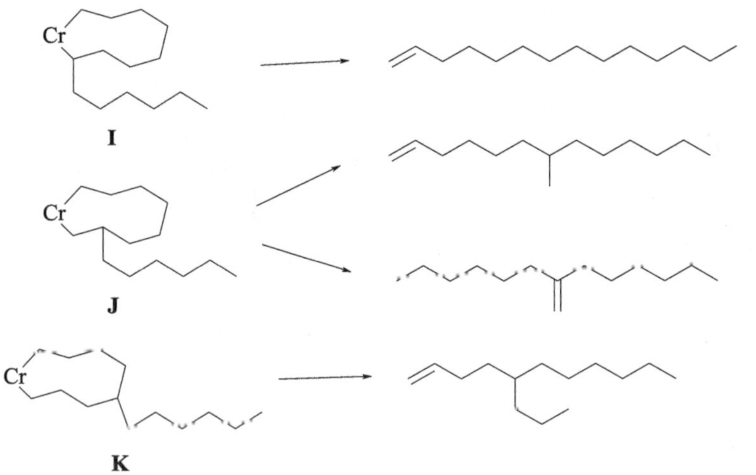

图 5-41　C_{14} 副产物形成机理

5.6.5　金属氧化态

多项关于中性或两性 Cr 配合物的乙烯四聚性能研究发现：Cr^{I} 物种是催化活性物种，催化剂通过 Cr^{I}/Cr^{III} 氧化还原对实现催化循环[63,104-105]。Rucklidge 等[104]比较了带有弱配位阴离子的阳离子羰基配合物 $[Cr(CO)_4(PNP^{iPr})]^+\{Al[OC(CF_3)_3]_4\}^-$ 与中性配合物 $Cr(CO)_4(PNP^{iPr})$ 的乙烯四聚反应结果。研究发现，Cr^{I} 配合物具有很好的乙烯四聚活性，而 Cr^0 配合物几乎没有催化活性，这表明 Cr^{I} 阳离子可以作为乙烯四聚催化活性中心，在催化过程中 Cr^{I}/Cr^{III} 氧化还原对提供了催化作用。Agapie 等[106]研究发现，$(PNP^{OMe})Cr(o,o'$-biphenyldiyl$)Br$ 配合物与 $NaB[C_6H_3(CF_3)_2]_4$ 反应，得到的阳离子配合物的结构可能是［(PNP^{OMe})Cr(*o*，*o*′-biphenyldiyl)］$^+$，在乙烯气氛下可以得到邻(乙烯基)联苯和 1-己烯；而单纯的（PNP^{OMe})Cr(*o*，*o*′-biphenyldiyl)Br 配合物只有邻(乙烯基)联苯，没有 1-己烯的生成，如图 5-42 所示。因此，阳离子物种是催化乙烯三聚反应活性所必需的。Jabri 等[63]对 Phillips 乙烯三聚催化体系中可能存在的 Cr^{I} 和 Cr^{II} 活性物种进行了合成分离研究，结果表明：在没有助催化剂存在情况下，Cr^{I} 物种是有效的乙烯选择性三聚活性物种，而 Cr^{II} 物种只能催化乙烯聚合反应。Lee 等[105]发现多种两性 Cr^{II} 配合物没有乙烯低聚活性，因此阳离子 Cr^{I} 物种可能是有效的乙烯低聚活性物种。

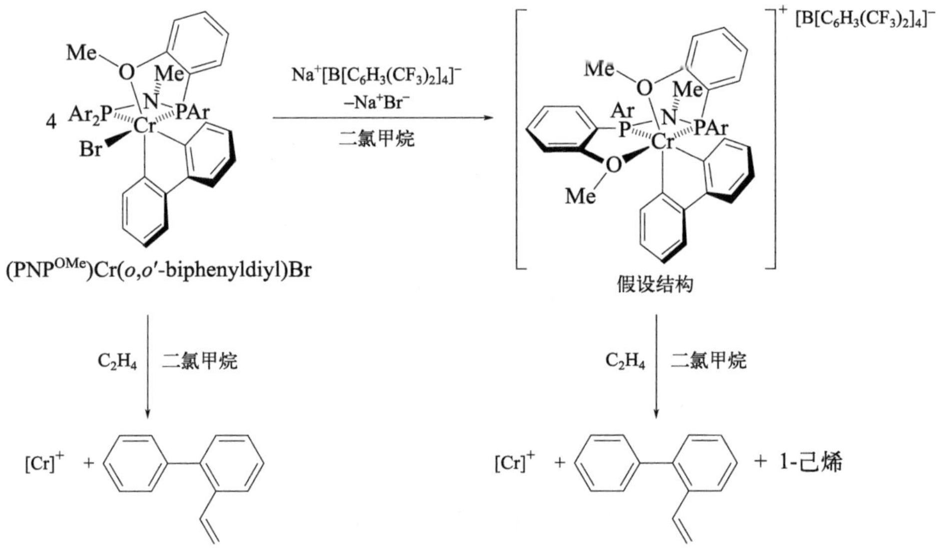

图 5-42　Agapie 等报道的乙烯三聚阳离子活性物种

研究者也利用多种光谱技术对 Cr 的氧化态进行了研究。由于铬配合物的顺磁性，核磁不能有效表征铬的配合物。但是，EPR 可以对多种价态的铬配合物进行表征，这为铬价态的研究提供了可能。多项关于乙烯四聚过程中 Cr 价态的原位 EPR 光谱研究表明：Cr^{II} 物种可能是活性物种，Cr^{I} 物种是失活物种[107-110]。Brückner 等[107]利用原位 EPR 光谱对催化剂形成和乙烯四聚过程中的铬价态进行了详细的研究。Cr^{III} 存在于原位 $Cr(acac)_3$/环己烷(Cr-ac)、原位 $Cr(acac)_3/Ph_2PN(^iPr)PPh_2$/环己烷（Cr-ac/PNP）和预制备［$Ph_2PN(^iPr)PPh_2$-$CrCl_2(\mu$-Cl)］$_2$/甲苯［(PNPCrCl$_2(\mu$-Cl$_2$)］$_2$ 催化体系中，在 MMAO 存在下还

原为低自旋 Cr^{I}。EPR 可见的 Cr^{I} 在三种体系中的含量顺序为 Cr-ac/PNP＜Cr-ac≪[(PNP)$CrCl_2$(μ-Cl)$]_2$。在 Cr-ac/PNP 与 Cr-ac 中 Cr^{I} 含量较低，是由于反铁磁性耦合为 Cr^{I}⋯Cr^{I} 二聚体和/或还原产生的不饱和 Cr 中间体形成了团簇。在 Cr-ac/PNP 中还可能还原为了 EPR 不可见的 Cr^{II}。[(PNP)$CrCl_2$(μ-Cl)$]_2$ 中有较多的 Cr^{I} 可能是活性 Cr 物种释放 PNP 配体并嵌入两个甲苯中抑制了团聚。[(PNP)$CrCl_2$(μ-Cl)$]_2$ 催化剂前驱体在 MMAO 存在下，快速分解为具有三明治结构的 $[Cr(\eta^6\text{-}CH_3C_6H_5)_2]^+$ 阳离子是低催化活性的可能原因。研究表明：在 $Cr(acac)_3$/PNP 催化体系中，MMAO 的存在可以将 Cr^{III} 还原为低自旋的 Cr^{I}。但是，Cr^{III} 的还原比 Cr^{I} 的形成要快，说明活性物种是 EPR 不可见的，可能是反铁磁性 Cr^{I} 二聚体和/或 Cr^{II}。Do 等[108]利用原位 EPR 和 UV-Vis 光谱研究了 $Cr^{III}Cl_3$(PNP)-MAO 体系活性物种的状态，如图 5-43 所示。Cr^{I} 物种 **52d** 最可能是活性物种或前驱体，尽管只有一小部分。但是，**52d** 也有可能不是活性物种。由于 **52f** 是活性最高时存在的主要物种（约 94%），即使到目前为止所有的迹象都不支持它参与催化反应。Brückner 等[109]通过原位 XAS 和 EPR 对乙烯四聚过程中的活性和失活 Cr 物种进行鉴别，研究表明：Cr^{II} 物种是活性物种，PNP 配体和 MMAO 维持了 Cr^{II} 物种的可逆氧化还原循环将乙烯转化为 1-辛烯，Cr^{II} 物种还原为 Cr^{I} 物种将导致催化剂失活，如图 5-44 所示。Venderbosch 等[110]利用 XAS、EPR、UV-Vis 光谱技术对铬-吡咯乙烯三聚催化剂的活化过程进行了研究，研究表明：Cr^{III} 被瞬时还原为 Cr^{II} 配合物。1h 后，观察到约 1%的 Cr^{I} 配合物。

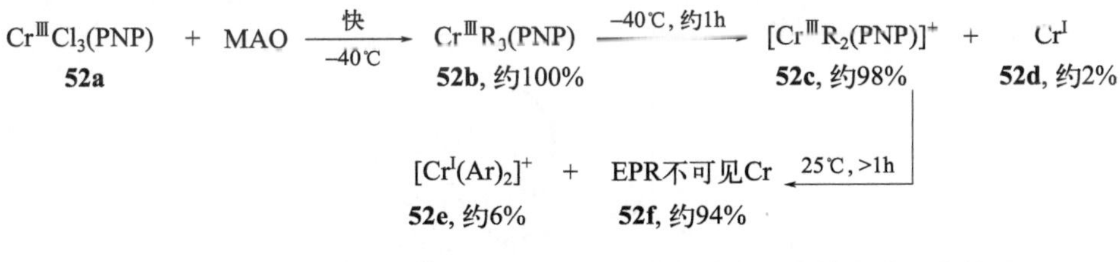

图 5-43　Do 等报道的 $Cr^{III}Cl_3$(PNP)-MAO 催化体系活化的光谱研究结果

Schofer 等[111]合成了乙烯三聚催化剂前驱体（$PNP^{OMe}\text{-}d_{12}$）$CrPh_3$（**53a**）和（$PNP^{OMe}\text{-}d_{12}$）$CrPh_2Cl$（**53b**）[$PNP^{OMe}\text{-}d_{12}$ = $(o\text{-}CD_3OC_6H_4)_2PN(CH_3)P(o\text{-}CD_3OC_6H_4)_2$]，使用变温核磁对化合物的乙烯低聚过程进行了观察研究，如图 5-45 所示。中性的物种 **53a** 和 **53b** 在乙烯存在下（0.1MPa），乙烯插入铬-苯键上，反应得到了苯乙烯和乙苯，而没有 1-己烯形成。但是 **53a** 由质子化作

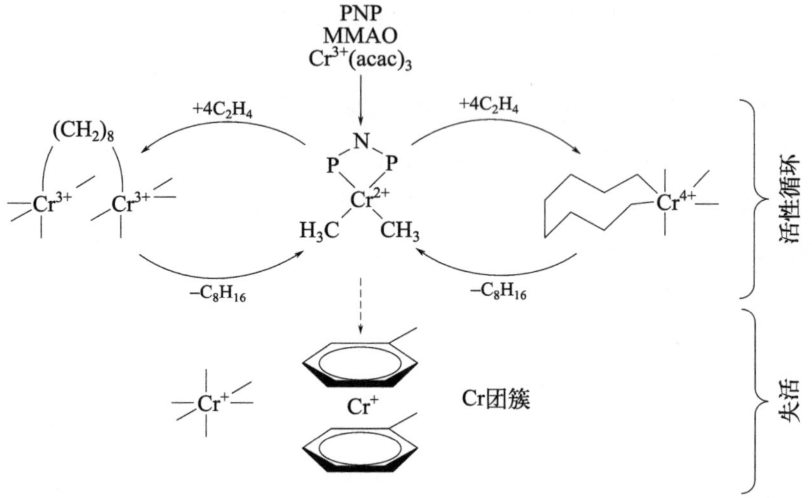

图 5-44　Brückner 等基于光谱研究提出的活性和失活 Cr 物种

用活化或 **53b** 通过卤化物抽提活化可以得到乙烯三聚催化剂，且对于 1-己烯的活性和选择性与 BP 体系[8]是相当的。活化后的阳离子配合物才能使乙烯三聚得到 1-己烯，表明具有非配位阴离子的阳离子配合物是催化活性物质，而且在 $Cr^{Ⅰ}$ 和 $Cr^{Ⅲ}$ 之间切换。

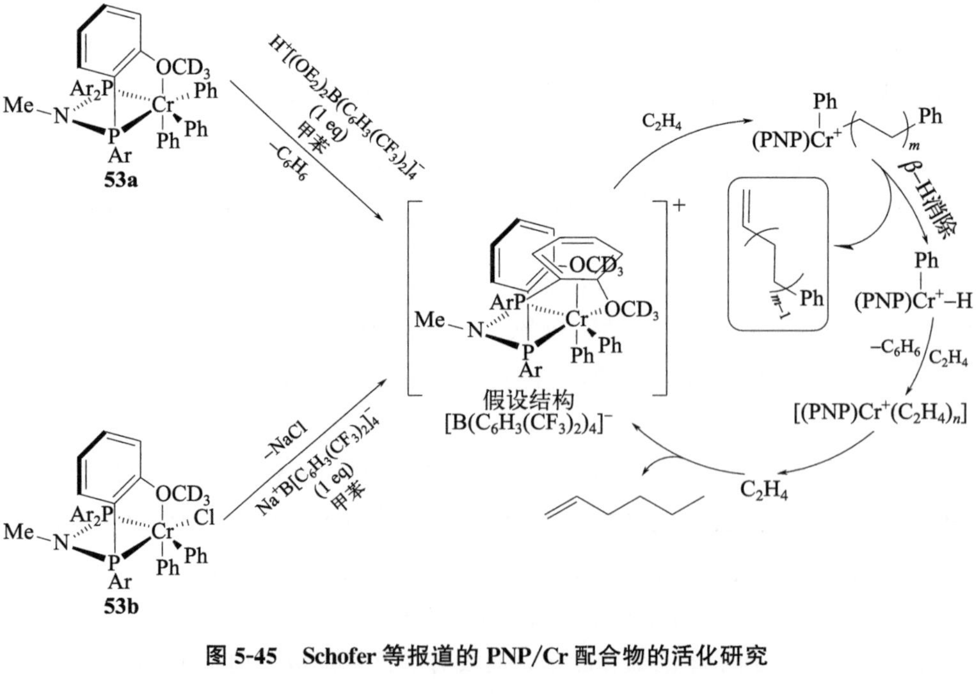

图 5-45　Schofer 等报道的 PNP/Cr 配合物的活化研究

DFT 计算也被用于研究催化循环过程中 Cr 价态的变化，大部分 DFT 研究结果表明：Cr^{I}/Cr^{III} 催化循环介导了乙烯三聚/四聚金属环机理[14,88,90,110,112]。Britovsek 等[92-94]利用 DFT 对 PNP/Cr 催化剂体系催化乙烯低聚过程的氧化态进行了详细研究，结果表明：Cr^{I}/Cr^{III} 比 Cr^{II}/Cr^{IV} 更有利，而且从六重态到四重态的自旋表面交叉是更合理的反应路径。Tang 等[14]采用二维定量构效关系（2D-QSPR）方法对一系列芳基取代 PNP/Cr 催化剂进行了建模，考虑了 Cr^{I} 和 Cr^{II} 活性位点模型对乙烯三聚/四聚的影响。研究发现：Cr^{I}/Cr^{III} 循环是乙烯三聚最合理的催化循环过程，而 Cr^{II}/Cr^{IV} 循环最可能是乙烯四聚的催化循环过程。

5.7　乙烯四聚的计算研究

5.7.1　乙烯四聚反应机理的 DFT 研究

在乙烯选择性低聚金属环机理中，α-烯烃的选择性由乙烯进一步插入成环与 Cr 杂环裂解生成 α-烯烃的相对难易程度决定[100,113-114]。Budzelaar 等[88]使用 DFT 研究发现：在吲哚-AlR_2Cl/Cr^{I} 乙烯三聚催化体系中，氯可以作为潜在的配位点与铬配位，充当了一种半稳定配体。半稳定配体使乙烯的配位受到抑制，铬杂环戊烷到铬杂环庚烷的扩张具有更高的势垒，不利于 1-己烯的形成。Klemps 等[87]使用 DFT 研究了 PCNCP/Cr 催化体系中膦取代基的空间位阻对产物选择性的影响。研究发现：P 原子上取代基的空间位阻与乙烯配位到铬杂环庚烷中间体的难易程度有关。相比于乙基取代基，环己基提供了较大的空间位阻，乙烯配位铬杂环庚烷中间体需要更高的能量。

Yang[90]对 SNS/Cr 催化体系进行了前线轨道理论研究，分别计算了多个模型的最低未占据分子轨道（LUMO）和最高占据分子轨道（HOMO），结果表明：当配合物具有可以接受第三配位乙烯 π 电子的 LUMO 空轨道和 HOMO 3dπ 充满轨道以供给空乙烯 π^* 轨道时，配合物可以更容易接受乙烯分子配位，如图 5-46 所示。此外，对四种模型中的每一种中间体进行了自旋布居分析（NPA），以描述 SNS 配体的电子贡献。

McGuinness 等[93]对均相 PNP/Cr 乙烯三聚和四聚催化剂体系进行了理论研究，目的是确定合适的密度泛函理论方法来进一步研究该催化剂，并评估活性物种的可能氧化循环态和自旋态。研究结果表明，几个局部密度泛函

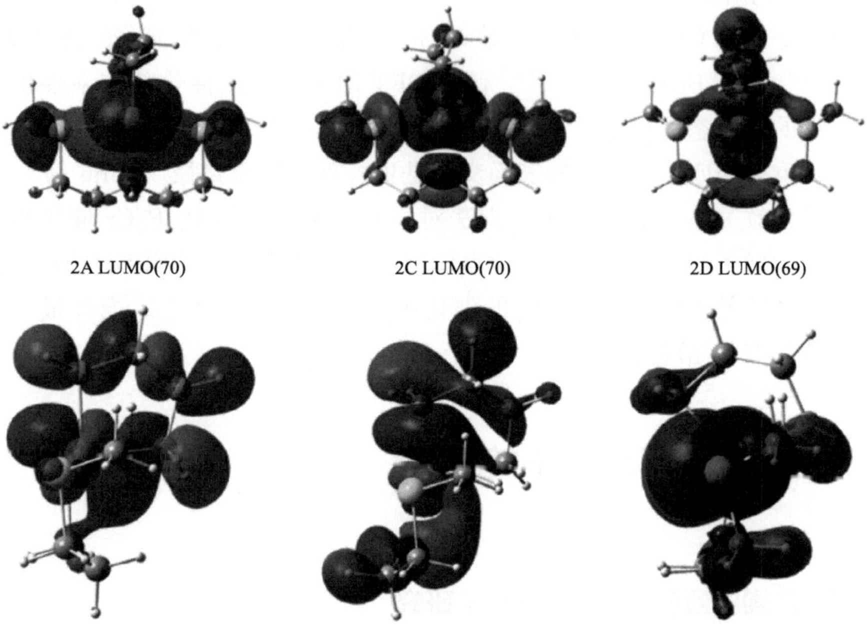

图 5-46　SNS/Cr 配合物的前线分子轨道（彩图见文后插页）

（**BP**86、BPW91、M06L）提供了较好的结果，其中 M06L 可能是最好的选择。

Britovsek 等[92,94]利用 $Me_2PN(Me)PMe_2$ 配体研究了 PNP/Cr 的乙烯三聚和四聚反应机理，如图 5-47 所示。六重态金属环的形成异常困难，而金属环通过六重态 Cr^{I} 乙烯配合物发生自旋交叉到 Cr^{III} 杂环戊烷是一个非常有利的途径。计算结果也证明了铬杂环戊烷具有很好的稳定性，不太可能通过还原消除得到 1-丁烯。因此，铬杂环戊烷进一步与乙烯配位，随后插入、消除得到 1-己烯和 1-辛烯，使实验结果合理化。研究也发现，铬杂环壬烷进一步扩环需要的能量比形成铬杂环壬烷的能量高很多，因此进一步扩环是极其困难的，这也合理解释了 1-辛烯的高选择性。重要的是，计算证明了环状副产物的两条反应途径的活化能垒是相似的，这也解释了在乙烯四聚催化反应过程中副产物甲基环戊烷和亚甲基环戊烷生成比例为 1∶1 的问题。

Liu 等[115]的 DFT 计算表明：H_2 与铬中心的结合/解离相互作用可能是促进 $Cr/PNP/H_2$ 催化体系活性的关键因素。利用能量跨度模型（ESM）计算了转换频率（TOF），与实验保持了很好的一致性[116-117]。利用 Cavallo 等[118]开

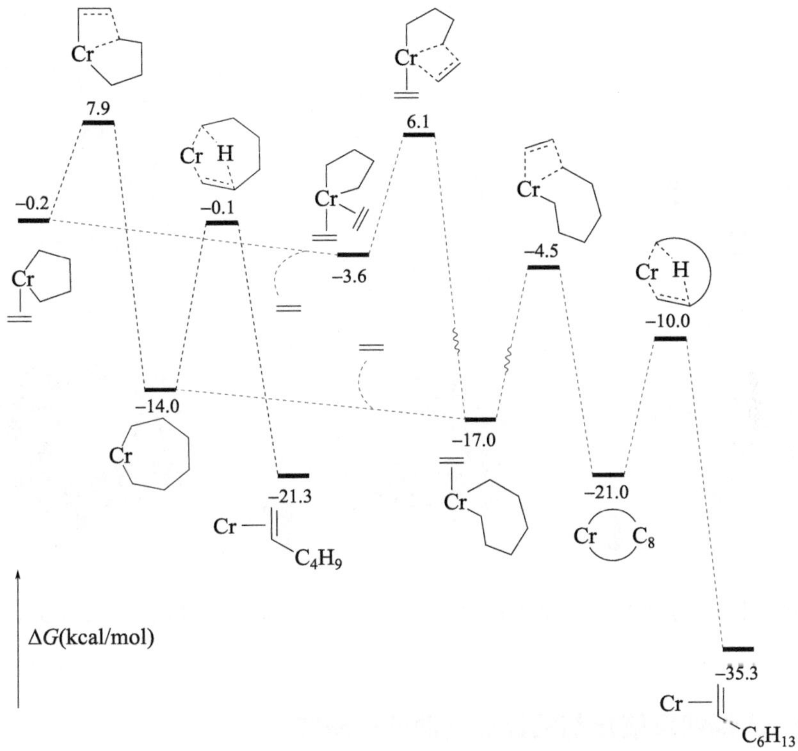

图 5-47　PNP/Cr 催化的乙烯三聚/四聚的相对吉布斯自由能

发的 Sambvca 2.0 软件对第二配体的空间效应进行了研究，结果表明：第二配体增大了铬活性中心的空间位阻，阻碍了乙烯配位到铬中心，如图 5-48 所示。Yin 等[119]利用 DFT 研究了 H_2 对 1-己烯、1-辛烯及活性中心形成的影响，详细解释了 H_2 对 PNP/Cr 乙烯四聚催化体系的促进作用。在 1-己烯和 1-辛烯的形成过程中，H_2 可以简单配位，也可以参与金属环开环反应，但不是直接氢解开环生成烷烃。计算结果表明，氢气的引入增加了生成 1-己烯的自由能垒，降低了生成 1-辛烯的自由能垒。通过前线轨道理论进一步解释了 H_2 在催化过程中的作用。此外，H_2 对活性中心的形成也有影响，DFT 计算结果表明：加入氢气对催化剂形成活性中心更有利，其中氢原子作为第二配体。这种更容易形成活性中心的影响可能是导致 PNP/Cr 催化剂活性增加的关键因素。

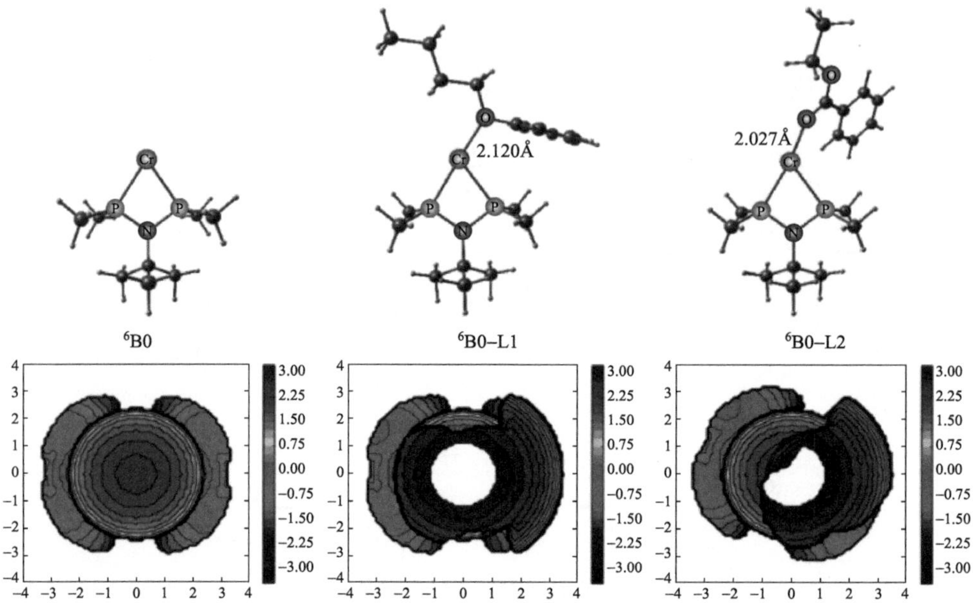

图 5-48　不含和含有第二配体的 PNP/Cr 配合物的结构和空间地图（彩图见文后插页）

5.7.2　乙烯四聚催化剂的计算辅助设计研究

Tang 等[14]使用 DFT 优化了 PNP/Cr 催化剂的结构，利用二维定量构效关系（2D-QSPR）方法建立了催化剂的结构与催化性能之间的线性回归模型。并利用最佳线性回归模型对新型 PNP 配体的催化性能进行了预测，发现了 6 种可能具有高 1-辛烯选择性或 1-己烯＋1-辛烯总选择性的新 PNP 配体。

Kwon 等[120]使用过渡态模型实现了对新 PN 配体的性能预测，如图 5-49 所示。首先通过 DFT 计算得到选择性过渡态的吉布斯自由能差，然后与实验值进行关联得到预测模型，利用预测模型对新设计的 PN 配体乙烯四聚性能进行预测，通过实验验证了预测模型的准确性。Morgan 等[121]利用类似的方法建立了 PN/Cr 催化体系的 1-己烯和 C_6 副产物过渡态能垒差与实验值的关系模型，这个模型实现了对 1-己烯纯度的预测。

Maley 等[122]将 DFT 过渡态模型与随机森林机器学习模型组合，为设计新的高 1-辛烯选择性 PN/Cr 催化剂提供了思路，如图 5-50 所示。首先计算 105 个 PN 配体的 1-己烯和 1-辛烯选择性过渡态能垒，然后提取 14 个描述符（几何参数、电子特征）用于建立随机森林回归模型。这个模型预测得到了 1-辛

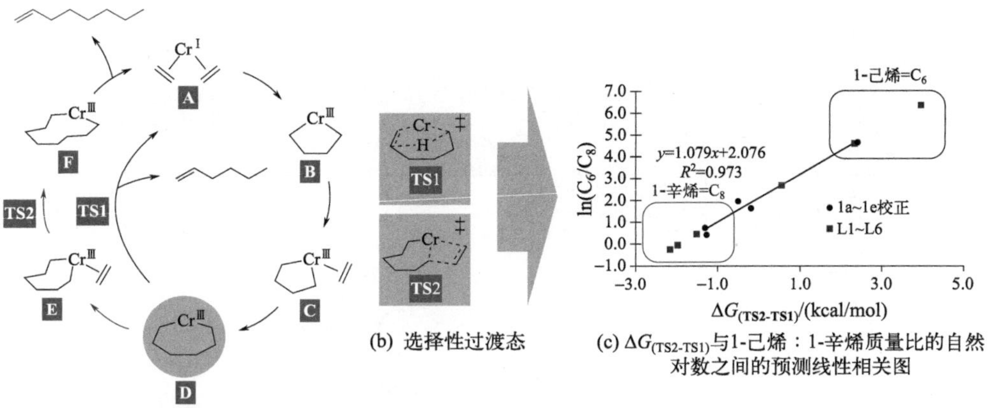

(a) 基于实验和计算的合理催化循环　(b) 选择性过渡态　(c) $\Delta G_{(TS2-TS1)}$与1-己烯：1-辛烯质量比的自然对数之间的预测线性相关图

图 5-49　Kwon 等建立的过渡态模型

烯选择性为 95%（质量分数）的 PN/Cr 催化剂。然而，随机森林回归模型与实验值之间缺乏相关性，这可能是由于实验研究的配体样本量太少，但是依然可以用来确定关键的化学特征，这些特征可以提高 1-辛烯的选择性。

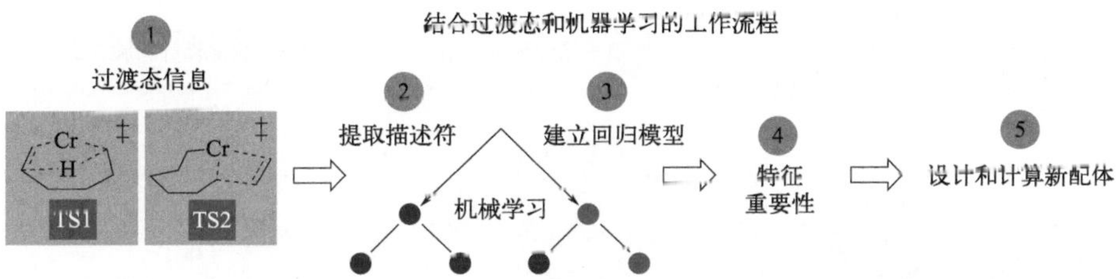

图 5-50　Maley 等开发的 DFT 过渡态模型与随机森林机器学习模型组合方法

Lin 等[123]使用开放源代码开发了自动化计算 PNP 配体异构为 PPN 配体的热力学稳定性（ΔG_{PPN}）的方法（XTBDFT），并建立了 ΔG_{PPN} 与聚合物形成之间的关系模型，如图 5-51 所示。Python 脚本工作流程主要包括：①通过 GFN-xTB 驱动 CREST 进行有效而准确的构象分析；②用 NWChem 程序进行构象优化；③使用 Goodvibes 进行频率校正。这种方法可应用于筛选新的 PNP 配体候选物，排除了催化性能较差的候选物，节省了大量的时间。

著者课题组[124]联合 DFT 和人工神经网络（ANN）建立了 PNP/Cr 催化剂的构效关系模型。首先利用 DFT 对一系列不对称 PNP/Cr 活性物种进行结构优化和电子计算，提取空间和电子描述符，建立数据集。然后利用上述数据

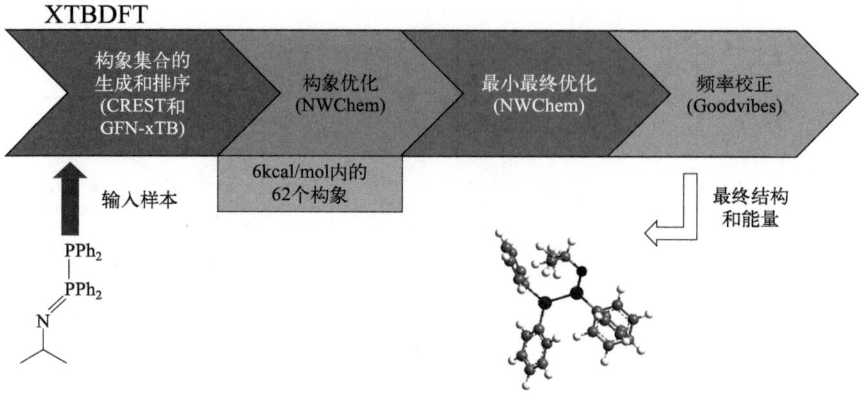

图 5-51　具有样本输入和输出的 XTBDFT 工作流程

集和 1-己烯和 1-辛烯的实验数据训练 ANN 模型，通过优化得到预测性能优异的 ANN 模型，最后通过实验验证模型的预测准确性。基于这项研究，著者课题组[125]进一步联合 DFT 和人工神经网络对 PCCP/Cr 催化剂进行了构效关系建模，实现了高活性和高选择性催化剂的设计与筛选，如图 5-52 所示。

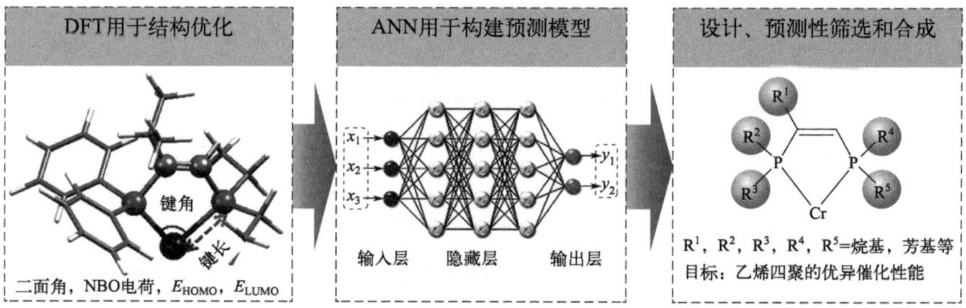

图 5-52　联合 DFT 和人工神经网络建立乙烯低聚催化剂构效关系模型的工作流程

5.8　聚合物的生成机理及抑制措施

从目前已经报道的乙烯四聚催化体系来看，在乙烯四聚高选择性得到 1-辛烯的同时，会有 1-丁烯、1-己烯、1-癸烯、甲基环戊烷、亚甲基环戊烷、C_{10+} 高碳副产物和高分子量聚乙烯副产物等生成，产物中聚乙烯的含量为 0.01%～0.3%（质量分数），这些聚乙烯会缠结在反应釜的内壁和搅拌桨上，也会堵塞管道，影响乙烯四聚合成1-辛烯生产装置的连续长周期运行。有关乙烯四聚反应过程中高分子量聚乙烯的生成机理及影响因素方面的研究，国内外还鲜有报道。一般来说，中心金属铬的种类、配体的结构、反应条件、助催化剂种类和原料的纯度等都对聚乙烯的生成量有影响。

著者团队在研究Cr(Ⅲ)/PNP/MAO催化乙烯四聚的反应过程中发现，生成的聚合物有蜡状聚合物和丝状聚合物两种，其中蜡状聚合物很容易溶解到甲苯等溶剂中，而丝状聚合物则不溶。在反应过程中添加一定量的氢气，可以有效降低丝状聚合物的生成量和分子量。采用高温凝胶渗透色谱（GPC）对蜡状聚合物和丝状聚合物的分子量进行了测试，采用差示扫描量热法（DSC）测试了丝状聚乙烯的熔点（T_m），结果如表5-1所示。采用^{1}H-NMR对蜡状聚合物进行了分析，分析结果可以证实蜡状聚合物分子端部含有双键。采用高温^{13}C-NMR分别对蜡状聚合物和丝状聚合物的结构进行了分析，采用Usami和Takayama的方法根据^{13}C-NMR谱图所得的化学位移和归属计算了聚合物的支化度。结果表明：蜡状聚合物的支化度为0.28%，丝状聚合物的支化度为0.19%，丝状聚合物主要是高分子量的线型聚乙烯，蜡状聚合物主要是高分子量的线型α-烯烃[126]。此外，还发现在乙烯四聚反应过程中加入一定量的氢气，不仅可以有效提高催化反应的活性；还可降低聚合物的生成量和分子量，有效解决聚合物的黏釜问题。

表5-1　氢气分压对乙烯四聚固相产物生成量、分子量及其分布的影响

氢气分压/MPa	聚合物状态	质量/g	M_n/(g/mol)	M_w/(g/mol)	PDI	T_m/℃
0	蜡状	1.139	1109	1603	1.45	
	丝状	0.175	217177	753221	3.47	127.6
0.5	蜡状	5.64	1219	1694	1.39	
	丝状	0.102	92210	369676	4.01	124.1
1.0	蜡状	4.23	1111	1650	1.49	
	丝状	0	89590	309835	3.46	127.5

注：1.反应条件为溶剂=环己烷；$p(C_2H_4)$=5.0MPa；c(Cr)=0.048mmol/L；Al/Cr(摩尔比)=300；t=30min；T=50℃。

2.M_n—数均分子量；M_w—重均分子量；PDI—聚合物分子量分布指标，PDI=M_w/M_n，PDI越小说明聚合物分子量分布越均匀，反之则分布越不均匀；T_m—熔点。

5.9 乙烯四聚生产工艺

5.9.1 Sasol公司乙烯四聚生产工艺

Sasol公司对乙烯四聚生产工艺进行了开发，并建成了10万t/a的工业化生产装置，用于生产高纯度聚合级的1-辛烯，其生产工艺流程如图5-53所示[127]。在乙烯四聚反应过程中，除了主产物1-辛烯外还产生了多种副产物，其中对连续生产工艺影响较大的是副产聚合物，它会污染反应器体系、堵塞管道、影响换热器换热效率等，影响生产装置的长周期运行。因此需要定期停车进行清理，这严重影响了连续生产装置的技术经济性。针对副产聚乙烯的黏釜、堵塞等问题，Sasol公司开发了热溶剂洗涤工艺对副产聚乙烯进行清理，聚乙烯在180℃下熔化或溶解在溶剂中，通过热洗的方式除去聚乙烯，达到清洁反应系统的目的。如果聚乙烯污垢太严重而无法通过溶剂热洗的方式去除，则必须打开反应器及被堵塞设备通过水力进行机械清洁，这会导致生产装置的停车时间更长。

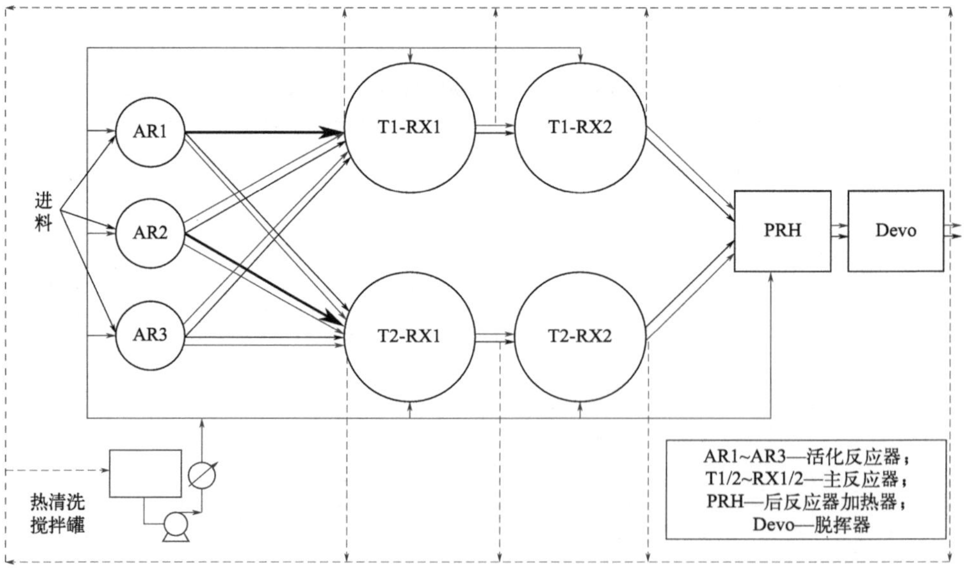

图5-53 乙烯四聚工艺的反应器流程

Sasol 公司发现聚乙烯副产物可以通过在高铝（Al）浓度下活化催化剂来减少。一旦催化剂被完全活化，反应可以在较低的 Al 浓度下高效进行，这相当于减少助催化剂的消耗量，这对于降低乙烯四聚催化体系的成本是非常重要的。Sasol 公司的乙烯四聚工艺设计是在一个相对较小的前期活化反应器中活化催化剂，然后将完全活化的催化剂送入两个串联的较大主反应器中。反应后的物料在离开主反应器后，在后反应器加热器中加热，然后在脱挥发分工段中经历两次分离，以回收未反应的乙烯，并从残余组分中分离出所需的产物。在这个过程中换热器和脱挥发分装置都可能受到中度至过量聚合物的污染。经过脱挥发分且无聚合物副产物的物料，被送至产物后处理装置以回收所需的 1-辛烯。反应和热洗工艺的基本流程如图 5-53 所示。它包括：

① 三个平行的、大小相等的间歇式活化反应器，一般两个在运行，而第三个在清洁聚合物污垢。来自各运行中的活化反应器的活性催化剂组分被送往主反应器工段，每个活化反应器可以给两个主反应器工段中的任何一个反应器进料，从活化反应器到主反应器的分批进料以恒定的间隔进行。

② 两个大小相等的主反应工段，每个工段由两个串联的反应器组成。如果串联的一个主反应器需要停车，那么同一生产线上的另一个反应器也将停车并进行清洁操作。

③ 一个反应器后加热器和脱挥发分装置。后反应器加热器和脱挥发分装置为两个主反应器生产线的输出提供服务。如果脱挥发分装置发生结垢，相关的反应器后加热器也必须停车进行清洁，反之亦然。

④ 一个热洗涤系统，可以同时洗涤一个主反应器工段、一个活化反应器和一个反应器后加热器和脱挥发分装置。它可以单独清洗这些部分中的任何一个，也可以将所有三个部分一起清洗。因此，它可以同时清洗流程中串联的部分，但不能清洗并联的部分。

商业工厂的设计必须考虑到不可避免的聚合物污垢堵塞、装置停车和清洁污垢的过程。因此，必须量化关键工艺装置的结垢和清洁对商业工厂可用性的影响，以便更好地评估各个环节所涉及的细节，并确定可能需要优化设计的领域，从而提高工厂的整体可用性和运行经济性。

5.9.2　中国石油乙烯四聚生产工艺

袁金刚[128]根据中国石油大庆化工研究中心开发的乙烯四聚合成 1-辛烯小试试验结果，进行了乙烯四聚生产工艺的概念设计，目的是检验基础研究结果是否符合要求；估计技术方案实施后的主要技术经济指标及经济效益；确定模型试验或中试试验的内容、重点及规模；并估计为技术方案实施而承担的风险。尽量体现现代化工过程设计的思想，追求节能降耗、环境友好等经济和技术目标。初步确定概念设计装置所涉及的1-辛烯生产规模为5000t/a，设定的分离目标为获得纯度98%（质量分数）的1-辛烯和98%（质量分数）的1-己烯产品。5000t/a的1-辛烯合成装置共分五个工段：原料精制工段、催化剂配制工段、四聚反应工段、精馏工段和储存工段，具体如下所述。

（1）原料精制工段

原料预处理过程包括乙烯和溶剂环己烷的预处理。由于进入反应器的乙烯中氧、水含量必须小于5.0μg/g，环己烷的水含量必须小于5.0μg/g，所以需要对来自界区的乙烯进行脱氧和脱水处理，对来自罐区的环己烷进行脱水处理。

（2）催化剂配制工段

催化剂各组分分别按相应的浓度配制后储存于催化剂储罐中，并用0.1～0.2MPa高纯氮气恒压保护。经计量泵计量后，送入进料总管中。脱水后的环己烷溶剂从环己烷罐进入乙烯预混器中，与乙烯预混合。

（3）四聚反应工段

由乙烯预混器出来的环己烷溶解乙烯与进料总管来的催化剂分别进入搅拌釜式反应器中，在5.0MPa、50℃条件下进行乙烯四聚反应，反应热分别由内冷管和冷却夹套移除，以维持恒定的反应温度。从反应器出来的物料与由终止剂罐经泵输送的终止剂混合，使催化剂活性终止。

（4）精馏工段

经终止反应的物料在乙烯塔内进行绝热闪蒸，脱除未反应的乙烯气体，闪蒸液相经己烯塔到甲基环戊烷塔分离出1-己烯和甲基环戊烷、亚甲基环戊烷，剩余液体进入溶剂塔分离出环己烷，最后进入辛烯塔，分离出产品1-辛烯到1-辛烯储罐。

5.9.3 中国石化乙烯四聚生产工艺

中国石油化工股份有限公司公开了一件反应釜外移热的选择性乙烯低聚工艺专利[129]，如图5-54所示。新鲜乙烯与循环乙烯经过混合罐1、压缩机2和缓冲罐3进入反应釜4，催化剂与溶剂直接进入反应釜进行反应。物料离开反应釜后依次通过袋式过滤器5、换热器6和闪蒸罐7。闪蒸罐分离出的气相乙烯循环使用，液相部分通过循环泵循环进入反应釜进行移热，部分直接进入后续分离工段，实现1-辛烯等LAOs的分离纯化。此工艺移热速率快，反应温度控制平稳，有利于提高催化活性和选择性。

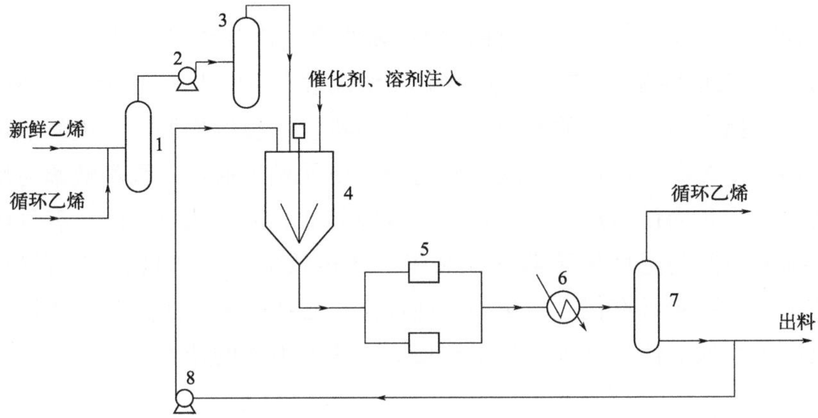

图 5-54　中国石化开发的釜外移热选择性乙烯低聚工艺流程

1—混合罐；2—压缩机；3—缓冲罐；4—反应釜；5—袋式过滤器；6—换热器；7—闪蒸罐

5.9.4　万华化学乙烯四聚生产工艺

万华化学集团股份有限公司公开了一件利用物料预冷实现反应移热的乙烯低聚工艺专利[130]，如图 5-55 所示。乙烯和溶剂经过脱水、脱氧后进入预溶釜 1 进行溶解，将溶液降温至−20℃。然后将主催化剂、助催化剂、氢气和溶解有乙烯的溶液一同通入反应釜 2 进行乙烯低聚反应。反应釜中的乙烯循环进入预溶釜 1，反应后的物料进入淬灭釜 4 进行淬灭，再进行后续分离得到 1-己烯和 1-辛烯产物。此工艺通过低温进料来移除反应热，避免了换热器导致的聚合物挂壁效应，提高了设备的长周期运行稳定性。

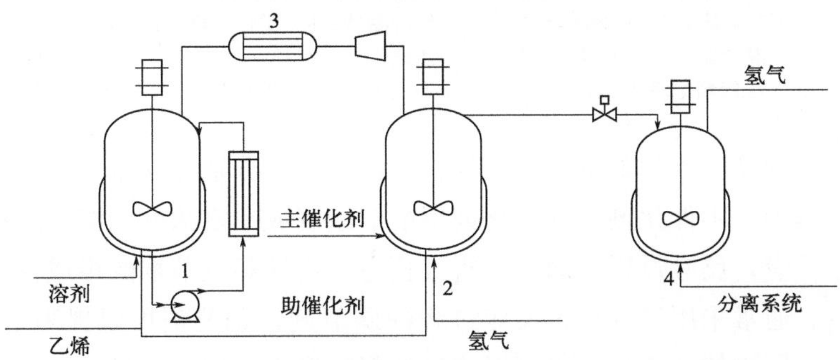

图 5-55　万华化学开发的物料预冷移热乙烯低聚工艺流程

1—预溶釜；2—反应釜；3—冷凝器；4—淬灭釜

5.9.5 其他的乙烯四聚生产工艺

天津科技大学[131]公开了一件新的乙烯四聚生产装置及工艺专利，如图 5-56 所示。该乙烯四聚工艺装置包括原料预处理单元、反应单元和分离单元，反应单元包括先后相连通的反应釜、循环风机、一级冷凝器、一级凝液罐、二级冷凝器、二级凝液罐，一级凝液罐与分离单元相连通，二级凝液罐与反应釜相连通，反应釜内设有温度传感器，一级冷凝器和循环风机之间设有气体调节阀，气体调节阀与温度传感器形成联锁，通过反应釜的温度控制调节阀的开度。该工艺和装置具有促进催化剂活性提高、LAOs 选择性提高及产物参与的二次反应程度低而使高碳副产物少和反应移热能力强的特点。

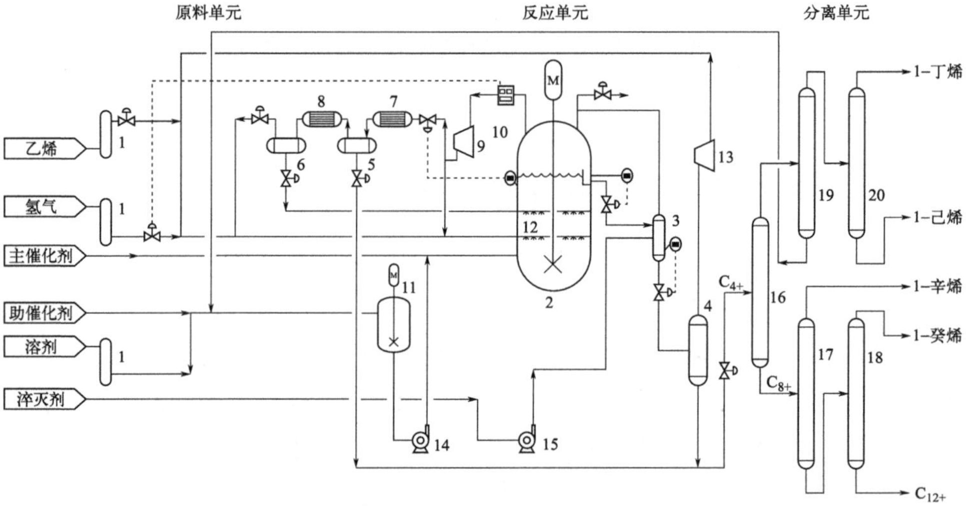

图 5-56 天津科技大学开发的用于乙烯四聚工艺流程

1—脱水、脱氧器；2—反应釜；3—气液分离罐；4—闪蒸釜；5—一级凝液罐；6—二级凝液罐；7—一级冷凝器；8—二级冷凝器；9—循环风机；10—在线分析仪；11—混合器；12—进料分布器；13—压缩机；14，15—泵；16—一级精馏塔；17—二级精馏塔 1；18—三级精馏塔 1；19—二级精馏塔 2；20—三级精馏塔

该工艺的具体流程如下：将溶剂、乙烯、氢气分别经脱水、脱氧器处理后通入反应釜中，主催化剂、助催化剂用溶剂配制成一定浓度的溶液进料至反应釜中开始反应，反应过程中通过分析气相空间乙烯和调节剂的组成控制调节剂的加入量。通常采用氢气作为反应过程的调节剂，调节剂可以提高催化活性、降低副产低聚物的分子量，也可以改变低聚物形态。加入适量的调节剂氢气调节后副产的低聚物呈絮状，黏性较低，大多悬浮在反应液中，不会黏附堵塞设

备。反应釜上部的气相经循环风机循环，由于温度传感器和气体调节阀之间的调节作用，部分循环气直接返回反应釜进行反应，剩余部分循环气先经过一级冷凝器、一级凝液罐处理，后经二级冷凝器冷凝后得到液相乙烯和不凝气，液相乙烯进入反应釜内进料分布器实现循环利用。反应所得产物先后通过气液分离罐、闪蒸釜分离后，通过若干精馏塔分离处理；两部分循环气的分配比例与反应釜温度形成联锁，通过调节阀控制两部分循环气的分配比例。将淬灭剂通入气液分离罐进行反应淬灭，在气液分离罐内从反应釜出来的物料与淬灭剂接触反应，使催化剂活性终止。循环乙烯与乙烯、调节剂混合后以气相鼓泡的形式进入反应釜，起到了搅动的作用，从而增强了乙烯在反应釜内的传质。闪蒸釜中存在气液两相，气相主要为乙烯，经脱除携带的雾滴后循环利用；液相主要成分是溶解乙烯、溶剂、淬灭剂和低聚产物，经闪蒸釜绝热闪蒸，脱除没有反应的乙烯气体，剩余液体进入精馏塔分离系统进行精细分离，得到溶剂及产物线型 α-烯烃。

参考文献

[1] McGuinness D S. Olefin oligomerization via metallacycles：Dimerization，trimerization，tetramerization，and beyond[J]. Chemical Reviews，2011，111(3)：2321-2341.

[2] Dixon J T，Green M J，Hess F M，et al. Advances in selective ethylene trimerisation-a critical overview[J]. Journal of Organometallic Chemistry，2004，689(23)：3641-3668.

[3] Lashier M E. Process and catalysts for the oligomerization of olefins：EP 0780353A1[P]. 1997-06-25.

[4] Wu F J. Ethylene trimerization：US 5550305[P]. 1996-08-27.

[5] Wu F J. Ethylene trimerization coordination catalyst：US 5811618A[P]. 1998-09-22.

[6] Freeman J W，Buster J L，Kudsen R D. Preparation of homogeneous catalysts for olefin oligomerization[J]. Phillips Petroleum Company，1999.

[7] Duncan Frank W. Olefin trimerisation using a catalyst comprising a source of chromium，molybdenum or tungsten and a ligand containing at least one phosphorous，arsenic or antimony atom bound to at least one (hetero)hydrocarbyl group：WO 0204119[P]. 2002-01-17.

[8] Carter A，Cohen S A，Cooley N A，et al. High activity ethylene trimerisation catalysts based on diphosphine ligands[J]. Chemical Communications，2002(8)：858-859.

[9] 宋宪凤，毕四勇，毛国梁，等. 乙烯三聚和四聚催化剂的研究进展[J]. 石油化工，2008，37(8)：858-862.

[10] 毛国梁，刘振华，郑斌茹，等. 乙烯选择性低聚催化体系的研究进展[J]. 化工科技，2015，23(6)：75-81.

[11] 邵怀启，王若飞，王晶晶，等. 乙烯高选择性四聚反应机理研究进展[J]. 天津科技大学学报，2017，32(6)：1-7.

[12] Gunasekara T, Kim J, Preston A, et al. Mechanistic insights into chromium-catalyzed ethylene trimerization[J]. ACS Catalysis, 2018, 8(8): 6810-6819.

[13] Yang Y, Gurnham J, Liu B, et al. Selective ethylene oligomerization with chromium complexes bearing pyridine-phosphine ligands: Influence of ligand structure on catalytic behavior[J]. Organometallics, 2014, 33(20): 5749-5757.

[14] Tang S, Liu Z, Zhan X, et al. 2D-QSPR/DFT studies of aryl-substituted PNP-Cr-based catalyst systems for highly selective ethylene oligomerization[J]. Journal of Molecular Modeling, 2014, 20(3): 2129.

[15] Bollmann A, Blann K, Dixon J T, et al. Ethylene tetramerization: A new route to produce 1-octene in exceptionally high selectivities[J]. Journal of the American Chemical Society, 2004, 126(45): 14712-14713.

[16] Blann K, Bollmann A, Dixon J T, et al. Highly selective chromium-based ethylene trimerisation catalysts with bulky diphosphinoamine ligands[J]. Chemical Communications, 2005, 5, 620-621.

[17] Overett M J, Blann K, Bollmann A, et al. Ethylene trimerisation and tetramerisation catalysts with polar-substituted diphosphinoamine ligands[J]. Chemical Communications, 2005, 5(5): 622-624.

[18] Kuhlmann S, Blann K, Bollmann A, et al. *N*-substituted diphosphinoamines: Toward rational ligand design for the efficient tetramerization of ethylene[J]. Journal of Catalysis, 2007, 245(2): 279-284.

[19] Blann K, Bollmann A, de Bod H, et al. Ethylene tetramerisation: Subtle effects exhibited by *N*-substituted diphosphinoamine ligands[J]. Journal of Catalysis, 2007, 249(2): 244-249.

[20] Killian E, Blann K, Bollmann A, et al. The use of bis(diphenylphosphino) amines with *N*-aryl functionalities in selective ethylene tri- and tetramerisation[J]. Journal of Molecular Catalysis A: Chemical, 2007, 270(1-2): 214-218.

[21] Jiang T, Zhang S, Jiang X, et al. The effect of *N*-aryl bisphosphineamine ligands on the selective ethylene tetramerization[J]. Journal of Molecular Catalysis A: Chemical, 2008, 279(1): 90-93.

[22] Jiang T, Chen H, Ning Y, et al. Preparation of 1-octene by ethylene tetramerization with high selectivity[J]. Chinese Science Bulletin, 2006, 51(5): 521-523.

[23] Jiang T, Tao Y, Gao X, et al. Ethylene tetramerization with a highly active and long-lifetime trinuclear diphenylphosphinoamine/Cr(Ⅲ)/MAO catalyst[J]. Chinese Science Bulletin, 2012, 57(13): 1510-1515.

[24] Mao G, Ning Y, Hu W, et al. Synthesis of a novel triple-site diphosphinoamine(PNP) ligand and its applications in ethylene tetramerization[J]. Chinese Science Bulletin, 2008, 53(22): 3511-3515.

[25] Overett M J, Blann K, Bollmann A, et al. Carbon-bridged diphosphine ligands for chromium-catalysed ethylene tetramerisation and trimerisation reactions[J]. Journal of Molecular Catalysis A: Chemical, 2008, 283(1-2): 114-119.

[26] Dierkes P, van Leeuwen P. The bite angle makes the difference: A practical ligand parameter for diphosphine ligands[J]. Journal of the Chemical Society, Dalton

Transactions，1999(10)：1519-1530.

[27] Kim S K，Kim T J，Chung J H，et al. Bimetallic ethylene tetramerization catalysts derived from chiral DPPDME ligands：Syntheses，structural characterizations，and catalytic performance of [(DPPDME)$CrCl_3$]$_2$ (DPPDME= *S*,*S*- and *R*,*R*-chiraphos and *meso*-achiraphos)[J]. Organometallics，2010，29(22)：5805-5811.

[28] Zhang J，Wang X，Zhang X，et al. Switchable ethylene tri-/tetramerization with high activity：Subtle effect presented by backbone-substituent of carbon-bridged diphosphine ligands[J]. ACS Catalysis，2013，3(10)：2311-2317.

[29] Cheredilin D N，Sheloumov A M，Senin A A，et al. Catalytic properties of chromium complexes based on 1,2-bis(diphenylphosphino) benzene in the ethylene oligomerization reaction[J]. Petroleum Chemistry，2019，59(Suppl 1)：S72-S87.

[30] Lee H，Joe Y，Park H. Chromium catalysts for ethylene trimerization/tetramerization functionalized with ortho-fluorinated arylphosphine ligand [J]. Catalysis Communications，2019，121：15-18.

[31] Sydora O L，Jones T C，Small B L，et al. Selective ethylene tri-/tetramerization catalysts[J]. ACS Catalysis，2012，2(12)：2452-2455.

[32] Shaikh Y，Gurnham J，Albahily K，et al. Aminophosphine-based chromium catalysts for selective ethylene tetramerization[J]. Organometallics，2012，31(21)：7427-7433.

[33] Ogawa T，Lindeperg F，Stradiotto M，et al. Chromium *N*-phosphinoamidine ethylene tri-/tetramerization catalysts：Designing a step change in 1-octene selectivity[J]. Journal of Catalysis，2021，394：444-450.

[34] Shaikh Y，Albahily K，Sutcliffe M，et al. A highly selective ethylene tetramerization catalyst[J]. Angewandte Chemie International Edition，2012，6(51)：1366-1369.

[35] Zhang L，Meng X，Chen Y，et al. Chromium-based ethylene tetramerization catalysts supported by SBDP ligands：Further combination of high activity and selectivity[J]. ChemCatChem，2017，9(1)：76-79.

[36] Zhang L，Wei W，Alam F，et al. Efficient chromium-based catalysts for ethylene tri-/tetramerization switched by silicon-bridged/N，P-based ancillary ligands：A structural，catalytic and DFT study[J]. Catalysis Science & Technology，2017，7(21)：5011-5018.

[37] 王讯，邵怀启，姜涛. PNSiP/Cr(Ⅲ)/MMAO催化乙烯选择性低聚连续化反应性能及其动力学研究[J]. 石油学报，2022，38(5)：1102-1111.

[38] Alam F，Zhang L，Wei W，et al. Catalytic systems based on chromium(Ⅲ) silylated-diphosphinoamines for selective ethylene tri-/tetramerization[J]. ACS Catalysis，2018，8(11)：10836-10845.

[39] Dulai A，De Bod H，Hanton M J，et al. *C*-substituted bis(diphenylphosphino) methane-type ligands for chromium-catalyzed selective ethylene oligomerization reactions [J]. Organometallics，2009，28(15)：4613-4616.

[40] 常琪琪，王讯，范昊男，等. PN$(CH_2)_n$P配体/Cr(Ⅲ)/DMAO/$AlEt_3$催化乙烯齐聚[J]. 石油学报(石油加工)，2021，37(05)：1014-1021.

[41] McGuinness D S，Brown D B，Tooze R P，et al. Ethylene trimerization with Cr-PNP and Cr-SNS complexes：Effect of ligand structure，metal oxidation state，and role of activator on catalysis[J]. Organometallics，2006，25(15)：3605-3610.

［42］ Mcguinness D S，Overett M，Tooze R P，et al. Ethylene tri-and tetramerization with borate cocatalysts：Effects on activity，selectivity，and catalyst degradation pathways[J]. Organometallics，2007，26(4)：1108-1111.

［43］ Alam F，Zhang L，Zhai Y，et al. In situ formed Cr(Ⅲ) based silicon-bridged PNS systems for selective ethylene tri-/tetramerization[J]. Journal of catalysis，2019，378：312-319.

［44］ Alam F，Wang J，Dong C，et al. Chromium(Ⅲ) catalysts based on tridentate silicon-bridged tris(diphenylphosphine) ligands for selective ethylene tri-/tetramerization[J]. Journal of Catalysis，2020，392：278-286.

［45］ 山东明，韩阳，户艳平，等. MOFs 作为催化剂在乙烯选择性低聚中的应用进展[J]. 石油化工，2019，48(2)：203-208.

［46］ 侯和乾. 多级孔道 MIL 系列金属有机骨架的乙烯低聚性能研究[D]. 北京：中国石油大学，2023.

［47］ 王芝博. 金属有机骨架材料改性以提升其乙烯低聚性能的研究[D]. 北京：中国石油大学，2024.

［48］ 郝小明，刘伟，代振宇，等. 茂金属催化剂负载化及负载机理的研究进展[J]. 化工进展，2005，24(2)：169-173.

［49］ Furman D B，Kharitonova T M，Zhukovskii S S，et al. Oligomerization of ethylene on π-allylnickel chloride obtained by complex formation in the adsorption layer on an aluminum oxide surface[J]. Russian Chemical Bulletin，1979，28(10)：2101-2104.

［50］ 柳忠阳，王军，徐德民，等. 蒙脱土负载(acac)$_2$ZrCl$_2$ 催化乙烯低聚研究[J]. 分子催化，2001，15(5)：331-334.

［51］ Schaarschmidt D，Kühnert J，Tripke S，et al. Ferrocenyl phosphane nickel carbonyls：Synthesis，solid state structure，and their use as catalysts in the oligomerization of ethylene[J]. Journal of Organometallic Chemistry，2010，695(10-11)：1541-1549.

［52］ 杨科芳，徐浩，郭存悦，等. 分子筛负载催化剂的烯烃配位聚合反应[J]. 高分子通报. 2007，13(2)：28-40.

［53］ Zhang M，Xu H，Guo C，et al. Ethylene polymerization with iron-based diimine catalyst supported on MCM-41[J]. Polymer International，2005，54(2)：274-278.

［54］ Guo C，Xu H，Zhang M，et al. Immobilization of bis(imino)pyridine iron complexes onto mesoporous molecular sieves and their catalytic performance in ethylene oligomerization[J]. Catalysis Communications，2009，10(10)：1467-1471.

［55］ Shao H，Li Y，Gao X，et al. Microporous zeolite supported Cr(acac)$_3$/PNP catalysts for ethylene tetramerization：Influence of supported patterns and confinement on reaction performance[J]. Journal of Molecular Catalysis A：Chemical，2014，390：152-158.

［56］ Overett M J，Blann K，Bollmann A，et al. Mechanistic investigations of the ethylene tetramerisation reaction[J]. Journal of the American Chemical Society，2005，127(30)：10723-10730.

［57］ Toulhoat H，Lontsi Fomena M，De Bruin T. Computational study of the effect of confinement within microporous structures on the activity and selectivity of metallocene catalysts for ethylene oligomerization[J]. Journal of the American Chemical Society，2011，133(8)：2481-2491.

[58] Shao H, Zhou H, Guo X, et al. Chromium catalysts supported on mesoporous silica for ethylene tetramerization: Effect of the porous structure of the supports[J]. Catalysis Communications, 2015, 60: 14-18.

[59] Xu W, Thapa K B, Ju Q, et al. Heterogeneous catalysts based on mesoporous metal-organic frameworks[J]. Coordination Chemistry Reviews, 2018, 373: 199-232.

[60] Goetjen T A, Zhang X, Liu J, et al. Metal-organic framework supported single site chromium(Ⅲ) catalyst for ethylene oligomerization at low pressure and temperature[J]. ACS Sustainable Chemistry & Engineering, 2019, 7(2): 2553-2557.

[61] Tranchemontagne D J, Mendoza-Cortés J L, O'keeffe M, et al. Secondary building units, nets and bonding in the chemistry of metal-organic frameworks[J]. Chemical Society Reviews, 2009, 38(5): 1257-1283.

[62] Liu S, Zhang Y, Han Y, et al. Selective ethylene oligomerization with chromium-based metal-organic framework MIL-100 evacuated under different temperatures [J]. Organometallics, 2017, 36(3): 632-638.

[63] Jabri A, Mason C B, Sim Y, et al. Isolation of single-component trimerization and polymerization chromium catalysts: The role of the metal oxidation state [J]. Angewandte Chemie International Edition, 2008, 47(50): 9717-9721.

[64] Peitz S, Aluri B R, Peulecke N, et al. An alternative mechanistic concept for homogeneous selective ethylene oligomerization of chromium-based catalysts: Binuclear metallacycles as a reason for 1-octene selectivity[J]. Chemistry-A European Journal, 2010, 16(26): 7670-7676.

[65] Han Y, Zhang Y, Zhang Y, et al. Selective ethylene tetramerization with iron-based metal-organic framework MIL-100 to obtain C_8 alkanes [J]. Applied Catalysis A: General, 2018, 564: 183-189.

[66] 程阿超，韩阳，冯光亮，等. 一维金属铁有机配位聚合物的乙烯选择性四聚催化性能研究[J]. 中国科学：化学，2017，47(10)：1218-1225.

[67] 程阿超. 铁系金属有机配位聚合物制备及其乙烯低聚性能研究[D]. 北京：中国石油大学，2020.

[68] Liu S, Pattacini R, Braunstein P. Reactions between an ethylene oligomerization chromium(Ⅲ) precatalyst and aluminum-based activators: Alkyl and cationic complexes with a tridentate NPN ligand[J]. Organometallics, 2011, 30(13): 3549-3558.

[69] Alzamly A, Gambarotta S, Korobkov I. Reactivity with alkylaluminum of a chromium complex of a pyridinecontaining PNP ligand: Redox N-P bond cleavage [J]. Organometallics, 2014, 33(7): 1602-1607.

[70] Peitz S, Peulecke N, Müller B H, et al. Heterobimetallic Al-Cl-Cr intermediates with relevance to the selective catalytic ethene trimerization systems consisting of $CrCl_3(THF)_3$, the aminophosphorus ligands $Ph_2PN(R)P(Ph)N(R)H$, and triethylaluminum [J]. Organometallics, 2011, 30(8): 2364-2370.

[71] Peitz S, Peulecke N, Aluri B R, et al. Metalation and transmetalation studies on $Ph_2PN(^iPr)P(Ph)N(^iPr)H$ for selective ethene trimerization to 1-hexene[J]. Organometallics, 2010, 29(21): 5263-5268.

[72] Venderbosch B, Wolzak L A, Oudsen J-P H, et al. Role of the ligand and activator in

selective Cr-PNP ethene tri- and tetramerization catalysts-a spectroscopic study[J]. Catalysis Science & Technology，2020，10(18)：6212-6222.

[73] Kim E H，Lee H M，Jeong M S，et al. Methylaluminoxane-free chromium catalytic system for ethylene tetramerization[J]. ACS Omega，2017，2(3)：765-773.

[74] McGuinness D S，Rucklidge A J，Tooze R P，et al. Cocatalyst influence in selective oligomerization：Effect on activity，catalyst stability，and 1-hexene/1-octene selectivity in the ethylene trimerization and tetramerization reaction[J]. Organometallics，2007，26(10)：2561-2569.

[75] Hirscher N A，Perez Sierra D，Agapie T. Robust chromium precursors for catalysis：Isolation and structure of a single-component ethylene tetramerization precatalyst[J]. Journal of the American Chemical Society，2019，141(14)：6022-6029.

[76] Hirscher N A，Agapie T. Stoichiometrically activated catalysts for ethylene tetramerization using diphosphinoamine-ligated Cr tris(hydrocarbyl) complexes[J]. Organometallics，2017，36(21)：4107-4110.

[77] Lee J H，Baek J W，Lee D G，et al. Preparation of extremely active ethylene tetramerization catalyst $[^{i}PrN(PAr_2)_2\text{-}CrCl_2]^+[B(C_6F_5)_4]^-$ ($Ar = -C_6H_4\text{-}p\text{-}SiR_3$) [J]. Catalysts，2021，11(9)：1122.

[78] Qian J W，Jaubert J N，Privat R J. Prediction of the phase behavior of alkene-containing binary systems with the PPR78 model[J]. Fluid Phase Equilibria，2013，354：212-235.

[79] Kuhlmann S，Paetz C，Hägele C，et al. Chromium catalyzed tetramerization of ethylene in a continuous tube reactor-proof of concept and kinetic aspects[J]. Journal of Catalysis，2009，262(1)：83-91.

[80] 杨小蝶. 第三组分对铬/双膦配体乙烯选择性四聚催化体系性能的影响[D]. 天津：天津科技大学，2024.

[81] Jiang T，Ning Y，Zhang B，et al. Preparation of 1-octene by the selective tetramerization of ethylene[J]. Journal of Molecular Catalysis A：Chemical，2006，259(1)：161-165.

[82] Chen H，Liu X，Hu W，et al. Effects of halide in homogeneous Cr(Ⅲ)/PNP/MAO catalytic systems for ethylene tetramerization toward 1-octene[J]. Journal of Molecular Catalysis A：Chemical，2007，270(2)：273-277.

[83] Son K，Waymouth R M. Selective ethylene oligomerization in the presence of ZnR_2：Synthesis of terminally-functionalized ethylene oligomers[J]. Organometallics，2010，29(16)：3515-3520.

[84] 李博民，刘柏平，刘振. PNP-Cr复合配体用于乙烯选择性三聚/四聚的研究[J]. 华东理工大学学报(自然科学版)，2018，44(3)：303-307.

[85] 孙任，刘霖，程瑞华，等. 醚类给电子体对Cr/PNP乙烯选择性低聚体系催化反应性能的影响[J]. 分子催化，2019，33(2)：103-112.

[86] Müller T. Ligand optimization for the selective tetramerization of ethylene using Cr-complexes[D]. Erlangen：Friedrich-Alexander-Universität，2020.

[87] Klemps C，Payet E，Magna L，et al. PCNCP ligands in the chromium-catalyzed oligomerization of ethylene：Triversus tetramerization[J]. Chemistry-A European Journal，2009，15(33)：8259-8268.

[88] Budzelaar P H. Ethene trimerization at Cr(Ⅰ)/Cr(Ⅲ) - a density functional theory

(DFT) study[J]. Canadian Journal of Chemistry, 2009, 87(7): 832-837.

[89] Qi Y, Dong Q, Zhong L, et al. Role of 1,2-dimethoxyethane in the transformation from ethylene polymerization to trimerization using chromium tris(2-ethylhexanoate)-based catalyst system: A DFT study[J]. Organometallics, 2010, 29(7): 1588-1602.

[90] Yang Y, Liu Z, Zhong L, et al. Spin surface crossing between chromium(Ⅰ)/sextet and chromium(Ⅲ)/quartet without deprotonation in SNS-Cr mediated ethylene trimerization [J]. Organometallics, 2011, 30(19): 5297-5302.

[91] Elowe P R, Mccann C, Pringle P G, et al. Nitrogen-linked diphosphine ligands with ethers attached to nitrogen for chromium-catalyzed ethylene tri- and tetramerizations[J]. Organometallics, 2006, 25(22): 5255-5260.

[92] Britovsek G J P, McGuinness D S, Wierenga T S, et al. Single-and double-coordination mechanism in ethylene tri- and tetramerization with Cr/PNP catalysts [J]. ACS Catalysis, 2015, 5(7): 4152-4166.

[93] McGuinness D S, Chan B, Britovsek G J P, et al. Ethylene trimerisation with Cr-PNP catalysts: A theoretical benchmarking study and assessment of catalyst oxidation state [J]. Australian Journal of Chemistry, 2014, 67(10): 1481-1490.

[94] Britovsek G J, McGuinness D S. A DFT mechanistic study on ethylene tri- and tetramerization with Cr/PNP catalysts: Single versus double insertion pathways[J]. Chemistry-A European Journal, 2016, 22(47): 16891-16896.

[95] Chabbra S, Smith D M, Bell N L, et al. First experimental evidence for a bis-ethene chromium(Ⅰ) complex forming from an activated ethene oligomerization catalyst[J]. Science Advances, 2020, 6(51): 7057.

[96] Young J F, Yap G P A, Theopold K H. Reactivity of chromium(Ⅱ) bimetallocycles and their role in ethylene trimerization [C]// ACS National Meeting Book of Abstracts. 2007.

[97] Boelter S D, Davies D R, Margl P, et al. Phospholane-based ligands for chromium catalyzed ethylene tri- and tetramerization[J]. Organometallics, 2020, 39(7): 976-987.

[98] Do L H, Labinger J A, Bercaw J E. Mechanistic studies of ethylene and α-olefin co-oligomerization catalyzed by chromium-PNP complexes[J]. Organometallics, 2012, 31(14): 5143-5149.

[99] Gong M, Liu Z, Li Y, et al. Selective co-oligomerization of ethylene and 1-hexene by chromium-PNP catalysts: A DFT study[J]. Organometallics, 2016, 35(7): 972-981.

[100] Small B L, Milner M F. Insights on the mechanism for ethylene tetramerization[J]. Organometallics, 2022, 41(22): 3320-3331.

[101] Wang J, Liu J, Chen L, et al. Preparation of chromium catalysts bearing bispyridylamine and its performance in ethylene oligomerization[J]. Transition Metal Chemistry, 2019, 44(7): 681-688.

[102] Wang Z, Liu L, Ma X, et al. Effect of an additional donor on decene formation in ethylene oligomerization catalyzed by a Cr/PCCP system: A combined experimental and DFT study[J]. Catalysis Science & Technology, 2021, 11(13): 4596-4604.

[103] Zilbershtein T M, Kardash V A, Suvorova V V, et al. Decene formation in ethylene trimerization reaction catalyzed by Cr-pyrrole system[J]. Applied Catalysis A: General,

2014，475：371-378.

[104] Rucklidge A J，McGuinness D S，Tooze R P，et al. Ethylene tetramerization with cationic chromium(Ⅰ) complexes[J]. Organometallics，2007，26(10)：2782-2787.

[105] Lee D H，Kim E H，Jeon J Y，et al. Preparation of zwitterion-type chromium(Ⅱ) complexes for ethylene oligomerization[J]. Journal of Organometallic Chemistry，2016，803：13-20.

[106] Agapie T，Schofer S J，Labinger J A，et al. Mechanistic studies of the ethylene trimerization reaction with chromium-diphosphine catalysts：Experimental evidence for a mechanism involving metallacyclic intermediates[J]. Journal of the American Chemical Society，2004，126(5)：1304-1305.

[107] Brückner A，Jabor J K，Mcconnell A E，et al. Monitoring structure and valence state of chromium sites during catalyst formation and ethylene oligomerization by in situ EPR spectroscopy[J]. Organometallics，2008，27(15)：3849-3856.

[108] Do L H，Labinger J A，Bercaw J E. Spectral studies of a Cr(PNP)-MAO system for selective ethylene trimerization catalysis：Searching for the active species[J]. ACS Catalysis，2013，3(11)：2582-2585.

[109] Rabeah J，Bauer M，Baumann W，et al. Formation，operation and deactivation of Cr catalysts in ethylene tetramerization directly assessed by operando EPR and XAS[J]. ACS Catalysis，2013，3(1)：95-102.

[110] Venderbosch B，Oudsen J P H，Wolzak L A，et al. Spectroscopic investigation of the activation of a chromium-pyrrolyl ethene trimerization catalyst[J]. ACS catalysis，2018，9(2)：1197-1210.

[111] Schofer S J，Day M W，Henling L M，et al. Ethylene trimerization catalysts based on chromium complexes with a nitrogen-bridged diphosphine ligand having ortho-methoxyaryl or ortho-thiomethoxy substituents：Well-defined catalyst precursors and investigations of the mechanism[J]. Organometallics，2006，25(11)：2743-2749.

[112] Liu L，Liu Z，Tang S，et al. What triggered the switching from ethylene-selective trimerization into tetramerization over the Cr/(2，2′-dipicolylamine) catalysts[J]. ACS Catalysis，2019，9(11)：10519-10527.

[113] Hao B，Alam F，Jiang Y，et al. Selective ethylene tetramerization：An overview[J]. Inorganic Chemistry Frontiers，2023，10(10)：2860-2902.

[114] Sydora O L. Selective ethylene oligomerization[J]. Organometallics，2019，38(5)：997-1010.

[115] Liu L，Liu Z，Cheng R，et al. Unraveling the effects of H_2，N-substituents and secondary ligands on Cr/PNP-catalyzed ethylene selective oligomerization[J]. Organometallics，2018，37(21)：3893-3900.

[116] Kozuch S，Shaik S. How to conceptualize catalytic cycles? The energetic span model[J]. Accounts of chemical research，2011，44(2)：101-110.

[117] Kozuch S. A refinement of everyday thinking：The energetic span model for kinetic assessment of catalytic cycles[J]. Wiley Interdisciplinary Reviews Computational Molecular Science，2012，2(5)：795-815.

[118] Falivene L，Credendino R，Poater A，et al. Sambvca 2. A web tool for analyzing

catalytic pockets with topographic steric maps[J]. Organometallics, 2016, 35(13): 2286-2293.

[119] Yin F, Zhu T, Dong C, et al. H_2 promoting effect in Cr/PNP-catalyzed ethylene tetramerization: A density functional theory study [J]. International Journal of Quantum Chemistry, 2021, 121(15): 26667.

[120] Kwon D H, Fuller J T, Kilgore U J, et al. Computational transition-state design provides experimentally verified Cr (P, N) catalysts for control of ethylene trimerization and tetramerization[J]. ACS Catalysis, 2018, 8(2): 1138-1142.

[121] Morgan N, Maley S M, Kwon D H, et al. Computational assessment and understanding of C_6 product selectivity for chromium phosphinoamidine catalyzed ethylene trimerization [J]. Journal of Organometallic Chemistry, 2022, 961: 122251.

[122] Maley S, Kwon D, Rollins N, et al. Quantum-mechanical transition-state model combined with machine learning provides catalyst design features for selective Cr olefin oligomerization[J]. Chemical Science, 2020, 11(35): 9665-9674.

[123] Lin S, Fromer J C, Ghosh Y, et al. Computer-assisted catalyst development via automated modelling of conformationally complex molecules: Application to diphosphinoamine ligands[J]. Scientific Reports, 2021, 11(1): 4534.

[124] Fan H, Yang X, Ma J, et al. Computer-assisted design of asymmetric PNP ligands for ethylene tri-/tetramerization: A combined DFT and artificial neural network approach [J]. Journal of Catalysis, 2023, 418: 121-129.

[125] Fan H, Zhang Y, Alam F, et al. Highly efficient PCCP/Cr(Ⅲ) ethylene tetramerization catalyst designed using artificial neural network approach [J]. Journal of Catalysis, 2024, 429: 115237.

[126] 时鹏飞，曹晨刚，陈延辉，等. 氢气对铬系催化剂催化乙烯四聚制 1-辛烯的影响[J]. 石油化工，2015，44(8)：948-952.

[127] Rossouw R F, Coetzer R L J, Pretorius P D. Simulation experiments for maximising the availability of a commercial octene production facility[J]. Orion, 2010, 26(1): 53-77.

[128] 袁金刚. 5000 吨/年 1-辛烯概念设计和 300 吨/年 1-辛烯中试设计[D]. 北京：中国石油大学，2008.

[129] 刘振宇，钟向宏，梁胜彪，等. 一种选择性乙烯低聚生产 α-烯烃的工艺方法及系统：CN 107746365A[P]. 2018-03-02.

[130] 丁明强，张彦雨，王君升，等. 一种乙烯低聚工艺：CN 117088747A[P]. 2023-04-07.

[131] 姜涛，范昊男. 一种用于乙烯选择性低聚生产线性 α-烯烃的生产装置及生产工艺：CN 113233951A[P]. 2022-11-18.

第 6 章

线型 α-烯烃的应用

LAOs 根据碳链长度的不同具有不同的应用，如 1-丁烯、1-己烯和 1-辛烯常用作高密度聚乙烯（HDPE）、线型低密度聚乙烯（LLDPE）和聚烯烃弹性体（POE）的共聚单体；C_8～C_{12} 的 LAOs，如 1-辛烯、1-癸烯和 1-十二烯，可以用于合成聚 α-烯烃（PAO）润滑油基础油以及烷基苯等；C_9 和 C_{10} 的 LAOs 用于制取增塑剂邻二甲酸二异壬酯（DINP）和邻苯二甲酸二异癸酯（DIDP），其在电线电缆料中的用量增长迅速；C_{12}～C_{16} 的 LAOs 多用于洗涤剂、香料的生产等；C_{14}～C_{18} 的 LAOs 用于生产 α-烯烃磺酸盐（AOS）等；C_{16}～C_{18} 的 LAOs 用于生产造纸用的上浆剂等；大于 C_{18} 的 LAOs 直接用于润滑剂和钻井液等；C_{20+} 的 LAOs 用于生产润滑油添加剂等；C_{20+} 的 LAOs 用于生产石蜡流变改性剂等。

此外，LAOs 还可用作多种精细化学品和功能化学品的中间体，如乳化剂、皮革处理剂、润滑油添加剂、防锈剂、织物整理剂、纸张用化学品等。2022 年全球 α-烯烃的消费结构如图 6-1 所示。

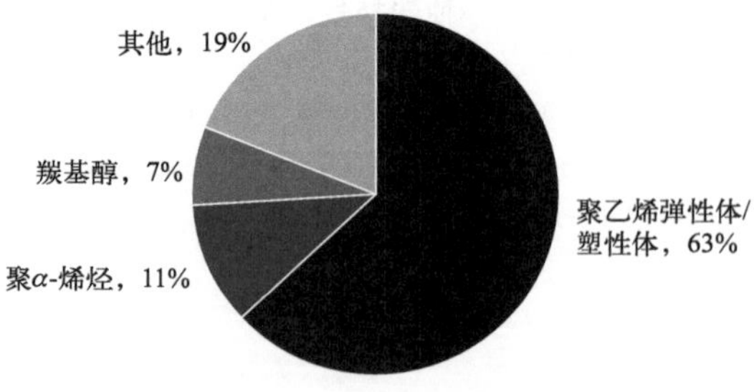

图 6-1　2022 年全球 α-烯烃消费结构

6.1 LAOs 生产聚烯烃

6.1.1 概述

聚乙烯（PE）的共聚单体是 LAOs 最大的下游应用领域。自 1977 年美国 UCC 公司采用乙烯和 LAOs 共聚生产聚乙烯以来，各大公司纷纷开展此类研究，目前已经实现工业化应用的共聚单体包括 1-丁烯、1-已烯、1-辛烯等。通常，LAOs 作为 HDPE 的共聚单体时，其平均含量为 1%～2%（质量分数）；作为 LLDPE 的共聚单体时，其平均含量为 8%～10%（质量分数）；作为聚烯烃塑性体（POP）的共聚单体时，其平均含量为 10%～20%（质量分数）；作为 POE 的共聚单体时，其平均含量为 20%～35%（质量分数）。随着聚乙烯中共聚单体 LAOs 含量的增加，聚乙烯产品从 HDPE 到 LLDPE，再到 POP 和 POE，密度逐渐降低，材料性能从热塑性塑性体过渡到热塑性弹性体。

生产 HDPE 或 LLDPE 时，加入 1-丁烯、1-已烯可以显著提高聚乙烯的支化度，降低共聚物的结晶度、熔点和密度，从而提升共聚物的柔韧性和抗撕裂性能。与用 1-丁烯共聚制得的 LLDPE 相比，用 1-已烯共聚制得的 LLDPE 在拉伸强度、抗冲击强度、抗撕裂性和耐用性等方面均优势显著，可作为高档专用 PE 树脂，生产出高韧高强且厚度更薄的 LLDPE 产品。这些产品特别适用于大型中空吹塑容器、管材、包装薄膜材料和农用覆盖膜等领域。近年来，国外 LLDPE 和 HDPE 的共聚单体从 1-丁烯向 1-已烯、1-辛烯等高碳数 LAOs 转变的趋势愈发明显[1]。我国对 LAOs 的需求情况及预测如表 6-1 所示。

表 6-1　我国 LAOs 需求情况及预测　　单位：万 t

项目	2018 年	2019 年	2020 年	2021 年	2022 年	2023 年	2024 年	2025 年
LLDPE 产量	633	736	820	976	1017	1071	1470	1601
HDPE 产量	677	769	917	1021	1163	1334	1579	1694
POE 产量	0	0	0	0	0	0	20	50
PE/POE 的 LAOs 需求量	67	78	88	103	109	116	160	180
其他领域 LAOs 需求量	14	16	18	22	23	24	25	25
总消耗量	81	94	106	125	132	140	185	205

2023 年我国聚乙烯进口量较 2022 年继续减少，这是连续第三年出现明显下降的趋势。近五年，我国聚乙烯进口量先增后减，原因主要有两点：一是从国内装置投产来看，新增装置多分布在煤炭、原油或轻烃资源获取较为便捷的地区，虽然华东、华南、华北区域近年来扩能较多，但未来西北地区仍是聚乙烯扩能的主要区域，短期内华东、华北和华南地区消费缺口仍存在，对进口料仍有较大依赖；二是从成本方面来看，目前国内聚乙烯行业生产成本较高，加之国内多数产品为普通级别原料，导致部分塑料制品厂商较为倾向使用进口货源进行生产，因此，我国聚乙烯进口量维持在千万吨以上。

长期来看，一方面，国内聚乙烯装置继续扩能步伐不止，同时行业竞争加剧带来产品结构改革，将提升国内聚乙烯产品的竞争力；另一方面，国内工艺技术改革背景下，轻烃原料及副产品回收加工等操作或大大提高国内炼化企业乙烯产率，进而降低国内聚乙烯生产成本。届时，国产料将对进口料尤其进口通用料产生挤压，进口料通用领域对中国市场吸引力将减弱，国内聚乙烯进口增速或逐渐放缓，这都是 LAOs 的潜在需求。

6.1.2 聚乙烯

6.1.2.1 HDPE 的应用及市场

HDPE 具有无味、无臭、无毒的特点，同时具备高硬度、良好的耐磨性、优异的拉伸强度和化学稳定性，还具有优良的绝缘性能和电性能等。HDPE 可以通过挤出、吹塑、注塑等多种加工方式制成符合市场需求的材料，广泛应用于注塑制品、吹塑制品、管材、板材、电线电缆、薄膜等产品的制造。此外，HDPE 在排水管材、燃气管材、中空容器、薄膜、拉丝和电线电缆等领域应用广泛[2-3]。然而，HDPE 也存在一定的缺点，如韧性低以及环境应力开裂性能差等，其优缺点如表 6-2 所示。

表 6-2 高密度聚乙烯的优缺点

优点	缺点
(1)耐磨性好。高密度聚乙烯的耐磨性比尼龙和聚四氟乙烯高 4 倍，比碳钢高 6 倍。 (2)高稳定性、抗腐蚀性。较少的分子支链、较高的结晶度，通常密度可达 0.96g/cm^3，具有耐高温性、化学稳定性，难溶于其他溶剂。 (3)生物相容性好。高密度聚乙烯具有良好的生物相容性和纤维组织血管可以长入等优点	(1)耐老化性能差。高密度聚乙烯还含有一定量不饱和双键、过氧化氢基团，热氧化作用会使其性能下降。耐环境应力开裂性差，耐老化性能差。 (2)韧性低、硬度低。高密度聚乙烯是由乙烯均聚而成的线型分子，含极少支链，线型分子链之间相互作用较弱，因此 HDPE 力学性能差、韧性较差、硬度较低

HDPE 产品广泛应用于管材、门窗、纤维制品、中空容器、薄膜以及注塑制品等领域。如图 6-2 所示，2022 年我国 HDPE 产品的消费结构如下：薄膜与片材的消费量约占总消费量的 27.5%，注塑制品约占 24.0%，管材和门窗约占 17.0%，吹塑制品约占 16.0%，纤维约占 5.5%，拉丝约占 5.5%，其他应用领域约占 4.5%。

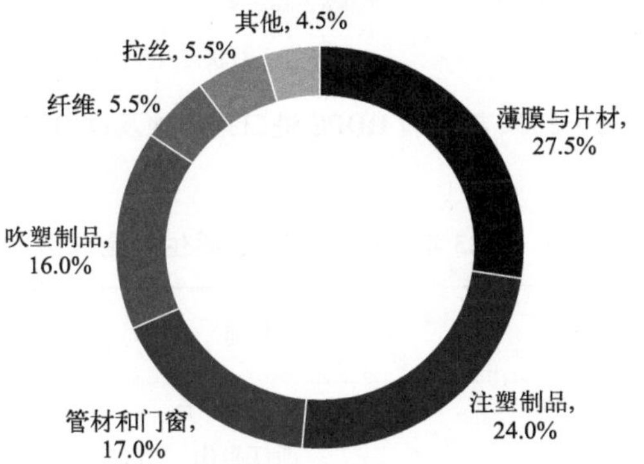

图 6-2　2022 年我国 HDPE 产品下游消费结构

从进口情况来看，2017～2022 年我国 HDPE 的进口量呈现先逐年增长，然后稍下降的趋势。据统计，2022 年我国 HDPE 进口量排前五的来源地分别是沙特阿拉伯、伊朗、阿联酋、韩国与俄罗斯，进口量分别占比 20.37%、18.00%、17.78%、13.07%与 4.98%，如图 6-3 所示。近年来，我国先后建成并投产了多套 HDPE 生产装置，我国 HDPE 的生产能力从 2017 年的 692 万 t/a 增加到 2023 年的 1708.5 万 t/a。2024 年中国 HDPE 产能预测能达到 1878.5 万 t，较 2023 年增加 9.95%。预计未来几年我国 HDPE 的生产能力仍将会有一定程度的增长。

2024 年我国 HDPE 典型下游领域需求依然保持增长趋势，但受国家政策和行业升级变化的影响，增速相对变缓。HDPE 终端消费升级空间较小，但消费韧性具有支撑作用；从未来的发展潜力来看，日用包装领域在于产品改革，例如单一化包装，以及食品、医疗行业仍具有一定的需求潜力；管材行业的发展取决于城镇化以及城市配套化工程的进展，中空行业在专用料领域或有新的突破，注塑行业在垃圾分类以及部分创新型产品方面仍存在一定发展潜能。2023 年我国 HDPE 生产企业情况如表 6-3 所示。

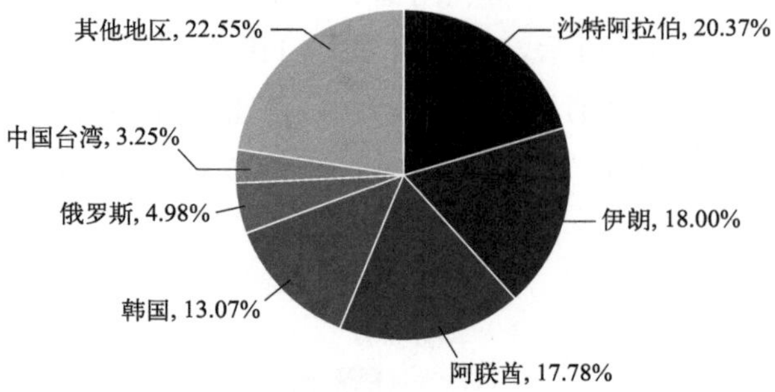

图 6-3　2022 年我国 HDPE 进口来源地及进口量分布

表 6-3　2023 年我国 HDPE 主要生产企业情况

生产企业名称	厂址	生产能力/(万 t/a)	原料乙烯来源
中国石油独山子石化公司	新疆独山子	116	石脑油及乙烷
浙江石油化工有限公司	浙江舟山	110	石脑油
中国石油兰州石化公司	甘肃兰州	89	石脑油及乙烷
中海壳牌石油化工有限公司	广东惠州	67.5	石脑油
中国石油大庆石化公司	黑龙江大庆	64	石脑油
武汉中伟化工科技有限公司	湖北武汉	60	石脑油
陕西延长申煤榆林能源化工股份有限公司	陕西榆林	45	煤炭
宁夏宝丰能源集团股份有限公司	宁夏银川	45	煤炭
陕西延长石油延安能源化工有限责任公司	陕西延安	45	煤炭
恒力石化(大连)有限公司	辽宁大连	40	混合烷烃
中化泉州石化有限公司	福建泉州	40	石脑油
连云港石化有限公司	江苏连云港	40	乙烷
福建联合石油化工有限公司	福建泉州	40	石脑油
中国石油辽阳石油化纤有限公司	辽宁辽阳	8.5	石脑油
中国石化齐鲁分公司	山东淄博	39	石脑油
中国石化扬子石油化工有限公司	江苏南京	24	石脑油
中国石化燕山石化公司	北京房山	18	石脑油
中国石化上海石油化工股份有限公司	上海金山	38.5	石脑油
上海赛科石油化工有限责任公司	上海金山	37.5	石脑油
中国石油吉林石化公司	吉林吉林	30	石脑油
中国石化茂名分公司	广东茂名	35	石脑油
中沙(天津)石化有限公司	天津大港	30	石脑油
北方华锦化学工业集团有限公司	辽宁盘锦	30	石脑油
中国石油四川石化有限责任公司	四川彭州	30	石脑油

续表

生产企业名称	厂址	生产能力/(万 t/a)	原料乙烯来源
中国石油抚顺石油化工有限公司	辽宁抚顺	35	石脑油
宝来利安德巴赛尔石化有限公司	辽宁盘锦	35	石脑油
中科(广东)炼化有限公司	广东湛江	35	石脑油
万华化学集团股份有限公司	山东烟台	35	石脑油
黑龙江省海国龙油石化股份有限公司	黑龙江大庆	20	石脑油
宁波华泰盛富聚合材料有限公司	浙江宁波	20	混合烷烃
山东寿光鲁清石化有限公司	山东寿光	35	混合烷烃

近年来，我国仍有多家企业计划新建或扩建 HDPE 生产装置，包括：浙江石油化工有限公司、中国石油化工股份有限公司镇海炼化分公司、山东劲海化工有限公司、中国石化广东石油分公司、中国石油化工股份有限公司海南炼油化工有限公司、连云港石化有限公司、青海省矿业集团格尔木能源化工有限公司、万华化学集团股份有限公司、青海大美煤业股份有限公司以及天津渤化化工发展有限公司。这些企业的新建或扩建 HDPE 生产装置反映了市场对 HDPE 产品需求增长的响应，也将进一步推动我国 HDPE 产能的扩展和技术水平的提升。随着我国 HDPE 产能的进一步扩增，能源结构优化和产业转型升级步伐不断加快，我国 HDPE 的供应格局将不断发生变化。从原料来源来看，石脑油、煤炭和轻烃共存的局面更加突出，石脑油仍将占据主导地位，煤炭来源占比将有所下降；从投产区域来看，新增生产能力将主要集中在华东和华南地区，其中浙江省和广东省新增产能最多。

随着 HDPE 生产能力不断增长，未来我国 HDPE 的进口量将呈现不断下降的趋势。中东地区的沙特阿拉伯、伊朗、阿联酋、科威特及韩国和泰国等国家是主要的进口来源国。由于我国 HDPE 行业缺乏自有技术，未来仍将主要依靠引进国外技术。然而，该技术提供方多为同一公司，导致装置生产工艺和配套产品品种同质化现象严重，低端通用型产品过剩会更加严重。在高端产品领域，随着我国聚烯烃领域基础研究的不断加强和生产企业技术开发能力的提升，我国 PE-100 管材、PE-RT 管材等多个高端 HDPE 产品实现了自主化生产，高端聚烯烃的自给率不断提高。未来在高端聚烯烃市场，将出现进口产品与自主产品共存的现象，市场价格竞争将更加激烈。

随着市场经济的发展，国有企业改革进一步深化，通过民营企业参与地方国有企业改制，实现强强联合，稳固市场份额，达到企业间更好的经营和管理。未来，中国石化和中国石油仍将占据我国 HDPE 市场的主要份额，具有较强的市场话语权。然而，随着炼化一体化项目的不断推进，大型民营企业凭借其先进的管理经验和技术能力，在 HDPE 市场中所占份额将逐渐提高，将进一步推动该市场的多元化和高效发展。

6.1.2.2 LLDPE 的应用及市场

LLDPE 是 20 世纪 70 年代开发出来的乙烯与 LAOs 的共聚物，其分子呈线型结构[4]。LLDPE 是由乙烯与少量高级 LAOs（如 1-丁烯、1-己烯、1-辛烯、4-甲基-1-戊烯等）在催化剂作用下聚合得到的，密度在 0.915～0.930g/cm^3 之间[5]。LLDPE 是聚乙烯树脂中产量最大的品种之一，因其具有优异的力学性能和化学稳定性，在工业、医药、卫生以及农业等领域应用广泛，主要包括薄膜、管材以及电线电缆等[6]，如图 6-4 所示。其最大优势领域是薄膜、包装（如拉伸缠绕包装、杂物袋和重包装袋）等[7]。

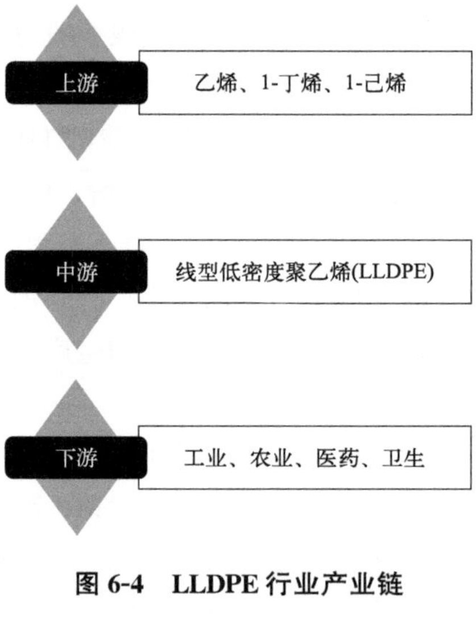

图 6-4　LLDPE 行业产业链

自 1988 年 Unipol 气相法 LLDPE 工艺首次引进到中国石油大庆石化公司以来，至今已发展了 30 多年。按照国家《"十四五"原材料工业发展规划》和《中华人民共和国国民经济和社会发展第十四个五年规划和 2035 年远景目标纲要》的要求，我国大力发展中下游化工产品，乙烯行业迎来了大爆发。中国石油、中国石化和中国海洋石油等国企和众多民营企业布局了多套百万吨/年乙烯以及相配套的下游装置，其中多家企业更是朝着 LLDPE 下游新材料方向发展。国内 LLDPE 产能分布情况如表 6-4 所示。

表 6-4　国内线型低密度聚乙烯产能分布

企业及项目	工艺	产能/(万 t/a)	投产日期
兰州石化	Unipol 气相法	36	1990
	Innovene G 气相法	6	1997
	Unipol 气相法	30	2006
独山子石化	Innovene G 气相法	20	1995
	Unipol 气相法	60	2009
神华包头煤化工	Unipol 气相法	30	2010
陕西延长中煤榆林能源化工	Unipol 气相法	30	2014
新疆神华煤化工	Unipol 气相法	30	2016
宁夏煤业	Unipol 气相法	45	2017
中天合创	SGPE 气相法	30	2017
神华榆林能源	Unipol 气相法	30	2018
兰州石化长庆乙烷制乙烯项目	Unipol 气相法	40	2021
兰州石化塔里木乙烷制乙烯项目	Unipol 气相法	30	2021
青海大美煤业	Unipol 气相法	30	2021
齐鲁石化	Unipol 气相法	6	1990
	SGPE 气相法	25	2012
扬子石化	Unipol 气相法	20	2002
上海赛科	Innovene G 气相法	30	2005
镇海炼化	Unipol 气相法	45	2010
浙江石化	Innovene G 气相法	45	2020
	Innowene G 气相法	45	2021
烟台万华	Unipol 气相法	45	2020
宁波华泰盛富	Unipol 气相法	40	2021
山东寿光鲁清	Unipol 气相法	40	2021
裕龙石化	Unipol 气相法	50	2022
茂名石化	Unipol 气相法	22	1996
广州石化	Unipol 气相法	20	2005
福建联合石油化工	Unipol 气相法	45	2009
中海壳牌	Unipol 气相法	30	2018
海南炼化	SGPE 气相法	30	2022
广东石化	Unipol 气相法	80	2022
大庆石化	Unipol 气相法	7.8	1988
	Unipol 气相法	25	2022
吉林石化	Unipol 气相法	15	1996
沈阳化工	Unipol 气相法	10	1009
抚顺石化	Unipol 气相法	45	2011

续表

企业及项目	工艺	产能/(万 t/a)	投产日期
宝来利安德巴塞尔	Spherilene 气相法	45	2020
中原石化	Unipol 气相法	12	1996
中韩(武汉)石化	SGPE 气相法	30	2012
中安联合	SGPE 气相法	35	2019
天津石化	Unipol 气相法	12	1995
中沙天津	SGPE 气相法	30	2010
天津渤化	淤浆法	30	2021
四川石化	Unipol 气相法	30	2013
总计		1391.8	

LLDPE 的生产工艺相对成熟，近年来我国已经建成并投产了多套新建或扩建的 LLDPE 装置，已成为全球最大的 LLDPE 生产国。尽管如此，国内产能仍不能满足市场需求，未来几年预计还会有新的装置建成投产。2023 年，我国 LLDPE 产能排前五的企业分别是浙江石化、福建联合、广东石化、镇海炼化与兰州石化，如图 6-5 所示。

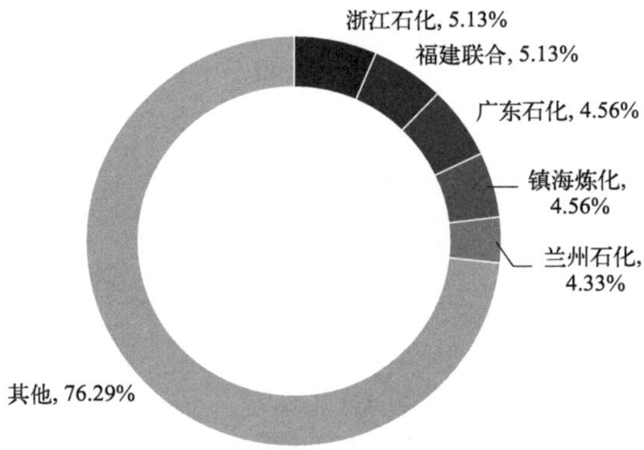

图 6-5　2023 年我国 LLDPE 产能市场份额

LLDPE 主要消费领域是薄膜[8]，占其总消费量的 75%～80%，其他应用领域如注塑、涂层制品及电线电缆等，占 20%～25%。在薄膜消费领域中，包装薄膜所占比例最大，约为 70%；农膜约为 30%。包装薄膜是 LLDPE 最大的应用领域，主要有扭结包装膜、收缩包装膜、缠绕包装膜、贴体包装膜、充气包装膜、高阻透性膜（阻气、阻光等）、高耐热性膜、选择渗透膜、保鲜膜、抗菌膜等。全国包装薄膜的生产能力在 280 万 t/a 以上。在这些产品中，单膜所占比例较大，但近年来复合膜的需求量越来越大，其消费比例达到包装薄膜的1%。随着我国电力工业和电子信息产业的发展，电缆行业也得到了快速发展，这将促进LLDPE需求量的快速扩增。

我国LLDPE消费具有明显的地域性，主要集中在华东、华南及华北地区。华东与华南地区约占全国消费总量的42.2%，华北与东北地区约占36.4%。中西部地区由于基础薄弱，消费增长速度较快。随着中西部大开发的进行，中西部内陆地区的消费比例将进一步增加，但总消费量仍相对较少。短期来看，这种地域分布状况还将持续一段时间。

随着LLDPE生产工艺的不断发展和优化，各种工艺已基本成熟，但由于专利商的技术封锁，国内可用的工艺极少。为此，我国企业应加大研发投入，增强创新能力，优化工艺，形成具有自主知识产权的专利和工艺包。在此方面，中国寰球工程有限公司与中国石油大庆化工研究中心、中国石油大庆石化分公司共同编制了“30万t/a的1-辛烯共聚流化床聚乙烯生产新工艺成套技术工艺包”，该技术将在中国石油塔里木二期项目上实现工业化应用。

茂金属聚乙烯因其优异的性能和广泛的应用领域，市场需求快速上涨，各大企业和高校都致力于茂金属催化剂并推动其工业化进程。尽管国产茂金属催化剂的开发已初见成效，但仍存在一些挑战和问题。国内生产茂金属聚乙烯催化剂的关键组分依赖进口，这导致生产成本较高。目前，国内企业能够工业化生产的高性能茂金属聚乙烯牌号有限，茂金属聚乙烯自给率太低，仍有很大的上升空间。

当前国内投资环境宽松，政策大力支持，疫情后国内的需求持续恢复，市场需求保持较高水平。中国石油、中国石化和中国海洋石油以及民营企业等纷纷规划大型的炼化一体化和乙烯工程，这将大幅度提升LLDPE的产能。随着国内LLDPE产量的攀升和下游市场稳定，传统需求旺季即将来临，加之国际局势不稳定，进口量不断降低，但是出口渠道得以打通。由于国外装置供应能力不足，国内出口量预计会持续增加。在这个关键时刻，国内各企业要努力打破贸易壁垒，力争实现自给自足，保证我国LLDPE产业的平稳发展。

6.1.2.3　POE的应用及市场

POE是一类由乙烯与高碳LAOs（1-丁烯、1-己烯、1-辛烯等）共聚合得到的无规共聚物弹性体。狭义上POE主要是指乙烯/1-辛烯共聚弹性体，其中1-辛烯含量超过20%（质量分数），最高可达到35%（质量分数）。这种弹性体具有一定的结晶度，分子量分布很窄，密度较低。随着POE产品中共聚单体含量的增加，聚合物密度、硬度、熔融温度均降低，耐热性能也有所下降。

全球 POE 总产能约 107 万 t/a，主要生产商包括陶氏化学、埃克森美孚、北欧化工、三井化学、LG 化学、SABIC-SK 等。其中，陶氏化学的产能达 46 万 t/a，约占全球 POE 总产能的 43%，POE 的全球产能分布如图 6-6 所示。由于国外对生产 POE 的催化剂和工艺进行了专利保护，并对 POE 及其重要原料高碳 LAOs（C_8 及以上 LAOs）的生产工艺技术进行严密封锁和限制转让，我国 POE 产品主要依赖进口。然而，国内万华化学、京博石化、盛虹石化、中国石油、中国石化等纷纷布局 POE 生产技术的开发，先后完成了千吨级的中试。2023 年年底，京博石化的子公司海南贝欧亿公司成功投产了年产 3 万 t 的 POE 生产装置，是国内首套投产的 POE 工业化生产装置。2024 年 6 月 29 日，万华化学新材料事业部一期 20 万 t/a 的 POE 装置实现了全流程贯通，并于当日产出合格产品，标志着中国首套大规模自主研发的 POE 工业化装置一次性高质量开车成功。预计 2025 年，国内将有多套 POE 装置建成投产，从而进一步提高 POE 的自给率。

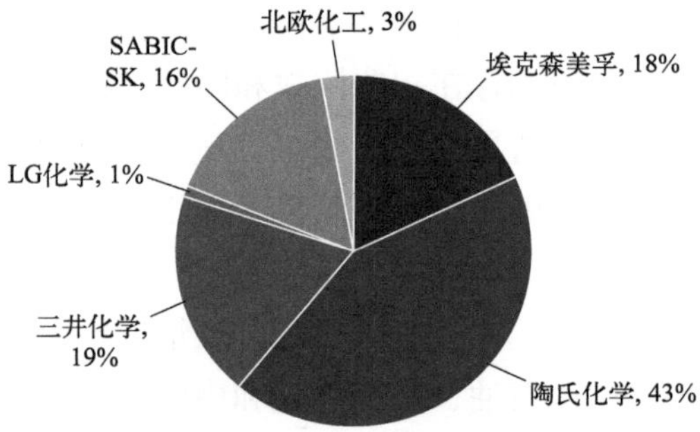

图 6-6　POE 全球产能分布

我国 POE 的消费结构如图 6-7 所示。当前，POE 的下游消费领域较为集中，其中汽车行业占据了较大的消费比例。此外，POE 在聚合物改性、电线电缆等领域的消费量占比分别为 19%（质量分数）和 9%（质量分数）。随着近几年我国新能源产业的发展，POE 在高端化应用方面受到了越来越多的重视，市场需求有望进一步提升。

POE 材料抗电势诱导衰减（PID）性能优异、电阻率高、水汽阻隔率大、耐低温、耐黄变，与 N 型光伏电池 TOPcon 有更好的适配性。得益于光伏电池 TOPcon 的快速发展，光伏领域 POE 需求稳步增长。主要的 N 型组件生产

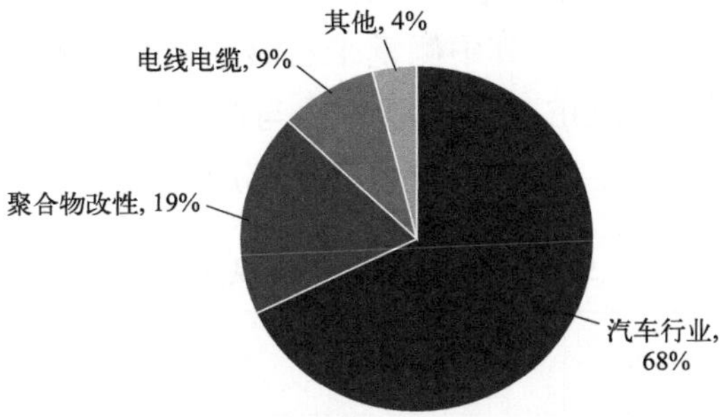

图 6-7　我国 POE 消费结构

公司较早探索或导入纯 POE 胶膜或含 POE 成分的胶膜作为封装材料，进一步推动了 POE 的市场需求。光伏组件主流封装材料的用途和特点对比如表 6-5 所示。

目前，包括陶氏化学、Exxon、三井化学、SABIC-SK、LG 化学等在内的多家公司已经实现了 POE 的工业化生产。从历史上看，POE 的产能建设经历了三个高峰期，第一个高峰期出现在 1990 年初，陶氏化学和 Exxon 率先开发出相关产品，并分别在得克萨斯州和路易斯安那州等地投产了首套 POE 装置，最初主要生产塑性体和弹性体产品。第二个高峰期主要集中在 2000～2005 年，为满足国际市场需求，陶氏化学和 Exxon 先后扩产或新建工厂。此外，三井化学位于新加坡的装置也在这一时期投产，使得 POE 产能迅速扩增。第三个高峰期发生在 2015 年左右，伴随着全球汽车工业中三元乙丙橡胶（EPDM）产品被性能更优异的 POE 全面替代，韩国的 POE 生产装置顺利投产。

表 6-5　光伏组件主流封装材料对比

产品名称	用途	特点
透明乙烯-醋酸乙烯酯共聚物(EVA)胶膜	用于光伏组件封装	高抗 PID、高透光率、抗紫外湿热黄变性、抗蜗牛纹、与玻璃和背板的黏结性好等
白色增效 EVA 胶膜	用于光伏组件下层；可用于单玻组件、双玻组件及薄膜组件	提高太阳能组件的发电效率；可满足单玻组件、双玻组件及薄膜组件的高成品率封装加工要求
POE 胶膜多层共挤	用于太阳能单玻、双玻组件的封装	具有更高的水汽阻隔率和更强的抗 PID 性能，提升组件长期可靠性
POE 胶膜	用于太阳能单玻、双玻组件的封装	具备 POE 材料高阻水性和高抗 PID 性能，也具备 EVA 材料的双玻组件高成品率的层压工艺特性

世界主要POE供应企业如表6-6所示。截至2023年，全球范围内广义的POE产能约为200.5万t/a，其中侧重于乙烯基弹性体的狭义POE产能约为158万t/a。一般而言，POE生产装置往往与茂金属LLDPE等溶液聚乙烯产品装置共线。因此，相当一部分装置并非全部产能专用于生产POE。

表6-6 世界主要POE供应企业

生产商	装置地点	产能/(万t/a)	商品名	投产时间	技术路线
Dow	美国得克萨斯	20	Engage、Affinity	1993/2004	Insite+CGC
	美国路易斯安那	16	Engage	2003/2006	Insite+CGC特殊催化剂
	西班牙塔拉戈纳	5.5	Versify等	2004	Insite+CGC
	美国马塔府	20	Engage、Affinity	2008	Insite+CGC
	沙特萨达拉	20	Engage	2016	Insite+CGC
Exxon	美国路易斯安那	8	Exact/Exceed	1991/2005	Exxpol
	美国路易斯安那	35	vistamax	2004	Exxpol
Mitsui	新加坡裕廊岛	20	Tafmer	2003/2010	茂金属催化剂
SSNC (SABIC-SK)	韩国蔚山	23	SK:Solumer SABIC:Fortify	2015	Nexlene
LG	韩国大山	28	Lucene	2009/2016	茂金属催化剂
Borealis	荷兰赫仑	3	Queo	2013	茂金属催化剂

自2005年三井化学在新加坡的装置投产以来，该公司在新产品开发方面取得了显著进展，其Tafmar系列产品涵盖了POE、POP和EPDM等多个系列。然而，在产能新增方面，三井化学相对较为保守。2015年以来，韩国的POE产能扩增较快，LG、SABIC-SK等企业产能份额快速提升。尽管Exxon拥有乙烯基弹性体产品，但近年来其逐渐转向生产丙烯基弹性体产品。而陶氏化学在全球POE产能方面一直保持着主导地位。

2023年全球POE的企业产能结构如图6-8所示，区域产能结构如图6-9所示。亚洲尤其是东亚地区已经成为全球最大的POE相关产品生产中心，2023年东亚地区在全球POE产能中占比已达55%（质量分数）。这些国家产能在很大程度上均面向中国释放。

2017～2024年中国POE进口量如图6-10所示。从全球需求总量来看，截至2023年，全球POE类产品的需求总量约为170万t/a，2018～2021年年均增速约为7%。2018年，全球POE需求中超过50%来自汽车行业。但2018

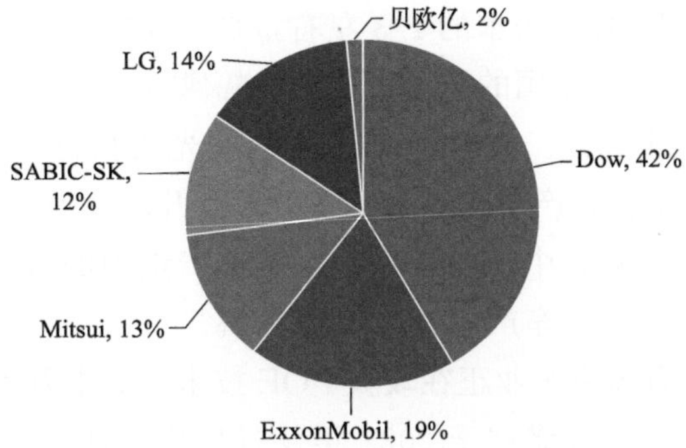

图 6-8　2023 年全球 POE 产能结构（按企业）

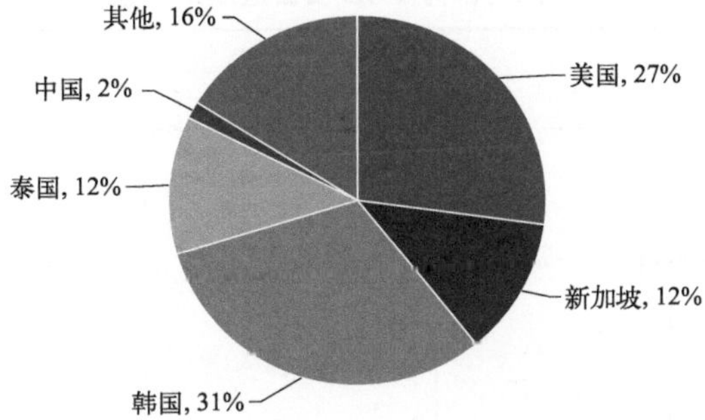

图 6-9　2023 年全球 POE 产能结构（按区域）

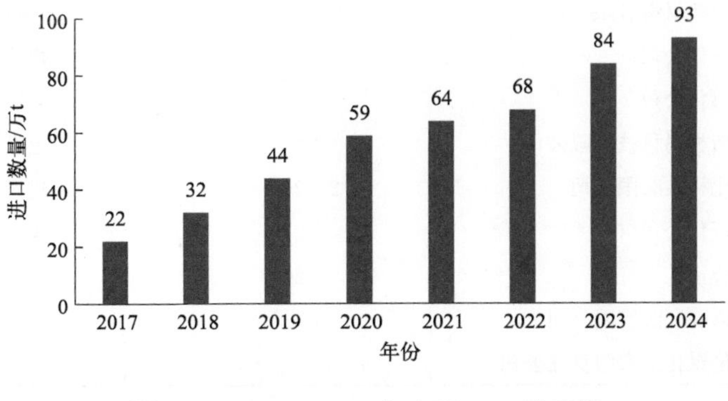

图 6-10　2017～2024 年中国 POE 进口量

年以后，汽车领域的需求逐年下降，至2021年已下降至38%左右。传统上，日本和北美需求占POE总需求的1/3左右，是主要的POE消费区域，其次为欧洲。但2017年以来，中国的需求量逐年大幅攀升，2021年中国在全球POE需求中的占比已超过45%。近两年来，POE在光伏胶膜、线缆、鞋材等非汽车领域的需求快速增长，产品渗透率也在不断提升。其中，中国在这些领域均占有主导地位：2021年，中国光伏组件在全球产量中的占比超80%，鞋材产量全球占比超过50%，汽车产量全球占比32%。

目前，国内已有多家企业正在攻关POE技术，其中万华化学于2021年完成中试，茂名石化、东方盛虹于2022年9月份中试成功。此外，浙江石化、卫星石化、惠生工程、天津石化等公司也都有规划POE产能。据不完全统计，国内已有明确规划的POE产能总量已超过400万t，如表6-7所示。

表6-7　国内部分POE项目进展及产能规划

生产厂家	规划产能/(万t/a)	阶段
海南贝欧亿科技有限公司	3	2023年底开车成功
万华化学集团股份有限公司	20	2024年6月投产
万华化学集团股份有限公司	40	预计2025年12月投产
海南贝欧亿科技有限公司	10	预计2025年12月投产
中国石化茂名石化公司	5	建设中
江苏盛景新材料有限公司	10	预计2025年12月投产
中石化宁波镇海炼化有限公司	10	建设中
浙江石油化工有限公司	2×20	规划
卫星化学股份有限公司	3×20	规划
联泓惠生(江苏)新材料有限公司	10+20	规划
中国石油天津石化公司	10	建设中
中国石油大庆石化公司	3	建设中
湛江中捷精创新材料科技有限公司	10	建设中
辽宁鼎际得石化科技有限公司	2×20	建设中
中国石油兰州石化公司	10	建设中
诚志股份有限公司	2×20	规划
中能高端新材料(湖北)有限公司	10	规划
大唐内蒙古多伦煤化工有限责任公司	24	规划

按照20%（质量分数）的加入量估算，国内对LAOs需求量超过80万t/a，是LAOs需求的重要增长点。2023年，中国POE的消费量约为113.9万t，

按 25%（质量分数）加入量折算，对 1-己烯和 1-辛烯的消费量为 24.48 万 t。如果到 2027 年国内 POE 项目总产能达到 238 万 t，则对 1-己烯和 1-辛烯的消费量将达到 59.5 万 t。

6.1.2.4　烯烃嵌段共聚物的应用及市场

烯烃嵌段共聚物（OBC）是指乙烯/α-烯烃多嵌段共聚物。与 POE 相比，OBC 具有更高的结晶速率和更规则的结晶形态，耐热性也更好。此外，OBC 具有远超传统聚烯烃类热塑性弹性体的拉伸强度、断裂伸长率和撕裂强度，并且其邵氏硬度可调节范围较广。OBC 具有较高的熔融温度和低的玻璃化转变温度，相比于烯烃无规共聚物和共混物，具有易于加工、刚性与韧性平衡的特点。与广泛使用的芳香烃类热塑性弹性体相比，OBC 的压缩变形和耐老化、耐化学性能更加优良，且触感良好、表面光滑，是一种具有广泛应用前景的新材料[9]。传统方法是利用活性聚合催化剂，通过控制单体的投料顺序和比例来制备烯烃嵌段共聚物[10-11]。

链穿梭聚合是在配位链转移聚合技术基础上发展而来的一种制备烯烃嵌段共聚物的方法。在传统的活性聚合方法中，如聚乙烯-*b*-聚(乙烯-*co*-丙烯)、间规聚丙烯-*b*-聚(乙烯-*co*-丙烯)体系中，通常需要在较低温度下进行聚合以维持其活性特征，且催化效率较低，因为每个活性中心只能引发一条聚合物链的增长。

链穿梭聚合技术通过引入链穿梭剂实现多种催化剂的快速且可逆交换，从而在一个反应体系中生成多嵌段的聚烯烃。这种技术利用两种及两种以上的金属中心在聚合体系中进行可逆的链交换，一种金属中心（如过渡金属）负责聚合物链的增长，同时另一种金属中心（如锌、铝或镁等主族金属）通过可逆的链交换暂时替代烷基链[12-14]。当引入第二种催化剂，并且在体系中同时存在两种单体时，就能实现链穿梭聚合，产生窄分子量分布的多嵌段共聚物。因此，链穿梭聚合技术相较于传统活性聚合方法具有非常明显的优势。

2006 年，美国 Dow 化学公司和 Symyx 公司的研究者首次使用吡啶胺基铪、水杨醛亚胺锆和二乙基锌组成的体系，基于配位链转移聚合原理，提出了乙烯与 1-辛烯的链穿梭共聚合方法，引起了人们广泛的研究兴趣[15]。在乙烯与 1-辛烯的共聚反应中，两种催化剂对于两种单体具有相对不同的活性。具体而言，一种催化剂能催化聚合得到高辛烯含量、低玻璃化转变温度的链段，作为“软段”；另一种催化剂则能催化聚合生成低辛烯含量、高玻璃化转变温度的链段，作为“硬段”。这种组合方式使得最终的共聚物兼具柔软性和刚性，且具有优异的弹性和力学性能。随后，Dow 化学公司进一步研发了链穿梭聚合技术，制备出了乙烯/1-辛烯多嵌段共聚物弹性体，并将这类弹性体的牌号命名为 Infuse[16]。

6.2 LAOs 生产润滑油基础油

6.2.1 概述

聚α-烯烃（PAO）是 LAOs 的低聚物，常用作汽车和工业应用中合成润滑油的基础原料。与传统矿物基润滑油基础油相比，合成润滑油基础油表现出更好的性能。具体而言，PAO 在运动黏度（KV）和黏度指数（VI）、倾点（PP）和挥发性、热稳定性和氧化稳定性、对抗氧化剂的反应以及闪点和自燃点等多种性质方面都具有明显优势，如表 6-8 所示。

自 20 世纪 90 年代以来，主要受汽车行业的推动，如合成汽车曲轴箱油和齿轮油的广泛应用，合成润滑油的需求量强劲增长。此外，基于 PAO 的合成润滑油在军事、聚合物工业、食品级应用、化妆品、制冷、纺织、制动液、减震等领域也有一些应用。与传统矿物油相比，合成润滑油的性能更加优越。PAO 基础油具有更好的热稳定性、氧化稳定性、低温流动性和高温稳定性，同时还具备更高的黏度指数和更低的挥发性。这些性能使得 PAO 在减少机械磨损和维护、提高润滑效率和延长使用寿命方面表现出色。此外，合成润滑油还需要满足日益严格的健康、安全和环境标准。PAO 基础油在毒性、环境友好性和处理便利性方面具有明显优势，能够更好地满足这些要求。因此，用户越来越倾向于用 PAO 基础油取代传统的矿物基料，以提高润滑油的整体性能和环保性。

表 6-8 各种润滑油的物理性能

性能	Ⅰ	Ⅲ	Ⅳ	Ⅰ	Ⅱ	Ⅲ	Ⅳ
	4cSt 油			6cSt 油			
100℃下 KV/cSt	3.81	3.75	3.84	6.31	5.77	5.14	5.98
40℃下 KV/cSt	18.6	16.2	16.7	40.8	33.1	24.1	30.9
VI	89	121	124	102	116	149	143
PP/℃	−15	−27	−72	−15	−15	−15	−64

续表

性能	Ⅰ	Ⅲ	Ⅳ	Ⅰ	Ⅱ	Ⅲ	Ⅳ
	4cSt 油			6cSt 油			
闪点/℃	200	206	213	212	220	230	235
挥发性(损失)/%	3.0	22.2	11.8	18.8	16.6	8.8	6.1

注：$1cSt=1mm^2/s$。

用 C_8～C_{12} 的 LAOs 为原料制得的 PAO 合成润滑油基础油，具有优异的黏度指数和低温性能，对各种添加剂的感受性良好。与同黏度的矿物油相比，这类 PAO 基础油在各项性能上都有显著优势，因此常被用作高档合成润滑油，其市场价格也相对较高。对于特殊用途的润滑油，可以根据具体需求调整分离方案和工艺条件，以满足不同的使用要求。例如，可以适当扩宽窄馏分的范围，用 C_8～C_{12} 或 C_8～C_{14} 馏分进行聚合，以生产出不同黏度和性能的 PAO 基础油。

6.2.2 PAO 的生产技术

PAO 主要通过使用各种聚合或低聚催化剂催化 LAOs 进行低聚得到，已报道的方法多使用 1-癸烯作为单体。为了降低生产成本并提高 PAO 产品的性能，生产企业也尝试将 C_8～C_{12} 组分的单一/混合 LAOs 用于生产 PAO。LAOs 原料的组成、所用催化剂以及反应条件对 PAO 的性质，如运动黏度、黏度指数、闪点和倾点等有显著影响。通过适当选择催化剂和反应条件，可以生产具有特定性能的 PAO。早期 PAO 的生产主要采用三氟化硼和三氯化铝等 Lewis 酸催化剂，也有用 Zeigler-Natta 催化剂和茂金属催化剂催化的实例和工业应用。

6.2.2.1 Lewis 酸催化剂

工业上最早应用于合成 PAO 的催化剂是 Lewis 酸催化剂，具有催化剂成本低、生产操作条件简单、原料适应性强等特点。纯的 Lewis 酸催化剂引发活性低，需加入微量的助引发剂（水或醇）作为阳离子源才具有较高催化活性。BF_3 是常用于 α-烯烃低聚的催化剂，特别是在与含活泼 H 的化合物，如水、醇、酸和酸酐配位催化生产低黏度 PAO 基础油时表现出极高的催化活性[17-20]，所合成的 PAO 可以在极低温环境下使用（100℃下 $KV=2$～$10mm^2/s$）。与 BF_3 类似，$AlCl_3$ 也是工业上 α-烯烃低聚的经典 Lewis 酸催化剂，其与助催

化剂配位催化 α-烯烃低聚所得的 PAO 基础油产品含有较多支链，在黏度、黏度指数、倾点等方面性能优异。在常规的 $AlCl_3$/醇体系中，PAO 的黏度随着醇分子量的增大（从甲醇到丁醇）而减小[21]。相比于 $AlCl_3$ 能够生产高黏度和高黏度指数的基础油，BF_3 是合成低黏度产品的更优选择。这种差异可归因于两种催化剂的路易斯酸强度不同，BF_3 是一种更强的路易斯酸，能够更快速地引发 α-烯烃低聚的碳离子形成，从而生成低分子量的产物。

Mandai 等[22]报道了使用铝粉、聚酯以及 $AlCl_3$ 作为催化剂用于 α-烯烃和内烯烃的低聚反应，然后使用雷尼镍进行加氢处理。研究表明：在低聚过程中使用铝粉可以获得无卤素的 PAO。Kumar 和 Davis[23]使用 $AlCl_3$ 和不同的醇类质子供体（如甲醇、乙醇、丙醇、丁醇和甲氧基乙醇）组合进行了 1-癸烯的低聚。结果显示，产物 PAO 的黏度随着醇分子量的增加而降低。$AlCl_3$ 也被认为是一种非常有效的 Fridel-Craft 催化剂，可用于烷基卤化物或烯烃的芳环烷基化，这一特性也被研究人员用于生产高黏度指数润滑油基础油。Cousineau 等[24]研究了在苯或甲苯存在下 1-辛烯、1-癸烯、1-十二烯或 1-十四烯的低聚，与其他烯烃相比，1-辛烯低聚获得产物的黏度指数相对较低。已经报道了几种多相氯化铝催化剂用于合成 PAO，例如 Suzzy 等[25]报道了二氧化硅负载的 $EtAlCl_2$ 以 H_2O 为助引发剂用于 1-癸烯聚合。

6.2.2.2 茂金属催化剂

和 Ziegler-Natta 催化剂相比，茂金属催化剂具有催化活性中心单一，可以得到分子量、结构和组成均匀的烯烃低聚产物等特点。低聚产物的分子量大小、分子量的分布、低聚物的规整度、共聚单体的含量和分布等低聚物的结构和组成都可以通过修饰催化剂的结构来控制。茂金属催化剂按结构可分为无桥联茂金属催化剂、桥联茂金属催化剂、桥联双核茂金属催化剂、单茂金属催化剂等。无桥联茂金属催化剂可以催化乙烯均聚或乙烯与 α-烯烃共聚得到线型低聚物，也可以催化丙烯低聚得到无规聚丙烯。桥联茂金属催化剂具有刚性骨架，因而可对增长链及配位单体产生较稳定的空间特异性立体效应，对于合成等规聚丙烯和间规聚丙烯有明显优势[26]。双核茂金属是指在同一个分子中存在两个或多个过渡金属原子的茂金属配合物，金属中心相邻，金属之间存在着特殊的相互作用或协同效应。单茂金属催化剂分为无桥和桥联两种。无桥型主要用于催化苯乙烯的间规低聚；桥联型主要为含有茂基和胺基配体的茂金属化合物，即限定几何构型催化剂[27]。

茂金属催化剂已被广泛应用于合成 PAO，如图 6-11 所示。2002 年，

Dimaio 等[28]申请了关于使用 $Ph_2C(Cp\text{-}9\text{-}Flu)ZrCl_2$ 和 $Ph_2C(3\text{-}^nBuCp\text{-}9\text{-}Flu)ZrCl_2$ 与 MAO 进行 1-癸烯低聚的专利。该研究讨论了反应温度、氢气浓度和催化剂/MAO 摩尔比等参数对 PAO 性能的影响。使用上述催化剂组合可以获得黏度指数超过 300 的润滑油基础油。2007 年，Mihan 等[29]使用 Cp_2TiCl_2/MAO 催化 1-丁烯、1-己烯和 1-癸烯进行了三聚反应。Carey 等[30]采用 $(Me_2Cp)_2ZrCl_2$ 和 $Me_2SiCp_2ZrCl_2$ 催化 1-癸烯低聚，并生成高黏度指数的 PAO，表明所得聚合物的黏度和黏度指数与茂金属催化剂中 Cp 环上取代基密切相关。2008 年，Haigh 等[31]通过茂金属催化获得的非常高黏度（在 100℃下为 600cSt）与非常低黏度（100℃下为 4cSt）的混合物，为具有中等黏度的产物。在 2009 年，Knowles 等[32]申请了关于使用 $Ph_2C(Cp\text{-}9\text{-}Flu)ZrCl_2$/MAO 催化剂体系催化 1-癸烯聚合的专利，证明了单体和催化剂的可回收性。使用该催化剂时，所得的 PAO 在 100℃下的黏度高达 280cSt。2010 年，Fujita 等[33]使用 Cp_2ZrCl_2/MAO 催化剂体系对 1-癸烯进行低聚反应，证明了 1-癸烯的选择性二聚、三聚和四聚反应。当将所得润滑油组合物与其他各种添加剂如黏度指数改进剂、变速器油添加剂和酯混合时，所得产品的黏度指数高达 166。2009 年，Kissin 等[34]使用 Al/Zr 摩尔比为 200 的 $^nBuCp_2ZrCl_2$/MAO 催化 1-己烯或 1-癸烯进行低聚，当反应温度从 70℃增加到 90℃时，二聚体的选择性从 60%（质量分数）增加到 71%（质量分数）。

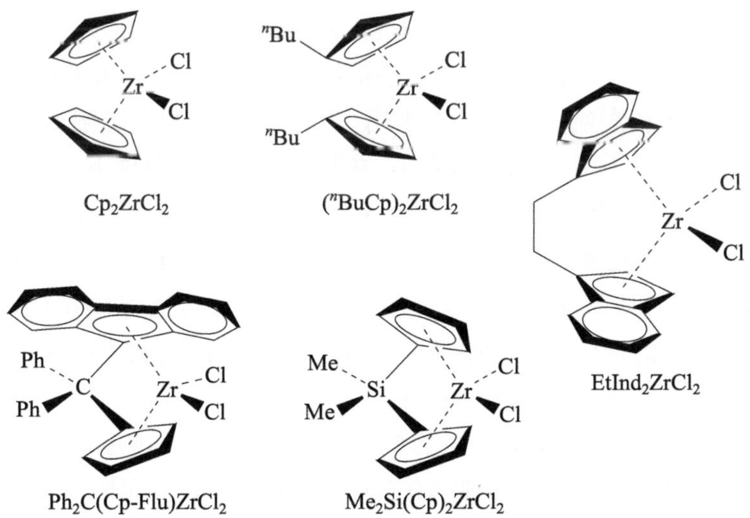

图 6-11　不同茂金属催化剂的结构

综上所述，茂金属催化剂能够生产出极高黏度的合成润滑油基础油。由于高碳α-烯烃的空间位阻，所选取的茂金属催化剂通常是具有较大Cp-M-Cp咬合角的桥联茂金属型催化剂。

6.2.2.3 离子液体催化剂

从Osteryoung、Wilkes、Hussey等人的开创性工作开始，直到20世纪90年代人们对空气稳定型离子液体的兴趣激增。离子液体是由有机阳离子和有机或无机阴离子组成，在室温下呈液态的一类物质。阳离子主要有吡啶、咪唑、烷基季铵等。在早期的研究中离子液体几乎仅限于氯铝酸盐类，但由于其对潮湿空气十分敏感，应用受到一定限制。随后研究人员发现BF_4^-、PF_6^-、NO_3^-等阴离子能显著提高离子液体在空气中的稳定性。现今主要在阴离子或阳离子上进行官能化修饰，使其具有特定的功能。离子液体催化剂广泛应用于傅克反应、偶联反应、烯烃低聚反应、羰基化反应、氧化还原反应等。目前用于催化烯烃低聚制备PAO润滑油的主要是Lewis酸型离子液体。Lewis酸型离子液体催化烯烃低聚具有反应速率快、绿色环保、催化剂与产品易分离、不易挥发、可回收循环使用等优点，同时可以灵活改变离子液体的阴阳离子种类或对其进行修饰，调节其酸碱性、溶解度、反应活性[35-36]。但离子液体的研究还处于初级阶段，基于离子液体的催化剂体系进行烯烃低聚反应的工业化生产还存在很多问题，如催化活性较低、价格较高、溶解度较低、腐蚀性或对金属配位环境的控制有限、大部分离子液体对潮湿空气敏感使反应很难控制等。Swadźba-Kwaśny等[37]研究了硼阳离子配体、金属氯化物阴离子对硼离子液体催化1-癸烯低聚的影响。研究结果表明：以各种吡啶配体硼阳离子与氯铝酸盐或氯镓酸盐阴离子结合的离子液体，在相同的阳离子条件下，$[Al_2Cl_7]^-$和$[Ga_2Cl_7]^-$催化1-癸烯低聚的转化率几乎相同，但离子液体$[Ga_2Cl_7]^-$所得低聚产物中C_{20}含量更高，表明$[Ga_2Cl_7]^-$对链转移影响更大；吡啶配体上甲基的存在和位置对低聚物的分布影响很小，然而与其他配体相比，$[BCl_2(2pic)]^+$阳离子的转化率始终略低，可能是相对于N的间位甲基空间位阻会削弱B—N键对催化活性的影响程度。$[AlCl_4]^-$、$[Al_2Cl_7]^-$、$[Ga_2Cl_4]^-$、$[Ga_2Cl_7]^-$阴离子对1-癸烯低聚的影响研究表明：Lewis酸度对转化率和三聚产物和四聚产物组分的选择性都没有直接影响，但氯铝酸硼离子液体的性能优于氯镓酸硼离子液体。

张大伟[38]研究了$[Bmim]Cl/AlCl_3$烷基咪唑离子液体催化α-烯烃低聚行为。研究结果表明：随着$AlCl_3$含量的增加，低聚物的理化性能尤其是闪点得到较大提升，但 $AlCl_3$ 含量达到一定程度后导致在低温时低聚物运动黏度大幅增大，流动性变差；低聚物黏温性能随低聚温度升高而降低，80℃低聚温度下低聚物同时具有较高的黏度指数与较低的凝点；低聚物的运动黏度随催化剂用量增加而增大，催化剂使用量大于7%（质量分数）后，低聚物运动黏度大幅提高但黏度指数未得到有效改善；红外光谱分析低聚物结构表明低聚物具有较长线型侧链结构，其中含少量双键；核磁共振分析低聚物结构表明低聚过程中存在异构化副反应；最优低聚条件下［低聚温度为80℃，催化剂用量为7%（质量分数），BmimCl与 $AlCl_3$ 摩尔比为1∶2.5，反应时间为4h］所得PAO润滑油产品40℃运动黏度为25.33mm²/s，100℃运动黏度为5.30mm²/s，黏度指数为148，凝点为－76℃，闪点为162℃。

王成欢[39]用 $AlCl_3/Et_3NHCl$ 催化1-癸烯低聚，在最优低聚工艺条件下［$AlCl_3/Et_3NHCl$ 摩尔比为3，催化剂使用量为5%（质量分数），反应温度为100℃，低聚时间为7h］所得PAO产品40℃运动黏度为57.49mm²/s，100℃运动黏度为9.94mm²/s，黏度指数为160，凝点为－63℃；用 $AlCl_3/Et_3NHCl$ 催化1-十二烯低聚，在最优低聚工艺条件下［$AlCl_3/Et_3NHCl$ 摩尔比为3，催化剂使用量为7%（质量分数），低聚温度为100℃，低聚时间为8h］所得PAO产品40℃运动黏度为90.88mm²/s，100℃运动黏度为15.33mm²/s，黏度指数为178，凝点为－39℃。红外光谱分析表明低聚反应进行得比较彻底，低聚产物具有较长的线型侧链结构。由于低聚过程中存在异构化反应，故低聚产物中存在反式烯烃。低聚产物中甲基含量比亚甲基和次甲基含量少；通过计算得1-癸烯和1-十二烯低聚产物的支化度分别为0.1626和0.1440，表明低聚物具有较长线型侧链且支化度很小。气相色谱分析表明，1-癸烯和1-十二烯低聚产物中含有微量的烯烃原料和少量的二聚体，主要由三聚体、四聚体和五聚体组成。

6.2.2.4 负载型催化剂

BF_3/H^+ 供体低聚工艺的主要缺点是氟基副产物的释放，在PAO生产过程中会转化为高腐蚀性HF酸。由于毒性和处理 BF_3 气体的困难以及废水的处理、操作和维护费用增加，研究人员试图找到一种好的方案来替代 BF_3 催化体系。与 BF_3 催化体系相同，$AlCl_3$ 催化体系也具有腐蚀性，而负载型催化剂的应用很好地避免了这一缺点，且在α-烯烃低聚反应中表现出更好的催化活性。此外，负载型 $AlCl_3$ 廉价的分离费用、无溶剂操作和催化剂易于回收的潜力，可以最大限度地降低生产成本和环境污染。最近几十年来科研人员对

Lewis 酸催化剂负载化进行了大量研究，研究的载体主要包括硅胶、蒙脱土、石墨、聚苯乙烯等。在这些体系中，载体可以起到反离子的作用，并极大地影响 PAO 分子量和链结构。值得注意的是，γ-Al_2O_3 是一种耐热载体，具有大量的 Lewis 酸位点，可以提高催化活性[40-42]。

李登[43]以 $AlCl_3$ 和 $TiCl_4$ 为催化剂，用浸渍法和气相负载法制备负载型催化剂，通过测定 Cl 含量来评价催化剂在 γ-Al_2O_3、活性炭、分子筛、硅胶等载体上的负载效果。研究结果表明：用浸渍法以煤基活性炭和 γ-Al_2O_3 为载体制备的负载型催化剂效果最好，产品收率可达 90%以上，黏度符合 PAO 10 标准，黏度指数大于 140；用浸渍法制备的催化剂与载体间的作用力主要为物理吸附力，在低聚反应过程中活性组分流失导致催化剂活性迅速下降；采用气相负载法制备的 $AlCl_3$-$TiCl_4$/γ-Al_2O_3 负载型催化剂可明显降低活性组分在低聚过程中的流失，产品黏度符合 PAO 10 标准，黏度指数为 154，凝点为 −58℃。

王亭亭[44]将 BF_3 固载到聚乙二醇、季戊四醇、蔗糖固体上，研究其催化 1-癸烯低聚性能。研究结果表明：聚乙二醇、季戊四醇、蔗糖均可用于固载 BF_3 催化 1-癸烯的低聚反应，其中以季戊四醇为引发剂的催化反应的效果最好。季戊四醇与 1-癸烯质量比为 1∶10、低聚时间为 2.5h、低聚温度为 20℃ 为最佳工艺条件，此时 1-癸烯低聚转化率为 97.9%，三聚体和四聚体的含量为 84.2%（质量分数）。将氧化铝-季戊四醇/BF_3 催化体系的低聚产品进行分离精制，得到的 PAO 产品 40℃运动黏度为 15.8mm^2/s，100℃运动黏度为 4.3mm^2/s，黏度指数为 197，闪点为 285℃，凝点为 −41℃；将二氧化硅-聚乙二醇/BF_3 催化体系的低聚产品进行分离精制，得到的 PAO 产品 40℃运动黏度为 11.1mm^2/s，100℃运动黏度为 3.2mm^2/s，黏度指数为 166，闪点为 201℃，凝点为 −57℃；将氧化铝-蔗糖/BF_3 催化体系的低聚产品进行分离精制，得到的 PAO 产品 40℃运动黏度为 12.9mm^2/s，100℃运动黏度为 3.5mm^2/s，黏度指数为 159，闪点为 227℃，凝点为 −54℃。

卫鹏[45]以 γ-Al_2O_3 为载体，通过液-固反应法制备负载型 $AlCl_3$/γ-Al_2O_3 催化剂，将其用于催化 1-癸烯低聚制备润滑油基础油，主要考察了负载催化剂的固载条件及 1-癸烯低聚工艺条件对催化剂和基础油性能的影响。实验结果表明：$AlCl_3$/γ-Al_2O_3 催化剂最佳制备条件为 1mol/L 的碳酸钠溶液浸渍 γ-Al_2O_3 载体 6h，在 200℃条件下焙烧 2h，$AlCl_3$ 加入量为 6.2g，固载时间为 12h；低黏度基础油的最佳制备工艺条件为 1-癸烯低聚温度为 80℃，低聚时间为 5h，低聚压力为 0.5MPa，单体与溶剂配比为 1∶2，催化剂使用量为 7g，助催化剂（氯代叔丁烷）为 0.35mL。所得 1-癸烯低聚物转化率达 78.9%，40℃运动黏度为 15.8mm²/s，100℃运动黏度为 3.98mm²/s，黏度指数为 157。

6.2.3 PAO 的技术发展趋势

PAO 是目前使用最广、性能最完善且价格适中的合成基础油。润滑油成品由基础油和添加剂调和而成，其中基础油比例超过 80%。润滑油基础油分为矿物型基础油和合成型基础油两大类，合成型基础油可按用户需求进行分子量、结构、性能和功能的精确设计，以满足不同工况的应用需求。合成型基础油通常具备出色的低温流动性、黏温特性、抗氧化性和抗酸性能，同时具有较低的挥发损失。PAO 基础油合成技术是高端润滑油产品中的关键核心技术之一，PAO 基础油是应用最广泛的合成基础油之一。目前，PAO 基础油在世界上主要被 Shell、Chevron、Ethyl 三家企业垄断生产。

PAO 基础油生产所需要的主要原料是 C_8～C_{12} 的 LAOs。在 20 世纪 70 年代，Exxon Mobile 公司将 PAO 用作“Mobil 1 号”发动机油的基础油，引起了业界的广泛关注。由于 PAO 性能优异且价格较高，常被视为专用的精细化工产品。20 世纪 80 年代，在欧洲销售的 20 种全合成发动机油中，有 17 种含有 PAO 原料；而在 25 种半合成发动机油中，则有 16 种含有 PAO 原料。目前，欧洲有 85%的 PAO 用于汽车发动机油，而我国约有 50%的 PAO 用作发动机油。进入 21 世纪以来，欧洲发动机油市场制定了更为严格的性能规格要求，为 PAO 的推广提供了有利条件，PAO 用量迅猛增长。在工业齿轮油、循环油、自动传动液、压缩机油、液压油等方面，PAO 也展现出可观的发展前景。

近年来，随着润滑油升级速度日益加快，市场对于高端润滑油产品的要求不断增加，这也带动了 PAO 基础油需求的迅速增长。PAO 的客户群体仍主要集中在市场成熟、需求量较大、价格接受程度高的欧美市场。全球 PAO 生产供应也主要集中于埃克森美孚、英力士、Chevron Phillips、科聚亚（已被德国朗盛公司收购）等少数欧美公司。

PAO 全球产能约 100 万 t/a，但实际产量较小，全球部分 PAO 基础油供应商产能见表 6-9 所示。据统计，全球市场的 PAO 供应量约 60.5 万 t/a，其中低黏度 PAO 约 45.7 万 t/a，高黏度 PAO 约 14.8 万 t/a。另据预测，到 2025 年，PAO 的使用量将以每年 3.5%的速率递增，全球 PAO 市场需求量将达到 81.52 万 t。

表 6-9 PAO 基础油主要供应商生产情况

名称	PAO 类别	产能/(万 t/a)
英力士	低、中高黏度级别	25.0
埃克森美孚	低、中高黏度级别	19.5
雪佛兰	低、中高黏度级别	11.5
上海纳克	中高黏度级别	1.5
潞安纳克	中高黏度级别	1.5
科聚亚	中高黏度级别	1.0
俄罗斯达特集团	低黏度级别	1.0
总计		61.0

过去，我国以乙烯基 LAOs 为原料制备 PAO 的产能没有明显提升，约 95%的 PAO 基础油需求依靠进口，仅有约 5%是通过石蜡裂解法和传统 PAO（非茂金属催化）生产的。然而，随着国内几家 PAO 生产装置的建成，这一情况在最近几年有所改善。中国石化、中国石油等 PAO 年使用量在 1000t 以上的大型用户的需求占国内市场消耗量的 56%左右。其中，低黏度 PAO 占需求的一半以上，主要用于车用油、空气压缩机油等合成润滑油产品；高黏度 PAO 主要用于工业齿轮油（如风电齿轮油）、润滑脂、轴承油等；而中黏度 PAO 则主要用于工业齿轮油。

随着风电行业在国内的迅速发展，满足风电需求的高黏度 PAO 需求量也将增加。未来，随着经济的发展及汽车用油的升级，以 PAO 为基础油的高档内燃机油的需求将持续增长。尽管我国已有部分企业和研究院所涉足非石蜡裂解法 PAO 生产，如上海纳克、沈阳宏城、山西潞安集团、中国科学院上海高等研究院等，但由于上游原料的限制和技术成熟度等因素的影响，这些产品的质量稳定性和市场份额十分有限。由于国内的 PAO 产能较小，产品黏度等级覆盖范围小、质量差，与发达国家的水平差距明显。冶金材料、发动机设计及精密制造、排放法规和其他政府法规的变化，都对润滑油行业构成了挑战。此外，关键原料如 PAO 以及一些复合添加剂仍依赖进口，这严重影响了我国高档润滑油产品的开发和市场地位。

6.3 LAOs 生产聚 α-烯烃减阻剂

6.3.1 概述

随着石油工业的发展，原油及成品油的管道运输量日益增加，在运输管道中添加减阻剂不仅可以提高输送量，还能节约能源和资金，因此得到了广泛使用，减阻剂的研究也日益受到重视。当流体中含有某些特定物质时，其在湍流状态下的摩擦阻力会大幅度降低，这种能够实现减阻现象的添加剂称为减阻剂。在此，减阻剂可分为水溶性减阻剂和油溶性减阻剂。根据作用原理，油溶性减阻剂又分为两类：一类是有超高分子量的高柔性线型高分子，主要包括烯烃均聚物或共聚物、聚甲基丙烯酸酯等；另一类是表面活性化合物。大量的研究表明，应用最广、减阻效果最佳的是 α-烯烃聚合物，特别是聚 1-辛烯、聚 1-癸烯的均聚物及其共聚物等。

6.3.2 聚 α-烯烃减阻剂的生产技术

聚 α-烯烃减阻剂是指分子量超过 100 万的超高分子量聚合物[46]，通常用于输送油品的管道中。目前，应用于成品油管道中的减阻剂主要包括美国贝克休斯（Baker Hughes）公司以及我国研发的 EP 系列产品，其主要成分均为聚 α-烯烃。聚合物型减阻剂的优点在于用量小、对油品污染小且具有优异的减阻效果。然而，其缺点在于聚合物分子量较高，经过管道弯头、阀门和输送泵时，剪切作用可能会导致分子链的断裂和降解[47]。

聚合物型减阻剂的减阻效果不仅受聚合物的分子量和结构等因素的影响，在很大程度上还取决于其在油品中的溶解性和溶解浓度。

（1）分子量及分子量分布对减阻效果的影响

聚合物的分子量是影响减阻效果的重要因素。对于聚 α-烯烃减阻剂而言，分子量大于 100 万是其发挥减阻作用的重要前提。Mosyak 等[48]的研究表明，对于同一类型的聚 α-烯烃减阻剂，其减阻率与其分子量呈线性相关，即聚合物的减阻效果随其分子量的增大而增强。Prilutski 等[49]的研究也表明，聚合物的减阻效果还可能与其分子量分布有关，其中分子量较高的部分是产生减阻效果的主要成分，而分子量较低的部分可能起到促进溶解、加速起效的作用。

(2) 分子结构对减阻效果的影响

目前，具有线型或螺旋型柔性分子结构的聚合物减阻性能优异，应用最为广泛。聚合物的分子结构对减阻效果有着显著影响，具有刚性链段分子结构的聚合物柔顺性较差，通常选用线型分子结构的聚合物作为减阻剂，其分子柔顺性越好，减阻性能也越好[50]。同时，Brostow 等[51]提出，具有柔性链段与刚性链段交替分子结构的聚合物减阻性能可能更为优异，完全柔性的聚合物分子可能无法达到最佳的减阻效果。

支链的数量和大小同样对聚合物减阻剂的减阻效果有着显著影响。Gramain 等[52]的研究表明，星型聚合物完全由支链组成，尽管其分子量很大，但其在甲苯中几乎无减阻效果。同时，其他研究表明，聚高碳烯烃的侧链长度对减阻效果影响较大，当侧链碳原子数量超过 4 时，侧链长度越大则减阻效果越好。

(3) 溶解性对减阻效果的影响

聚合物在油品中完全溶解是达到预期减阻效果的必要条件，因此其在油品中的溶解性具有重要意义。聚合物在油品中完全溶解需要一定的时间，通过合成溶解性能较好的聚合物，可以极大地缩短溶解时间，从而提高减阻性能。

(4) 聚合物浓度对减阻效果的影响

在油品输送管道中，随着减阻聚合物量的增加，减阻效果呈现先升高后降低的趋势。在聚合物浓度较低时，增加浓度可以显著提高减阻效果。然而，当浓度达到一定水平后，减阻效果的提升不明显，且随着浓度的进一步增加，减阻效果反而会下降[53]。这种减阻效果降低的原因可能是在高浓度下，油品中的聚合物分子无法完全伸展，从而影响了其减阻性能。

6.3.3 聚 α-烯烃减阻剂的技术发展趋势

减阻剂的聚合方法主要包括溶液聚合、本体聚合等。本体聚合法在初期转化率不高，体系黏度较小，散热容易。然而，随着转化率的提高，体系黏度增大，会产生凝胶效应，移热不及时则易引起爆聚。尽管如此，由于本体聚合法转化率较高，因此被广泛应用于减阻剂的工业生产。本体聚合是不加溶剂的，使单体与催化剂在一定条件下反应，体系中只有单体及催化剂。其特点是产品纯净，无需复杂的产品分离操作，产品可直接粉碎调制成剂使用。但该方法的反应热不易散出，反应过程中容易发生飞温现象，因此在实验设备中，搅拌及控温系统是生产的关键。

溶液聚合法可以及时排出聚合过程中产生的热量，避免局部过热，减少凝胶效应。然而，溶剂的稀释作用会导致单体转化率较低，单体和溶剂分离回收费用高，聚合体系黏度大，现场应用困难。通过改进装置和加入一些添加剂，溶液聚合法在这些方面取得了一定的进展和成就。

6.4　LAOs生产烷基硫酸盐

6.4.1　概述

LAOs可以通过氢甲酰化反应转化为伯醇，伯醇可以用来合成表面活性剂或进一步处理以改进其物理或化学性质。例如，C_6～C_{22}范围内的醇可以与环氧乙烷反应生成非离子型聚氧乙烯醚（ES），或与不同的磺化剂反应生成阴离子型烷基硫酸盐（AS）。另外，脂肪醇聚氧乙烯醚硫酸盐（AES）是由乙氧基酸盐和磺化剂反应生成的。使用这种方法制备的表面活性剂广泛应用于各种洗涤和清洁产品、个人护理产品甚至化妆品中[54]。

硫酸盐表面活性剂可溶于水，即使在硬水中也可用于洗涤。长碳链烷基硫酸钠的增溶能力较差，但随着温度的升高，其增溶能力显著增加。线型烷基硫酸盐具有很高的热稳定性，在高温下不会分解，这相对于具有支链结构或用仲醇获得的烷基硫酸盐来说是一个巨大的优势[55]。

大量的烷基硫酸盐、脂肪醇聚氧乙烯醚硫酸盐和脂肪醇聚氧乙烯醚可用于乳液聚合等工业过程，也可用于生产农业乳化剂、专用清洁产品、轧制金属坯料的润滑油添加剂以及某些药品的添加剂。与目前广泛使用的其他阴离子表面活性剂（如线型烷基苯磺酸盐）以及一些非离子表面活性剂相比，AS和AES具有一定的市场竞争优势。

聚氧乙烯醚的传统合成方法是在合成脂肪醇或天然脂肪醇中加入环氧乙烷进行乙氧基化反应得到的。乙氧基化的程度变化范围很广（通常为5～20）[56-57]。乙氧基化反应的均相催化剂通常是不同的路易斯酸和碱，但也有研究表明，两性催化剂[58]和非均相催化剂[59]也可以使用。酸和碱催化乙氧基化的机理不同，因此生成的最终产物也不同。如图6-12所示，碱催化乙氧基化过程中会发生多个平行反应，且在阴离子上加入环氧乙烷形成醚键的反应是不可逆的。

6.4.2　烷基硫酸盐的生产技术

Union Carbide公司的专利[60]描述了一种使用多相催化剂催化醇与环氧乙

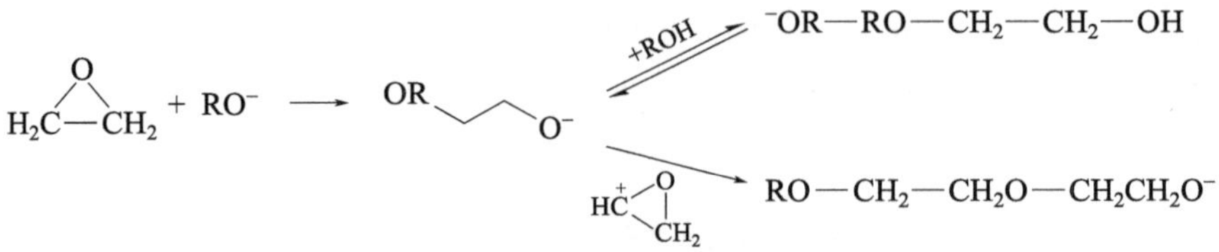

图 6-12 碱催化乙氧基化过程

烷乙氧基化的技术，该专利中提出了一种从长链 α-烯烃中获得仲醇乙氧基化产物的方法。具体而言，将预热后的 α-烯烃和环氧乙烷混合物首先通过一个离子交换树脂床，然后通过一个或多个加热反应区，每个反应区都有一个固定床，其中含有强酸性树脂催化剂，整个过程不需要溶剂。乙氧基化反应的温度和压力并不十分关键，但必须确保所有反应物均处于液态。该工艺通常在125～185℃下进行，并生成异构仲醇聚氧乙烯醚的混合物。较高的反应温度通常有利于提高烯烃转化率，但同时也会加快催化剂的失活。烯烃转化率取决于许多参数，包括反应温度、停留时间、环氧乙烷与烯烃的摩尔比和催化剂，一般转化率范围为 20%～35%。反应时间需要根据获得某种成分产品所需的时间来确定。

如图 6-13 所示，其中 R 是 C_8～C_{14} 烷基，n=1～3。当 R 为 $C_{12}H_{25}$，n=1 时，则反应产物为 1mol 仲十四醇聚氧乙烯醚（几种异构体的混合物），得到的产物可用于生产表面活性剂。在整个过程中，除反应本身外，只需进行几个连续的蒸馏操作，以分离未反应的原料并将其返回反应器中。

图 6-13 α-烯烃与环氧乙烷的反应过程

乙氧基化催化剂通常为固体酸催化剂，该反应可以在固定床上进行。固体酸催化剂还具有许多其他优点，包括操作和储存简单、易于去除、可再生、成本低和耐腐蚀等。在使用这种反应体系时，催化剂的孔隙率、比表面积和交联密度等结构性质非常重要[61]。催化剂的形态应确保反应物分子能够快速地扩散到催化剂的结构中，从而与催化剂的活性位点接触[62]。

埃克森美孚的一项专利描述了使用沸石和改性沸石作为乙氧基化催化

剂[63]。Vista 化学公司的专利报道了使用氧化锶或氢氧化锶和苯酚（或烷基酚）作为促进剂的催化体系[64]，使用这种催化剂可以获得分子量分布窄且副产物少的高分子量产物。Vista 化学公司的另一项专利采用类似的催化体系，催化剂是氧化钡或氢氧化钡[65]，促进剂为苯酚、烷基酚或不同比例的烷基酚和甲酚的混合物。在这种条件下，反应可以在 150～200℃下进行。所合成的聚氧乙烯醚可用作洗涤剂，酸化后得到阴离子洗涤剂，具有优良的去污能力。用来磺化醇或乙氧基化产物的主要磺化剂是三氧化硫（Ⅵ）及其衍生物（图 6-14）。

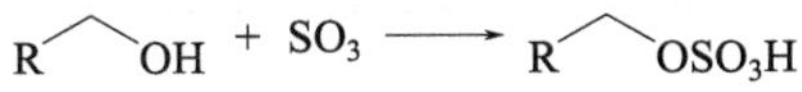

图 6-14 醇或其乙氧基化产物的磺化

常用的 SO_3 衍生物包括硫酸、发烟硫酸、氯磺酸、氨基磺酸以及不同的氧化硫（Ⅵ）化合物。最早合成脂肪醇硫酸盐的方法之一是使用过量的浓硫酸处理高级脂肪醇，如图 6-15 所示。

图 6-15 高级脂肪醇合成脂肪醇硫酸盐

由于该反应是可逆反应，因此在几乎所有条件下，烷基硫酸盐的产率都非常低。这不仅是因为反应的可逆性，而且还存在脱烷基磺化、脱水生成烯烃、生成醛和分解成短链烃等副反应。副反应生成的产物稳定性较差，溶解度比烷基硫酸盐高，使得最终混合物不适合用作洗涤剂。多年来，获得烷基硫酸盐的主要工业方法之一是用氯磺酸处理醇。然而，使用氯磺酸会产生具有强腐蚀性的 HCl 气体（图 6-16）。这就要求反应器中与气体接触的部分使用特殊的防腐蚀材料，并确保高效的热交换[66]。另一个缺点是烷基硫酸盐产品中残留氯离子含量高，会增加产品的表观黏度，大多数生产烷基硫酸盐的工艺仍旨在尽量减少氯离子的残留。随着可得到无氯产品技术的发展，这种合成 AS 的方法逐渐被淘汰。

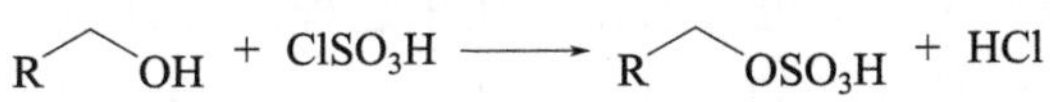

图 6-16 氯磺酸与醇的反应

Whitman 在专利中提出了一种解决氯磺酸使用中相关问题的方法[67]。这种方法是先用氯化氢对醇进行初步处理，然后引入氯磺酸，以减少副反应发生，最终得到杂质含量较低的产品。采用三氧化硫（Ⅵ）取代氯磺酸，是因为它能够直接将醇转化为烷基硫酸盐。在第一步反应中，三氧化硫（Ⅵ）与醇羟基反应生成烷基过硫酸盐（图 6-17）[68]。

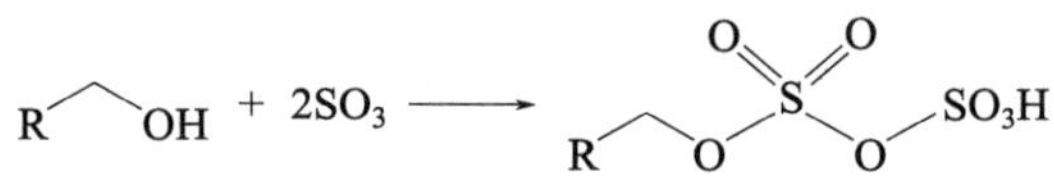

图 6-17　三氧化硫与醇的反应

然后，烷基过硫酸盐分解生成烷基硫酸盐（图 6-18）。在此，第一步反应进行非常迅速，生成亚稳态的烷基过硫酸盐。然后烷基过硫酸盐立即分解并释放大量热量（$\Delta_r H_{298K}=-150kJ/mol$）。

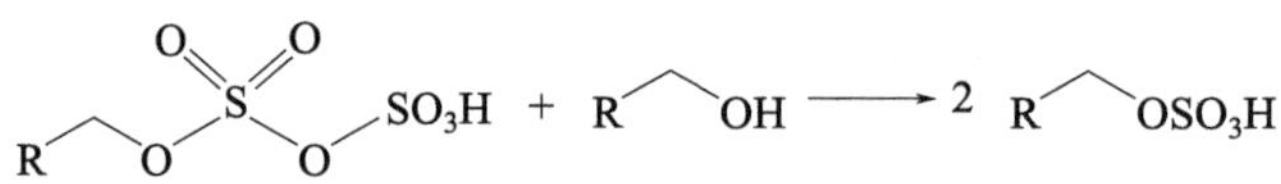

图 6-18　烷基过硫酸盐分解

乙氧基化合物的硫酸化过程也遵循类似的机理，但会产生少量副产物 1,4-二噁烷。三氧化硫（Ⅵ）被认为是最好的磺化剂之一，这也是此类反应获得众多专利的原因之一，包括专为三氧化硫磺化而定制的双膜式反应器。Stewart 及其合作者的专利要求在工厂中用锰化物对反应容器进行初步处理，以抑制磺化过程中不可避免形成的污染物的积聚[69]。

如图 6-19 所示，另一种可用于醇磺化的潜在磺化剂是氨基磺酸，它与醇反应生成烷基硫酸铵。与大多数其他磺化剂相比，氨基磺酸的活性较低，且价格较高。这些底物包括含大量乙氧基的聚氧乙烯醚，由于其特殊的物理化学性质，传统磺化剂难以对其进行磺化。三氧化硫配合物也可用来磺化醇及其衍生物。作为一种路易斯酸，三氧化硫易和许多有机化合物（例如，二噁烷、吡啶和三甲胺）反应形成配合物。这些配合物的反应活性远低于游离的三氧化硫（Ⅵ），但仍能在较低温度下进行磺化。使用这种配合物可以磺化一些“敏感”分子，适用于实验室条件下的工艺[70]。目前尚未有关于在工业规模上使用这种方法的报道。

图 6-19　氨基磺酸与醇反应

6.4.3　烷基硫酸盐的技术发展趋势

烷基硫酸盐的技术发展趋势主要体现在提高产品的环保性和功能性，以及满足个性化需求等方面。随着环保意识的提高，消费者对洗涤用品中的环保成分越来越关注，希望产品能够减少对环境的污染。因此，含有天然成分的洗涤用品逐渐受到青睐，这包括含有烷基硫酸盐的产品。这些天然成分能够减少化学残留，提高洗涤效果的同时也更加安全健康。随着消费者对品质的追求越来越高，对洗涤用品的要求也越来越高，不仅要求能有效去除污渍，还要求产品具有更好的去污效果和温和的质地。品牌商在生产过程中注重品质控制，不断优化配方，推出更多高品质的洗涤用品。

此外，随着消费升级，消费者对个性化的需求也在增加。在洗涤用品方面，消费者对具有特色包装、不同功效的洗涤用品的需求不断增加。因此，品牌商也开始注重产品包装的设计和个性化产品的开发，以满足消费者的不同需求。

烷基硫酸盐作为重要的表面活性剂，在化妆品、洗涤剂和纺织品行业中有着广泛的应用。随着市场的发展，创新求变成为关键，这不仅包括产品的创新，也包括生产技术的创新，以适应市场的变化和满足消费者的需求。

6.5　LAOs 生产 α-烯烃磺酸盐

6.5.1　概述

AOS 是 α-烯烃磺酸盐（alpha olefin sulfonates）的简称，它是由 α-烯烃经 SO_3 磺化、中和、水解制得的一种阴离子表面活性剂。这种表面活性剂在软水和硬水中都具有较强的去污能力，润湿性能和低发泡特性良好。一般 AOS 以钠盐的形式供应市场，通常为活性物含量为 35%～40%（质量分数）的液体或活性物含量大于 90%（质量分数）的粉状产品。早在 20 世纪 60 年代，日本、美国最早致力于这一产品的开发，具有代表性的是日本狮王油脂公司和美国 Stepan 公司等。近几年，AOS 的发展相当迅速，有人称其是继肥皂、烷基苯磺酸盐（LAS）、脂肪醇聚氧乙烯醚（硫酸酯盐）后的第四代表面活性剂。

AOS 的化学组成相对较复杂，各种磺酸盐的相对数量和异构体的分布会随工艺条件和投料量的不同而有所变化。其主要成分包括烯基磺酸盐、羟烷基磺酸盐以及少量的二磺酸盐[70]，如图 6-20 所示。AOS 商品通常的碳链长度以 C_{14}～C_{16} 为主，其形态为活性物含量为 35%～40%（质量分数）的水溶液或活性物含量约 70%（质量分数）的浆状物，目前已有活性物含量＞90%（质量分数）的粉状商品。

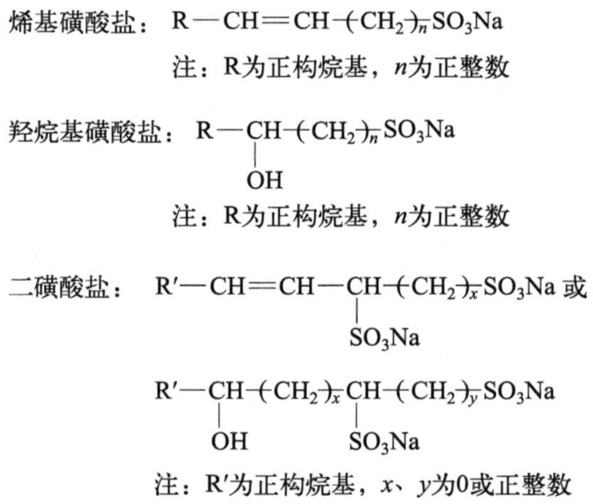

图 6-20　AOS 成分的分子结构

AOS 因其结构中含有 C—S 连接形式，具有良好的化学稳定性。由于原料 α-烯烃具有直链结构，因此其性质类似于脂肪醇的磺酸盐。综合来看，AOS 具有以下优良特性：

① 与其他常见的阴离子表面活性剂相比，AOS 具有出色的表面活性。

② AOS 在硬水中能够保持较高的表面活性和去污能力。

③ AOS 具有良好的生物降解性。在一般室外环境中，AOS 仅需五天即可完全降解，不会对环境造成污染。

④ AOS 还具有较高的发泡性能、良好的稳泡性、低毒、温和、刺激性低以及良好的酶配伍性。

用于制造 AOS 产品的烯烃碳数通常在 10～20 范围内。常用的烯烃碳数分布包括三种，碳数分布为 C_{14}、C_{16} 的烯烃，碳数分布为 C_{14}、C_{16}、C_{18} 的烯烃，碳数分布为 C_{16}、C_{18} 的烯烃等。正是由于 AOS 具有以上优良特性，因此在民用和工业领域得到了广泛的应用。在民用方面，基于 AOS 具有出色的抗硬水性能、与其他表面活性剂的协同效应以及良好的生物降解性，被广泛应用于无磷洗衣粉的配方中。此外，在个人护理用品和液体洗涤剂中，加入 AOS 不仅使得产品的性能提升，而且产品更趋于温和无毒。在工业领域，AOS 主要用于配制硬表面清洗剂、乳液聚合乳化剂、油田化学品、混凝土密度改进剂等。

6.5.2 α-烯烃磺酸盐的生产技术

20 世纪 60 年代，美国开始利用石蜡裂解生产的 α-烯烃进行 SO_3 磺化制备 AOS。同时，日本也在 20 世纪 50～60 年代对 AOS 进行了大量的研究，并于 1975 年改进了磺化工艺，设计了专门的反应器，实现了 AOS 的工业化生产。改革开放后，我国对 AOS 领域的研究和生产发展迅速。20 世纪 90 年代，相关企业相继引进国外先进的磺化反应器，成功实现了 AOS 的产业化。

α-烯烃磺酸盐是通过对 LAOs 进行磺化反应制备而成，随后对反应产物进行中和处理。在这一过程中，最常用的磺化剂是三氧化硫及其配合物，以及氯磺酸。工业生产中，几乎所有生产 α-烯烃磺酸盐的原料均为 α-烯烃，因为工业生产能够得到纯度符合要求的 C_{12}～C_{18} 的 LAOs。而碳链中间位置含有 SO_3H 基团的磺酸盐在工业上没有广泛使用。

在用惰性气体稀释后，LAOs 与三氧化硫等发生磺化反应，如图 6-21 所示，最初会生成包括（β,γ,δ）-磺内酯和烯基磺酸的混合物。所得 β-磺内酯会迅速异构成 γ-磺内酯，然后以较慢的速度异构为 δ-磺内酯。磺内酯几乎只在 40℃下形成，烯烃的转化率可高达 60%（质量分数）。在较高温度下，部分磺内酯会异构为烯基磺酸，从而提升烯烃的转化率[71]。生成的混合物需要经过水解反应，将磺内酯完全转化为烯基磺酸或烯基磺酸盐。这种水解反应可以在酸性介质中进行，主要生成在邻位和间位具有双键的烯基磺酸；也可在碱性介质中进行，生成羟基磺酸和烯基磺酸的混合物，比例约为 2∶1。为了尽量减少磺酸盐混合物中磺内酯的含量，工业水解在高温、强碱性条件下进行[71]。由于所生产的 AOS 具有疏水性长链尾部和亲水性末端，因此是一种具有高去污力的表面活性剂。C_{10}～C_{18} 的 α-烯烃磺酸盐被广泛应用于各种洗涤剂、化妆品和洗发水中。

在生产高质量 AOS 时，磺化反应条件至关重要。由于三氧化硫与烯烃的反应速率快且放热性强（$\Delta_r H_{298K}=-180\text{kJ/mol}$），在传统的磺化反应器中，

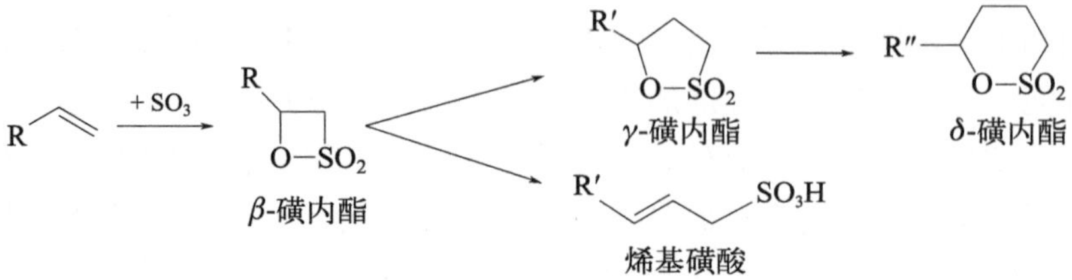

图 6-21 α-烯烃磺化反应

不可避免地会出现局部过热的情况，从而导致产品碳化并降低产品的质量。因此，需要控制反应温度和 LAOs 的进料方式。Lion Fat & Oil 公司开发的 TO-反应器体系克服了这些困难[72-73]，其体系基于一个带有自由流动液膜的反应器，旨在确保“等温磺化”的理想模型。在这种反应器中，向反应器顶部送入用惰性气体稀释后的 SO_3，并让其与沿反应器壁向下流动的有机化合物的冷却薄层接触[74]。图 6-22 显示了在带有自由流动液膜的反应器中连续生产 α-烯烃磺酸盐的流程。

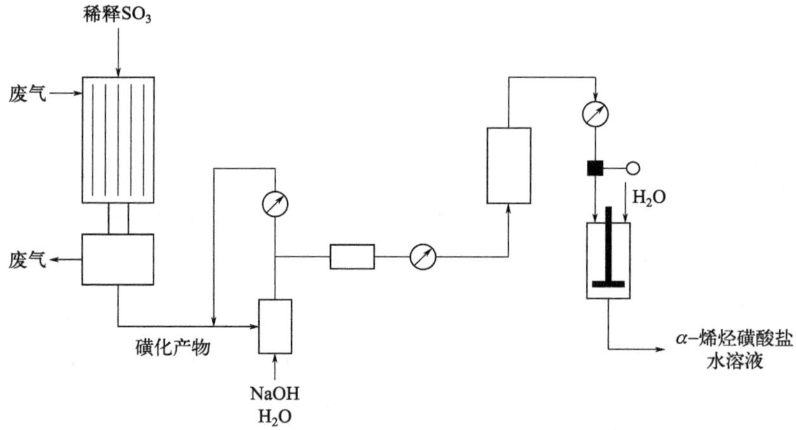

图 6-22 在自由流动液膜反应器中 α-烯烃磺酸盐的生产流程

在该生产过程中，产物首先通过分离器进行液体和气体的分离。含有三氧化硫和少量二氧化硫的废气用烧碱水溶液洗涤、处理后排入大气。液体馏分与烧碱一起送入循环物料系统，其中一部分物料通过加热器并返回反应器，后续在 150～250℃下用氢氧化钠进行水解，在反应器中的停留时间小于 1h。由于反应空间上层的 LAOs 密度较小，混合物中含有的大量未反应的 LAOs 较容易除去。随后，得到的混合物用双氧水纯化，最终得到的α-烯烃磺酸盐产品中含有10%～15%（质量分数）的二磺酸盐、磺内酯、硫酸盐和少量未反应的烯烃[75]。

Rigdon等[76]研究了C_5～C_{30}的α-烯烃与颗粒状吸附剂上的硫酸在−18～107℃条件下反应。与传统的直接接触液体浓硫酸方法相比，这种技术有一些优点。首先，使用具有高比表面积的如硅胶、氧化铝、二氧化硅和活性黏土等固体吸附剂催化剂，这种吸附剂吸附液态硫酸形成了复合材料并起到多相催化剂的作用。其次，吸附剂可以降低含有烯烃相的硫酸的含量。最后，与均相硫酸相比，硫酸吸附在高孔隙载体上会导致烯烃和硫酸之间产生更大的界面，这有助于提高反应效率和选择性。

6.5.3　α-烯烃磺酸盐的技术发展趋势

目前，生产AOS的主要技术发展趋势是改进α-烯烃磺化的设备，并通过减少杂质含量（包括微量磺化剂）等方式来提高产品性能。因此，相关企业正在开发不同的磺化剂改性方法，并对产品进行深度提纯。

2019年，我国阴离子表面活性剂产量和销量分别为125.72万t和123.13万t，较2018年分别同比增长4.50%（质量分数）和2.00%（质量分数）。2022年我国阴离子表面活性剂产量达到了171.80万t。AOS的发展趋势是积极的，具有广阔的市场前景。

首先，从市场需求的角度来看，AOS作为一种重要的表面活性剂，在个人护理、家居护理、工业清洁等领域有着广泛的应用。随着消费者对产品质量和性能要求的提高，对AOS的需求也在不断增加。特别是在高级润滑油领域，随着汽车、机械行业的快速发展，对油品的换油期和节能效果提出了更高要求，这进一步推动了AOS的需求增长。

其次，从技术发展的角度来看，LAOs是生产AOS的重要原料。目前，商业化的α-烯烃装置主要生产全馏分α-烯烃，产品碳数分布范围主要集中在C_4～C_{30}，加上我国费托合成分离得到的全馏分LAOs，这些技术的发展为AOS的生产提供了稳定的原料来源，保证了AOS的生产能力和产品质量。

此外，从行业分析的角度来看，AOS行业的发展受到波特五力模型和SWOT分析的影响，企业需要紧跟市场步伐，不断创新和发展，以适应竞争激烈的市场环境。这表明AOS行业在未来的发展中将会有更多的技术创新和市场拓展，从而带动整个行业的发展。

综上所述，α-烯烃磺酸盐（AOS）在未来的发展中将受益于市场需求增长和技术进步的双重推动，展现出积极的发展趋势和广阔的市场前景。

6.6 LAOs 生产直链烷基苯和烷基苯磺酸盐

6.6.1 概述

线型烷基苯磺酸盐（LABS）是一种被广泛使用的表面活性剂，其涵盖了不同链长的烷基苯磺酸盐。在家用和工业洗涤剂中，C_{10}～C_{14} 的 LABS 被广泛使用。相比之下，C_{15+} 的 LABS 在水中难以溶解，因此通常与矿物油混合，用作金属加工和钻井行业的润滑冷却剂。与支链烷基苯磺酸盐（BABS）相比，LABS 具有更好的生物降解性和更优越的去污性能。因此，在家用洗涤剂中，LABS 几乎完全取代了 BABS 的应用。

6.6.2 LABS 的生产技术

LABS 是先通过苯的连续烷基化得到线型烷基苯（LAB），然后对其进行磺化以及磺化产物的中和而得到的。在苯烷基化生产中，烯烃和卤代烃是重要的原料。α-烯烃的烷基化通常使用均相或多相酸催化剂，目前商业化生产 LAB 的烷基化催化剂通常是均相的 $AlCl_3$ 和 HF。UOP 公司[77]曾开发了一种特有的固体催化剂。

烷基化反应中一个重要的参数是目标产物的选择性，通常会生成单取代的烷基苯。根据苯基取代基在烷烃上的位置，可以得到不同的产物，如 2-烷基苯（2-LAB）、3-烷基苯（3-LAB）等，烷基化产物的多样性是生产 LAB 的难题之一。随着侧链数量的变化，LAB 可能会在苯环上出现不需要的二烷基苯和三烷基苯。在特定条件下，烯烃中的双键也可能会发生迁移。苯基在烷烃上的位置决定了产物的去污能力，烷烃端位由苯基取代具有最大的去污能力。

提高目标产物选择性的方法有多种，其中一种方法是向反应混合物中加入过量的苯，并控制反应温度和催化剂的用量，或在外部反应器中进行脱烷基反应[74]。产品的产物分布取决于所使用的催化剂，当采用氯化铝为催化剂时，产物以 2-烷基苯为主，其他异构体的含量几乎相等；而当用 HF 为催化剂时，烷基化产物中 2-烷基苯的含量很低，主要的同分异构体是苯基位于链中心的烷基苯。取代基越靠近中心，相应异构体的含量越高。表 6-10 展示了使用不同催化剂时苯烷基化产物的占比[77]。

表 6-10　不同工业催化剂的苯烷基化产物的占比

组分	DETAL 工艺	HF 烷基化	$AlCl_3$ 烷基化
2-烷基苯(质量分数)/%	26	18	29
二烷基苯(质量分数)/%	<0.5	0.5	9
溴指数(BI)	<5	5	10

溴指数（BI）是用来表示 LAB 分子烷基链不饱和程度的指标，LAB 的低溴指数是高质量的标志之一。允许的 BI 数值一般为 BI<30，首选 BI 值则为 BI<10[78]。烷基化产物通过分馏，最先蒸出来的是苯，接着是未反应的烯烃，然后是 LAB，而 LAB 则用于生产 LABS。剩余的二烷基苯被分离出来，通常被用作润滑剂[79]。LABS 是由 LAB 与不同磺化剂等摩尔比进行反应生成的。类似地，苯酚和萘与 α-烯烃反应生成的产物，也可用作洗涤剂和润滑剂[80]。

6.6.3 LABS 的技术发展趋势

生产 LAB 最普遍的方法是 UOP 工艺，如图 6-23 所示[81]。

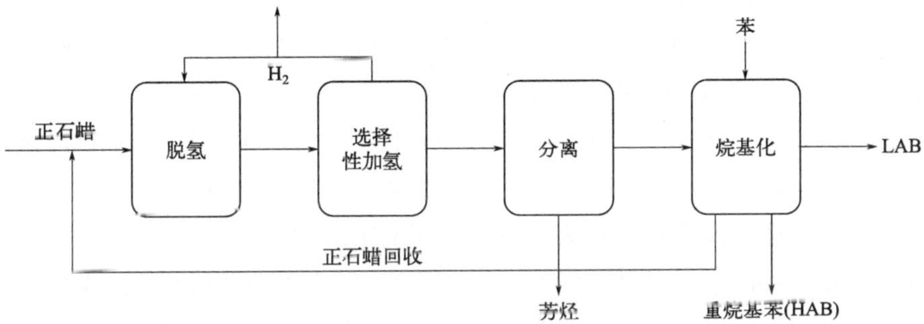

图 6-23　石蜡生产 LAB 的 UOP 工艺

在第一步中，在温度约为 500℃和氢气压力约为 0.3MPa 下，使用氧化铝负载的改性铂催化剂将石蜡脱氢为烯烃。在此步骤中，烷烃的转化率保持在 10%～15%（质量分数），以减少烯烃进一步脱氢成二烯烃和芳香族化合物。在第二步反应中，利用 Ni/Al_2O_3 或 Pd/C 将第一步生成的二烯烃选择性加氢为烯烃，从而提高 LAB 的产率和产品质量。在第三步，从混合物中除去芳香族化合物，以延长下一步使用的易于结焦的烷基化催化剂的寿命。第四步采用固体非均相烷基化催化剂，将苯与 α-烯烃混合物进行烷基化反应，所得产物的质量优于传统 HF 和 $AlCl_3$ 催化剂。产物通过蒸馏分离，如果进行烷基化的烯烃不含石蜡杂质，则可简化分离步骤。由于烷基化工艺使用的物质（烯烃、苯、烷基苯）不腐蚀金属，因此反应器及其他设备和元件可以由碳钢制成，无需使用由昂贵的合金或罐装泵（如 HF）制成的金属部件。使用 HF 和 $AlCl_3$ 催化剂还需对最终混合物进行中和处理，从而增加了生产成本[82]。

Smith 等[82]描述了一种在精馏塔中生产 LAB 的方法。在该方法中，将苯和烯烃的混合物分别以 1∶1 到 100∶1 的比例送入反应器，混合物在含有氟化丝光沸石的非均相酸催化剂固定床上进行烷基化反应。催化剂床层的温度、试剂进料速率和催化剂床层的尺寸等工艺参数，可根据所使用的溶剂而进行调整。反应器内的温度通常以选定压力下苯的沸点为基础，最佳温度范围是 80～140℃，在确保反应速率的同时也不会导致催化剂过度结焦。

Anantaneni 等[78]报道了在工艺中使用氟化丝光沸石催化剂的可能性。该催化剂是由酸化丝光沸石 LZM-8 与 0.4%（质量分数）的 HF 混合制成的，对苯与 α-烯烃的烷基化具有高度选择性，其中对 2-烷基苯（2-LAB）的选择性可达 70%（质量分数）。使用 HF 存在明显的缺点，最主要的是其毒性较大。此外，工业设备必须严格满足环保要求。因此，开发和使用环境友好型的多相催化剂来替代 HF 已成为烷基化催化剂的发展趋势之一。

Halligudi 等[83]的研究表明，复合材料也可用作烷基化催化剂。例如，在选择性复合催化剂 AlMCM-41/β-沸石上进行苯与 α-十二烯的烷基化反应。在特定条件下（苯/α-十二烯＝10∶1；温度＝120℃；时间＝2h），苯的转化率达 48%（质量分数），2-十二烷基苯的选择性高达 76%（质量分数）。在使用碳链较长的底物时，该催化剂也表现出类似的催化性能。

Al-Muhtaseb 等[84]使用 ZSM-5 型、MOR 型、BEA 型和 HY 型沸石催化剂进行了烷基化反应研究。在底物为 1-己烯、无溶剂、常压条件下，BEA 型沸石展现出最佳的催化性能，对苯的转化率为 86.6%（质量分数）（70℃；3h；苯/1-己烯≈1∶2），对 2-LAB 的选择性为 38.7%（质量分数），对 3-LAB 的选择性为 47.9%（质量分数）。

Halligudi 等[85]探讨了多相杂多酸催化苯烷基化反应，研究中使用的催化剂是氧化锆负载磷钨酸（PTA），这种有固体酸催化剂的活性受到 PTA 含量、焙烧温度和制备过程中使用的溶剂的影响。研究表明，该催化剂的有效性主要取决于其 Brønsted 酸位点数量、表面积和孔隙形态，在甲醇中将 PTA 单层膜负载到氧化锆上可以获得活性最高的催化剂。苯的转化率随比表面积的增大而增大，而孔隙形态影响了催化剂对 2-LAB 的选择性。在一定条件下（84℃，苯/α-烯烃＝10∶1，时间＝1h），活性最高的催化剂对 2-辛基苯的选择性为

53.5%（质量分数），对 2-十二烷基苯的选择性为 47%（质量分数），苯的转化率达 98%（质量分数）。

Deymeh 等[86]研究了二氧化钛纳米颗粒负载 Dawson 杂多酸催化剂对苯和 1-癸烯烷基化反应的性能。他们采用中心复合设计（CCD）和分数析因设计（FFD）程序进行理论计算，结果与实验数据基本一致。影响因素包括苯与 1-癸烯的比例、催化剂负载量、反应时间和反应温度等。结果表明，不同参数对 1-癸烯转化率的影响顺序为：催化剂负载量＞催化剂中活性组分含量＞反应时间＞1-癸烯与苯的比例。通过 Nelder-Mead 优化得出最佳工艺参数为，苯与 1-癸烯的物质量的比例为 17∶1，催化剂负载量为 35%（质量分数），反应时间为 1h。在此条件下，转化率可达 100%（质量分数），LAB 的产率为 99.92%（质量分数）。

Jaenicke 等[87]研究了另一种基于 $AlCl_3$ 负载在多孔硅酸铝上的复合材料，与均相催化剂相比具有较高的选择性。研究表明，将 $AlCl_3$ 负载在具有规则孔径的 MCM-41 分子筛上对 LAB 的选择性有显著影响。如表 6-11 所示，在 1-辛烯转化率为 100%（质量分数）时，不同孔径催化剂对单烷基苯的选择性有显著差异。

表 6-11　苯与 1-辛烯在 $AlCl_3$ 催化剂上烷基化产物的比较

催化剂	孔径/nm	1-辛烯转化率/%	单烷基苯选择性/%
$AlCl_x$/MCM-41	39.2	100	75.2
$AlCl_x$/MCM-41	33.4	100	79.7
$AlCl_x$/MCM-41	30.9	100	83.3
$AlCl_x$/MCM-41	26.0	100	84.7
$AlCl_x$/MCM-41	22.5	100	89.7

最常用底物 1-十二烯生成单取代 LAB 的选择性最高，为 96.2%（质量分数），而使用均相 $AlCl_3$ 催化剂则为 72.5%（质量分数）。在 γ-Al_2O_3 上负载 $AlCl_3$ 的多相催化剂也得到了类似的结果。在 1-十二烯转化率为 95%（质量分数）时，生成单取代 LAB 的总选择性为 92%（质量分数），而生成 2-烷基苯的总选择性为 42%（质量分数）。催化剂的稳定性测试表明，在反应条件下运行 1000h 后，催化剂没有明显的变化[88]。

以含锆蒙脱土为催化剂，用 C_{10}～C_{13} 烯烃和石蜡混合物与苯进行烷基化反应，取得了较好的效果。在苯转化率大于 98%（质量分数）的情况下，对单取代 LAB 的选择性为 72.5%（质量分数）。经反应条件优化，得出最佳工艺参数为：反应温度 150℃，反应压力 1MPa，苯与 α-烯烃的摩尔比为 15∶1[89]。对催化剂进行初步的酸性活化能够显著提高其烷基化活性[90]。当 1-癸烯转化率为 98%（质量分数）时，最佳条件下（温度为 145℃，苯与 1-癸烯的摩尔比为 12∶1），对单取代 LAB 的选择性可达到 100%（质量分数）。

文献中描述了许多高选择性获得 2-LAB 异构体的锆型催化剂，特别是硫酸锆表现出很高的路易斯酸活性。White 等[91]的研究表明，在 500～550℃焙烧的氧化锆上，苯与 α-烯烃的烷基化反应活性较高。微孔硫酸锆催化剂能使 1-十二烯完全转化且对 LAB 的选择性为 93%（质量分数），对 2-LAB 异构体的选择性为 43%（质量分数）。然而，经多次催化循环后，微孔硫酸锆催化剂已出现失活，而介孔硫酸锆催化剂则没有失活，这使得后者成为更具前景的合成 LAB 催化剂。另一种含锆催化剂为硫酸根离子含量较高的 ZrO_2/Al_2O_3 体系。在 150℃、苯与 1-十二烯的摩尔比 10∶1 时，表现出>90%（质量分数）的 1-十二烯转化率且对 2-LAB 选择性>35%（质量分数）[92]。Antonelli 等[93]在温度为 80℃、压力为 0.1MPa、苯与 α-烯烃的摩尔比为 10∶1 下，测试了硫化介孔氧化钽的催化性能。在装有回流冷凝管的圆底烧瓶中，催化剂负载为 4.0%（质量分数）时，反应 0.5h 能实现烯烃的完全转化，同时对 2-LAB 的选择性为 41.6%（质量分数）。结果表明，该催化剂的反应选择性和反应速率取决于孔径大小。

Ⅲ族金属卤化物与离子液体的配合物是一类有效的烷基化酸催化剂。在含有不同烷基阳离子（丁基、辛基和十二烷基）和不同卤素阴离子（氯、溴和碘）的 1-烷基-3-甲基咪唑卤化物/氯化铝离子液体组成的催化体系中，1-丁基-3-甲基咪唑/Al_2Cl_6Br 催化剂表现出优异的性能，可使 1-十二烯转化率达到 91.8%（质量分数），对 2-LAB 产物的选择性为 38%（质量分数）[94]。

Kumar 等[95]研究了基于离子液体和 $AlCl_3$ 的均相和非均相催化体系。结果表明，均相催化剂 $(BMIm)^+(Al_2Cl_7)^-$ 对 2-LAB 的选择性（40.2%，质量分数）略低于硅胶负载多相催化剂 $SG\text{-}N^+(C_2H_5)_3Al_2Cl_7^-$ 对 2-LAB 的选择性（45%，质量分数），且 1-十二烯转化率为 100%（质量分数）。均相催化剂的反应温度为 27℃，反应时间为 15min；多相催化剂的反应温度为 80℃，反应时间为 150min。值得注意的是，尽管使用多相催化剂需要较高的反应温度和较长的反应时间，但其最大的优点在于稳定性高。实验表明，均相催化剂在第四个催化循环时就会失活，而多相催化剂则继续保持活性。

Hölderich 等[96]采用离子液体 1-乙基-3-甲基咪唑/M^nX_{n+1} 负载于多孔载

体 SiO_2 上，进行苯与 1-十二烯的烷基化反应。在反应时间为 1h，温度为 80℃，苯与烯烃的摩尔比为 10∶1 时，1-十二烯的转化率为 99.4%（质量分数），对单烷基苯的选择性为 99.7%（质量分数）。

上述大多数催化剂能够实现 α-烯烃向 LAB 产品的高转化率，一般转化率超过 80%（质量分数）。然而，这些催化剂对 2-LAB 的选择性较低（质量分数不超过 42%）。在 AlMCM-41/β-沸石催化剂上，虽然 2-LAB 的选择性较高（76%，质量分数），但 α-烯烃向 LAB 的转化率并不高（质量分数不超过 48%）。因此，寻找有效的烷基化催化剂，在确保 α-烯烃的高转化率的同时实现对 2-LAB 的高选择性，仍然是一个重要的挑战。

6.7　LAOs 生产高级脂肪醇

6.7.1　概述

LAOs 是生产各种工业用醇的重要原料，其中 C_4～C_{11} 脂肪族伯醇的衍生物可用作增塑剂，可以简化聚合物的处理工艺并改善其性能。含有 12 个或更多碳原子的醇是生产洗涤剂和表面活性剂的原料。LAOs 可以通过氢甲酰化反应合成多一个碳的伯醇，这个过程也称为羰基合成或氧化过程，是获得增塑剂醇和洗涤剂醇等重要工业用醇的主要途径。增塑剂是添加到高分子量聚合物中以使其更柔软的物质。增塑剂通过降低聚合物熔融温度和改善熔体流动特性来提高聚合物的可加工性，这两者都有助于聚合物制品的生产。通常称为增塑剂的物质更确切地说是“外部”增塑剂，它们与聚合物形成稳定的分子级物理混合物。柔性聚氯乙烯（PVC）是迄今为止 α-烯烃基增塑剂使用最多的聚合物。

C_9～C_{11} 线型醇常用于与邻苯二甲酸酐反应制备邻苯二甲酸酯增塑剂，这类增塑剂也可以通过醇与二酸（如己二酸）的反应合成。使用线型醇生产的增塑剂相比于传统的邻苯二甲酸二(2-乙基己基)酯(DEHP)、邻苯二甲酸二异壬酯（DINP)、邻苯二甲酸二丁酯（DBP）和邻苯二甲酸二异癸酯（DIDP）等具有性能优势。邻苯二甲酸酯类增塑剂具有挥发性低和低温稳定性好等优点，特别是在柔性 PVC 塑料中具有重要的作用[97]。C_{12}～C_{14} 的 LAOs 可转化为醇，而 C_{13}～C_{15} 的醇是合成洗涤剂的重要原料。

6.7.2 高级脂肪醇的生产技术

在典型的氢甲酰化过程中，伯醇是由 α-烯烃分两步合成的。在第一步反应中，α-烯烃、氢和一氧化碳与催化剂反应生成醛，如图 6-24 所示[98]。

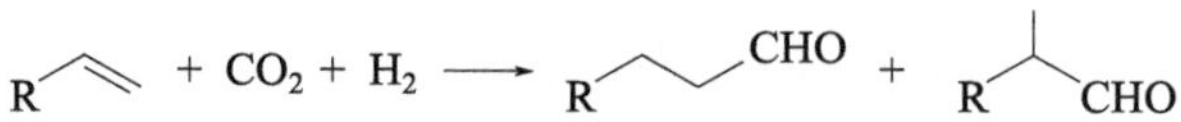

图 6-24 两步法氢甲酰化的第一步反应

由于反应可以是马式或反马式加成，因此会产生异构体醛的混合物。然而，选择合适的催化剂能够得到高选择性的目标产物。合成的醛不仅可用于后续的醇类转化，还可用于生产芳香族化合物等。在生成醇的第二步反应中，合成的醛在催化剂作用下进行加氢反应，如图 6-25 和图 6-26 所示[99]。

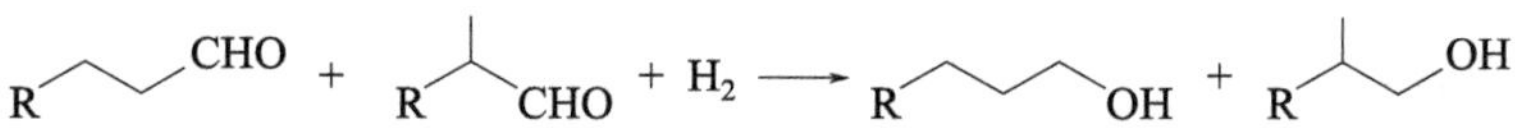

图 6-25 两步法氢甲酰化的第二步反应

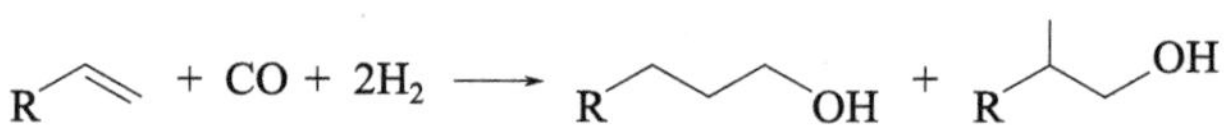

图 6-26 一步法氢甲酰化反应

氢甲酰化反应对烯烃或合成气混合物中含有的杂质相当敏感。烯烃原料在氢甲酰化下形成的二烯和炔等，可以与催化剂形成配合物，从而抑制氢甲酰化反应。合成气中的氨和含硫化合物等杂质也会产生类似的影响，它们与催化剂的活性组分结合，形成不具有催化活性的盐类化合物。氢甲酰化工艺的开发始于新型双功能催化体系的出现，这种催化剂可用于氢甲酰化和加氢反应。

现有的 α-烯烃氢甲酰化方法可分为几类：

① 在不同的反应器中使用不同的催化剂和工艺条件进行的两步反应。

② 在同一反应器中使用不同的催化剂和反应条件依次进行的两步反应。

③ 根据反应条件不同，在同一反应器中使用具有不同性能的催化剂依次进行的两步反应。

④ 在不改变反应条件的情况下，在同一反应器中使用不同催化剂进行的一步反应。

⑤ 在不改变反应条件的情况下，在同一反应器中使用一种催化剂进行的一步反应。

在不同反应器中基于两步氢甲酰化的工艺中，通过采用不同的催化剂和反应条件依次进行，这是工业规模生产醇类化合物最常用的方法。氢甲酰化反应通常采用均相催化体系，随后的加氢则在非均相催化剂上进行。在大多数情况下，氢甲酰化催化剂会在加氢之前被去除。氢甲酰化均相催化剂的再生方法主要是用酸或碱的水溶液将催化剂转化为水溶性无机盐，通过倾析、热或化学反应将其转化为金属态。为了避免在连续氢甲酰化过程中发生初始烯烃氢化反应，第一步得到的混合物经蒸馏分离成两个主要馏分：低沸点馏分（含未反应的烯烃和石蜡杂质）和高沸点馏分（含有醛和醇类）。随后，低沸点馏分被移除并再循环。

该方法受 Evonik Oxeno GmbH 的专利[99]保护，涉及对 C_6～C_{16} 的 α-烯烃进行顺序氢甲酰化-加氢反应。均相钴催化剂可确保氢甲酰化反应的进行，反应完全后可从有机相中分离出含有 Co(Ⅱ)盐的水相，并通过蒸馏将氢甲酰化后残留的烯烃与醛分离。随后，采用 Cu、Ni、Cu/Ni、Cu/Cr、Cu/Cr/Ni、Zn/Cr 或 Ni/Mo 等催化剂对蒸馏后的含醛渣油进行加氢，即可得到相应的醇产物。

在同一反应器中连续反应的技术可在不同催化剂和反应条件下进行，该方法只能在两种催化剂独立作用且相互不影响的情况下使用。

Bell 等[100]研究了丙烯和 1-己烯的氢甲酰化-加氢组合反应，如图 6-27 所示。首先，使用均相催化剂 $Rh(PPh_3)$完成氢甲酰化反应，然后再使用另一种均相催化剂 $Ru(PPh_3)_3Cl_2$ 进行加氢反应，两种反应的首选溶剂均为异丙醇。当 PPh_3 与 Rh 或 Ru 的摩尔比为 1000∶1 时，烯烃几乎完全转化为相应的醇，只观察到微量的异构 C_6 烯烃未能转化为相应的醇。

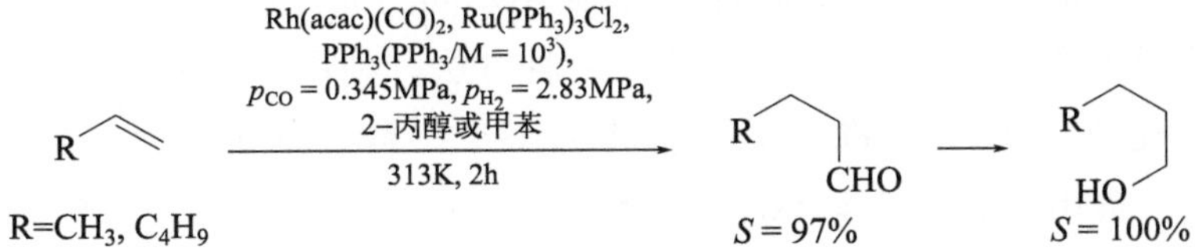

图 6-27　丙烯和 1-己烯的氢甲酰化-加氢反应

已知 CO 会导致含 Ru 的加氢催化剂中毒失活。因此，为避免这种中毒情况发生，应在加氢反应之前除去反应器中过量的 CO。在同一反应器中，用一种催化剂在不同条件下进行连续反应时，根据反应条件的不同，只有当催化剂表现出不同的性能时，才能使用同一催化剂进行顺序选择性反应。Sandee 等[101]开发了一种氢甲酰化-加氢催化剂，该催化剂基于负载在二氧化硅上的带有 Xantphos 型配体的 Rh 配合物，如图 6-28 所示。当铑以不带电的氢化铑（Ⅰ）形式存在时，该配合物表现出氢甲酰化催化剂的特性，而其阳离子物种则是加氢催化剂。在特定条件下（CO∶H_2＝1∶1，5MPa，80℃），阳离子物种是由二氧化硅载体的氢化物质子化而产生的。该阳离子物种与 1-丙醇间的相互作用使得配合物转变为氢化物，进而将 1-辛烯转化为 1-壬醛，产率为 95％（质量分数），阳离子物种再将 1-壬醛加氢生成 1-壬醇，产率为 97％（质量分数）。

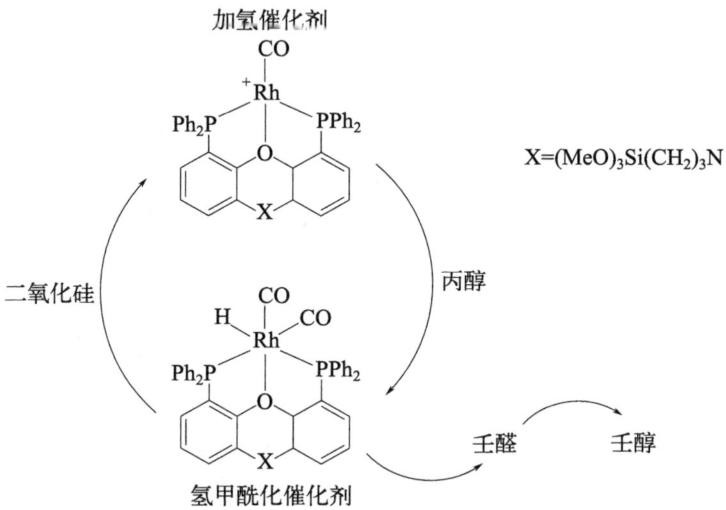

图 6-28　Sandee 等开发的氢甲酰化-加氢催化剂

在同一反应器以及相同的条件下，使用不同的催化剂一步完成反应的技术受到了广泛关注。Nozaki 等[102]提出了一种方法，利用几种催化剂组合进行串联氢甲酰化-加氢反应，将 1-癸烯转化为 1-十一醇。其中，第一种催化剂是 Reek 等[103]提出的 Rh 型催化剂，主要用于烯烃的区域选择性氢甲酰化反应。第二种催化剂则由 Shvo 等[104]提出，该催化剂在包括醛类在内的不同官能团的选择性氢化反应中表现出优异性能。第三种是钌配合物 $Ru_3(CO)_{12}$，使用 *N*,*N*-二甲基乙酰胺（DMAc）作为溶剂，可获得高收率（质量分数约为 90％）的线型醇，如图 6-29 所示。产物分析表明，其中含有癸烷、缩醛、内烯烃以及其他副产物。

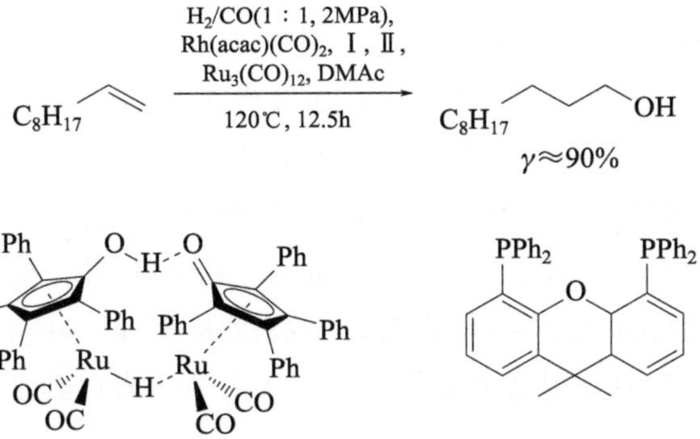

Ⅰ (Shvo提出的催化剂)　　Ⅱ [4,5-双二苯基膦-9, 9-二甲基氧杂蒽 (氧杂蒽酮衍生物)]

图 6-29　几种进行串联氢甲酰化-加氢反应的催化剂

同一反应釜、在单一催化剂以及相同条件下进行一步反应的技术被称为自串联催化（自串联反应）[105]，如图 6-30 所示。使用这种方法最大的挑战在于选择一种既具备良好的氢甲酰化性能，同时又具备高活性和选择性的加氢催化剂，以便能够将醛加氢转化为醇。

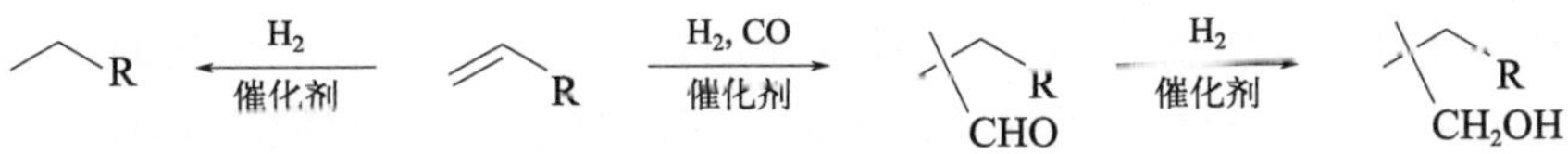

图 6-30　自串联催化过程

在自串联催化中，于一定条件下 C=C 键相较于 C=O 键更易于加氢。因此，醛的氢化过程可能伴随着烯烃加氢而生成烷烃。在 CO 过量的情况下，催化剂的加氢能力会受到抑制。因此，在氢甲酰化-加氢串联过程中，含有金属离子的催化剂必须在加氢过程中具有高选择性，同时不会损失氢甲酰化的活性。这可以通过选择正确的活性组分和有机配体，并精确控制工艺条件而予以实现[106]。

Shukla 等[107]使用含有钴和铑的催化剂进行了自串联氢甲酰化-加氢反应。通过用有机配体修饰催化剂（含氮[108]或磷[109]型配体），可以实现对串联反应选择性的优化。类似地，钌[110]和钯[111]也可被用作该催化体系的金属中心。

通常，羰基氢化铑在烯烃的氢甲酰化反应中较羰基钴更为活泼，能够在较低的温度和压力下使用。与羰基氢化钴相比，配合物 $HRh(CO)_4$ 能够维持较低的正醛与异醛比例[98]。然而，用配体 $HRh(CO)_2L_2$ 或 $HRh(CO)L_3$ 等修饰的铑催化剂可以获得更高产率的正醛，其中典型的配体是叔膦。Broene 和 Buchwald 等[112]使用铑配合物在相对温和条件下进行了 α-烯烃的氢甲酰化，获得了 140∶1 的 n∶iso 比。该催化剂的制备方法如下：在 60℃下，将有机亚磷酸酯配体与底物和 $CO-H_2$ 混合物以 1∶1 等物质的量加入二羰基乙酰丙酮铑（Ⅰ）（摩尔比为 0.54%）中，如图 6-31 所示。研究表明，在含有大量官能团的烯烃中，该催化体系与这些官能团具有高度兼容性。联合碳化物（UCC）公司在低压氧化工艺中使用这个催化体系，从丙烯合成得到丁醛[113]。

图 6-31 亚磷酸酯配体与二羰基乙酰丙酮铑配位反应

Pruett 和 Smith 等[114]研究了铑催化剂在低压体系中生成正醛的氢甲酰化反应，并将含有三苯基膦的催化剂 $HRh(CO)(PPh_3)_3$ 与 $HRh(CO)(R_3P)_3$ 进行了比较。在一定条件下（90℃，0.55～0.69MPa，CO∶H_2 物质的量比为 1∶1），当原料为 1-辛烯，并使用 R＝Ph 的催化剂时，所生成线型醛的选择性为 86%（质量分数）。在上述条件下，含氯苯氧基配体的催化剂生成正醛的选择性最高为 93%（质量分数），如图 6-32 所示。

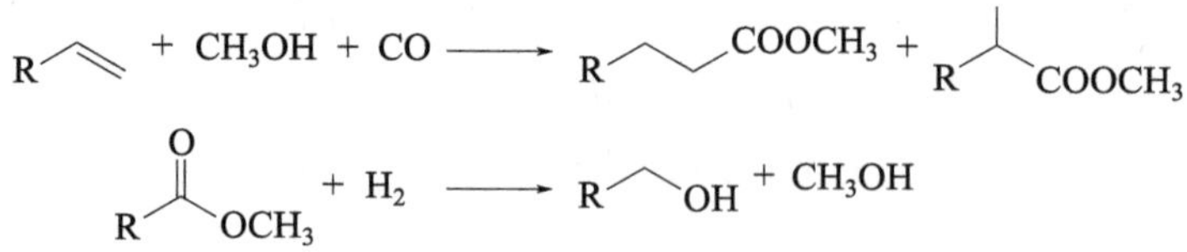

图 6-32 α-烯烃氢甲酰化

在该工艺的第一步中，α-烯烃与一氧化碳和醇在催化剂作用下生成脂肪酸甲酯。烷氧基化试剂通常为甲醇[115]，但也可以采用其他醇作为代替[116]。钯与三苯基膦配体（及其衍生物）形成的配合物是一种高效的催化剂，能够生成高产率的酯产物[115,117-118]。该工艺的第二步是进行加氢反应，使用上述催化剂有助于增加目标产物的产量，并降低反应过程中所需的反应压力。

工业上主要采用两种技术来生产增塑剂和洗涤剂醇：一种是高压两步合成法；另一种是低压一步合成法。

高压氢甲酰化的两步工艺流程为：首先，将 α-烯烃和含有 0.1%～1.0%（质量分数）Co 催化剂的预热混合物，与 H_2∶CO 比例为（1～1.2）∶1 的合成气送入反应器。此过程需要在 20～30MPa、130～190℃条件下连续搅拌进行。由于氢甲酰化反应放热明显（$\Delta_r H_{298K}=-125kJ/mol$），因此需要进行冷却。接着，在含有 Cu、Zn 或 Ni 催化剂作用下，醛在 5～20MPa、150～200℃条件下进行加氢转化为醇。最后，将液相产物蒸馏，从而使醇和未反应的烯烃以及醛进行分离。

在反应器中，与醛或酸接触的部分通常由合金钢制成，而其余部分则由碳钢制成。钴催化剂可以各种形式加入反应器，因为在反应中会将其转化为 $Co_2(CO)_8$，即羰基氢化钴 $HCo(CO)_4$ 的前驱体。均相催化剂在氢甲酰化后可再生，通常的方法是将钴化合物转变为可溶于水的无机盐，或可溶于有机溶剂的有机盐，然后用酸或碱的水溶液处理以还原得到 $HCo(CO)_4$，或用热或化学方法将其转变为金属钴[98]。BASF[119] 和 Exxon[120] 等公司已经采取该技术合成脂肪醇。

三菱化学在专利中提出了一种合成脂肪醇的方法[121]。该工艺使用铑催化剂，将其与传统或改性膦配体结合，同时使用两个反应器。首先，将合成气与烯烃混合。在第二步中，将第一步中得到的气液混合物通过含有均相铑催化剂的 α-烯烃溶液进行鼓泡并发生反应制得醇。

在一步法低压氢甲酰化工艺流程中，壳牌公司商业化工艺的显著特点在于使用均相催化剂 $[Co(CO)_3P(C_4H_9)_3]_2$[122]。在该催化剂（质量分数为 0.5%）的作用下，α-烯烃与合成气［H_2∶CO 摩尔比为（2～2.5）∶1］在 6～9MPa 和 170～210℃下反应生成相应的醇，在较低的压力下（3～7MPa）生成正丁醇和 2-乙基己醇。该催化剂对末端碳原子上 α-烯烃的氢甲酰化反应具有高选择性。该反应产率高达 75%～85%（质量分数），副产物主要为 2-甲基支链异构体。在改性 Co 催化氢甲酰化过程中，由于生成的醛会发生水合反应，最终产物是醇而并非醛。同样的原因会导致烯烃被氢化为石蜡。由于双键在反应条件下快速迁移，即使内烯烃也可以高选择性地生成伯醇。生成的醇经过氢氧化钠水溶液清洗，水解可能形成的酯则通过水洗涤并蒸馏去除。改进该技术的一个可行方法是：开发用于氢甲酰化的 Co 和 Rh 型催化剂，且这些催化剂必须具有高选择性，并能用于自串联催化。然而，这种工艺也有许多缺点，比如催化剂再生的问题和体系需要维持高压等。一种减压的方法是使用含有类似基团的物质（如甲醇或多聚甲醛）[123-124]代替 CO。尽管该方法在工业中尚未得到应用，但寻找最佳反应条件将有助于在未来实现这些工艺。

6.7.3 高级脂肪醇的技术发展趋势

脂肪醇的原材料主要为棕榈仁油和椰子油，受限于自然条件，我国脂肪醇原材料主要从海外进口，是全球第三大棕榈仁油进口国。近年来，印度尼西亚、马来西亚等原产地出口政策反复变化，导致棕榈仁油价格频繁波动，我国进口量逐渐下降。在此背景下，我国的脂肪醇产量呈缓慢增长的趋势。

表面活性剂是脂肪醇主要的下游需求领域。虽然我国表面活性剂起步较晚，但在国家的支持及相关企业的努力下，我国表面活性剂产业快速发展，目前已然成为全球表面活性剂产销大国之一。随着近年来洗涤用品等下游需求的稳定发展，我国表面活性剂需求持续增长，其产量也随之不断增加。相关资料显示，2022 年我国表面活性剂产量为 426.2 万吨，销量为 420.9 万吨。在需求增加的驱动下，我国脂肪醇需求量持续增长。

从进出口市场来看，中国脂肪醇行业在进出口贸易方面表现出较强的进口依赖性。国内脂肪醇生产企业数量少，且原材料棕榈仁油依赖进口，导致国内产量增长速度相对较慢，无法满足市场需求。因此，我国需要大量进口脂肪醇来满足市场需求。数据显示，2023 年我国脂肪醇进口量达到 65.04 万 t，同比增长 38.94%；进口额上升至 64.49 亿元，同比微增 0.01%。而出口方面，我国脂肪醇出口规模较小，出口量不超过 0.5 万 t，出口额始终低于 1 亿元。马来西亚、南非、泰国和印度尼西亚是我国脂肪醇的主要进口国，进口总量占比接近 92.0%（质量分数）。

在脂肪醇生产方面，2023 年我国脂肪醇产量约为 45.3 万 t，需求量约为 109.9 万 t。我国生产企业高度集中于江浙地区，主要包括浙江嘉化能源化工、德源高科、江苏盛泰化学、浙江恒翔化工等。

脂肪醇在日用化工、冶金、皮革、医药卫生、食品加工等领域具有广泛应用，随着市场需求逐渐释放，未来该行业发展前景广阔。国际形势的影响导致一些天然油脂（如棕榈仁油）的进口受阻，加剧了我国脂肪醇市场的供应压力，使得进口依赖度进一步增加，这是当前发展面临的主要问题。

6.8 LAOs生产胺类及其他衍生物

6.8.1 LAOs生产胺类

LAOs可用于生产烷基胺（AA）。由于AA对皮肤温和性好，其在化妆品行业需求量很大。其中，最重要的是烷基二甲胺（ADMA）和二烷基甲胺（DAMA）[125]。胺的衍生物也有其他用途，包括生产两性表面活性剂。AA与过氧化氢反应可生成脂肪胺氧化物（FAO），FAO在中性和碱性范围内表现出非离子表面活性剂的特性。胺氧化物也可用于低过敏性泡沫稳定剂、增稠剂、水软化剂、乳化剂和调节剂等方面。

此外，AA和脂肪醇聚氧乙烯醚硫酸盐（AES）结合可为洗洁精提供优质的泡沫；AA与卤代苯反应合成的季铵盐卤化物是高效的杀菌剂和防腐剂；AA与氯乙酸钠反应得到的甜菜碱是一种弱两性表面活性剂，具有良好的起泡和稳定性能[62]。

Albemarle公司是最大的烷基胺生产商之一，该公司生产的各种叔胺被广泛用于头发护理产品等方面。Albemarle的专利报道了将α-烯烃加工成胺衍生物的方法。McKinnie和Harrod的专利报道了用烯烃通过卤代反应制备烷基胺的方法[126]。该方法首先将α-烯烃（或与内烯烃的混合物）进行卤化，并从混合物中分离出1-卤代烃。然后，通过胺化反应生成卤代胺，并进一步中和得到所需的烷基胺，如图6-33所示。改进的方法是，在所需温度下通过碱金属或碱土金属氢氧化物水溶液生成烷基胺，以减少烷基胺在储存时形成的絮状沉淀[126]。

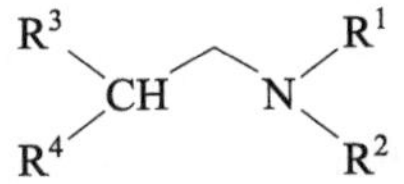

图6-33　使用Albermarle工艺生产的烷基胺的结构

（R^1、R^2、R^3和R^4为氢或烷基）

1-卤代烃可进行胺化反应生成卤代胺，然后用合适的碱中和得到相应的烷基胺化合物。其中，胺化剂可以是氨或单烷基胺、二烷基胺或环烷基胺，其烷基上有1～6个碳原子。值得注意的是，选择性脱氢卤化反应的温度为150～

300℃，反应压力为 0.05～1MPa，催化剂常采用金属氧化物催化剂，如氧化镁等。

有研究人员提出用氨及其衍生物在铝硅酸盐催化剂（不同的沸石）上进行 C_2～C_8 烯烃的胺化，生成胺与多胺的选择性可达 80%（质量分数），避免了大量副产物如聚烯烃或腈类的形成。据推测，铝硅酸盐的酸性或金属离子的还原性对催化活性和选择性具有重要的作用。过渡金属阳离子易还原成金属态，中性的过渡金属会催化胺脱氢生成副产物，而铝硅酸盐的酸性降低会使底物的总转化率降低。活性组分可以是稀土元素、铁、铝和铬的三价阳离子，也可以是钙、镁和铜的二价阳离子。有研究指出，锌元素会使胺脱氢，因此不宜使用。综合胺的产率来看，最佳活性组分为镧和氢阳离子。BASF 公司[127]已经成功将 1-丙烯和异丁烯在 β-沸石存在下与氨反应的工艺商业化，产出异丙胺和叔丁胺，如图 6-34 所示。

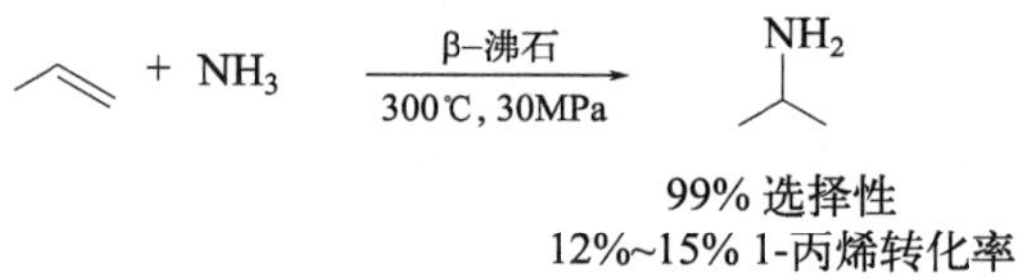

图 6-34　α-烯烃胺化反应

文献分析表明，寻找最佳的酸催化剂是 LAOs 催化胺化工艺发展的重要趋势。使用这些催化剂的一个难点在于选择一种不会降低催化剂酸性的抗还原活性成分，其中镧和氢离子被认为是最理想的选择。此外，处理所得产品的方法也在不断改进，以减少储存时絮状沉淀物的形成，并提高产品质量。

6.8.2　LAOs 生产其他衍生物

α-烯烃还可用于其他多个领域，如生产酮、酯、吡嗪和烷基硅等化合物。在适当的条件下，含有 S—H 键的化合物可以与 α-烯烃反应生成含硫化合物。通过 α-烯烃和硫化氢反应得到的硫醇，被广泛用于矿石浮选、橡胶制品添加剂以及其他应用。此外，LAOs 还可以转化为三烷基膦、烷基硅和有机金属化合物，并用于不同的领域[62]。

α-烯烃氧化后可以生成多种脂肪酸，可取代酸在生物刺激剂、酯类、香料等领域中的应用。合成脂肪酸的主要生产商是 OXEA，该公司分别采用 1-己烯和 1-辛烯生产庚酸和壬酸。Bahrmann 等[128]研究了含有 $HRhCO[P(C_6H_5)_3]_3$ 和 $RhCl[P(C_6H_5)_3]_3$ 配合物的均相催化体系对 LAOs 的氢甲酰化反应。催化剂通过半透性芳香族聚酰胺膜过滤的方式从反应混合物中分离，使用特殊的烷基铵盐、芳基铵盐、磺化或羧化三芳基膦铵盐代替芳香膦，这些膦在氢甲酰化反应中具有高活性和高选择性，同时在膜过滤中催化剂的保留率也很高。

LAOs 在温度为 100～140℃和压力为 0.5～27MPa 下进行氢甲酰化反应，在合成过程中，一氧化碳与氢气的比例可在很大的范围内变化。在氢甲酰化过程中，由于磺化或羧化三苯基膦铵盐解离成游离胺和相应的三苯基膦磺酸盐或羧酸盐，使反应体系的 pH 值下降，因此需要加入适量的游离胺 $NR^1R^2R^3$ 或金属氢氧化物以维持反应所需的 pH 值为 2.5～4.3。含磷化合物难以从产品中完全去除，因此最终混合物中可能残留高达 5.6%（质量分数）的磷（Ⅲ）化合物，尽管可以通过蒸馏去除，但会造成目标产物较大的损失。

生产脂肪酸的最后一步是对得到的醛进行催化氧化，Helmut 和 Peter[129] 发现保持催化剂和醛之间的配比至关重要。氧化反应在常压和 20～100℃温度范围内进行，将醛转化为羧酸的时间通常为 3～8h，具体取决于反应温度、反应物和催化剂的性质以及它们的比例。

C_{16}～C_{24} 的 LAOs 用于萘的烷基化，所得产品可用作降低油倾点的降凝剂，可与聚丙烯酸甲酯降凝剂形成竞争关系[130]。

Ardito 等[131]报道了一种通过萘与 C_{8+} 烯烃反应得到长链烷基萘的工艺。该过程在标准的烷基化反应条件下进行，使用含有阳离子取代酸性位点的高稳定 Y 型沸石为催化剂。初始反应物可以是萘，也可以是具有短链取代基（如甲基、乙基或丙基）的烷基萘，而使用最广泛的烷基化剂是 C_8～C_{12} 的 LAOs。烷基化产物的分子受限于沸石孔隙的大小，合适的大孔沸石包括八面沸石、合成八面沸石（X 型、Y 型）、L 型沸石、ZSM-4、ZSM-18、ZSM-20、丝光沸石和硅钾铝石等。

将 LAOs 和顺丁烯二酸酐加热至 200℃，即可生成烯基琥珀酸酐（ASA）。所得酸酐可用作润滑油和传动液中的分散剂以及降凝剂，其中纸张施胶是 ASA 主要的应用之一。由 C_{16} 或 C_{18} 的 LAOs 异构化后形成的内烯烃混合物，可与马来酸酐反应生成所需的 ASA。根据 Shin 报道[132]，在 190～250℃下，使用稳定剂三芳基亚磷酸酯时 LAOs 可与马来酸酐（MA）发生反应。三芳基亚磷酸酯的结构如图 6-35 所示，其中 R^1 为 C_4～C_{12} 叔烷基，R^2 为 C_1～C_{12} 烷基。

根据分子量的不同，不同烯烃的用途具有很大差异。C_{12}～C_{22} 烯烃用于合成处理纸张的 ASA，C_{16}～C_{35} 烯烃通常用于合成缓蚀剂和洗涤剂，而 C_{40}～C_{50} 烯烃则用于合成用作润滑油分散剂的亚胺、酰胺和酯的 ASA。雪佛龙公司

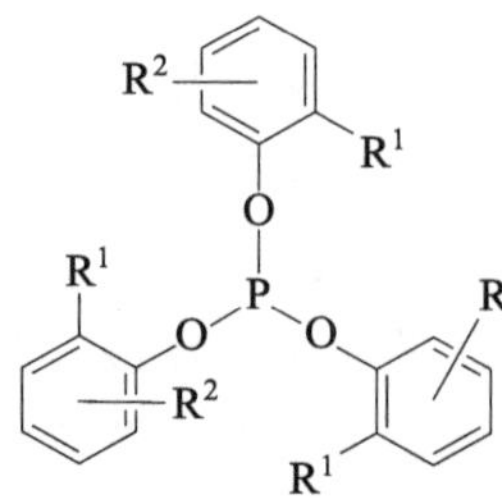

图 6-35　三芳基亚磷酸酯结构

申请了一种用 α-烯烃和马来酸酐混合物生产烯基琥珀酸酐的工艺专利[133]。该工艺主要使用 LAOs 原料，将烯烃混合物初步分离为低沸点和高沸点馏分，并将高沸点的烯烃用酸催化异构化，生成的混合物与马来酸酐在 230℃下加热约 3h，烯烃的转化率高达 95%（质量分数）。在约 3×10^{-3}MPa 压力下加热至 260℃并通入氮气，以去除混合物中未反应的 MA 和 LAOs。经纯化后的 ASA 是一种倾点约为 5℃的液体。雪佛龙公司[134]还报道了一种 α-烯烃的环氧化过程，将氧化钡稳定的过氧化氢与环氧化催化剂一起加入 α-烯烃混合物中进行反应，催化剂能促进氧原子从过氧化氢转移到烯烃的双键上。在反应器中会加入过量的烯烃，不仅可以加速环氧化过程，同时还能防止过氧化物的过度分解。Erwin 和 Jurgen[135]的研究表明，在过量烯烃中缓慢加入过氧化氢可以达到最佳环氧化效果。根据推测，如果反应器中烯烃不足，氧转移催化剂会加速过氧化氢的非理想分解，导致环氧化物的产量降低。因此，在烯烃过量较多的情况下，缓慢加入过氧化氢可以使反应高效进行。

上述专利表明，在反应混合物中加入氧化钡可以催化烯烃与过氧化氢的环氧化反应，从而生成高选择性的环氧化物。反应器内烯烃与过氧化氢摩尔比相对较低，这是因为氧化钡可以稳定过氧化氢，防止其不必要的分解。这些专利强调了氧化钡的独特性，同时没有发现其余常见金属能够有效地抑制过氧化氢的分解[134-135]。

由于环氧化反应是高度放热的，缓慢加入过氧化氢可以减少反应混合物的自热。缓慢加入的一个优点是，在使用高浓度过氧化氢的同时，可以保持环氧树脂的高产率，并减少反应物的消耗。任何均相氧转移催化剂（如环烷酸钼、乙酰丙酮钼和羰基钼等）均可用于环氧化过程[136]。通常，催化剂的最佳用量为烯烃和过氧化氢总量的 0.05%～2.5%（质量分数）。

C_{20}～C_{24} 的 α-烯烃经氯化反应会生成二级增塑剂产品，用于 PVC 产品中。

在市场中，Cl 含量为 40%（质量分数）的氯化 α-烯烃生成的增塑剂，可以与 Cl 含量为 42%（质量分数）的氯化石蜡和烷基芳香烃生成的增塑剂形成竞争。通过对比这些增塑剂的性能表明，氯化 α-烯烃的性能与另外两种二级增塑剂相当，同时具有较高的耐热性和低挥发性。氯化聚（1-十二烯）、氯化聚（1-十四烯）和氯化聚（1-十六烯）是金属加工用乳液的高温稳定添加剂。

由于多相催化剂具有许多明显的优点，在 LAOs 参与的催化烷基化反应中，发展的趋势是开发固体酸催化剂。相比均相催化剂，多相催化剂更容易从产物中分离出来，从而减少了催化剂的损失，并保证了产物的纯度。目前，发展的趋势之一是使用不同成分的杂多酸不溶性盐，这些盐与沸石、不同金属氧化物、含锆催化剂和传统的氯化铝等存在竞争。另一种发展趋势是，使用不同离子液体的催化体系，提高对 2-LAB 产物的选择性。这些催化体系的优点在于能够简化反应空间的均质化，在放热过程中保持反应器空间温度分布的均匀性，并防止因局部过热而降低催化剂的寿命。因此，这些体系在烷基化工业过程中的大规模商业化应用仍然面临挑战。相较于固体酸催化剂，基于离子液体催化体系的主要缺点是其亲水性极强，需要特殊的储存和处理条件，同时催化剂的分离和再生成本也较高。

通过对文献数据和专利信息的分析证实，工业上对 C_{4+} 的 LAOs 衍生物的需求量很大。在 α-烯烃加工方面，最重要的趋势是 LAB 的合成及将其后续加工成 LAS，以及 AOS 和脂肪醇等。这些脂肪醇可以进一步转化为高需求的脂肪醇聚氧乙烯醚硫酸盐、脂肪醇聚氧乙烯醚和烷基硫酸盐。高沸点 LAOs（C_{17+}）也具有重要商业价值，可用于合成 PAO 和 ASA 等。

参考文献

[1] 高艳，李志光. 国内 1-己烯共聚聚乙烯市场现状及技术分析[J]. 石油和化工设备，2016，19(10)：83-86.

[2] 张黎明. 高密度聚乙烯树脂在管材挤出的应用研究[J]. 山西化工，2024，44(1)：182-187.

[3] 王俊荣，米海田，苏长志，等. HDPE 石油内衬管专用料的开发及应用[J]. 炼油与化工，2023，34(3)：69-72.

[4] 段欣瑞. 我国线性低密度聚乙烯行业分析[J]. 广东化工，2022，49(19)：98-101.

[5] 张鹏宇，杨帆. 茂金属线性低密度聚乙烯(mLLDPE)的市场及应用进展[J]. 化工管理，2024，(15)：88-116.

[6] 张新. 分析线性低密度聚乙烯的应用及其发展趋势[J]. 化工中间体，2015，11(12)：123-124.

[7] 齐姝婧，赵军，王刚，等. 国内外聚乙烯生产及市场分析预测与展望[J]. 化学工业，

2022，40(3)：11-24.

[8] 何奕汛. 含氟小分子液晶的合成及其在高填充氢氧化镁/线性低密度聚乙烯复合材料中的应用[D]. 广州：华南理工大学，2023.

[9] 李伯耿，张明轩，刘伟峰，等. 聚烯烃类弹性体——现状与进展[J]. 化工进展，2017，36(9)：3135-3144.

[10] 任悦，康文倩，高艳，等. 烯烃嵌段共聚物的合成方法及应用[J]. 化工技术与开发，2024，53(1/2)：61-66.

[11] Stürzel M，Mihan S，Mülhaupt R. From multisite polymerization catalysis to sustainable materials and all-polyolefin composites [J]. Chemical Reviews，2016，116(3)：1398-1433.

[12] Jean-Fran ois P，André M，Xavier O，et al. Synthesis of new dialkylmagnesium compounds by living transfer ethylene oligo- and polymerization with lanthanocene catalysts[J]. Angewandte Chemie International Edition，1996，35(16)：1854-1856.

[13] von Goetze R，Aljaber A，Lee K Y，et al. Towards degradable polyethylene：End-functionalised polyethylene (PE-X) and PE I/LDPE blends from iron-catalysed chain growth of $ZnEt_2$ with ethylene[J]. Polymer Chemistry，2022，13(46)：6377-6385.

[14] Baulu N，Langlais M，Dugas PY，et al. Ethylene-coordinative chain-transfer polymerization-induced self-assembly (CCTPISA) [J]. Chemistry-A European Journal，2022，28(60)：e202202089.

[15] Arriola D J，Carnahan E M，Hustad P D，et al. Catalytic production of olefin block copolymers via chain shuttling polymerization[J]. Science，2006，312(5774)：714-719.

[16] Chum P S，Swogger K W，Olefin polymerization technologies history and recent progress at Dow Chemical Company[J]. Prog Polym Sci，2008，33(8)：397-819.

[17] Theriot K J. Olefn oligomerization with BF_3 alcohol alkoxylate co-catalysts：US 55472790A[P]. 1991-11-26.

[18] Lakatasu M，Miyaji S，Kawamura S. Process for production of olefn oligomers：US 5191140[P]. 1993.

[19] 丰鹏程. $AlCl_3$/醇络合催化 1-癸烯齐聚制备低粘度 PAO 润滑油[D]. 呼和浩特：内蒙古大学，2023.

[20] Wang S H，Wang L B，Liu T，et al. Characterization and apparent kinetics of oligomerization of 1-decene catalyzed by boron trifluoride/alcohol system[J]. China Petroleum Processing & Petrochemical Technology，2017，19(03)：16-22.

[21] Yadav G D，Doshi N S. Development of a green process for poly-α-olefin based lubricants [J]. Green Chemistry，2002，4(6)：528-540.

[22] Mandai H，Ukigai T，Tominaga A，et al. Method for preparation of polyolefin oil：US 4031159A[P]. 1977-06-21.

[23] Kumar G，Davis M. Oligomerization of alpha-olefin：US 5196635A[P]. 1993-03-23.

[24] Cousineau T，Cengel J. Synthetic lubricant composition：US 4464277[P]. 1984-08-07.

[25] Ho S C，Wu M M. Alpha-olefin oligomerization using supported metal halide catalysts：US 5451704[P]. 1995-09-19.

[26] 许蕾，孙天旭，袁苑，等. 用于合成间规聚丙烯的茂金属催化剂的研究进展[J]. 石油化工，2017，46(06)：828-834.

[27] 徐迪，戴力，姚文志，等. 烯烃齐聚催化剂的研究进展[J]. 应用化学，2022，39(03)：355-373.

[28] Dimaio A，Baranski J，Bludworth J，et al. Process for producing liquid polyalphaolefin polymer，metallocene catalyst therefor，the resulting polymer and lubricant containing same：CA 2416894C[P]. 2010-05-25.

[29] Mihan S. Method for alpha-olefin trimerization：US 7279609[P]. 2007-10-09.

[30] Carey J，Galiano-Roth A，Wu M. High viscosity metallocene catalyst pao novel base stock lubricant blends：US 2007298990[P]. 2007-12-27.

[31] Haigh H，Carey J，Galiano-Roth A，et al. High viscosity novel base stock lubricant viscosity blends：US 8501675[P]. 2013-08-06.

[32] Knowles D C，Fabian J R，Kosover V，et al. Polyalphaolefins and processes for forming polyalphaolefins：US 8389780[P]. 2013-03-05.

[33] Fujita H. Transmission fluid composition：EP 2333034[P]. 2011-06-15.

[34] Kissin Y V，Schwab F C. Post-oligomerization of α-olefin oligomers：A route to single-component and multicomponent synthetic lubricating oils[J]. Journal of Applied Polymer Science，2009，111(1)：273-280.

[35] 李欢，刘依农. 离子液体催化 α-烯烃齐聚的研究进展[J]. 化工进展，2020，39(2)：513-520.

[36] 郭田甜，王志亮，张效龙，等. 离子液体催化剂及其催化作用[J]. 山东化工，2010，39(6)：28-31.

[37] Hogg J M，Coleman F，Ferrer-Ugalde A，et al. Liquid coordination complexes：A new class of Lewis acids as safer alternatives to BF_3 in synthesis of polyalphaolefins[J]. Green Chemistry，2015，17(3)：1831-1841.

[38] 张大伟. 离子液体催化 1-癸烯齐聚物的合成及其应用研究[D]. 济南：山东大学，2013.

[39] 王成欢. $AlCl_3$-Et_3N · HCl 离子液体催化 α-烯烃齐聚反应的研究[D]. 济南：山东大学，2014.

[40] Wu Q Y，Qin R X，Zhu M S，et al. Frustrated Lewis pairs on pentacoordinated Al^{3+}-enriched Al_2O_3 promote heterolytic hydrogen activation and hydrogenation[J]. Chemical Science，2024，15(9)：3140-3147.

[41] Hong D H，Gebresillase M N，Seo J G，et al. Selective and scalable catalytic dehydration of primary alcohols to linear alpha-olefins over CeO_2-doped Al_2O_3[J]. Journal of Cleaner Production，2024，451：141994.

[42] Bahri-Laleh N，Hanifpour A，Mirmohammadi S A，et al. Computational modeling of heterogeneous Ziegler-Natta catalysts for olefins oligomerization [J]. Progress in Oligomer Science，2018，84：89-114.

[43] 李登. α-烯烃合成 PAO 润滑油基础油新技术研究[D]. 上海：华东理工大学，2014.

[44] 王亭亭. 固载 BF_3 催化癸烯齐聚研究[D]. 抚顺：辽宁石油化工大学，2016.

[45] 卫鹏. 负载型催化剂制备低黏度 PAO 基础油的研究[D]. 上海：华东理工大学，2012.

[46] 齐艳杰，陆江银，王春晓. 高分子减阻剂研究进展[J]. 新疆大学学报：自然科学版，2013，30(1)：75-80.

[47] 冯炜，杨晨，高轩，等. 聚合物减阻剂减阻及破坏规律研究[J]. 胶体与聚合物，2019，37(4)：176-179.

[48] Hetsroni G, Zakin J, Mosyak A. Low-speed streaks in drag-reduced turbulent flow[J]. Physics of Fluids, 1997, 9(8): 2397-2404.

[49] Motier J F, Prilutski D J. Case histories of polymer drag reduction in crude oil lines[J]. Pipe Line Industry, 1985, 62(6): 33-37.

[50] Berman N. Evidence for molecular interactions in drag reduction in turbulent pipe flows [J]. Polymer Engineering & Science, 1980, 20(7): 451-455.

[51] Brostow W. Drag reduction and mechanical degradation in polymer solutions in flow[J]. Polymer, 1983, 24(5): 631-638.

[52] Gramain P, Borreill J. Influence of molecular weight and molecular structure of polystyrenes on turbulent drag reduction[J]. Rheologica Acta, 1978, 17(3): 303-311.

[53] Al-Sarkhi A, Hanratty T J. Effect of drag-reducing polymers on annular gas-liquid flow in a horizontal pipe[J]. International Journal of Multiphase Flow, 2001, 27(7): 1151-1162.

[54] Cowan-Ellsberry C, Belanger S, Dorn P, et al. Environmental safety of the use of major surfactant classes in North America[J]. Critical Reviews in Environmental Science and Technology, 2014, 44(17): 1893-1993.

[55] Hutchinson E, Manchester K E, Winslow L. Heats of solution of some alkyl sulfates in water[J]. The Journal of Physical Chemistry, 1954, 58(12): 1124-1127.

[56] Penfold J, Thomas R, Li P, et al. Impact of the degree of ethoxylation of the ethoxylated polysorbate nonionic surfactant on the surface self-assembly of hydrophobin-ethoxylated polysorbate surfactant mixtures[J]. Langmuir, 2014, 30(32): 9741-9751.

[57] 邱俊云. 环氧乙烷(EO)链长对三苯乙烯基苯酚聚氧乙烯醚硫酸盐性能影响的研究[J]. 上海化工, 2019, 44(9): 16-21.

[58] Edwards C L. Process for the preparation of alkanol alkoxylates: DE 3361826[P]. 1986-02-27.

[59] Li P, Liu Z, Zhang J, et al. High alkali resistant textile scouring agent comprises heterogeneous alcohol polyoxyethylene ether, alkyl polyglucoside, ethoxylated alkyl sulfate, ethylene glycol monobutyl ether, organic solvent, EDTA, defoamer and water: CN 104532556[P]. 2015-01-02.

[60] Knopf R J, Theiling J L F, Berti L P. Continuous process for producing secondary alcohols and carboxylic acid esters: US 4927954[P]. 1990-05-22.

[61] Rahman A, Pullabhotla R V S. Layered double hydroxide catalysts preparation, characterization and applications for process development: An environmentally green approach [J]. Bulletin of Chemical Reaction Engineering and Catalysis, 2022, 17(1):163-193.

[62] Lappin G. Alpha olefins applications handbook[M]. Boca Raton: CRC Press, 2014.

[63] Hamilton L A. Condensation of alkylene oxides: US 3328467[P]. 1967-06-27.

[64] Yang K, Nield G L, Washecheck P H. Ethoxylation with strontium bases: EP 0020867 [P]. 1982-08-04.

[65] Yang K, Washecheck P H, Nield G L. Barium oxide/cresylic acid catalyzed ethoxylation: EP 0018463[P]. 1980-11-26.

[66] Domingo X. Alcohol and alcohol ether sulfates[J]. Research Gate, 1995, 56: 223-312.

[67] Nelson W. Integrated system for the continuous production of alcohol sulfates: US

3370926[P]. 1968-02-27.
[68] Stache H. Anionic surfactants: Organic chemistry[C]. Chemistry, Environmental Science. 1995.
[69] Chadwick P, Stewart J. Method of sulfinating sulphonatable feedstock in reaction vessels: EA 004593[P]. 2004-06-24.
[70] 王敬玲. α-烯基磺酸盐的合成、性能及应用研究进展[J]. 化学工业与工程技术, 2014, 35(4): 62-66.
[71] Zoller U, Sosis P. Handbook of detergents, part F: Production[M]. Boca Raton: CRC Press, 2008.
[72] Susuki R, Ogoshi T, Tanimori S, et al. Method of isothermal sulfonation: US 3839391 [P]. 1974-10-01.
[73] Toyoda S, Miyawaki Y, Maruyama M, et al. Isothermal sulfonation process: CA 1010889[P]. 1977-05-24.
[74] Porter M R. Handbook of surfactants[M]. New York: Springer, 1991.
[75] Yamane I. Recent findings and experiences with alpha olefin sulfonates[J]. Journal of the American Oil Chemists' Society, 1978, 55(1): 81-86.
[76] Rigdon O W, Macaluso A S, Powers W J I. Process for acid treating of olefins: CA 983056[P]. 1976-02-03.
[77] Almeida J L G, Dufaux M, Taarit Y B, et al. Linear alkylbenzene[J]. Journal of the American Oil Chemists' Society, 1994, 71(7): 675-694.
[78] Anantaneni P R. Alkylation of benzene to form linear alkylbenzenes using fluorine-containing mordenites: CA 2346472C[P]. 2009-01-27.
[79] Anantaneni P R. Alkylation of benzene to form linear alkylbenzenes using fluorine-containing mordenites: DE 69906115[P]. 2003-12-04.
[80] Arno D K, Nel R J J. Phenol alkylation with 1-octene on solid acid catalysts[J]. Industrial & Engineering Chemistry Research, 2007, 46(22): 7066-7072.
[81] Vora B V. Process for the selective production of alkylbenzenes: US 4523048[P]. 1985-06-11.
[82] Smith G A, Anantaneni P R, Ashrawi S S, et al. Alkylbenzene detergents with high 2-isomer content: US 0166481[P]. 2003-09-04.
[83] Bordoloi A, Devassy B M, Niphadkar P S, et al. Shape selective synthesis of long-chain linear alkyl benzene(LAB) with AlMCM-41/beta zeolite composite catalyst[J]. Journal of Molecular Catalysis A: Chemical, 2006, 253(1): 239-244.
[84] Saxena S K, Viswanadham N, Ala'a H. Effect of zeolite pore morphology on solvent-less alkylation of benzene with 1-hexene[J]. Materials Today Chemistry, 2017, 4: 45-52.
[85] Devassy B M, Lefebvre F, Halligudi S B. Zirconia-supported 12-tungstophosphoric acid as a solid catalyst for the synthesis of linear alkyl benzenes[J]. Journal of Catalysis, 2005, 231(1): 1-10.
[86] Toutounchian N, Ahmadpour A, Heravi M M, et al. Investigation of linear alkylbenzene synthesis using nanotitania-supported Dawson heteropolyacid as catalyst by statistical design approaches[J]. Research on Chemical Intermediates, 2016, 42(4): 3283-3301.
[87] Hu X, Foo M L, Chuah G K, et al. Pore size engineering on MCM-41: Selectivity

tuning of heterogenized $AlCl_3$ for the synthesis of linear alkyl benzenes[J]. Journal of Catalysis, 2000, 195(2): 412-415.

[88] Shang L, Ji M, Cai T, et al. Highly active and stable immobilized aluminium chloride catalyst for alkylation of benzene with 1-dodecene[J]. Reaction Kinetics and Catalysis Letters, 2005, 87(1): 101-106.

[89] Awate S V, Waghmode S B, Agashe M S. Synthesis, characterization and catalytic evaluation of zirconia-pillared montmorillonite for linear alkylation of benzene [J]. Catalysis Communications, 2004, 5(8): 407-411.

[90] Gloub F S, Bolotov V A, Parmon V N. Current trends in the processing of linear alpha olefins into technologically important products: Part 2[J]. Catalysis in Industry, 2021, 13(3): 203-215.

[91] Clark J H, Monks G L, Nightingale D J, et al. A new solid acid-based route to linear alkylbenzenes[J]. Journal of Catalysis, 2000, 193(2): 348-350.

[92] Borutskii P N, Kozlova E G, Podkletnova N M, et al. Alkylation of benzene with higher olefins on heterogeneous catalysts[J]. Petroleum Chemistry, 2007, 47(4): 250-261.

[93] Kang J, Rao Y, Trudeau M, et al. Sulfated mesoporous tantalum oxides in the shape selective synthesis of linear alkyl benzene[J]. Angewandte Chemie, 2008, 120(26): 4974-4977.

[94] Xin H, Wu Q, Han M, et al. Alkylation of benzene with 1-dodecene in ionic liquids $[Rmim]^+ Al_2Cl_6X^-$ (R=butyl, octyl and dodecyl; X=chlorine, bromine and iodine) [J]. Applied Catalysis A: General, 2005, 292(1): 354-361.

[95] Kumar R, Kumar A, Khanna A. Efficient homogeneous and supported ionic liquidcatalysts for production of linear alkylbenzenes[J]. Catalysis in Industry, 2015, 7(3): 188-197.

[96] Decastro C, Sauvage E, Valkenberg M H, et al. Immobilised ionic liquids as lewis acid catalysts for the alkylation of aromatic compounds with dodecene [J]. Journal of Catalysis, 2000, 196(1): 86-94.

[97] 陶宇，左玲. 增塑剂在软质 PVC 中的发展[J]. 当代化工，2008，37(6)：647-650.

[98] Yang D, Zhong C K, Tian L Y, et al. Formic acid as the H_2-carrier and the transfer hydrogenation reagent for Ru-catalyzed hydroaminomethylation of olefins[J]. Journal of Catalyst, 2023, 428: 115132.

[99] Toetsch W, Arnoldi D, Kaizik A, et al. Process for the production of 7-17C aliphatic alcohols comprises cobalt catalyzed hydroformylation of 3-16C olefins whereby the organic phase is extracted with a water containing liquid: DE 10227995[P]. 2003-09-25.

[100] Joseph Z, Ryun L H, Ling L Y, et al. One-pot synthesis of alcohols from olefins catalyzed by rhodium and ruthenium complexes[J]. Applied Catalysis A: General, 2010, 374(1): 201-212.

[101] Sandee A J, Reek J N H, Kamer P C J, et al. A silica-supported, switchable, and recyclable hydroformylation-hydrogenation catalyst [J]. Journal of the American Chemical Society, 2001, 123(35): 8468-8476.

[102] Takahashi K, Yamashita M, Nozaki K. Tandem hydroformylation/hydrogenation of alkenes to normal alcohols using Rh/Ru dual catalyst or Ru single component catalyst [J]. Journal of the American Chemical Society, 2012, 134(45): 18746-18757.

[103] Kamer P C J，Leeuwen P W N，Reek J N H. Wide bite angle diphosphines：Xantphos ligands in transition metal complexes and catalysis[J]. Accounts of Chemical Research，2001，34(11)：895-904.

[104] Shvo Y，Czarkie D，Rahamim Y. A new group of ruthenium complexes：Structure and catalysis[J]. Journal of the American Chemical Society，1986，108(23)：7400-7402.

[105] Fogg D E，Santos E N D. Tandem catalysis：A taxonomy and illustrative review[J]. Coordination Chemistry Reviews，2004，248(21)：2365-2379.

[106] Torres G M，Frauenlob R，Franke R，et al. Production of alcohols via hydroformylation[J]. Catalysis Science & Technology，2015，5(1)：34-54.

[107] Srivastava V K，Shukla R S，Bajaj H C，et al. The Rh，Co，Ru metal-catalyzed hydroformylation of hex-1-ene using triphenylphosphine，triphenylarsine and triphenylantimony as ligands[J]. Applied Catalysis A：General，2005，282(1)：31-38.

[108] Gorbunov D N，Nenasheva M V，Terenina M V，et al. Phosphorus-free nitrogen-containing catalytic systems for hydroformylation and tandem hydroformylation-based reactions[J]. Applied Catalysis A-General，2022，647：118891.

[109] 燕子红，郑源松，蔡研，等. 长链烯烃氢甲酰化反应催化剂研究进展[J]. 石油化工，2023，52(1)：116-123.

[110] Zhou H，Sun Y J，Deng L，et al. New ruthenium/phosphino carbazole systems for selective preparation of alcohols under hydroformylation conditions[J]. Journal of Organometallic Chemistry，2023，1004：122927.

[111] Ren W L，Huang J Z，Shi Y. Pd-catalyzed regioselective hydroformylation of olefins with HCO_2H and its derivatives[J]. Organic Letters，2023，25(39)：7176-7180.

[112] Broene R D，Buchwald S L. Asymmetric hydrogenation of unfunctionalized trisubstituted olefins with a chiral titanocene catalyst[J]. Journal of the American Chemical Society，1993，115(26)：12569-12570.

[113] Bigi M A，Brammer M A. Hydroformylation process：US 2021179523[P]. 2021-06-17.

[114] Pruett R L，Smith J A. Low-pressure system for producing normal aldehydes by hydroformylation of alpha-olefins[J]. The Journal of Organic Chemistry，1969，34(2)：327-330.

[115] Arderne C，Guzei L A，Holzapfel C W，et al. Branched selectivity in the Pd-catalysed methoxycarbonylation of 1-alkenes[J]. ChemCatChem，2016，8(6)：1084-1093.

[116] Suerbaev K A，Kudaibergenov N Z，Vavasori A. Hydroethoxycarbonylation of α-olefins at low pressure of carbon(Ⅱ) oxide in the presence of the $PdCl_2(PPh_3)_2$-PPh_3-$AlCl_3$ system[J]. Russian Journal of General Chemistry，2017，87(4)：707-712.

[117] Zhaksylykova G，Shalmagambetov K，Kanapiyeva F，et al. The role of alcohols in the hexene-1 hydroalkoxycarbonylation reaction with catalysts based on palladium complexes [J]. Catalysts，2023，13(12)：1507.

[118] Akiri S O，Ojwach S O. Synthesis of MCM-41 immobilized (phenoxy)imine palladium (Ⅱ) complexes as recyclable catalysts in the methoxycarbonylation of 1-hexene[J]. Catalysts，2019，9(2)：143.

[119] Brammer M A，Giles J F，Miller G A. Hydroformylation process：EP 3887348[P].

2022-11-02.
[120] Beadle S W, Garton R D, Beckers H J, et al. Hydroformylation: US 7405329[P]. 2008-07-29.
[121] Chihiro M, Hiroshi M. Process for hydroformylation of an olefin: CA 2027991[P]. 2001-04-24.
[122] Cornils B, Herrmann W A, Xu J, et al. Catalysis from A to Z: A concise encyclopedia [M]. Weinheim: Wiley-VCH, 2020.
[123] Rosales M, González A, González B, et al. Hydroformylation of alkenes with paraformaldehyde catalyzed by rhodium-phosphine complexes[J]. Journal of Organometallic Chemistry, 2005, 690(12): 3095-3098.
[124] Gouki M, Tsumoru M, Yasuko S, et al. Highly linear-selective hydroformylation of 1-alkenes using formaldehyde as a syngas substitute[J]. Advanced Synthesis & Catalysis, 2010, 352(2): 299-304.
[125] Stelter L, Teusch T, Bielefeld J, et al. Theoretical studies on the hydroaminoalkylation of alkenes with primary and secondary amines[J]. Chemistry A European Journal, 2018, 24(48): 12485-12489.
[126] McKinnie B G, Harrod B W. Process for preparing alkylamines: US 5347053[P]. 1994-09-13.
[127] Beller M, Seayad J, Tillack A, et al. Catalytic markovnikov and anti-markovnikov functionalization of alkenes and alkynes: Recent developments and trends [J]. Angewandte Chemie International Edition, 2004, 43(26): 3368-3398.
[128] Bahrmann H, Muller T, Lukas R. Process for preparing aldehyes: US 5773667[P]. 1998-06-30.
[129] Helmut S, Peter L. Method for the synthesis of aliphatic carboxylic acids from aldehydes: DE 50107992[P]. 2005-12-15.
[130] Wang M K, Kuai L T, Shi L, et al. Catalytic performance and industrial test of HY zeolite for alkylation of naphthalene and α-tetradecene[J]. New Journal of Chemistry, 2021, 46(5): 2290-2299.
[131] Ardito S C, Ashjian H, Degnan T F, et al. Naphthalene alkylation process using mixed H/NH_3 form catalyst: EP 1020417[P]. 2002-10-09.
[132] Shin K H, Hale P S. Alkenyl succinic anhydrides process: US 5021169[P]. 1991-06-04.
[133] Sweeney W A. Process for the preparation of alkenyl succinic anhydride: US 4431826 [P]. 1984-02-14.
[134] Bozik J E, Swift H E, Wu C Y. Epoxidation of alpha-olefins: US 4217287[P]. 1980-08-12.
[135] Erwin V, Jurgen W. Catalytic epoxidation of olefinic compounds: US 3526645[P]. 1970-09-01.
[136] 刘军辉，刘俊龙. 反应控制相转移催化环氧化端羟基聚丁二烯的研究[J]. 精细化工，2009，26(11)：1102-1105.

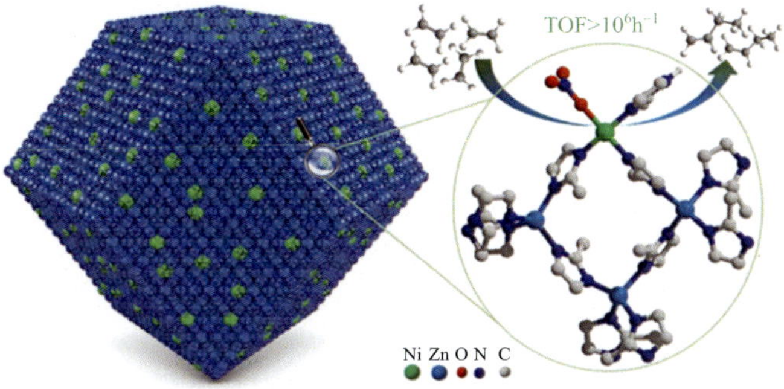

图 3-21　Ni-ZIF-8 催化乙烯二聚生成丁烯的示意图

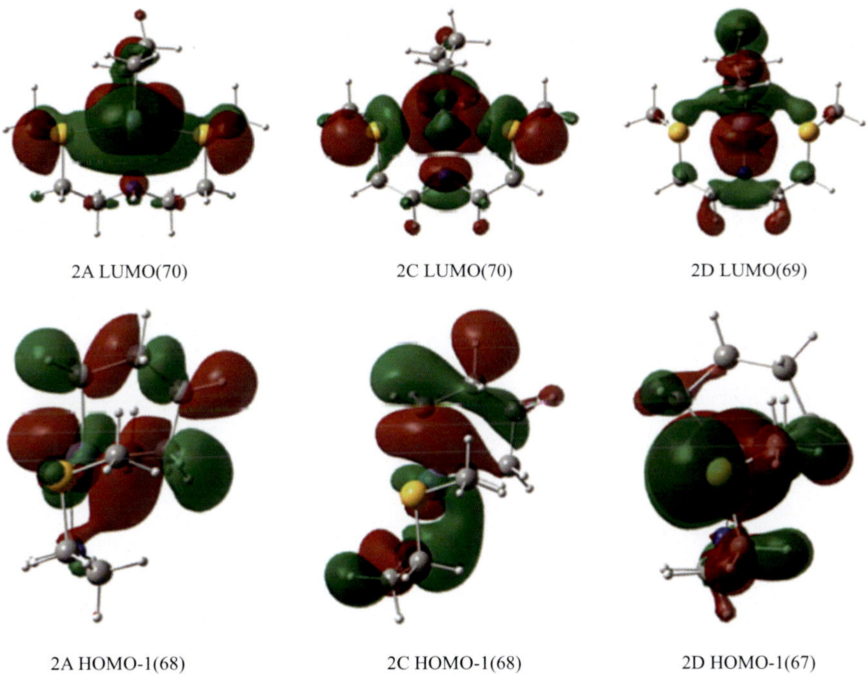

图 5-46　SNS/Cr 配合物的前线分子轨道

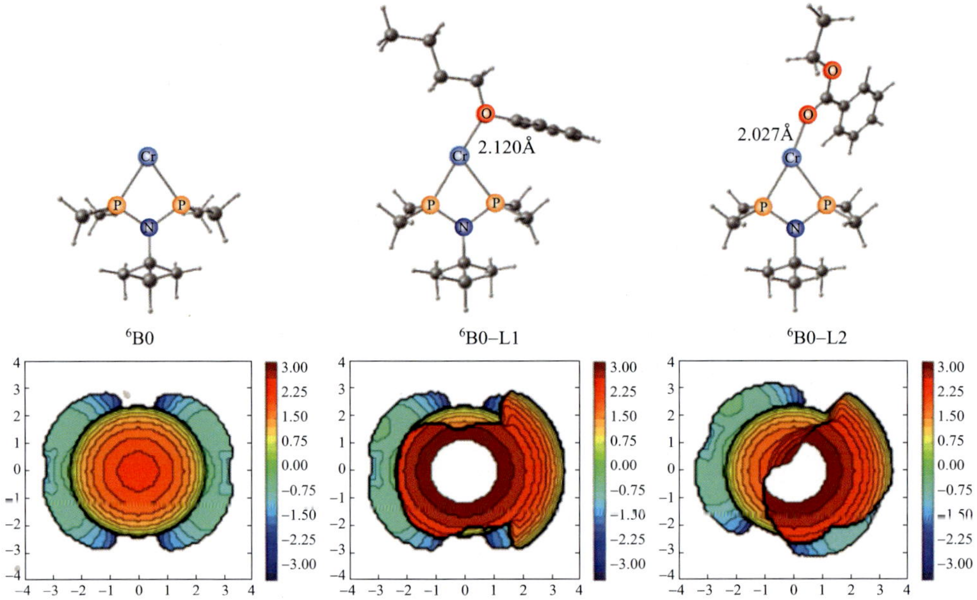

图 5-48　不含和含有第二配体的 PNP/Cr 配合物的结构和空间地图